Thanks to

KB073974

고맙습니다
Gratitude

고맙습니다
Gratitude
Oliver Sacks

김명남 옮김

나는 지금 죽음과 마주하고 있습니다.

하지만 나의 삶은 아직 끝나지 않았습니다.

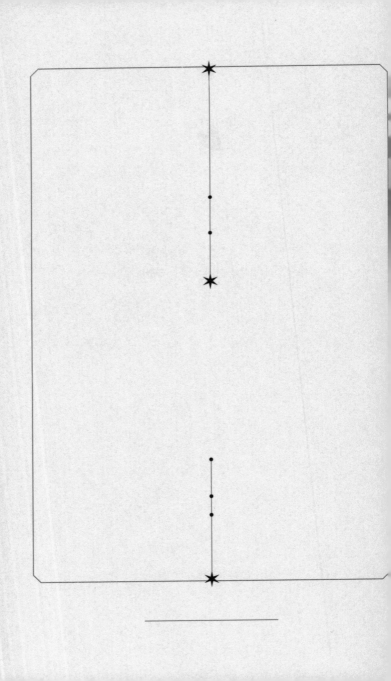

차례

O

김현

누구나 다
사라졌다는 사실

오늘은 그 단어를
기쁨의 원천으로 섬기겠습니다

그곳에
다리가 존재합니다

시간의 돌과 시간의 이끼를 잇는
푸른 다리 아래로 구름이
진실로 흘러가고 있을 때

그 순전한 진리 위에서
당신이 쓰던 눈을 내 손등에 올려놓았습니다
재가 흩날렸습니다

지금부터는 당신의 눈으로
이 세계에 산다는 게 어떤 건지 글로 쓰는 것이지.

죽음을 앞장세우지 말자고
눈 쌓인 나뭇가지를 꺾어
내가 당신에게 줬지요
고마워요, 눈
당신은 침묵의 샴페인을 터뜨리고
흘러나온 걸 제가 다 마셨습니다
당신은 만년필로 적은 내 글씨를
기약도 없이 들여다보다가
고마워요, 눈이라고 말했습니다
나는 인생은 긴 키스
맹세코 누구에게도 발설하지 않았습니다
당신이 쓰던 눈을

남자와 남자가 만나
먼 것을 또렷이 보고 가까운 것을 흐릿하게 본 후에
냄새 맡고 깨물고 서로의 영혼을 핥아주다가
발 담그게 되는 비밀을
더 해드릴 게 있을까요?
존재해줘.

지금부터는 제가 존재하겠습니다
일기를 쓸 거야.

눈을 감고 떠올려봐요
한밤 은빛 속에서
남다른 연인이 눈밭을 뛰어가고
발자국이 남고
그 아름다운 순간을 따라
당신과 내가 손을 잡고 걸어갑니다
뉴욕으로
뉴욕 교차로로
뉴욕의 가죽바지 속으로

뉴욕의 괴물을 무찌르는 히어로들처럼
당신이 물안경을 끼고
눈 뭉치를 들어 공중으로 던집니다
낱말을 찾기 위해서
내리는 시간을 잠깐 멈추고
제가 그걸 혓바닥 위에 올리고
당신의 물안경을 쓱 핥아줍니다
이제 선명합니까
마침내 샴페인이 터지자
당신은 뜬눈으로 의문에 빠졌습니다
인생의 환희가 이토록 깨끗한 것이었다니
그걸 다 하고
우리는 옥상으로 갔죠
남은 건 하얀 야경뿐이라는 듯
코로 깊게 들이마시고
당신은 인생은 넓은 하루
당신의 물안경을 벗기고
양말을 빼주고 이불을 덮어주고
유 세이 굿바이 아 세이 헬로

음악은 비밀의 웅덩이
당신의 찬 발을 어루만지다가
돌능금나무 씨앗을 잘 모아두었습니다

이 정도의 재로
우리라는 단어를 정리할 수 있을까요

당신이 쓰던 눈을 진실 속으로
떠나보냈습니다
다리를 둘로 쪼개서
한쪽은 우리가 끌고 가고
한쪽은 우리였던 것으로 두었습니다
펼쳐진 책장은 늘 두 페이지
움직이는 것
인생은 죽음을 앞장세우지 않습니다

이제
책을 덮고 책을 읽으세요

당신도 곧 사라졌습니다
살아 있기 위해서

✶

삶의 마지막 2년 동안 쓴 에세이 네 편을 묶은 이 책에서 올리버 색스는 나이 든다는 것과 질병 그리고 죽음을 놀랍도록 우아하고 또렷하게 응시한다. 첫 번째 에세이 〈수은〉은 그가 2013년 7월 여든 살 생일을 며칠 앞두고 한달음에 써 내려간 글로, 노년만이 가지는 즐거움을 이야기하면서도 육체와 정신의 쇠약이 따를 수 있다는 사실도 모른 척 지나치지 않는다.

18개월 뒤, 자서전 《온 더 무브》의 최종 원고를 마무리한 올리버 색스는 그제야 2005년에 진단받았던 희귀병 안구흑색종이 간으로 전이됐다는 사실을 알게 되었다. 이러한 종류의 암에는 선택할 수 있는 치료법이 얼마 되지 않았고, 의사들은 그가 살 수 있는 날이 6개월밖에 남지 않았을지도 모른다고 조심스럽게 예측했다. 그는 그 후 며칠 동안 〈나의 생애〉를 쓰며 좋은 삶을 살았던 것에 대해 한없이 감사하는 마음을 드러냈다. 그렇지만 그 글을 즉시 발표하는 것은 망설였다. 너무 이르지 않을까? 불치병에 걸렸다는 소식을 정말로 남들에게 공개하고 싶은 걸까? 한 달 뒤, 색스는 몇 달이나마 삶을 더 연장할 수 있는 치료를 받기로 결정했고, 말 그대로 수술실로 들어가는 도중에 우리에게 그 글을 〈뉴욕타임스〉에 보내달라고 부탁했다. 〈뉴욕타임스〉는 바로 이튿날 글을 실었다. 〈나의 생애〉에 쏟아진 많은 독자의 공감 어린 반응은 색스를 어마어마하게 기쁘게 했다.

2015년 5월과 6월 그리고 7월 초 그는 상대적으로 건강이 괜찮은 상태였다. 색스는 글을 쓰고, 수영을 하고, 피아노를 치고, 여행을 즐겼다. 그 시기에 에세이도 몇 편 더 썼는데, 그중 하나인 〈나의 주기율표〉에서는 원소주기율표를 향해 평생 품었던 남다른 사랑과 자신이 곧 죽을 운명이라는 사실에 대해 깊이 사색하기도 했다.

8월에는 그의 건강이 빠르게 나빠졌다. 그러나 색스는 마지막 에너지를 글쓰기에 바쳤다. 이 책의 마지막 에세이 〈안식일〉은 그에게 아주 특별하고도 중요한 문장들이다. 그는 단어

하나하나를 몇 번이고 고치고 또 고쳐서 정수만을 증류해 담았다. 이 글이 발표되고 2주일이 지난 2015년 8월 30일, 올리버 색스는 숨을 거두었다.

___ 케이트 에드거Kate Edgar와 빌 헤이스Bill Hayes

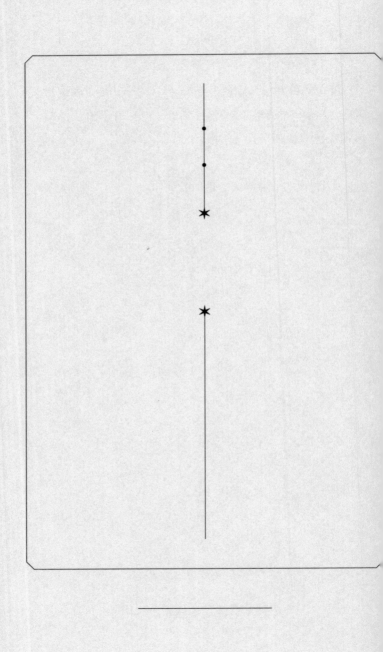

나는 죽음보다 인생을 허비하는 것이 더 두렵다.

올리버 색스
2009. 10. 31.

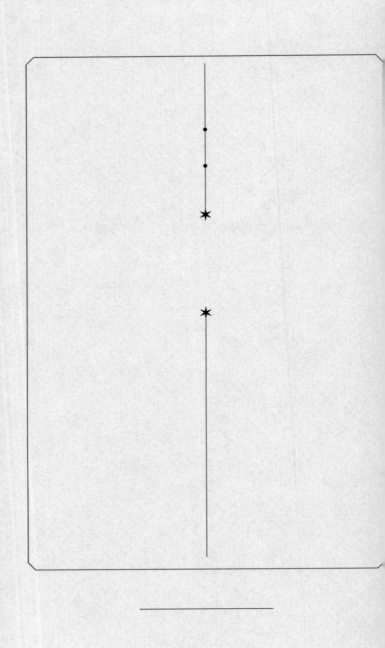

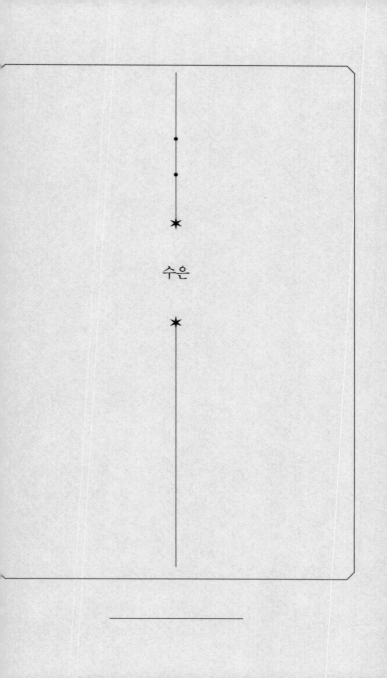

수은

간밤에 수은에 관한 꿈을 꾸었다. 거대하고 반들거리는 수은 덩어리들이 오르락내리락하는 꿈이었다. 수은은 80번 원소이고, 이 꿈은 오는 화요일에 내가 여든 살이 된다는 사실을 일깨웠다.

내게 원소와 생일은 늘 하나로 얽혀 있는 것이었다. 어릴 때부터, 내가 원자번호를 처음 알게 되었을 때부터 그랬다. 열한 살 때 나는 "난 나트륨이야"라고 말했고(나트륨은 11번 원소다), 일흔아홉 살인 지금 나는 금이다. 몇 년 전 내가 친구에게 여든 살 생일 선물로 수은이 든 병을 주었더니—새지도 않고 깨지지도 않는 특수한 병이었다—친구는 별 희한한 걸 다 준다는 표정을 지었지만, 나중에 내게 멋진 편지를 보내어 이런 농담을 전했다. "건강을 위해서 매일 아침 조금씩 섭취하고 있다네."

내가 여든 살이라니! 도무지 믿기지 않는다. 가끔은 인생이 이제야 시작될 것 같은 기분이 들지만, 이내 사실은 거의 끝나가고 있다는 깨달음이 뒤따른다. 내 어머니는 열여덟 형제자매 중 열여섯 번째였다. 나는 어머니의 네 아들 가운데 막내였고, 외가의 하고많은 사촌들 중에서도 거의 막내였다. 고등학교에서도 늘 반에서 가장 어린 축에 들었다. 그래서 나는 내가 항상 제일 어린 사람이라는 기분을 간직한 채로 살았다. 지금은 비록 내가 아는 사람들 중에서 거의 최고로 늙었지만 말이다.

나는 마흔한 살에 내가 딱 죽을 줄 알았다. 혼자 산을 오르다가 심하게 추락해서 다리가 부러진 때가 있었다. 나는 스스로 할 수 있는 만큼 다리에 부목을 댄 뒤, 팔로 몸을 떠받치면서 꿈지럭꿈지럭 산을 기어 내려가기 시작했다. 이어진 기나긴 시간 동안 내 머릿속에 온갖 기억이 엄습해왔다. 좋은 기억도 있고 나쁜 기억도 있었지만, 대부분 감사하고픈 기억들이었다. 내가 남들로부터 받은 것에 대한 감사, 그리고 내가 조금이라도 돌려줄 수 있었다는 데 대한 감사. 나는 바로 전해에 《깨어남》을 출간했었다.

여든이 다 되어 내과적 질병과 외과적 문제까지 잔뜩 껴안고는 있어도 거동을 못할 만한 불편은 하나도 없는 지금, 나는 살아 있어 다행이라는 기분이 든다. 날씨가 완벽한 날에는 가끔 "안 죽고 살아 있는 게 기뻐!" 하는 말도 튀어나온다. (이것은 내가 친구에게 전해 들었던 어떤 이야기와는 정반대 상황이다. 친구는 어느 완벽한 봄날 아침 파리에서 사뮈엘 베케트와 함께 걷다가 그에게 이렇게 말했다고 한다. "이런 날이면 살아 있어서 기쁘다는 생각이 들지 않습니까?" 베케트는 이렇게 대답했다. "그렇게까지는 아닙니다.") 나는 많은 것을 경험한 것이─멋진 경험도, 끔찍한 경험도─감사하고, 책 10여 권을 쓴 것, 친구와 동료와 독자로부터 셀 수 없이 많은 편지를 받은 것, 너새니얼 호손이 말했듯 "세상과의 교제"를 즐길 수 있었던 것이 그저 감사하다.

아쉬운 점은 너무 많은 시간을 낭비했다는 (그리고 지금도 낭비하고 있다는) 사실이다. 여든 살이 되고서도 스무 살 때와 마찬가지로 지독하게 수줍음을 탄다는 것도 아쉽다. 모국어 외에는 다른 언어를 할 줄 모른다는 게 아쉽고, 응당 그랬어야 했건만 다른 문화들을 좀 더 폭넓게 여행하고 경험하지 않았다는 점도 아쉽다.

이제 삶을 마무리하기 위해 노력해야 한다는 기분이 든다. "삶을 마무리한다"는 게 정확히 무슨 뜻이든 말이다. 내가 진료했던 환자들 가운데 아흔이나 백 살이 넘은 몇몇 노인은 "나는 충만한 삶을 살았으니 이제 갈 준비가 되었습니다"라는 식으로 고별을 전하기도 했다. 어떤 사람들에게는 이것이 천국행을 의미한다. 어째서인지 몰라도 지옥은 절대 아니고, 늘 천국이다. 물론 새뮤얼 존슨과 제임스 보즈웰 같은 사람들은 지옥행을 상상해 몸서리쳤고, 그런 종류의 믿음을 전혀 품지 않았던 데이비드 흄에 대해 역겨워하기도 했지만 말이다. 나로 말하자면 내가 사후에도 존재하리라는 믿음이 (혹은 그러기를 바라는 마음이) 전혀 없다. 그저 친구들의 기억 속에서 살아남길 바라고, 내가 죽은 뒤에도 내 몇몇 책이 사람들에게 "말을 건네기를" 바랄 뿐이다.

시인 W. H. 오든은 자신은 여든 살까지 살다가 그때가 되면 "꺼질" 거라고 말하곤 했다(그는 예순일곱 살까지밖에 살지 못했다). 오든이 죽은 지 40년이 흘렀지만, 나는 아직도 꿈에서 종종 그를 본다. 그리고 부모님을 만나고, 예전 환자들도 마주한다. 다들 죽은 지 오래되었지만 내 삶에서 내가 사랑했고 내게 중요했던 사람들이다.

여든 살이 되면 치매나 뇌졸중의 유령이 주변에 어른거리게 마련이다. 또래 중 3분의 1은 벌써 죽었고, 그보다 더 많은 사람들은 정신적으로나 육체적으로 심한 손상을 겪은 나머지 최소한의 존재라는 비극적 상태에 갇힌 채 살아간다. 여든 살이 되면 쇠퇴의 징후가 너무나 뚜렷이 드러난다. 반응이 살짝 느려지고, 이름들이 자주 가물가물하고, 에너지를 아껴 써야 한다. 그럼에도 불구하고 여전히 나는 자주 에너지와 생명력이 넘치는 것 같고, '늙었다'는 기분이 전혀 들지 않는다. 어쩌면, 운이 좋다면, 몇 년 더 그럭저럭 건강을 유지하면서 프로이트가 삶에서 제일 중요한 두 가지라고 말했던 사랑과 일을 계속해나갈 자유를 누릴 수 있을 것이다.

마침내 갈 때가 되면, 프랜시스 크릭이 그랬던 것처럼 마지막 순간까지도 일하다가 갔으면 좋겠다. 크릭은 대장암이 재발했다는 소식을 듣고도 처음에는 아무 말도 안 했다. 그냥 1분쯤 먼 곳을 바라보다가 곧장 전에 몰두하던 생각으로 돌아갔다. 몇 주 뒤에 사람들이 그에게 진단이 어떻게 나왔느냐고 물으면서 들볶자 크릭은 "무엇이든 시작이 있으면 끝이 있지"라고 말할 뿐이었다. 그는 가장 창조적인 작업에 여전히 깊이 몰입한 채로 여든여덟 살에 죽었다.

　아흔네 살에 돌아가신 아버지는 80대가 인생에서 가장 즐거운 시절 중 하나였다고 이야기하곤 했다. 나도 슬슬 똑같이 느끼기 시작하는데, 아버지는 나이 들수록 자신의 정신과 시야가 위축되기는커녕 넓어진다고 느꼈다. 여든 살이 된 사람은 긴 인생을 경험했다. 자신의 인생뿐 아니라 남들의 인생도 경험했다. 승리와 비극을, 호황과 불황을, 혁명과 전쟁을, 위대한 성취와 깊은 모호함을 목격했다. 거창한 이론이 생겨났다가 완강하게 버티는 사실들에 못 이겨 거꾸러지는 모습을 보았다. 이제 덧없는 것을 좀 더 깊이 의식하게 되며, 아마도 아름다움까지 보다 깊이 의식하게 된다. 여든 살이 되면 이전 나이에서는 가질 수 없었던 장기적인 시각과 자신이 역사를 몸소 살아냈다는 생생한 감각을 갖게 된다. 나는 이제 한 세기가 어떤 시간인지를 상상할 수 있고 몸으로 느낄 수 있는데, 이것은 마흔이나 예순에는 할 수 없었던 일이다. 나는 노년을 차츰 암울해지는 시간, 어떻게든 견디면서 그 속에서 최선을 다해야 하는 시간으로만 보지 않는다. 노년은 여유와 자유의 시간이다. 이전의 억지스러웠던 다급한 마음에서 벗어나, 무엇이든 내가 원하는 것을 마음껏 탐구하고 평생 겪은 생각과 감정을 하나로 묶을 수 있는 시간이다.

나는 여든 살이 되는 것이 기대된다.

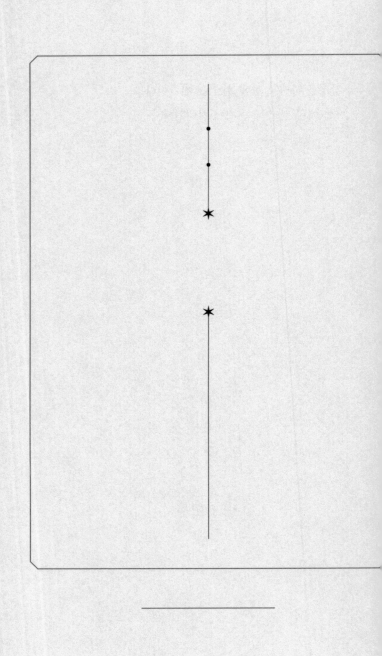

기억을 조금이라도 잃어버려봐야만 우리의 삶을
구성하고 있는 것이 기억이라는 사실을 알 수 있다.
기억이 없는 인생은 인생이라고조차 할 수 없다는 것을.
우리의 통일성, 이성과 감정 심지어는 우리의 행동까지도
기억이 있기 때문에 존재한다는 것을. 기억이 없다면,
우리는 아무것도 아니다.

*

《아내를 모자로 착각한 남자》에서

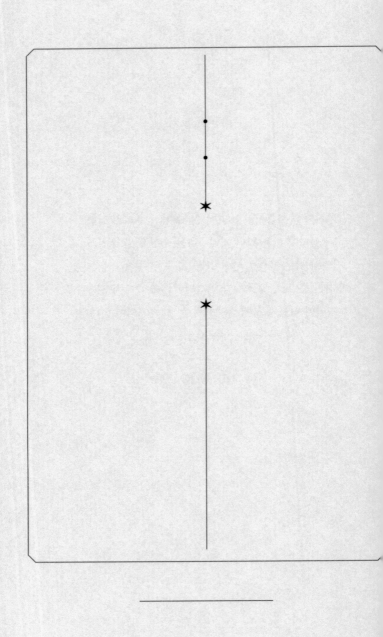

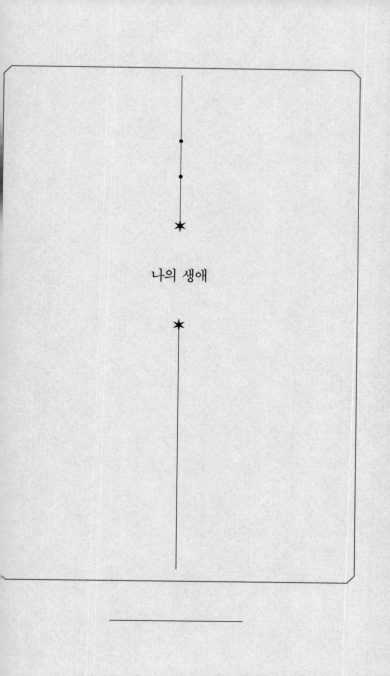

나의 생애

★

한 달 전 나는 건강이 괜찮다고, 심지어 아주 튼튼하다고 느꼈다. 여든한 살인 나는 요즘도 매일 1마일씩 수영을 한다. 하지만 나도 운이 다했다. 몇 주 전, 간에 다발성 전이암이 생긴 걸 알게 됐기 때문이다. 9년 전 나는 안구흑색종이라는 드문 종류의 종양이 발생했다는 진단을 받았더랬다. 종양을 제거하고자 받은 방사선치료와 레이저치료 때문에 결국 나는 그 눈의 시력을 잃었다. 안구흑색종이 전이를 일으킬 확률은 전체 사례의 50퍼센트쯤 된다. 그러나 내 경우에는 상황을 보건대 가능성이 훨씬 낮다고 했다. 하지만 결국 나는 운이 없는 쪽이었다.

처음 진단을 받았던 때로부터 9년이나 더 건강하고 생산적인 시간을 누릴 수 있었던 것에 감사하지만, 나는 이제 죽음에 직면해 있다. 암은 간의 3분의 1을 점령했다. 이런 종류의 암은 진행 속도를 늦출 수 있을진 몰라도 아예 진행을 멎게 할 수는 없다.

남은 몇 달을 어떻게 살 것인가 하는 문제는 내 선택에 달렸다. 나는 가급적 가장 풍요롭고, 깊이 있고, 생산적인 방식으로 살아야 한다. 내가 좋아하는 철학자 가운데 한 사람인 데이비드 흄의 말이 격려가 되는데, 그는 예순다섯 살에 자신이 곧 병으로 죽을 것이라는 사실을 알고는 1776년 4월의 어느 날 하루 만에 짧은 자서전을 쓴 뒤 그 글에 《나의 생애》라는 제목을 붙였다.

흄은 이렇게 썼다. "이제 나는 빠르게 사멸할 것이다. 그동안 질병으로 인한 통증은 거의 느끼지 못했다. 그보다 더 이상한 사실은 육신이 병약해지는데도 기상은 한순간도 수그러들지 않았다는 점이다. 나는 공부할 때 전과 다름없이 열성적이고, 사람들을 만날 때 전과 다름없이 유쾌하다."

운 좋게도 나는 여든을 넘길 때까지 살았다. 흄에게 주어졌던 65년을 넘어서 내게 추가로 주어졌던 15년은 일에서도 사랑에서도 풍요로운 시간이었다. 나는 그동안 책을 다섯 권 냈고, 올봄에 출간될 자서전도 썼다(몇 쪽 되지 않는 흄의 것보다는 길다). 마무리가 거의 되어가는 다른 책도 몇 권 더 있다.

흄은 이어서 말했다. "나는 성격이 온건하고, 성질을 잘 다스리는 편이고, 개방적이고 사교적이고 쾌활하고 유머가 있으며, 애착을 느낄 줄 알지만 앙심은 거의 품지 않고, 어떤 열정에 대해서든 대단히 절제하는 사람이다."

이 대목에서 나는 흄과 조금 다르다. 나도 사랑과 우정의 관계를 즐겼으며 진짜 앙심이라고 할 만한 것은 품지 않았지만, 차마 내 입으로 (나를 아는 다른 누구라도 마찬가지일 것이다) 내가 성격이 온건하다고는 말할 수 없다. 오히려 나는 격정적인 사람이다. 격렬하게 열광하고, 어떤 열정에 대해서든 극단적으로 무절제한 사람이다.

그러나 흄의 에세이에서 발견한 다음 문장만큼은 내게도 정말 합당한 대목으로 느껴진다. "지금 나는 과거 어느 때보다도 삶에 초연하다."

지난 며칠 동안 나는 내 삶을 마치 높은 곳에서 내려다보는 것처럼, 일종의 풍경처럼 바라보게 되었다. 그리고 삶의 모든 부분들이 하나로 이어져 있다는 느낌을 더욱 절실히 받게 되었다. 그렇다고 해서 이제 내 삶에는 더 볼일이 없다는 말은 아니다.

오히려 나는 살아 있다는 감각을 더없이 강렬하게 느끼고 있다. 남은 시간 동안 우정을 더욱 다지고, 사랑하는 사람들에게 작별 인사를 하고, 글을 좀 더 쓰고, 그럴 힘이 있다면 여행도 하고, 새로운 수준의 이해와 통찰을 얻기를 희망하고 기대한다.

그러려면 나는 대담해야 하고, 분명해야 하고, 솔직해야 할 것이다. 세상과의 계산을 제대로 청산해야 할 것이다. 그러나 그와 더불어 내게는 약간의 재미를 누릴 시간도 (바보짓을 할 시간도) 있을 것이다.

갑자기 초점과 시각이 명료해진 것을 느낀다. 꼭 필요하지는 않은 것에 내줄 시간이 이제는 없다. 나 자신, 내 일, 친구들에게 집중해야 한다. 더는 매일 밤 〈뉴스아워〉를 시청하지 않을 것이다. 더는 정치나 지구온난화에 관련된 논쟁에 신경 쓰지 않을 것이다.

이것은 무관심이 아니라 초연이다. 나는 중동 문제, 지구온난화, 증대하는 불평등에 여전히 관심이 깊지만, 이런 것은 이제 내 몫이 아니다. 이런 것은 미래에 속한 일이다. 나는 재능 있는 청년들을 만나면 흐뭇하다. 그들이 내 전이암을 생체 검사하고 진단한 사람들일지라도. 나는 미래가 든든하다고 느낀다.

나는 지난 10년가량 또래들의 죽음을 점점 더 많이 의식해왔다. 내 세대가 퇴장하고 있다고 느꼈다. 죽음 하나하나가 내게는 갑작스러운 분리처럼, 내 일부가 뜯겨 나가는 것처럼 느껴졌다. 우리가 다 사라지면, 우리 같은 사람들은 더는 없을 것이다. 하기야 어떤 사람이라도 그와 같은 사람은 둘이 없는 법이다. 죽은 사람들은 다른 사람들로 대체될 수 없다. 그들이 남긴 빈자리는 채워지지 않는다. 왜냐하면 저마다 독특한 개인으로 존재하고, 자기만의 길을 찾고, 자기만의 삶을 살고, 자기만의 죽음을 죽는 것이 우리 모든 인간들에게 주어진— 유전적, 신경학적—운명이기 때문이다.

두렵지 않은 척하지는 않겠다. 하지만 내가 무엇보다 강하게 느끼는 감정은 고마움이다. 나는 사랑했고, 사랑받았다. 남들에게 많은 것을 받았고, 나도 조금쯤은 돌려주었다. 나는 읽고, 여행하고, 생각하고, 썼다. 세상과의 교제를 즐겼다. 특히 작가들과 독자들과의 특별한 교제를 즐겼다.

무엇보다 나는 이 아름다운 행성에서 지각 있는 존재이

자 생각하는 동물로 살았다. 그것은 그 자체만으로도 엄청난 특권이자 모험이었다.

깨어난 환자는 더 이상 자신의 병에 점유 혹은
선점당하지 않고 세상으로 향한다. 그는 간절히, 열심히,
사랑과 기쁨에 넘쳐 천진난만하게 세상에 귀를 기울인다.
그토록 오랜 세월 '잠들어' 차단당해 있었기에 더더욱 그렇다.
세계가 다시 근사하게 선명해진다.

＊

《깨어남》에서

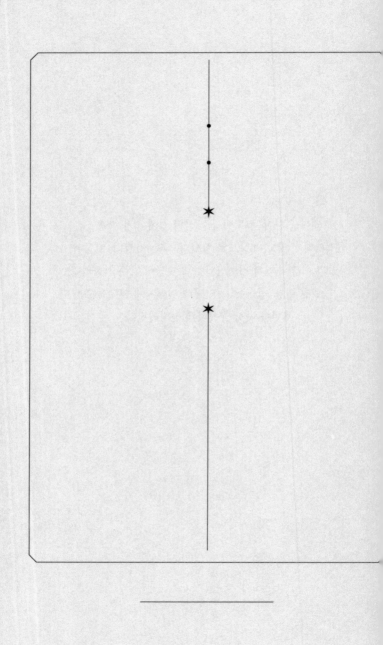

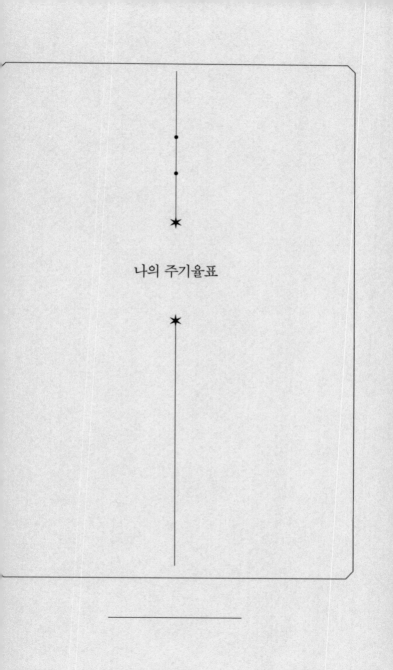

나의 주기율표

나는 매주 《네이처》나 《사이언스》 같은 과학 잡지가 도착하기를 열렬히, 거의 탐욕스럽게 기다린다. 그랬다가 받으면 곧장 물리학 관련 기사를 펼친다. 생물학이나 의학에 관련된 지면부터 봐야 하는 게 아닌가도 싶지만 그러지 않는다. 내가 어릴 때 처음 매혹된 것은 물리 과학이었다.

《네이처》 최근호에는 노벨 물리학상 수상자인 프랭크 윌첵이 쓴 흥분되는 기사가 실렸는데, 중성자와 양성자의 서로 살짝 다른 질량을 계산하는 새로운 방법을 알아냈다는 내용이었다. 새 계산법에 따르면 중성자가 양성자보다 아주 조금 더 무거운 것이 확실하다고 했다. 그 비는 939.56563대 938.27231이다. 사소한 차이라고 여기는 사람도 있겠지만, 이

비율이 지금과 조금이라도 달랐다면 우리가 아는 오늘날의 우주는 영영 생겨나지 않았을지도 모른다. 윌첵 박사는 우리가 이것을 계산할 수 있게 됨으로써 "앞으로 핵물리학의 정밀도와 범용성이 오늘날 원자물리학이 달성한 수준까지 높아질 것이라고 예측해봄 직하다"고 적었다. 혁명적인 일이다. 아, 그러나 나는 그 혁명을 볼 수 없을 것이다.

프랜시스 크릭은 이른바 '어려운 문제'가—뇌에서 어떻게 의식이 생겨나는가 하는 문제이다—2030년까지는 풀릴 것이라고 확신했다. 크릭은 내 동료인 신경과학자 랠프에게 "당신은 그 모습을 보게 될 겁니다"라고 말하곤 했다. 내게도 말했다. "올리버, 당신도 내 나이까지 산다면 볼 수 있을 겁니다." 크릭은 80대 후반까지 살았고, 마지막 순간까지도 의식에 관해서 연구하고 고민했다. 랠프는 쉰둘의 이른 나이에 죽었다. 그리고 지금 여든두 살인 나는 치료할 수 없는 병에 걸려 있다. 솔직히 나는 의식이라는 '어려운 문제'는 그다지 염려하지 않는다. 사실은 그게 문제라고도 생각지 않는다. 하지만 윌첵 박사가 마음에 그리는 새로운 핵물리학을 보지 못하리라는 것, 그 밖에도 물리학과 생물학에서 등장할 무수한 돌파구들을 보지 못하리라는 것은 슬프다.

✱

몇 주 전, 도시의 불빛으로부터 한참 떨어진 시골에서 밤하늘 가득히 (밀턴의 표현을 빌리자면) "가루처럼 별들이 흩뿌려진" 것을 보았다. 이런 밤하늘은 칠레의 아타카마 같은 고지대 사막에서나 볼 수 있는 것일 텐데 (그래서 그곳에는 세계에서 가장 강력한 망원경들이 설치되어 있다) 하는 생각이 들었다. 그 천상의 광휘를 보노라니 불현듯 이제 내게는 남은 시간과 남은 삶이 별로 없다는 깨달음이 다가왔다. 내 마음에는 천상의 아름다움과 영원함에 대한 감각이 삶의 덧없음에 대한 감각과 뗄 수 없이 얽혀 있다. 죽음에 대한 감각과도.

나는 친구 케이트와 앨런에게 말했다. "죽어갈 때 저런 밤하늘을 다시 한번 볼 수 있으면 좋겠군."

"우리가 휠체어로 밖으로 데려가 줄게." 친구들이 대답했다.

지난 2월 내가 전이암에 걸렸다는 사실을 글로 밝힌 뒤, 나는 많은 위로를 받았다. 수백 통의 편지가 쏟아졌고, 그 많은 사람들이 애정과 감사를 표현했으며, 덕분에 나는 (이런저런 일들에도 불구하고) 어쩌면 내가 착하고 쓸모 있는 삶을 살았을지도 모르겠다는 기분에 휩싸였다. 모든 위로가 지금까지도 대단히 기쁘고 고맙다. 그렇기는 하지만, 그중 무엇도 별이 총총한 밤하늘만큼 내게 강하게 와닿은 일은 없었다.

나는 꼬마 때부터 상실에—소중한 사람들의 죽음에—대처하기 위해서 비인간적인 것으로 시선을 돌리는 법을 익혔다. 제2차 세계대전이 발발한 무렵 여섯 살 나이로 기숙학교에 보내졌을 때는 숫자가 내 친구가 되어주었다. 열 살에 런던으로 돌아온 뒤에는 원소들과 주기율표가 친구였다. 살면서 스트레스를 겪는 시기에 나는 늘 물리 과학에게로 향했다. 아니, 귀향했다. 생명이 없지만 죽음도 없는 세계로.

그리고 지금, 죽음이 더 이상 추상적인 개념이 아니라—너무도 가까이 느껴져서 외면할 길 없는—엄연한 현실로 느껴지는 인생의 현 단계에서 나는 다시 한번, 꼬마 때처럼 영원의 작은 상징들인 금속과 광물로 나 자신을 둘러싸고 있다. 내가 이 글을 쓰는 책상의 저쪽 끝에는 예쁜 상자에 담긴 81번 원소가 놓여 있다. 영국의 원소 친구들이 지난해 7월 내 여든한 살 생일 선물로 보내준 것이다. 상자에는 "탈륨 생일을 축하합니다"라고 적혀 있다. 얼마 전에 맞은 여든두 살 생일을 기념해 82번 원소 납에게 할당한 공간도 있다. 작은 납 상자도 하나 있는데, 그 속에는 90번 원소 토륨이 담겨 있다. 다이아몬드처럼 아름답고 물론 방사성이 있는―그래서 납 상자에 담아둬야 하는 것이다―토륨 결정이.

*

올해 초 암에 걸렸다는 사실을 알고 나서 몇 주 동안, 간이 반쯤 전이암에 잡아먹혔음에도 불구하고 나는 기분이 썩 괜찮았다. 2월에 간동맥으로 약물을 방울방울 주입해서 암을 다스리는 처치를 받았을 때는―'색전술'이라고 한다―두 주 정도 끔찍했지만 이후에는 육체적으로나 정신적으로나 에너지가 가득하여 엄청나게 괜찮았다(색전술로 종양은 거의 깨끗하게 제거했다). 일시적 소강기가 아니라 아예 휴지기를 허락받은 것 같았다. 우정을 다지고, 환자들을 만나고, 글을 쓰고, 고향 영국을 방문할 시간을. 그때 나를 만난 사람들은 내가 치명적인 상태라는 것을 못 믿겠다고 했고, 나도 내 상황을 쉽사리 간과하곤 했다.

그렇게 건강과 에너지가 넘치던 기분은 5월이 지나 6월로 접어들면서 잦아들었다. 그래도 여든두 살 생일은 근사하게 기념할 수 있었다(W. H. 오든은 생일에 대한 기분이 어떻든 간에 생일은 반드시 기념해야 한다고 말하곤 했다). 하지만 지금은 속이 메스껍고 식욕이 없다. 낮에는 선득하고 밤에는 식은땀이 난다. 무엇보다 노상 피곤하고, 무엇이든 조금이라도 지나치게 할라치면 갑자기 탈진한다. 아직 매일 수영을 하지만 요즘은 더 천천히 움직인다. 호흡이 약간 가빠진 걸 느끼기 때문이다. 지금까지는 외면할 수 있었지만, 이제는 내가 아프다는 것을 나도 안다. 7월 7일 CT 검사 결과 암이 간에서도 다시 자란 것은 물론이거니와 이제는 그 너머까지 번진 사실을 확인했다.

지난주에는 새로 면역요법을 받기 시작했다. 위험이 없지 않은 방법이지만, 덕분에 몇 달만이라도 좋은 시간을 좀 더 누릴 수 있으면 좋겠다. 그런데 나는 치료에 돌입하기 전에 재밌는 일을 좀 하고 싶었다. 노스캐롤라이나로 가서 듀크 대학교에 있는 근사한 여우원숭이 연구센터를 구경하는 것이다. 여우원숭이는 모든 영장류를 탄생시킨 계통과 근연 관계가 가까운 종이다. 5000만 년 전 내 조상이 나무에서 살아가는 작은 생물로서 오늘날의 여우원숭이와 크게 다르지 않은 존재였을 것이라 상상하면 기분이 즐겁다. 나는 여우원숭이의 펄떡거리는 활력이 좋고, 호기심 많은 성격이 마음에 든다.

*

내 책상에서 납에게 할당된 동그라미 바로 옆자리는 비스무트의 땅이다. 호주에서 자연 상태로 발견된 비스무트도 있고, 볼리비아의 광산에서 날아온 작은 리무진 모양의 비스무트 덩어리들도 있고, 용융 상태에서 서서히 식어 아름다운 무지갯빛을 띠며 호피 원주민 마을처럼 층층이 테라스가 진 비스무트도 있고, 유클리드와 기하학의 아름다움을 보여주려는 듯이 원통과 구 모양을 한 비스무트도 있다.

비스무트는 83번 원소다. 나는 살아서 83번째 생일을 맞을 것 같지 않다. 그러나 주변에 온통 '83'이 널려 있는 것이 어쩐지 희망차게 느껴진다. 어쩐지 격려가 된다. 게다가 나는 금속을 사랑하는 사람들조차 눈길 주지 않고 무시하기 일쑤인 수수한 회색 금속 비스무트를 각별히 좋아한다. 의사로서 잘못된 취급을 받거나 하찮게 여겨지는 환자들에게 마음이 가는 내 성격은 무기물의 세계에까지 진출하여, 마찬가지로 여기에서도 비스무트에게 마음이 가고 마는 것이다.

내가 (84번째) 폴로늄 생일을 맞지 못할 것은 거의 확실하다. 강하고 살인적인 방사성을 띤 폴로늄을 주변에 놓아두고 싶은 마음도 없다. 하지만 한편으로 내 책상, 즉 나의 주기율표 반대쪽 끄트머리에는 아름답게 절삭된 (4번 원소) 베릴륨 조각이 놓여 있어 나의 어린 시절을 떠올리게 한다. 곧 끝날 내 인생이 얼마나 오래전에 시작된 것이었는지를.

여기서 내가 풀 수 없는, 그러나 기분 좋은 역설이 하나 있다. …
가장 인간적인 발명품인 언어는 이론적으로는
가능하지 않은 것을 가능하게 만들어준다.
언어가 있기에 우리 모두가, 그러니까 선천적으로
눈이 보이지 않는 사람까지도, 사람의 눈으로
세계를 볼 수 있지 않은가.

✱

《마음의 눈》에서

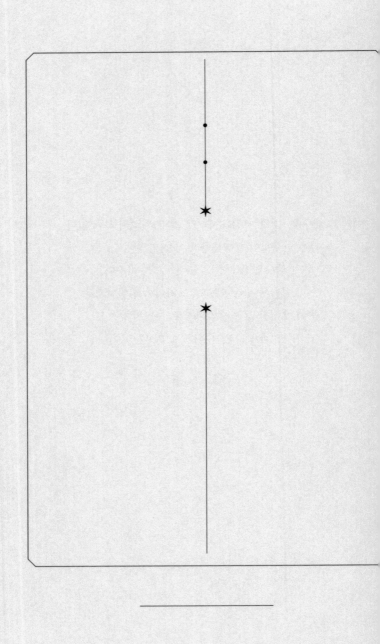

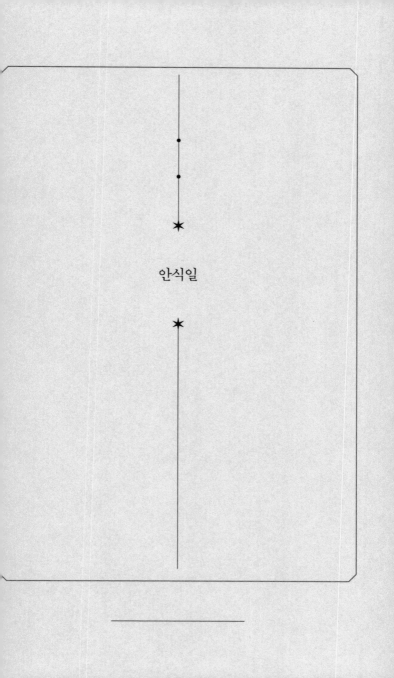

안식일

＊

어머니와 열일곱 명이나 되는 외삼촌과 이모들은 정통 유대
교 교육을 받으며 자랐다. 사진 속 외할아버지는 늘 야물케
yarmulke(정통파 유대인 남성이 늘 머리에 쓰고 있는 동그란 모자—
옮긴이)를 쓴 모습이고, 전해 듣기로는 주무시다가도 야물케
가 벗겨지면 깼다고 한다. 내 아버지도 정통 유대교 집안 출
신이었다. 부모님은 두 분 모두 네 번째 계명을 ("안식일을 기
억하여 거룩하게 지켜라") 깊이 새겼다. 안식일은 (우리 리투
아니아계 유대인의 말로는 '사바스Sabbath'가 아니라 '샤보스
Shabbos'였다) 주의 다른 날들과는 전혀 달랐다. 안식일에는 일
을 해선 안 되고, 운전도 해선 안 되며, 전화를 써서도 안 되었
다. 전등이나 난로를 켜는 것도 금지되었다. 부모님은 두 분

다 의사였기 때문에 예외를 두기는 했다. 전화기를 아예 내려 놓거나 운전을 전혀 안 할 수는 없었다. 꼭 필요하다면 환자를 보거나 수술을 하거나 아기를 받을 수 있어야 했다.

우리는 런던 북서부 크리클우드의 독실한 정통 유대인 마을에서 살았다. 정육점과 빵집, 식료품점, 청과물상, 생선 가게는 모두 샤보스에 맞춰 문을 닫았고, 일요일 오전에야 다시 셔터를 열었다. 우리는 그 상인들도 다른 이웃들도 다들 우리 가족과 거의 같은 방식으로 샤보스를 기념하고 있을 것이라 생각했다.

금요일 정오쯤 되면 어머니는 외과 의사의 정체성과 복장을 벗어던지고 게필테피시gefilte fish(생선살을 다져 완자로 빚은 뒤 차게 먹는 유대 요리—옮긴이) 같은 샤보스 음식을 만드는 데 몰두했다. 어둠이 내리기 직전, 어머니는 의식용 초를 켜고 손바닥을 동그랗게 모아 불꽃을 감싸고는 나지막하게 기도문을 읊조렸다. 우리는 모두 깨끗하고 산뜻한 샤보스 의복을 갖춰 입고서 안식일의 첫 끼니로 저녁을 먹기 위해 둘러앉았다. 아버지는 은으로 만든 포도주 잔을 치켜든 채 축복의 말과 키두쉬Kiddush(포도주로 행하는 축복의 의식이자 그때 하는 말—옮긴이)를 읊었고, 식사 후에는 다 함께 감사 기도를 낭송하도록 이끌었다.

토요일 아침, 세 형과 나는 부모님을 따라 웜레인에 있는 크리클우드 시나고그synagogue(유대교인들의 기도와 예배를 위한 장소—옮긴이)로 향했다. 그곳의 거대한 시나고그는 1930년대에 이스트엔드에서 크리클우드로 집단 이주한 유대인 주민들을 수용하고자 지어진 것이었다. 내가 어렸을 때는 시나고그가 늘 꽉 찼다. 사람들마다 각자에게 주어진 자리가 있었는데, 남자들은 아래층이었고 여자들은—어머니는 물론, 이모들과 여자 사촌들도—위층이었다. 어린 꼬마였던 나는 예배 중에 가끔 그들에게 손을 흔들었다. 나는 기도책에 적힌 히브리어를 읽을 줄 몰랐지만, 그래도 사람들이 그것을 읊는 소리가 좋았고, 음악성이 뛰어났던 하잔hazan(유대 예배를 인도하는 합창 지휘자—옮긴이)의 인도에 따라 사람들이 오래된 중세 기도를 노래할 때가 특히 좋았다.

예배 후 사람들은 시나고그 밖에서 뒤섞여 인사를 나눴다. 우리 가족은 보통 플로리 이모와 세 딸이 사는 집으로 걸어가서 달콤한 적포도주와 벌꿀 케이크를 점심 식욕을 자극할 정도로만 곁들이며 키두쉬를 나누었다. 그러고는 집에 와서 찬 음식으로만—게필테피시, 데친 연어, 비트로 만든 젤리—점심을 먹었고, 응급 호출이 부모님을 방해하지만 않는다면 토요일 오후는 온전히 친척들을 만나는 데 할애했다. 삼촌들과 이모들, 사촌들이 우리 집으로 와서 차를 마시거나 우리가 그들을 찾아갔다. 우리는 다들 걸어서 닿을 수 있는 거리에 살고 있었다.

*

크리클우드의 유대인 공동체 인구는 제2차 세계대전으로 격감했다. 영국 전체의 유대인 인구도 전후 수천 명이 줄었다. 내 사촌들을 포함해 많은 유대인이 이스라엘로 이주했고, 어떤 사람들은 호주나 캐나다, 미국으로 이주했다. 맏형 마커스는 1950년 호주로 떠났다. 남은 사람들은 영국 사회에 동화되어 희석되고 약화된 형태의 유대교를 따르는 경우가 많았다. 어릴 적에 수용 한계치까지 꽉꽉 들어찼던 우리 시나고그는 해가 갈수록 비어갔다.

1946년 나는 비교적 꽉 찬 시나고그에서 친척 수십 명과 함께 바르 미츠바Bar Mitzvah(유대교에서 남자아이가 13세가 되면 행하는 성인식으로 예배에서 그날의 기도문을 읽는다―옮긴이)

낭독을 했다. 그러나 내게는 그것이 공식적인 유대교 의식의 마지막이었다. 나는 성인 유대교 신자의 의례적 의무를—가령 매일 기도하는 것, 평일 아침 기도하기 전에 몸에 테필린 tefillin(이마와 팔에 가죽 끈으로 매다는 작은 성물함—옮긴이)을 두르는 것—따르지 않았고, 부모님의 신앙과 습관에도 차츰 무심해졌다. 그 과정에서 딱히 결정적인 단절의 계기 같은 것은 없었다. 하지만 내가 열여덟 살이 되었을 때 일이 벌어졌다. 아버지가 내 성적인 감정을 캐물으면서 남자를 좋아한다는 사실을 털어놓도록 몰아붙였던 것이다.

"아무 짓도 한 건 없어요." 나는 말했다. "그냥 감정뿐이에요. 하지만 엄마한텐 말하지 마세요. 엄마는 받아들이지 못할 거예요."

아니나 다를까, 아버지는 어머니에게 곧장 말했다. 이튿날 아침, 어머니는 경악스러운 표정으로 내려와 날카로운 목소리로 말했다. "혐오스러운 것. 너는 태어나지 말았어야 했어." (어머니는 틀림없이 레위기의 이 구절을 떠올렸을 것이다. "누구든 여자와 한자리에 들듯이 남자와 한자리에 든 자가 있으면 두 사람은 혐오스러운 짓을 한 것이니, 그들은 반드시 죽임을 당할 것이고 피를 흘려야 마땅할 것이니라.")

우리는 그 문제를 두 번 다시 언급하지 않았지만 어머니의 가혹한 말은 내게 종교가 얼마나 편협하고 잔인할 수 있는지를 깨닫게 해주었다.

나는 1960년에 의사 자격을 획득한 뒤 급작스럽게 영국을, 그리고 영국에 있던 가족과 공동체를 떠나 아는 사람 하나 없는 신대륙으로 향했다. 로스앤젤레스로 간 나는 머슬비치의 역도 선수들, 그리고 캘리포니아 대학교 로스앤젤레스 캠퍼스 신경학과의 동료 레지던트들 사이에서 나름의 공동체를 찾았다. 그러나 나는 내심 삶에서 그보다 더 깊은 관계를—'의미'를—갈망했다. 그리고 아마 그것이 없었기 때문에 1960년대에 자살에 가까울 정도로 암페타민에 중독되었던 게 아닐까 싶다.

회복은 더디게 진행됐다. 뉴욕 브롱크스의 만성질환 병원에서 의미 있는 일을 찾은 게 계기였다(《깨어남》에서 '마운트카멜' 병원이라고 말한 곳이다). 나는 그곳 환자들에게 매혹되었고, 그들에게 깊이 마음을 썼으며, 그들의 이야기를 세상에 들려주는 것이 내 사명이라고 느꼈다. 일반 대중, 나아가 동료 의사들 중에서도 많은 수는 전혀 모르는 것이나 다름없고 상상조차 하지 못하는 상황들에 대한 이야기를. 나는 소명

을 발견했고, 그것을 집요하게, 일편단심으로, 동료들의 격려
는 별로 받지 못한 채로 추구했다. 그러다 보니 거의 부지불식
간에 나는 의학적 내러티브가 거의 멸종한 시대의 이야기꾼이
되어 있었다. 그러나 시대가 그렇다는 사실이 나를 단념시키
지는 못했다. 왜냐하면 나는 스스로가 19세기의 위대한 신경
학 사례 연구들에 뿌리를 두고 있다고 느꼈기 때문이다(이 점
에서 위대한 러시아 신경심리학자 A. R. 루리아는 내게 격려
가 되었다). 이후 내가 오랫동안 이어갈 생활은 외롭지만 대단
히 만족스러운, 거의 수도사 같은 존재 양식이었다.

*

그러다 1990년대 들어 나는 동년배의 사촌 로버트 존 아
우만을 알게 됐다. 그는 운동선수 같은 건장한 체격에 희고 긴
턱수염을 기른 눈에 띄는 외모로, 예순 살밖에 되지 않았는데
도 그 때문에 꼭 고대의 현자처럼 보였다. 그는 대단한 지적
능력과 더불어 훌륭한 인간적 온기와 다정함 그리고 종교적
헌신을 가진 사람이었다. 실제로 '헌신'은 그가 가장 좋아하
는 단어 가운데 하나다. 그는 일에서는 경제학과 인간사의 합

리성을 옹호하는 입장이지만, 마음에서는 이성과 신앙이 전혀 충돌하지 않는다.

그는 현관문에 메주자mezuzah(성경 구절이 쓰인 양피지를 넣은 길쭉한 통으로, 유대인의 집임을 알리는 의미에서 문설주에 붙여둔다―옮긴이)를 달아줘야 한다고 우기면서 내게 줄 것을 이스라엘에서 하나 가져왔다. "자네가 안 믿는다는 건 알아. 그래도 어쨌든 하나 갖고 있어야 해." 그가 말했다. 나는 구태여 입씨름하지 않았다.

2004년 로버트 존은 흥미로운 인터뷰를 통해 수학과 게임 이론 분야에서 평생 해온 연구를 이야기하면서 자기 가족에 대해서도 언급했다. 서른 명에 가까운 자녀와 손주들을 죄다 끌고서 스키나 등산 여행을 간다는 얘기도 하고(코셔kosher[유대 율법이 명하는 음식 관련 지침들을 지키는 요리를 가리키는 표현―옮긴이] 요리사가 소스팬을 싸 짊어지고 따라간다고 했다), 자신에게 안식일이 얼마나 중요한가 하는 언급도 했다.

그는 이렇게 말했다. "안식일 준수는 아주 아름다운 행위입니다. 그것은 종교적인 사람이 아니고서는 불가능한 일이죠. 그것은 단지 사회를 향상시키는 일 따위가 아닙니다. 자신의 삶을 질적으로 향상시키는 시간입니다."

2005년 12월 로버트 존은 지난 50년 동안 경제학에서 근본적인 연구를 해온 대가로 노벨상을 받았다. 그는 노벨위원회에게 쉽지 않은 손님이었을 것이다. 그는 수많은 자녀와 손주들까지 거느리고서 스톡홀름으로 갔고, 그들 모두를 위해 특수한 코셔 식기와 음식은 물론이거니와 모직과 리넨을 섞어 쓰지 말라는 성경 말씀에 따라 특수하게 제작된 예복을 준비해야 했기 때문이다.

바로 그달에 나는 한쪽 눈에 암이 발생한 것을 발견했다. 치료를 위해 다음 달 병원에 입원했을 때 로버트 존이 문병을 왔다. 그는 노벨상과 스톡홀름에서 열린 시상식에 관해서 흥미진진한 이야기를 잔뜩 풀어놓았는데, 그러면서도 만에 하나 토요일에 스톡홀름에 가야 하는 상황이었다면 상을 거절했을 것이라는 말을 덧붙이기를 잊지 않았다. 안식일이 부여하는 완벽한 평화, 세상사로부터의 거리 두기에 대한 그의 헌신은 노벨상도 마다할 정도였던 것이다.

*

1955년 스물두 살이었던 나는 이스라엘에 가 몇 달 동안 키부츠에서 일한 적이 있었다. 그때는 즐거웠지만, 다시 가지는 않겠다고 결심했다. 아주 많은 사촌들이 그곳으로 이주해서 살고 있었음에도 불구하고 내게는 중동의 정치 상황이 심란하게 느껴졌고, 독실한 종교적 사회에 내가 어울리지 않을 것이라고 짐작했다. 그러나 2014년 봄 사촌 마저리가—한때 내 어머니의 제자로서 의사였던 마저리는 아흔여덟 살까지 일했다—죽어간다는 소식을 듣고 나는 작별 인사를 위해 예루살렘으로 전화를 걸었다. 뜻밖에도 그녀의 목소리는 강건하고 낭랑했다. 내 어머니를 쏙 빼닮은 억양이었다. 그녀가 말했다. "지금 당장 죽을 마음은 없어. 6월 18일 내 백 살 생일은 치러야지. 너도 올래?"

나는 대답했다. "그럴게요!" 전화를 끊자, 60년 가까이 고수해온 결심을 몇 초 만에 뒤집었다는 데 생각이 미쳤다. 그러나 어차피 그것은 순수한 가족 방문이었다. 나는 마저리의 100세 생일을 그녀와 그녀의 대가족과 함께 축하했다. 런던 시절에 친하게 지냈던 사촌을 두 명 더 만났고, 육촌이나 그보다 더 먼 친척은 셀 수도 없이 많이 만났으며, 물론 로버트 존도 만났다. 나는 유년기 이래 알지 못했던 방식으로 가족의 품에 안기는 기분이 들었다.

솔직히 나는 연인 빌리와 함께 정통 유대교 친척들을 찾아가는 것에 대해 다소 걱정하고 있었다. 어머니 말이 여태 머릿속에서 울리고 있었던 것이다. 하지만 그들은 빌리도 따뜻하게 환영해주었다. 정통 유대교 신자들 사이에서도 태도가 얼마나 크게 바뀌었는가 하는 것은 로버트 존이 빌리와 내게 안식일을 여는 첫 식사를 자신의 가족과 함께하자고 초대한 것만 봐도 알 수 있었다.

그날 안식일의 평화, 세상이 멈춘 평화, 시간 밖의 시간이 주는 평화는 꼭 손에 잡힐 듯했다. 주변 모든 것에 평화가 스며 있었다. 나는 어쩐지 노스탤지어에 가까운 애석한 감정에 젖어서 자꾸 '만약에'를 떠올렸다. 만약에 A와 B와 C가 달랐더라면 어땠을까? 만약에 그랬다면 나는 어떤 사람이 되었을까? 어떤 삶을 살았을까?

2014년 12월, 나는 자서전 《온 더 무브》의 원고를 마무리해 출판사에 넘겼다. 그때만 해도 불과 며칠 후 내가, 9년 전 눈에 발생했던 흑색종으로 인한 전이암에 걸린 사실을 알게 될 거라곤 꿈에도 생각지 못했다. 나는 그 사실을 알기 전에 자서전을 마무리한 것이 기쁘다. 그리고 평생 처음으로 세상을 숨김없이 마주해서 내 내면에 죄책감 어린 비밀을 가둬두지 않은 채, 나의 성적 취향까지 솔직하게 밝힐 수 있었던 것이 기쁘다.

2월이 되자 암에 대해서도, 내가 죽어가고 있다는 사실에 대해서도 마찬가지로 솔직하게 털어놓아야겠다는 생각이 들었다. 그 이야기를 쓴 글 '나의 생애'가 〈뉴욕타임스〉에 실리던 날 나는 병원에 있었다. 7월에도 같은 매체에 글을 썼다. '나의 주기율표'는 물리적 우주에 대해서, 또한 내가 사랑하는 원소들에 대해서 이야기한 글이다.

그리고 이제 쇠약해지고, 호흡이 가빠지고, 한때 단단했던 근육이 암에 녹아버린 지금, 나는 갈수록 초자연적인 것이나 영적인 것이 아니라 훌륭하고 가치 있는 삶이란 무엇인가 하는 문제로 생각이 쏠린다. 자신의 내면에서 평화를 느낀다는 게 무엇인가 하는 문제로. 안식일, 휴식의 날, 한 주의 일곱 번째 날, 나아가 한 사람의 인생에서 일곱 번째 날로 자꾸만 생각이 쏠린다. 우리가 자신이 할 일을 다 마쳤다고 느끼면서 떳떳한 마음으로 쉴 수 있는 그날로.

우리는 글 쓰는 과정에 대해서도 자주 이야기했는데
글이 휘몰아치는 시기든 막히는 시기든,
빛이 보이는 순간이든 암흑뿐인 순간이든
다 창조 과정의 본질임을 공감했다.

*

《온 더 무브》에서

★

내 작은 서가의 올리버

내 작은 서가에는 올리버 색스의 책만을 모아둔 공간이 있다. 우리 시대에 제일 사랑받은 신경과 의사이자 작가였던 색스의 책 10여 권이 모두 우리말로 번역되었다는 것은 생각할수록 고마운 일이다. 그리고 이제 그 칸의 맨 끝에, 이 얇은 책을 꽂는다.

색스는 여든 인생을 회고한 자서전을 마무리한 직후 불치병 진단을 받았다. 이 책에 실린 글들은 그 후에 쓰였는데, 그 사정은 케이트 에드거와 빌 헤이스의 서문에 잘 나와 있다. 빌 헤이스는 색스와 말년을 함께한 연인이었고, 케이트 에드거는 오랫동안 색스의 집필을 거든 개인 편집자 겸 비서였다. 색스는 이들의 보살핌을 받으면서 생애 마지막 글을 썼고, 이제 남은 두 사람이 그를 대신해 독자들에게 건네는 마지막 선물과도 같은 이 책을 묶어 낸 것이다.

　마지막 선물치고는 너무 얇은 책을 손에 쥐면, 부질없는 상상인 줄 알지만 묻지 않을 수 없다. 그에게 시간이 좀 더 있었다면 어땠을까? 색스는 2014년 12월에 진단을 받고 2015년 8월에 사망했으니 삶을 정리할 시간이 꼭 8개월 있었다. 다만 2, 3년이라도 더 시간이 주어졌더라면 그는 어떤 글을 남겼을까? 질병의 의학적 드라마와 인간적 드라마를 하나로 엮어 인간 존재의 특수하고 보편적인 측면을 동시에 보여주었던 그답게, 쇠락해가는 자신의 육체와 정신을 마치 제3자처럼 의사의 눈으로 관찰해 분석하는 동시에 여느 때처럼 유머와 지적인 낙관으로 노년기의 변화에 적응하려 노력하는 자기 이야기를 들려주지 않았을까? 의학의 시인으로 불렸던 그가 쓴 노년과 죽음의 책을 볼 기회가 없다니, 이미 존재했던 책을 잃어버리기라도 한 것처럼 원망스럽다.

　그러나 그가 8개월간 쓸 수 있었던 최선의 결과인 이 책에서 우리는 쓰이지 않은 이야기까지 충분히 읽어낼 수 있다. 시간이 얼마 남지 않았기에 중요하지 않은 것에는 단어 하나 쓸 여유도 없어 정제하고 또 정제한 문장들에는, 죽음을 앞두

고 두려움과 아쉬움을, 무엇보다 감사를 느끼는 한 인간의 모
습이 따뜻하게 담겨 있다.

혹시 이 책으로 작가 올리버 색스를 처음 만나는 독자가
있다면, 그는 운이 좋다. 여기에 짧게만 언급된 일화들이 모두
제각각 한 권의 책으로 쓰여 있으니 앞으로 읽을 목록이 넘치
기 때문이다. 그가 마흔 살에 죽을 줄 알았다는 이야기가 궁금
하다면《나는 침대에서 내 다리를 주웠다》를 펼치면 되고, 암
페타민 중독에서 벗어난 계기였다는 병원 이야기는《깨어남》
에 담겨 있으며, 화학 주기율표에 대한 사랑 고백은《엉클 텅
스텐》에서 더 읽을 수 있다. 물론 이 책의 전편 혹은 본론 격인
자서전《온 더 무브》도 빼놓을 수 없다.

그리고 이미 색스를 좋아하던 독자에게는… 글쎄, 별다른
말이 필요하지 않을 듯하다. 나는 많은 독자들이 나처럼 색스
의 책이 여럿 꽂힌 책장에 이 책을 살며시 끼워두는 모습을 떠
올릴 수 있다. 그것은 색스가 인생에서 가장 즐거운 일이었다
고 말한 '독자들과의 특별한 교제'가 완성되는 모습이다. 그리
고 우리는, 역시 색스의 말을 빌리자면 "이 아름다운 행성에서
지각 있는 존재이자 생각하는 동물로 살면서" 이런 작가와 교
제를 나눌 수 있었던 우리의 시간이 "그 자체만으로도 엄청난

특권이자 모험"임을 느낄 수 있다.

평생 아름다운 만년필 글씨로 일기 1000여 권과 그보다 많은 편지를 썼던 색스가 남긴 이 마지막 글들은 그가 세상과 우리에게 보내는 작별의 편지들이다. 나는 아마 나란히 꽂힌 그의 책들 중에서도 이 작은 책을 가장 자주 떠올릴 것이다. 시간이 흘러도 그럴 것이다. 아니, 세월이 흘러 내가 나이 들수록 점점 더 그럴 것이다.

___ 옮긴이 김명남

우리는 자신의 속도와 시간에 얽매여 있음에도 불구하고,
상상력을 통해 모든 속도와 시간을 넘볼 수 있게 되었다.

*

《의식의 강》에서

Gratitude

**I am now face to face with dying,
but I am not finished with living.**

✳

In this quartet of essays, written in the last two years of his life, Oliver Sacks faces aging, illness, and death with remarkable grace and clarity. The first essay, "Mercury," written in one sitting just days before his eightieth birthday in July 2013, celebrates the pleasures of old age—without dismissing the frailties of body and mind that may come with it.

Eighteen months later, shortly after completing a final draft of his memoir *On the Move*, Dr. Sacks learned that the rare form of melanoma in his eye, first diagnosed in 2005, had metastasized to his liver. There were very few treatment options for this particular type of cancer, and his physicians prognosticated that he might have as little as six months to live. Within days he had completed the essay "My Own Life," in which he expressed his overwhelming feeling of appreciation for a life well lived. And yet he hesitated to publish this immediately: Was it premature? Did he want to go public with the news of his terminal illness? A month later, literally as he entered surgery for a treatment that would give him several extra months of active life, he asked to have the essay sent to *The New York Times*, where it was published the next day. The enormous and sympathetic reaction to "My Own Life" was immensely gratifying to him.

In May, June, and early July of 2015, he enjoyed relative good health—writing, swimming, playing piano, and traveling. He wrote several essays during this period, including "My Periodic Table," in which he reflects on his lifelong love for the periodic table of the elements and on his own mortality.

By August, Dr. Sacks' health was declining rapidly, but he devoted his last energies to writing. The final piece in this book, "Sabbath," was particularly important to him, and he went over every word of the essay time and again, distilling it to its essence. It was published two weeks before his death on August 30, 2015.

_____ Kate Edgar and Bill Hayes

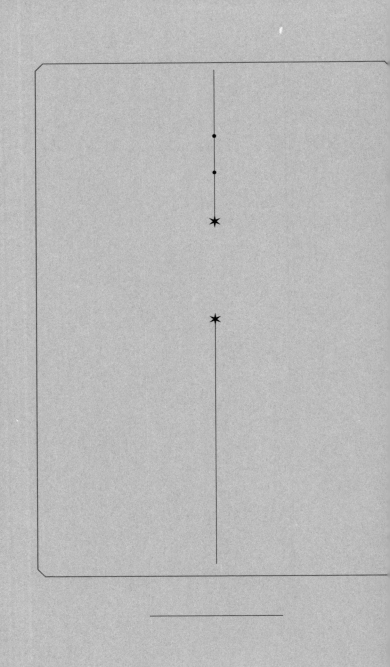

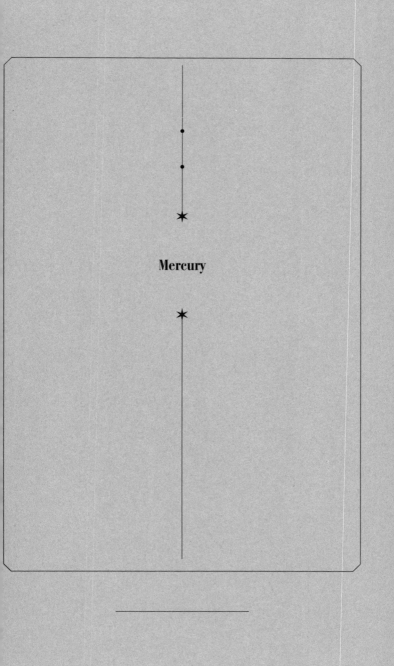

Mercury

✳

Last night I dreamed about mercury—huge, shining globules of quicksilver rising and falling. Mercury is element number 80, and my dream is a reminder that on Tuesday, I will be eighty myself.

Elements and birthdays have been intertwined for me since boyhood, when I learned about atomic numbers. At eleven, I could say "I am sodium" (element 11), and now at seventy-nine, I am gold. A few years ago, when I gave a friend a bottle of mercury for his eightieth birthday—a special bottle that could neither leak nor break—he gave me a peculiar look, but later sent me a charming letter in which he joked, "I take a little every morning for my health."

Eighty! I can hardly believe it. I often feel that life is about to begin, only to realize it is almost over. My mother was the sixteenth of eighteen children; I was the youngest of her four sons, and almost the youngest of the vast cousinhood on her side of the family. I was always the youngest boy in my class at high school. I have retained this feeling of being the youngest, even though now I am almost the oldest person I know.

I thought I would die at forty-one, when I had a bad fall and broke a leg while mountaineering alone. I splinted the leg as best I could and started to lever myself down the mountain, clumsily, with my arms. In the long hours that followed, I was assailed by memories, both good and bad. Most were in a mode of gratitude—gratitude for what I had been given by others, gratitude too that I had been able to give something back. *Awakenings*, my second book, had been published the previous year.

At nearly eighty, with a scattering of medical and surgical problems, none disabling, I feel glad to be alive—"I'm glad

I'm not dead!" sometimes bursts out of me when the weather is perfect. (This is in contrast to a story I heard from a friend who, walking with Samuel Beckett in Paris on a perfect spring morning, said to him, "Doesn't a day like this make you glad to be alive?" to which Beckett answered, "I wouldn't go as far as that.") I am grateful that I have experienced many things—some wonderful, some horrible—and that I have been able to write a dozen books, to receive innumerable letters from friends, colleagues, and readers, and to enjoy what Nathaniel Hawthorne called "an intercourse with the world."

I am sorry I have wasted (and still waste) so much time; I am sorry to be as agonizingly shy at eighty as I was at twenty; I am sorry that I speak no languages but my mother tongue and that I have not traveled or experienced other cultures as widely as I should have done.

I feel I should be trying to complete my life, whatever "completing a life" means. Some of my patients in their nineties or hundreds say *nunc dimittis*—"I have had a full life, and now I am ready to go." For some of them, this means going to heaven—it is always heaven rather than hell, though Samuel Johnson and James Boswell both quaked at the thought of going to hell and got furious with David Hume, who entertained no such beliefs. I have no belief in (or desire for) any postmortem existence, other than in the memories of friends and the hope that some of my books may still "speak" to people after my death.

W. H. Auden often told me he thought he would live to eighty and then "bugger off" (he lived only to sixty-seven). Though it is forty years since his death, I often dream of him, and of my parents and of former patients—all long gone but loved and important in my life.

At eighty, the specter of dementia or stroke looms. A third of one's contemporaries are dead, and many more, with profound mental or physical damage, are trapped in a tragic and minimal existence. At eighty, the marks of decay are all too visible. One's reactions are a little slower, names more frequently elude one, and one's energies must be husbanded, but even so, one may often feel full of energy and life and not at all "old." Perhaps, with luck, I will make it, more or less intact, for another few years and be granted the liberty to continue to love and work, the two most important things, Freud insisted, in life.

When my time comes, I hope I can die in harness, as Francis Crick did. When he was told that his colon cancer had returned, at first he said nothing; he simply looked into the distance for a minute and then resumed his previous train of thought. When pressed about his diagnosis a few weeks later, he said, "Whatever has a beginning must have an ending." When he died, at eighty-eight, he was still fully engaged in his most creative work.

My father, who lived to ninety-four, often said that the eighties had been one of the most enjoyable decades of his life. He felt, as I begin to feel, not a shrinking but an enlargement of mental life and perspective. One has had a long experience of life, not only one's own life, but others' too. One has seen triumphs and tragedies, booms and busts, revolutions and wars, great achievements and deep ambiguities too. One has seen grand theories rise, only to be toppled by stubborn facts. One is more conscious of transience and, perhaps, of beauty. At eighty, one can take a long view and have a vivid, lived sense of history not possible at an earlier age. I can imagine, feel in my bones, what a century is like, which I could not do when I was forty or sixty. I do not think of old age as an ever grimmer time that one must somehow endure and make the best of, but as a time of leisure and freedom, freed from the factitious urgencies of earlier days, free to explore whatever I wish, and to bind the thoughts and feelings of a lifetime together.

I am looking forward to being eighty.

We occasionally talked about the process of writing,
the rushes and stoppages, the illuminations and darknesses,
which seemed to be part and parcel of the creative process.

*

On the Move

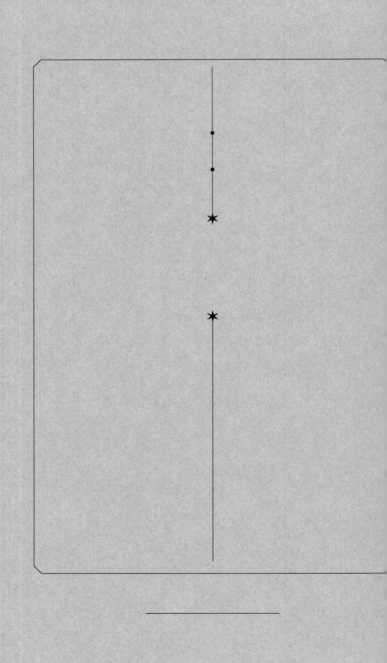

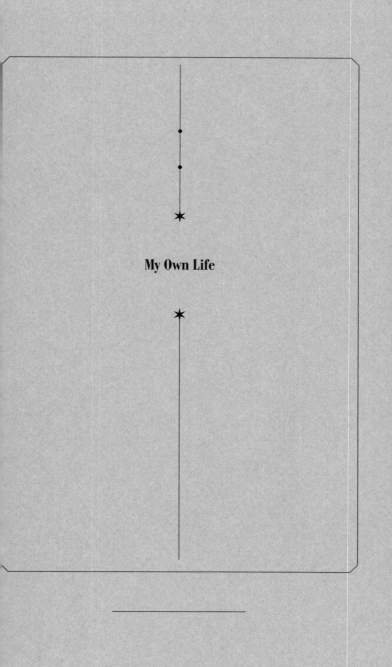

My Own Life

✳

A month ago, I felt that I was in good health, even robust health. At eighty-one, I still swim a mile a day. But my luck has run out—a few weeks ago I learned that I have multiple metastases in the liver. Nine years ago it was discovered that I had a rare tumor of the eye, an ocular melanoma. The radiation and lasering to remove the tumor ultimately left me blind in that eye. But though ocular melanomas metastasize in perhaps fifty percent of cases, given the particulars of my own case, the likelihood was much smaller. I am among the unlucky ones.

I feel grateful that I have been granted nine years of good

health and productivity since the original diagnosis, but now I am face-to-face with dying. The cancer occupies a third of my liver, and though its advance may be slowed, this particular sort of cancer cannot be halted.

It is up to me now to choose how to live out the months that remain to me. I have to live in the richest, deepest, most productive way I can. In this I am encouraged by the words of one of my favorite philosophers, David Hume, who, upon learning that he was mortally ill at age sixty-five, wrote a short autobiography in a single day in April of 1776. He titled it "My Own Life."

"I now reckon upon a speedy dissolution," he wrote. "I have suffered very little pain from my disorder; and what is more strange, have, notwithstanding the great decline of my person, never suffered a moment's abatement of my spirits … I possess the same ardour as ever in study, and the same gaiety in company."

I have been lucky enough to live past eighty, and the fifteen years allotted to me beyond Hume's three score and five have been equally rich in work and love. In that time, I have published five books and completed an autobiography (rather longer than Hume's few pages); I have several other books nearly finished.

Hume continued, "I am ... a man of mild dispositions, of command of temper, of an open, social, and cheerful humour, capable of attachment, but little susceptible of enmity, and of great moderation in all my passions."

Here I depart from Hume. While I have enjoyed loving relationships and friendships and have no real enmities, I cannot say (nor would anyone who knows me say) that I am a man of mild dispositions. On the contrary, I am a man of vehement disposition, with violent enthusiasms, and extreme immoderation in all my passions.

And yet, one line from Hume's essay strikes me as especially true: "It is difficult," he wrote, "to be more detached from life than I am at present."

Over the last few days, I have been able to see my life as from a great altitude, as a sort of landscape, and with a deepening sense of the connection of all its parts. This does not mean I am finished with life. On the contrary, I feel intensely alive, and I want and hope in the time that remains to deepen my friendships, to say farewell to those I love, to write more, to travel if I have the strength, to achieve new levels of understanding and insight.

This will involve audacity, clarity, and plain speaking; trying to straighten my accounts with the world. But there will be time too for some fun (and even some silliness, as well).

I feel a sudden clear focus and perspective. There is no time for anything inessential. I must focus on myself, my work, and my friends. I shall no longer look at the *NewsHour* every night. I shall no longer pay any attention to politics or arguments about global warming.

This is not indifference but detachment—I still care deeply about the Middle East, about global warming, about growing inequality, but these are no longer my business; they belong to the future. I rejoice when I meet gifted young people—even the one who biopsied and diagnosed my metastases. I feel the future is in good hands.

I have been increasingly conscious, for the last ten years or so, of deaths among my contemporaries. My generation is on the way out, and each death I have felt as an abruption, a tearing away of part of myself. There will be no one like us when we are gone, but then there is no one like anyone else, ever. When people die, they cannot be replaced. They leave holes that cannot be filled, for it is the fate—the genetic and neural fate—of every human being to be a unique individual, to find his own path, to live his own life, to die his own death.

I cannot pretend I am without fear. But my predominant feeling is one of gratitude. I have loved and been loved; I have been given much and I have given something in return; I have read and traveled and thought and written. I have had an intercourse with the world, the special intercourse of writers and readers.

Above all, I have been a sentient being, a thinking animal, on this beautiful planet, and that in itself has been an enormous privilege and adventure.

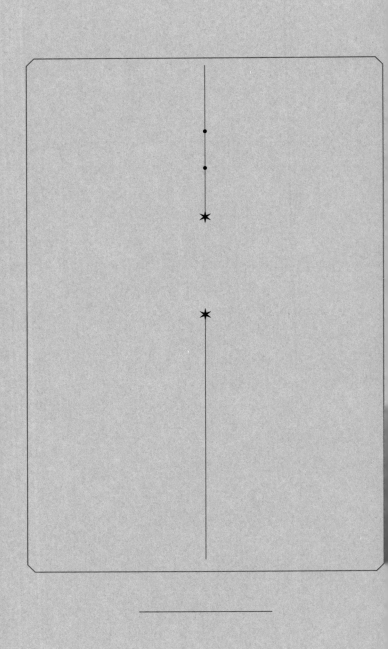

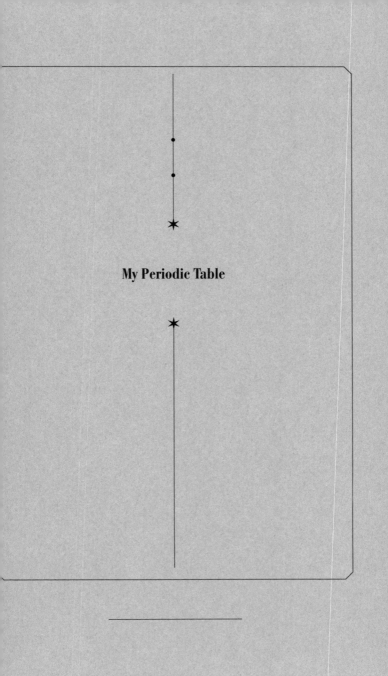

My Periodic Table

✳

I look forward eagerly, almost greedily, to the weekly arrival of journals like *Nature* and *Science*, and turn at once to articles on the physical sciences—not, as perhaps I should, to articles on biology and medicine. It was the physical sciences that provided my first enchantment as a boy.

In a recent issue of *Nature*, there was a thrilling article by the Nobel Prize–winning physicist Frank Wilczek on a new way of calculating the slightly different masses of neutrons and protons. The new calculation confirms that neutrons are very slightly heavier than protons, the ratio of their masses being 939.56563 to 938.27231—a trivial difference, one might think, but if it were otherwise the universe as we know it could never have developed. The ability to calculate this, Dr. Wilczek wrote, "encourages us to predict a future in which nuclear physics reaches the level of precision and versatility that atomic physics has already achieved"—a revolution that, alas, I will never see.

Francis Crick was convinced that "the hard problem"—understanding how the brain gives rise to consciousness—would be solved by 2030. "You will see it," he often said to my neuroscientist friend Ralph, "and you may too, Oliver, if you live to my age." Crick lived to his late eighties, working and thinking about consciousness till the last. Ralph died prematurely, at age fifty-two, and now I am terminally ill, at the age of eighty-two. I have to say that I am not too exercised by "the hard problem" of consciousness—indeed, I do not see it as a problem at all; but I am sad that I will not see the new nuclear physics that Dr. Wilczek envisages, nor a thousand other breakthroughs in the physical and biological sciences.

✳

A few weeks ago, in the country, far from the lights of the city, I saw the entire sky "powdered with stars" (in Milton's words); such a sky, I imagined, could be seen only on high, dry plateaus like that of Atacama in Chile (where some of the world's most powerful telescopes are). It was this celestial splendor that suddenly made me realize how little time, how little life, I had left. My sense of the heavens' beauty, of eternity, was inseparably mixed for me with a sense of transience—and death.

I told my friends Kate and Allen, "I would like to see such a sky again when I am dying."

"We'll wheel you outside," they said.

I have been comforted, since I wrote in February about having metastatic cancer, by the hundreds of letters I have received, the expressions of love and appreciation, and the sense that (despite everything) I may have lived a good and useful life. I remain very glad and grateful for all this—yet none of it hits me as did that night sky full of stars.

I have tended since early boyhood to deal with loss—losing people dear to me—by turning to the nonhuman. When I was sent away to a boarding school as a child of six, at the outset of the Second World War, numbers became my friends; when I returned to London at ten, the elements and the periodic table became my companions. Times of stress throughout my life have led me to turn, or return, to the physical sciences, a world where there is no life, but also no death.

And now, at this juncture, when death is no longer an abstract concept, but a presence—an all-too-close, not-to-be-denied presence—I am again surrounding myself, as I did when I was a boy, with metals and minerals, little emblems of eternity. At one end of my writing table, I have element 81 in a charming box, sent to me by element-friends in England: It says, "Happy Thallium Birthday," a souvenir of my eighty-first birthday last July; then, a realm devoted to lead, element

82, for my just celebrated eighty-second birthday earlier this month. Here too is a little lead casket, containing element 90, thorium, crystalline thorium, as beautiful as diamonds, and, of course, radioactive—hence the lead casket.

✳

At the start of the year, in the weeks after I learned that I had cancer, I felt pretty well, despite my liver being half-occupied by metastases. When the cancer in my liver was treated in February by the injection of tiny beads into the hepatic arteries—a procedure called embolization—I felt awful for a couple of weeks but then super-well, charged with physical and mental energy. (The metastases had almost all been wiped out by the embolization.) I had been given not a remission, but an intermission, a time to deepen friendships, to see patients, to write, and to travel back to my homeland, England. People could scarcely believe at this time that I had a terminal condition, and I could easily forget it myself.

This sense of health and energy started to decline as May moved into June, but I was able to celebrate my eighty-second birthday in style. (Auden used to say that one should always celebrate one's birthday, no matter how one felt.) But now, I have some nausea and loss of appetite; chills in the day, sweats at night; and, above all, a pervasive tiredness, with sudden exhaustion if I overdo things. I continue to swim daily, but more slowly now, as I am beginning to feel a little short of breath. I could deny it before, but I know I am ill now. A CT scan on July 7 confirmed that the metastases had not only regrown in my liver but had now spread beyond it as well.

I started a new sort of treatment—immunotherapy—last week. It is not without its hazards, but I hope it will give me a few more good months. But before beginning this, I wanted to have a little fun: a trip to North Carolina to see the wonderful lemur research center at Duke University. Lemurs are close to the ancestral stock from which all primates arose, and I am happy to think that one of my own ancestors, fifty million years ago, was a little tree-dwelling creature not so dissimilar to the lemurs of today. I love their leaping vitality, their inquisitive nature.

✶

Next to the circle of lead on my table is the land of bismuth: naturally occurring bismuth from Australia; little limousine-shaped ingots of bismuth from a mine in Bolivia; bismuth slowly cooled from a melt to form beautiful iridescent crystals terraced like a Hopi village; and, in a nod to Euclid and the beauty of geometry, a cylinder and a sphere made of bismuth.

Bismuth is element 83. I do not think I will see my eighty-third birthday, but I feel there is something hopeful, something encouraging, about having "83" around. Moreover, I have a soft spot for bismuth, a modest grey metal, often unregarded, ignored, even by metal lovers. My feeling as a doctor for the mistreated or marginalized extends into the inorganic world and finds a parallel in my feeling for bismuth.

I almost certainly will not see my polonium (eighty-fourth) birthday, nor would I want any polonium around, with its intense, murderous radioactivity. But then, at the other end of my table—my periodic table—I have a beautifully machined piece of beryllium (element 4) to remind me of my childhood, and of how long ago my soon-to-end life began.

In this way, stuck though we are in our own speed and time, we can, in imagination, enter all speeds, all time.

*

The River of Consciousness

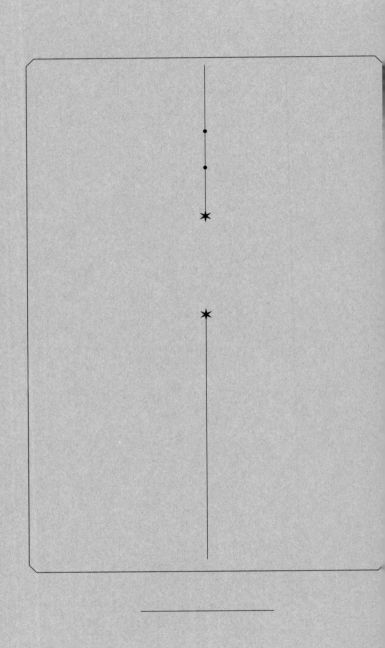

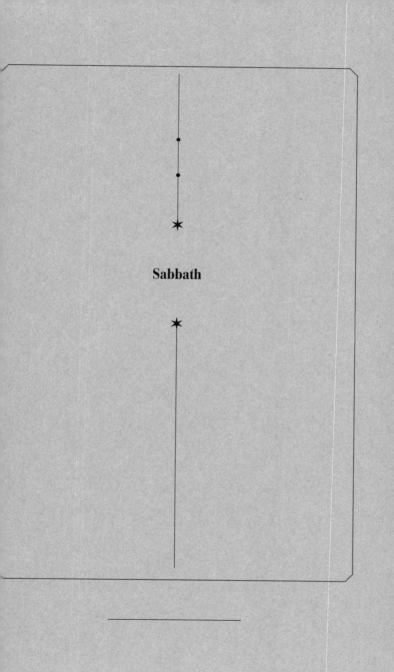

Sabbath

*

My mother and her seventeen brothers and sisters had an Orthodox upbringing—all photographs of their father show him wearing a yarmulke, and I was told that he woke up if it fell off during the night. My father too came from an Orthodox background. Both my parents were very conscious of the Fourth Commandment ("Remember the Sabbath day, to keep it holy"), and the Sabbath (Shabbos, as we called it in our Litvak way) was entirely different from the rest of the week. No work was allowed, no driving, no use of the telephone; it was forbidden to switch on a light or a stove. Being physicians, my parents made exceptions. They could not take the phone off the hook or completely avoid driving; they had to be available, if necessary, to see patients, or operate, or deliver babies.

We lived in a fairly Orthodox Jewish community in Cricklewood, in Northwest London—the butcher, the baker, the grocer, the greengrocer, the fishmonger, all closed their shops in good time for the Sabbath, and did not open their shutters till Sunday morning. All of them, and all our neighbors, we imagined, were celebrating Shabbos in much the same fashion as we did.

Around midday on Friday, my mother doffed her surgical identity and attire and devoted herself to making gefilte fish and other delicacies for Shabbos. Just before evening fell, she would light the ritual candles, cupping their flames with her hands, and murmuring a prayer. We would all put on clean, fresh Shabbos clothes, and gather for the first meal of the Sabbath, the evening meal. My father would lift his silver wine cup and chant the blessings and the Kiddush, and after the meal, he would lead us all in chanting the grace.

On Saturday mornings, my three brothers and I trailed

our parents to Cricklewood Synagogue on Walm Lane, a huge shul built in the 1930s to accommodate part of the exodus of Jews from the East End to Cricklewood at that time. The shul was always full during my boyhood, and we all had our assigned seats, the men downstairs, the women—my mother, various aunts and cousins—upstairs; as a little boy, I sometimes waved to them during the service. Though I could not understand the Hebrew in the prayer book, I loved its sound and especially hearing the old medieval prayers sung, led by our wonderfully musical hazan.

All of us met and mingled outside the synagogue after the service—and we would usually walk to the house of my Auntie Florrie and her three children to say a Kiddush, accompanied by sweet red wine and honey cakes, just enough to stimulate our appetites for lunch. After a cold lunch at home—gefilte fish, poached salmon, beetroot jelly—Saturday afternoons, if not interrupted by emergency medical calls for my parents, would be devoted to family visits. Uncles and aunts and cousins would visit us for tea, or we them; we all lived within walking distance of one another.

✳

The Second World War decimated our Jewish community in Cricklewood, and the Jewish community in England as a whole was to lose thousands of people in the postwar years. Many Jews, including cousins of mine, emigrated to Israel; others went to Australia, Canada, or the States; my eldest brother, Marcus, went to Australia in 1950. Many of those who stayed assimilated and adopted diluted, attenuated forms of Judaism. Our synagogue, which would be packed to capacity when I was a child, grew emptier by the year.

I chanted my bar mitzvah portion in 1946 to a relatively full synagogue, including several dozen of my relatives, but this, for me, was the end of formal Jewish practice. I did not embrace the ritual duties of a Jewish adult—praying every day, putting on tefillin before prayer each weekday morning—and I gradually became more indifferent to the beliefs and habits of my parents, though there was no particular point of rupture until I was eighteen. It was then that my father, enquiring into my sexual feelings, compelled me to admit that I liked boys.

"I haven't done anything," I said, "it's just a feeling—but don't tell Ma, she won't be able to take it."

He did tell her, and the next morning she came down with a look of horror on her face, and shrieked at me: "You are an abomination. I wish you had never been born." (She was no doubt thinking of the verse in Leviticus that read, "If a man also lie with mankind, as he lieth with a woman, both of them have committed an abomination: They shall surely be put to death; their blood shall be upon them.")

The matter was never mentioned again, but her harsh words made me hate religion's capacity for bigotry and cruelty.

After I qualified as a doctor in 1960, I removed myself abruptly from England and what family and community I had there, and went to the New World, where I knew nobody.

When I moved to Los Angeles, I found a sort of community among the weight lifters on Muscle Beach, and with my fellow neurology residents at U.C.L.A., but I craved some deeper connection—"meaning"—in my life, and it was the absence of this, I think, that drew me into near-suicidal addiction to amphetamines in the 1960s.

Recovery started, slowly, as I found meaningful work in New York, in a chronic care hospital in the Bronx (the "Mount Carmel" I wrote about in *Awakenings*). I was fascinated by my patients there, cared for them deeply, and felt something of a mission to tell their stories—stories of situations virtually unknown, almost unimaginable, to the general public and, indeed, to many of my colleagues. I had discovered my vocation, and this I pursued doggedly, single-mindedly, with little encouragement from my colleagues. Almost unconsciously, I became a storyteller at a time when medical narrative was almost extinct. This did not dissuade me, for I felt my roots lay in the great neurological case histories of the nineteenth century (and I was encouraged here by the great

Russian neuropsychologist A. R. Luria). It was a lonely but deeply satisfying, almost monkish existence that I was to lead for many years.

*

During the 1990s, I came to know a cousin and contemporary of mine, Robert John Aumann, a man of remarkable appearance with his robust, athletic build and long white beard that made him, even at sixty, look like an ancient sage. He is a man of great intellectual power but also of great human warmth and tenderness, and deep religious commitment—indeed, "commitment" is one of his favorite words. Although, in his work, he stands for rationality in economics and human affairs, there is no conflict for him between reason and faith.

He insisted I have a mezuza on my door, and brought me one from Israel. "I know you don't believe," he said, "but you should have one anyhow." I didn't argue.

In a remarkable 2004 interview, Robert John spoke of his lifelong work in mathematics and game theory, but also of his family—how he would go skiing and mountaineering with some of his nearly thirty children and grandchildren (a kosher cook, carrying saucepans, would accompany them), and the importance of the Sabbath to him.

"The observance of the Sabbath is extremely beautiful," he said, "and is impossible without being religious. It is not even a question of improving society—it is about improving one's own quality of life."

In December of 2005, Robert John received a Nobel Prize for his fifty years of fundamental work in economics. He was not entirely an easy guest for the Nobel Committee, for he went to Stockholm with his family, including many of those children and grandchildren, and all had to have special kosher plates, utensils, and food, and special formal clothes, with no biblically forbidden admixture of wool and linen.

That same month, I was found to have cancer in one eye, and while I was in the hospital for treatment the following month, Robert John visited. He was full of entertaining stories about the Nobel Prize and the ceremony in Stockholm, but made a point of saying that, had he been compelled to travel to Stockholm on a Saturday, he would have refused the prize. His commitment to the Sabbath, its utter peacefulness and remoteness from worldly concerns, would have trumped even a Nobel.

✳

In 1955, as a twenty-two-year-old, I went to Israel for several months to work on a kibbutz, and though I enjoyed it, I decided not to go again. Even though so many of my cousins had moved there, the politics of the Middle East disturbed me, and I suspected I would be out of place in a deeply religious society. But in the spring of 2014, hearing that my cousin Marjorie—a physician who had been a protégée of my mother's and had worked in the field of medicine till the age of ninety-eight—was nearing death, I phoned her in Jerusalem to say farewell. Her voice was unexpectedly strong and resonant, with an accent very much like my mother's. "I don't intend to die now," she said; "I will be having my hundredth birthday on June eighteenth. Will you come?"

I said, "Yes, of course!" When I hung up, I realized that I had, within a few seconds, reversed a decision of almost sixty years. It was purely a family visit. I celebrated Marjorie's hundredth birthday with her and extended family. I saw two other cousins dear to me in my London days, innumerable second and removed cousins, and, of course, Robert John. I felt embraced by my family in a way I had not known since childhood.

I had felt a little fearful visiting my Orthodox family with my lover, Billy—my mother's words still echoed in my mind— but Billy too was warmly received. How profoundly attitudes had changed, even among the Orthodox, was made clear by Robert John when he invited Billy and me to join him and his family at their opening Sabbath meal.

The peace of the Sabbath, of a stopped world, a time

outside time, was palpable, infused everything, and I found myself drenched with a wistfulness, something akin to nostalgia, wondering what if: What if A and B and C had been different? What sort of person might I have been? What sort of a life might I have lived?

In December 2014, I completed my memoir, *On the Move*, and gave the manuscript to my publisher, not dreaming that days later I would learn I had metastatic cancer, coming from the melanoma I had in my eye nine years earlier. I am glad I was able to complete my memoir without knowing this, and that I had been able, for the first time in my life, to make a full and frank declaration of my sexuality, facing the world openly, with no more guilty secrets locked up inside me.

In February, I felt I had to be equally open about my cancer—and facing death. I was, in fact, in the hospital when my essay on this, "My Own Life," was published in *The New York Times*. In July I wrote another piece for the paper, "My Periodic Table," in which the physical cosmos, and the elements I loved, took on lives of their own.

And now, weak, short of breath, my once-firm muscles melted away by cancer, I find my thoughts, increasingly, not on the supernatural or spiritual but on what is meant by living a good and worthwhile life—achieving a sense of peace within oneself. I find my thoughts drifting to the Sabbath, the day of rest, the seventh day of the week, and perhaps the seventh day of one's life as well, when one can feel that one's work is done, and one may, in good conscience, rest.

I don't so much fear death as I do wasting life.

∗

Oliver, 2009. 10. 31

고마워하겠습니다

오은

고맙습니다
생각할 수 있다는 것은 얼마나 다행인지
아침 햇살에
점심 발걸음에
저녁 어스름에
오늘을 새길 수 있다는 것은
매번 얼마나 숨이 트이는 일인지

고맙습니다
표현할 수 있다는 것은 얼마나 다행인지
아직 늦지 않았다는 것은
눈을 마주칠 수 있다는 것은

기꺼이 열 수 있는 귀가 있다는 것은
말을 들어줄 당신이 내 앞에 있다는 것은
또 얼마나 기쁜 일인지

주기율표가 있어서
우리 모두가 공평하게 수소로 태어난다는 것이
너와 나의 거리를 파악할 수 있다는 것이
그 거리를 억지로 좁히려 애쓰지 않아도 된다는 것이
나의 차례를 묵묵히 기다릴 수 있다는 것이
매년, 견주어 헤아릴 게 있다는 것이
마침내 내년을 기약할 수 있다는 것이

고맙습니다

저는 스칸듐의 시기에 시를 쓰기 시작했습니다
스칸듐은 희귀한 금속이라고 합니다
니켈의 시기에 제 이름으로 시집을 갖게 되었습니다
시집을 내고 얼마 뒤 목숨을 잃을 뻔했습니다
니켈은 지구의 내핵과 외핵을 구성하는 원소라고 합니다

공기 중에서 변하지 않는다고 합니다
니켈의 시기를 관통하며
변한 것과 변하지 않은 것이 있었습니다
변함없이 시를 쓰고 있습니다

저는 지금 브로민의 시기를 지나고 있습니다
브로민은 부식성이 매우 강하다고 합니다
악취가 난다고 합니다
숨을 참으며 숨을 고르며
녹슬지 않기 위해 하루하루를 견디고 있습니다

제 이름은 은銀입니다
마흔일곱 살이 되는 날,
저는 또다시 당신을 떠올릴 겁니다
주기율표를 들여다보며
"여기까지 왔다"고 스스로를 다독일 겁니다
그때도 저는 시를 쓰고 있을 겁니다
사람일 겁니다
인간일 겁니다

사람과 사람 사이에 있을 겁니다

이 행성은 점점 아름다움을 잃고 있습니다
정상과 비정상을 가르는 편견에
도처에 널린 차별이란 폭력에

당신은 편견과 폭력과 싸운 사람입니다

고맙습니다
당신 덕분에 편견과 폭력과 싸울 용기를 얻었습니다
제가 마주할 마지막 원소가
아이오딘이 될지 텅스텐이 될지 비스무트가 될지
모르겠지만
어쩌면 운 좋게 아인시타이늄을 마주할 수도 있겠지만
마지막 인사를 건네는 그날까지

당신에게, 무수한 당신들에게
그리고 아름다움을 조금이라도 간직할 이 행성에
고마워하겠습니다

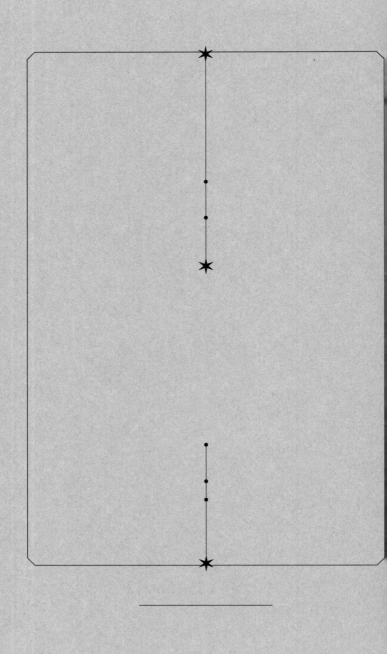

지은이 **올리버 색스**Oliver Sacks

1933년 영국 런던에서 태어났다. 옥스퍼드 대학 퀸스칼리지에서 의학 학위를 받았
고, 미국으로 건너가 샌프란시스코와 UCLA에서 레지던트 생활을 했다. 1965년 뉴욕
으로 옮겨 가 이듬해부터 베스에이브러햄 병원에서 신경과 전문의로 일하기 시작했
다. 그 후 알베르트 아인슈타인 의과대학과 뉴욕 대학을 거쳐 2007년부터 2012년까
지 컬럼비아 대학에서 신경정신과 임상 교수로 일했다. 2012년 록펠러 대학이 탁월한
과학 저술가에게 수여하는 '루이스 토머스상'을 수상했고, 모교인 옥스퍼드 대학을
비롯한 여러 대학에서 명예박사 학위를 받았다. 2015년 안암이 간으로 전이되면서
향년 82세로 타계했다.

　올리버 색스는 신경과 전문의로 활동하면서 여러 환자들의 사연을 책으로 펴냈
다. 인간의 뇌와 정신 활동에 대한 흥미로운 이야기들을 쉽고 재미있게 그리고 감동적
으로 들려주어 수많은 독자들에게 큰 사랑을 받았다. 〈뉴욕타임스〉는 이처럼 문학적
인 글쓰기로 대중과 소통하는 올리버 색스를 '의학계의 계관시인'이라 부르기도 했다.

　지은 책으로 베스트셀러 《아내를 모자로 착각한 남자》를 비롯해 《색맹의 섬》
《뮤지코필리아》《환각》《마음의 눈》《목소리를 보았네》《나는 침대에서 내 다리를 주
웠다》《깨어남》《편두통》 등 10여 권이 있다. 생을 마감하기 전에 자신의 삶과 연구, 저
술 등을 감동적으로 서술한 자서전 《온 더 무브》와 삶과 죽음을 담담한 어조로 통찰
한 칼럼집 《고맙습니다》, 인간과 과학에 대한 무한한 애정이 담긴 과학에세이 《의식
의 강》을 남겨 잔잔한 감동을 불러일으켰다.

| 홈페이지 www.oliversacks.com |

옮긴이 **김명남**

카이스트 화학과를 졸업하고 서울대 환경대학원에서 환경 정책을 공부했다. 인터넷
서점 알라딘 편집팀장을 지냈고, 지금은 전업 번역가로 일하고 있다. 옮긴 책으로 《비
커밍—미셸 오바마 자서전》《재밌다고들 하지만 나는 두 번 다시 하지 않을 일》《남
자들은 자꾸 나를 가르치려 든다》《우리는 모두 페미니스트가 되어야 합니다》《면역
에 관하여》 등이 있다.

고맙습니다 스페셜 에디션 V 레드

1판 1쇄 펴냄 2018년 12월 10일
1판 2쇄 펴냄 2019년 1월 5일

지은이 올리버 색스
옮긴이 김명남
펴낸이 안지미
편집 김진형 유승재 최장욱 박승기
디자인 안지미 한승연
제작처 공간

펴낸곳 알마 출판사
출판등록 2006년 6월 22일 제2013-000266호
주소 03990 서울시 마포구 연남로 1길 8, 4~5층
전화 02.324.3800 판매 02.324.2844 편집
전송 02.324.1144

전자우편 alma@almabook.com
페이스북 /almabooks
트위터 @alma_books
인스타그램 @alma_books

ISBN 979-11-5992-233-6 03400

이 책의 내용을 이용하려면 반드시 저작권자와 알마 출판사의 동의를 받아야 합니다.

이 도서의 국립중앙도서관 출판시도서목록CIP은 서지정보유통지원시스템
홈페이지http://seoji.nl.go.kr와 국가자료공동목록시스템http://www.nl.go.kr/
kolisnet에서 이용하실 수 있습니다. CIP제어번호: 2018036325

알마는 아이쿱생협과 더불어 협동조합의 가치를 실천하는 출판사입니다.

종이 본문_비비칼라 110g/㎡

Kim Stone

2

Evil Games

킴스톤 시리즈 2

악마의 게임

앤절라 마슨즈 지음 | 강동혁 옮김

차례

1

블랙컨트리

2015년 3월

진입까지 3분.

최대 규모의 새벽 기습이었다. 사건이 성립되는 데만도 몇 달이 걸렸다. 킴 스톤과 팀원들은 준비를 마쳤다. 사회복지국 직원들이 길 건너에 배치돼 진입 신호를 기다리고 있었다. 두 아이는 오늘 밤 다른 곳에서 자야 할 테니까.

2분.

킴 스톤은 무전을 쳤다. "모두 자리 지키고 있나?"

"모두 명령을 기다리고 있습니다, 대장." 호킨스가 대답했다. 그의 팀원들은 부지 뒤쪽을 확보하고자 두 골목 떨어진 곳에 차를 세워두었다.

"준비됐습니다, 대장." 뒤쪽 자동차에서 해먼드가 말했다. 그가 가지고 있는 '큰 열쇠'를 쓰면 빠르고 요란하게 안으로 들어갈 수 있었다.

1분.

킴은 문손잡이에 손을 댔다. 근육에 힘이 들어갔다. 다가오는 위험에 아드레날린이 솟구쳤다. 킴의 몸이 싸울 것인지, 도망칠 것인지 선택하려는 참이었다. 하긴, 도망치는 쪽을 선택한 적은 한 번도 없었지만.

그녀는 파트너 브라이언트를 돌아보았다. 그는 가장 중요한 물건, 즉

영장을 가지고 있었다.

"브라이언트, 준비됐습니까?"

그가 고개를 끄덕였다.

킴은 초침이 12에 닿는 것을 확인했다. "진입, 진입, 진입!" 그녀가 무전기에 대고 소리쳤다.

여덟 쌍의 부츠가 요란하게 인도를 지나와 현관 앞에 모였다. 가장 먼저 도착한 사람은 킴이었다. 그녀는 해먼드가 문에 엔포서•를 휘두르는 순간에 맞춰 비켜섰다. 3톤의 운동 에너지가 가해지자 싸구려 나무 문틀이 주저앉았다.

작전 회의에서 계획한 대로 브라이언트와 경찰관 한 명이 영장을 집행하러 곧장 계단을 달려 올라가 안방으로 향했다.

"브라운, 그리프, 거실과 주방을 확보하고 필요하면 샅샅이 수색해. 케빈, 러지, 해먼드는 나와 함께 간다."

곧 찬장 문이 홱 열리고 서랍이 쿵쿵 닫히는 소리로 집이 가득 찼다.

킴의 머리 위에서 위층 바닥 널빤지가 삐걱거리더니 한 여자가 신경질적으로 울부짖었다. 킴은 그 소리를 못 들은 체하고 사회복지국 직원 두 명에게 들어오라고 신호했다.

킴은 지하실 문 앞에 섰다. 손잡이에 맹꽁이자물쇠가 채워져 있었다.

"해먼드, 펜치 가져와!" 그녀가 외쳤다.

해먼드가 다가와 전문가답게 금속을 끊었다. 케빈이 앞장서며 스위치를 찾느라 벽을 더듬었다.

• 억지로 문을 부수고 들어갈 수 있도록 만든 묵직한 공구.

복도에서 들어오는 삼각형 빛이 돌계단을 비추었다. 케빈은 계속 아래로 내려가며 손전등을 켜고 킴의 발 앞을 밝혔다. 퀴퀴하고 습한 연기 냄새가 공기에 스며 있었다.

해먼드가 전등이 달린 구석으로 가서 불을 켰다. 불빛은 지하실 한가운데를 떡하니 차지하고 있는 정사각형 운동 매트를 향해 있었다. 매트 바로 뒤에는 삼각대가 있고 반대편 구석에는 옷장이 있었다. 킴이 옷장을 열어보니 교복과 수영복을 포함한 옷이 여러 벌 걸려있고 옷장 바닥에는 장난감들이 있었다. 튜브, 비치볼, 인형 여러 개.

킴은 구역질을 애써 참았다.

"러지, 사진 찍어." 그녀가 지시했다.

해먼드는 비밀 공간이 있는지 벽을 이곳저곳 두드려보았다.

반대편 구석에는 벽이 푹 들어간 공간에 컴퓨터 책상이 놓여 있고 컴퓨터 위쪽으로는 선반이 세 개 설치되어 있었다. 맨 위 선반은 잡지로 가득했다. 책등이 얇아서 잡지 내용을 짐작할 수는 없었지만 킴은 그게 무슨 잡지인지 알고 있었다. 가운데 선반에는 최고급 디지털카메라 몇 대와 미니 디스크, 청소용 도구들이 놓여 있었다. 가장 아래쪽 선반의 DVD는 세어보니 열일곱 장이었다.

케빈이 〈데이지, 수영장에서〉라는 제목이 붙은 첫 번째 DVD를 가져다가 디스크 드라이브에 넣었다. 고성능 드라이브가 빠르게 켜졌다.

여덟 살짜리 데이지가 노란 수영복을 입고 화면에 나타났다. 아이의 가녀린 허리에 튜브가 끼워져 있었다. 데이지는 가느다란 두 팔로 자기 몸을 감싸고 있었지만 떨림을 멈추는 데는 아무 도움이 되지 않았다.

킴은 감정이 북받쳐 목이 메었다. 억지로라도 눈을 떼고 싶었지만 그릴 수 없었다. 그녀는 비디오 속에서 일어나려는 일을 막을 수 있다고 자신을 속이고 싶었지만 당연히 그럴 수는 없었다. 그건 이미 일어난 일이었으니까.

"음⋯. 이제 뭘 해야 돼요, 아빠?" 데이지가 떨리는 목소리로 물었다.

모든 활동이 멈추었다. 지하실이 고요해졌다. 여자아이의 목소리에 굳어버린 경찰관 네 명은 아무 소리도 내지 못했다.

"그냥 게임을 하나 하려는 거란다, 아가야." 아빠가 카메라의 시야에 들어오며 말했다.

킴은 침을 삼키고 지하실에 걸린 마법을 깼다. "꺼, 케빈." 그녀가 속삭였다. 이어서 무슨 일이 일어나는지는 다들 알고 있었다.

"개자식." 케빈이 말했다. DVD를 꺼내는 그의 손가락이 떨렸다.

해먼드는 구석만 뚫어지게 바라보았고 러지는 자기 카메라 렌즈를 천천히 닦았다.

킴은 마음을 다잡았다. "이 쓰레기 같은 자식은 자기가 저지른 일의 대가를 치르게 될 거다. 내가 장담해."

케빈은 모든 증거를 기록하려고 서류를 꺼냈다. 그에게는 길고 긴 밤이 될 터였다.

위쪽에서 소란스러운 소리가 들렸다. 어떤 여자가 신경질적으로 비명을 질렀다.

"대장, 이리 좀 올라오시겠어요?" 그리프가 외쳤다.

킴은 마지막으로 주위를 둘러보았다. "전부 수거해."

그녀는 지하실 계단 맨 위에서 그리프를 만났다. "뭐야?"

"던 부인이 물어볼 게 있다네요."

킴은 성큼성큼 현관으로 걸어갔다. 40대 여자가 깡마른 몸에 걸친 잠옷을 꽉 쥐고 서 있었다. 사회복지국 직원들이 덜덜 떠는 그녀의 두 딸을 피아트 판다*에 태우고 있었다.

웬디 던은 킴이 자기 뒤에 서 있는 것을 느끼고 뒤돌아보았다. 핏기 없는 허연 얼굴에 두 눈만 시뻘겠다. "왜 내 아이들을 데려가는 거죠?"

킴은 그녀를 한 대 후려치고 싶은 충동을 눌러 참았다. "당신의 역겨운 변태 남편한테서 떼어놓으려는 겁니다."

아내는 잠옷 목깃을 꽉 잡고 고개를 저었다. "난 몰랐어요. 정말이에요. 난 아이들이 필요해요. 난 몰랐다고요."

킴이 고개를 한쪽으로 기울였다. "정말입니까? 배우자들은 증거를 보여주기 전까지 믿지 않으려는 경향이 있죠. 던 부인, 당신은 아직 아무 증거도 보지 못했고요."

그녀는 사방으로 빠르게 시선을 돌렸지만 다시 킴을 마주 보지는 못했다. "맹세해요, 난 몰랐어요."

킴은 몸을 앞으로 숙였다. 데이지의 모습이 머릿속에 생생하게 떠올랐다. "씨발, 거짓말 집어치워. 넌 알고 있었어. 넌 그 애들의 엄마인데도 딸들이 영원히 사라지지 않을 상처를 입도록 방치했어. 진심인데, 난 네가 그 비참하고 저주받은 인생을 살아가는 동안 단 한순간도 평화를 누리지 못하길 바라."

브라이언트가 다가왔다. "대장…."

킴은 떨고 있는 여자에게서 시선을 거두며 돌아섰다.

* 이탈리아 자동차 회사인 피아트에서 나오는 소형 자동차.

그녀는 브라이언트의 어깨 너머로 한 남자와 눈을 마주쳤다. 두 아이에게서 세상을 똑바로 볼 기회를 영영 빼앗아버린 남자. 집 안의 다른 모든 것이 희미해졌다. 몇 초 동안 세상에는 킴과 그 남자뿐인 것만 같았다.

킴 스톤은 그를 뚫어지게 노려보았다. 지나치게 많은 살이 녹아가는 밀랍처럼 그의 아래턱에 늘어져 있었다. 그는 빠르고 거칠게 숨을 쉬었다. 250킬로그램이 넘는 그의 몸은 조금만 움직여도 진이 빠지는 듯했다.

"씨발, 여기가 어디라고…. 그냥 쳐들어와서, 멋대로, 할 수 있을, 줄, 알아?"

킴이 그에게 다가갔다. 그와 거리가 좁혀지는 것만으로도 온몸이 움찔했다. "영장이 있는데."

그는 고개를 저었다. "내 집에서, 나가. 아니면, 변호사를, 부르겠어."

킴은 뒷주머니에서 수갑을 꺼냈다. "레너드 던, 13세 미만 아동을 성추행하고 성폭행한 혐의 및 13세 미만 아동에게 성관계를 맺도록 한 혐의로 체포합니다."

킴의 시선이 레너드의 눈을 뚫어버릴 듯했다. 레너드의 눈에는 오직 공포만이 담겨 있었다.

브라이언트가 레너드의 아래팔을 붙들자 킴이 수갑을 열었다.

"당신은 묵비권을 행사할 수 있으나 향후 법정에서 진술할 내용에 관해 질문을 받았을 때 대답하지 않는다면 변호에 불리할 수 있고, 당신이 하는 말은 증거로 활용될 수 있습니다."

킴은 털이 북슬북슬한 흰 살갗을 건드리지 않으려고 조심하며 수갑을 채운 다음 레너드의 두 팔을 쳐내며 파트너를 보았다.

"브라이언트, 이 더럽고 역겨운 개자식을 치우십시오. 안 그러면 우리 둘 다 후회할 일이 생길 테니까."

2

그는 눈에 보이기도 전에 애프터셰이브 향을 풍겼다.

"꺼져요, 브라이언트. 나 집에 없습니다."

키가 183센티미터에 가까운 브라이언트는 허리를 숙이고 반쯤 올라간 차고의 셔터 밑으로 들어왔다. 킴은 아이팟의 무음 버튼을 눌러 비발디 〈겨울〉 협주곡의 청량한 소리를 껐다.

그녀는 굴러다니는 걸레 조각으로 손을 닦고 175센티미터가 넘는 몸을 쭉 펴 브라이언트를 정면으로 마주 보았다. 본능적으로 킴은 짧게 자른 검은 머리카락을 오른손으로 쓸어내렸다. 브라이언트는 킴이 싸움을 걸기 직전에 습관적으로 그 동작을 한다는 사실을 알고 있었다. 그녀는 반대쪽 손을 허리에 얹었다.

"원하는 게 뭡니까?"

브라이언트는 차고 바닥에 중구난방으로 흩어져 있는 오토바이 부품들을 조심스럽게 지나갔다.

"와, 얘네들은 다 크면 뭐가 되는 거예요?"

킴은 브라이언트의 시선을 따라 차고를 둘러보았다. 브라이언트에게 이곳은 고철 처리장으로밖에 보이지 않았다. 그러나 킴에게는 이곳이 잃어버린 보물 창고였다. 이 오토바이를 조립하는 데 필요한 모든 부품을 모으느라 거의 1년이 걸렸다. 더는 참을 수 없었다.

"1954년형 BSA 골드스타입니다."

브라이언트의 오른쪽 눈썹이 살짝 올라갔다. "이번엔 속이는 거 아니죠?"

킴은 그와 잠시 눈을 마주쳤다. 브라이언트가 찾아온 이유가 그게 아니라는 점은 두 사람 다 알고 있었다.

"어젯밤에 안 오셨던데요." 브라이언트가 바닥에서 구멍 여러 개가 달린 배기관을 집어 들며 말했다.

"훌륭한 추리입니다, 셜록 홈스. 형사가 되어보시는 건 어떨까요?"

브라이언트는 미소 지었다가 진지한 표정이 됐다. "축하하는 자리였어요, 대장."

킴 스톤은 눈을 가늘게 떴다. 여기, 집에서만큼은 그녀도 경위가 아니었고 브라이언트도 경사가 아니었다. 킴은 킴이고 브라이언트는 브라이언트일 뿐. 그는 킴의 직장 동료이자 그녀에게는 친구와 가장 가까운 존재였다.

"뭐, 됐어요. 그래서 어디 계셨습니까?" 브라이언트의 목소리가 누그러졌다. 킴이 예상했던 비난이 아니었다.

킴은 브라이언트에게서 배기관을 받아 작업대에 올려놓았다. "나한테는 축하할 만한 자리가 아니었습니다."

"하지만 우린 놈을 잡았어요, 킴."

이제 그는 친구로서 그녀에게 말을 걸고 있었다.

"네, 하지만 여자는 놓쳤습니다."

킴은 펜치로 손을 뻗었다. 웬 멍청이가 배기관을 케이스에 끼울 때 0.25인치는 더 큰 나사를 썼다.

"여자를 기소할 증거가 충분하지 않았으니까요. 여자는 아무것도 몰랐다고 주장했어요. 검찰청에서도 그 말을 반박할 만한 사실을 찾지 못했고요."

"똥구멍에 대가리를 처박고 있으니까요. 정신 차리고 더 열심히 찾아봐야 했습니다."

킴은 볼트 끄트머리를 펜치로 잡고 부드럽게 돌리기 시작했다.

"우린 최선을 다했어요, 킴."

"그걸로는 충분하지 않습니다, 브라이언트. 그 여자는 애들 엄마였어요. 딸을 낳아놓고 그 애들이 아빠한테 최악의 방식으로 이용당하게 방치했다고요. 그 애들은 절대 평범한 삶을 살아갈 수 없을 겁니다."

"그건 레너드 잘못이죠, 킴."

킴은 브라이언트를 뚫어지게 바라보았다. "그놈은 역겨운 개자식이라서 그랬다고 칩시다. 여자 쪽 변명은 뭡니까?"

브라이언트가 어깨를 으쓱했다. "몰랐대요, 전혀 티가 안 났다고."

킴은 고개를 돌렸다. "눈치채려면 단서는 얼마든지 있었을 겁니다." 그녀는 배기구를 망가뜨리지 않고 나사를 풀어보려고 펜치를 부드럽게 돌렸다.

"여자는 전혀 흔들리지 않고 있어요. 몰랐다는 주장을 고수하고 있습니다."

"지하실 문이 잠겨 있는 이유가 한 번도 궁금하지 않았답니까? 집에 왔는데 뭔가 이상하게 느껴진 적이 한 번도, 단 한 번도 없었대요?"

"증명할 수가 없잖아요. 우린 모두 최선을 다했고요."

"그걸로는 충분하지 않습니다, 브라이언트. 턱도 없어요. 그 여자는 엄마였어요. 애들을 지켜줬어야죠."

킴은 힘을 더 주며 펜치를 시계 반대 방향으로 돌렸다. 고정돼 있던 부분이 부러져 배기관에 들어갔다.

킴은 벽에 펜치를 던져버렸다. "젠장, 저 빌어먹을 배기관을 찾느라 거의 네 달이 걸렸는데."

브라이언트는 고개를 저었다. "저게 처음으로 부숴먹은 나사도 아니 잖아요, 킴."

화가 났지만, 킴은 미소를 지었다.

"저게 마지막도 아니겠죠." 킴은 고개를 저었다. "펜치 좀 다시 줘요."

"부탁을 하시면 더 좋을 텐데요. 부모님이 예절 교육 같은 건 안 시켜 주신 겁니까?"

킴은 아무 말도 하지 않았다. 그녀는 위탁 가정 일곱 곳을 거치며 충분히 많은 것을 배웠지만 그중 쓸 만한 건 없었다.

"그래도 대장이 계산은 해주고 가서서 팀원들이 고마워했어요."

킴은 고개를 끄덕이며 한숨 쉬었다. 팀원들은 축하할 자격이 있었다. 그들은 사건을 성립시키려고 열심히 일했다. 레너드 던은 아주 오랫동 안 바깥세상을 보지 못할 것이다.

"여기 있을 거면 쓸모 있는 일을 좀 하시죠. 커피라도 따라 오든지….. 부탁하는 겁니다."

브라이언트는 고개를 저으며 부엌으로 이어지는 문을 나섰다. "커피

포트는 켜 놨어요?"

킴은 굳이 대답하지 않았다. 킴이 집에 있다면 커피포트도 켜져 있는 것이다.

브라이언트가 부엌에서 부스럭거리는 동안 킴은 자신이 브라이언트보다 훨씬 빠른 속도로 승진을 하는데도 그가 아무런 적대감을 보이지 않았다는 사실에 한 번 더 놀랐다. 마흔여섯 살인 브라이언트는 자기보다 열두 살 어린 여자에게서 명령을 받아도 전혀 개의치 않았다.

브라이언트는 그녀에게 머그잔을 건네며 벤치에 기댔다. "또 요리를 하셨네요."

"먹어보실래요?"

브라이언트가 껄껄대고 웃었다. "아뇨, 괜찮습니다. 전 살고 싶거든요. 이름조차 붙일 수 없는 건 먹지 않아요. 아프가니스탄 지뢰밭처럼 생겼던데."

"비스킷인데요."

브라이언트가 고개를 저었다. "대체 왜 요리를 하는 거예요?"

"못해서요."

"아 네, 그러시겠죠. 또 요리하던 중에 정신이 팔리신 거죠? 크롬에 광낼 부분이 보였다거나, 조여야 할 나사가 있었다거나…."

"진심으로 묻는 건데, 토요일 아침에 얼마나 할 일이 없으면 여기서 이러고 있습니까?"

브라이언트가 고개를 저었다. "할 일이 없긴 없죠. 우리 마님과 아가씨는 네일 아트를 하러 가셨거든요. 그러니까, 네, 대장을 미치도록 귀찮게 구는 것 말고는 할 일이 별로 없네요."

"그럼 뭐 됐습니다. 근데 개인적인 질문 하나 해도 됩니까?"

"저기요. 저는 행복한 결혼 생활을 하고 있고 대장은 내 상관입니다. 그러니까 안 돼요."

킴은 끙 소리를 냈다. "알려줘서 고맙네요. 근데 더 중요한 일이 있습니다. 왜 마님한테 몸에서 남학생 밴드 탈의실 냄새가 나는 건 싫다고 말할 용기조차 못 내는 겁니까?"

브라이언트는 고개를 젓더니 땅을 내려다보았다. "그냥 못 하겠어요. 3주 동안 아내랑 얘기한 적이 없거든요."

킴은 놀라서 돌아보았다. "왜요?"

브라이언트는 고개를 들고 씩 웃었다. "제가 누구를 방해하는 걸 싫어해서요."

킴은 고개를 젓고 손목시계를 확인했다. "알았으니까 커피 마시고 꺼져요, 좀."

브라이언트는 머그잔을 비웠다. "늘 상대방의 감정을 배려해서 이렇게 돌려 말해주시니 참 좋네요, 킴." 그는 차고 문으로 가다가 뒤돌아보았다. 괜찮은지 묻는 듯한 표정이었다.

킴은 대답 대신 툴툴거렸다.

브라이언트의 자동차가 떠나자 킴은 깊이 한숨을 쉬었다. 그녀는 이번 사건을 떠나보내야만 했다. 웬디 던이 자기 아이들을 성적으로 학대당하도록 놔두었다는 생각만 하면 어금니가 꽉 다물렸다. 두 아이가 엄마에게 되돌려보내질 거라고 생각하면 구역질이 났다. 그 애들이 자신들을 지켜주지 못한 어른의 손에 다시 맡겨진다는 생각에서 도무지 벗어날 수가 없었다.

킴은 다 쓴 걸레를 벤치에 던져놓고 셔터를 내렸다. 가족을 만나러 갈 시간이었다.

3

킴은 쌍둥이 남동생의 이름이 적힌 묘비 앞에 흰 장미꽃 여러 송이를 내려놓았다. 가장 큰 꽃잎 끝부분이 동생이 살아간 시간을 표시한 날짜 바로 밑에 닿았다. 겨우 6년.

꽃 가게는 바구니마다 잔뜩 담긴 수선화로 반짝이는 듯했다. 어머니의 날에 쓰는 꽃. 킴은 수선화도, 어머니의 날도 끔찍하게 싫었다. 하지만 가장 싫은 건 어머니였다. 사악한 살인자에게 꽃을 사준다면 무슨 꽃을 사야 할까?

킴은 똑바로 서서 깎은 지 얼마 안 된 풀밭을 내려다보았다. 28년 전, 사람들이 그녀의 품에서 연약하고 야윈 동생의 몸을 억지로 떼어냈던 일이 어쩔 수 없이 떠올랐다.

킴은 동생의 착하고 믿음 가득한 얼굴을 떠올리고 싶어서 가슴이 아플 지경이었다. 동생의 얼굴은 순수한 기쁨과 웃음으로, 아이다움으로 가득했었다. 하지만 지금은 그 얼굴이 생각나지 않았다.

아무리 여러 해가 지나도 킴은 분노를 떨쳐낼 수 없었다. 동생의 짧은 인생이 그토록 큰 슬픔과 두려움으로 가득 차 있었다는 생각이 매일 그녀를 쫓아다녔다.

킴은 주먹 쥐고 있던 오른손을 펴고 차가운 대리석을 쓰다듬었다. 동생이 살아 있었다면 그의 짧은 검은색 머리카락을, 그녀와 너무도 비슷한 그 머리카락을 이렇게 쓰다듬어줬을 것이다. 동생에게 미안하다는 말을 전하고 싶었다. 너무나. 그를 지켜주지 못해서 미안하다고, 그를 살아 있게 해주지 못해서 너무너무 미안하다고 말하고 싶었다.

"마이키, 사랑해. 매일 네가 그리워." 킴은 자기 손가락에 입 맞추고는 그 손가락을 묘비에 가져다 댔다. "잘 자, 착한 내 동생."

킴은 마지막으로 묘비를 한 번 보고 돌아서서 그곳을 떠났다.

가와사키 닌자가 묘지 정문 밖에서 그녀를 기다리고 있었다. 킴은 가끔 600시시의 순수한 힘을 쏟아내는 이 오토바이를 타고 탈출할 수 있었다. 오늘은 이 오토바이가 그녀의 구원이 될 터였다.

킴은 헬멧을 쓰고 인도 언저리에서 물러났다. 오늘은 탈출이 필요한 날이었다.

그녀는 오토바이를 타고 올드힐과 크래들리히스를 통과했다. 한때는 블랙컨트리의 이 마을들도 번화했다. 토요일이면 사람들이 몰려나와 이 가게에서 저 가게로, 시장으로, 그런 다음에는 카페로 돌아다니며 한 주 동안 있었던 소식을 주고받았다. 하지만 이제는 유명 브랜드 가게들이 마을 외곽의 소매점 집결지로 이동했고 쇼핑객들과 그들의 생기 넘치는 소란도 함께 빠져나갔다.

블랙컨트리는 전국에서 실업률이 세 번째로 높았으며 빅토리아 시대에 성황을 이뤘던 석탄업과 철강업이 몰락한 뒤로 전혀 회복하지 못했다. 주조 공장과 강철 공장은 산업 지구와 아파트를 만드느라 철거됐다.

하지만 오늘, 킴은 블랙컨트리를 구경하려는 게 아니었다. 그녀는 오토바이를 타고 싶었다. 거칠게.

그녀는 스타워브리지에서 나와 스터튼 쪽으로 향했다. 29킬로미터에 이르는 길이 브리지노스의 그림같이 아름다운 마을을 휘감고 있었다. 그녀는 강가의 가게나 카페에 아무 관심이 없었다. 그녀가 원하는 것은 질주 그 자체였다.

킴은 흑백 표지판 앞에서 액셀을 당겼다. 몸 아래에서 엔진이 살아나자 예상했던 대로 아드레날린이 온몸의 혈관을 타고 솟구쳤다. 그녀는 가슴이 연료 통에 닿도록 오토바이에 몸을 바짝 기댔다.

오토바이는 해방되자마자 킴의 온몸 근육에 도전장을 내밀었다. 그녀는 폭발하고 싶어 하는 엔진의 조바심과 불안을 느낄 수 있었다. 그리고 가끔은, 엔진이 그냥 폭발하도록 내버려두고 싶다는 충동을 느꼈다.

자, 덤벼. 그녀는 오른쪽 무릎이 땅에 닿을 만큼 갑자기 날카롭게 방향을 꺾으면서 생각했다. *난 기다리고 있어, 이 개자식들아. 기다리고 있다고.*

가끔 그녀는 악마들을 실컷 비웃어주고 싶었다. 운명을 도발하고 싶었다. 킴이 동생의 곁에서 함께 죽도록 내버려두지 않은 그 운명을.

그러다 보면 언젠가는 운명이 그녀를 쓰러뜨릴 것이다. 문제는 그날이 언제냐는 것뿐이었다.

4

알렉산드라 손 박사는 세 번째로 상담실을 한 바퀴 돌았다. 중요한 고객을 만나기 전에 하는 그녀만의 의식이었다. 그녀가 아는 한 오늘의 첫 환자는 24년을 사는 내내 눈에 띄는 성취라고는 아무것도 이루지 못한 사람이었다.

루스 윌리스는 다른 사람의 목숨을 살려본 적이 없었다. 기적적인 약물을 발견한 적도 없었고 사회에서 특별히 생산적인 구성원으로 살아본 적도 없었다. 그랬다. 루스라는 존재의 의미는 오직 알렉스에게 이익을 준다는 것뿐이었다. 다행히도 루스 자신은 그 사실을 몰랐지만.

알렉스는 잘못된 것이 없는지 상담실을 계속 살펴보다가 환자들을 위해 마련해놓은 자리에 앉았다. 그럴 만한 이유가 있었다. 이 의자는 이탈리아산 벅스킨 가죽•으로 만든 것으로, 그녀의 등을 부드럽게 어루만지면서 편안함과 온기로 자신감을 더해주었다.

의자는 환자의 집중력을 흩뜨릴 만한 내리닫이창 반대쪽으로 돌려져 있었다. 대신 루스는 리젠시 스타일 책상 뒤편의 벽에 장식된 자격증들을 보게 될 터였다.

책상 위에는 사진 한 장이 약간 돌려져 있어 환자들은 두 소년을 데리고 있는 잘생긴 운동선수 체형의 남자를 볼 수 있었다. 사진 속 세 사람은 모두 카메라를 보며 미소 짓고 있었다. 보면 마음이 놓이는, 아름다

• 무두질한 사슴 가죽의 표면을 사포로 문질러서 기모시킨 것.

운 가족사진이었다.

이번 상담에서 가장 중요한 건 책상 앞부분에 놓인 봉투 칼이 환자의 눈높이에서 보여야 한다는 점이었다. 칼은 손잡이가 나무로 조각되어 있었고 칼날이 길고 얇았다.

초인종이 울리자 알렉스는 기대감에 몸이 떨렸다. 완벽했다. 루스는 시간을 맞춰서 왔다.

알렉스는 잠시 멈춰 서서 자기 모습을 머리끝부터 발끝까지 확인했다. 7.5센티미터 굽의 하이힐이 167센티미터라는 타고난 키에 더해졌다. 길고 늘씬한 두 다리는 넓적한 가죽 허리띠를 두른 남색의 맞춤 바지에 감싸여 있었다. 단순한 실크 블라우스는 굳이 과시하지 않아도 우아함이 풍겨 나오는 듯한 착각을 강하게 일으켰다. 어두운 적갈색 머리는 끝부분에서 곱슬곱슬하게 말려 올라가며 매끈하고 깔끔한 단발머리를 완성했다. 그녀는 서랍 속 안경을 꺼내 콧등에 얹어 패션을 마무리했다. 안경은 도수가 없었지만 이미지를 만들어내는 데는 꼭 필요한 장치였다.

"안녕하세요, 루스." 알렉스가 문을 열며 말했다.

루스가 들어왔다. 그녀는 바깥의 음침한 날씨를 의인화한 것만 같았다. 얼굴에는 생기가 없었고 어깨는 축 처진 채 힘이 빠져 있었다.

"어떻게 지냈어요?"

"별로 잘 지내진 못했어요." 루스가 자리에 앉으며 대답했다.

알렉스는 커피머신 앞에 섰다. "그 남자를 다시 만났나요?"

루스가 고개를 저었지만 알렉스는 그게 거짓말이라는 걸 알 수 있었다.

"또 거기 갔어요?"

루스는 죄책감을 느끼는 듯 시선을 돌렸다. 알렉스가 바로 그런 행동을 원했다는 사실은 꿈에도 모르고서.

루스는 장래가 촉망되는 열아홉 살의 법대생이었다. 그러다가 잔인하게 강간과 구타를 당했고 자기 집에서 200미터 떨어진 곳에 죽어도 상관없다는 듯이 그냥 내버려졌다.

강간범이 그녀의 등 뒤에서 가죽 배낭을 잡아당길 때 지문이 남아 그의 정체를 알 수 있었다. 그는 서른여덟 살의 앨런 해리스로, 20대 후반에 사소한 절도죄를 저질러 전과 시스템에 신상 정보가 올라가 있었다.

루스는 힘겨운 재판을 거쳤고 범인은 12년 형을 선고받았다.

그녀는 삶을 꾸려나가려고 최선을 다했지만 이 사건으로 성격이 완전히 바뀌었다. 그녀는 의기소침해졌고 대학교도 그만뒀으며 친구들과 연락도 끊어버렸다. 심리 상담이 여러 번 이어졌지만 그녀를 평범한 인생으로 되돌리는 데는 별 효과가 없었다. 그녀의 존재는 기계적인 생존만으로 이뤄져 있었다.

그러나 그 위태로운 껍데기조차 세 달 전에 박살나버렸다. 그녀가 손즈 가의 선술집 앞을 지나가던 중에 강간범이 개 한 마리를 데리고 그 술집에서 나서는 모습을 봤던 것이다.

루스는 두어 군데 전화를 걸어 앨런 해리스가 감옥에서 모범적인 태도를 보였다는 이유로 형기의 반도 채우지 않고 석방되었다는 사실을 확인할 수 있었다. 이 사실을 알게 된 루스는 자살을 시도했고 이에 따라 내려진 법원 명령으로 알렉스를 만나게 되었다.

지난번 상담 시간에 루스는 선술집 밖 그림자 속에서 매일 밤을 보낸다는 사실을 인정했다. 그저 앨런 해리스를 보기 위해서.

"기억하실지 모르겠지만, 지난번 만났을 때 그곳으로 돌아가지 말라고 분명히 조언했을 텐데요." 완전히 거짓말은 아니었다. 알렉스는 루스에게 그곳에 가지 말라는 조언을 실제로 해주었다. 할 수 있는 만큼 강력하게 조언한 것은 아니었지만.

"알아요. 근데 안 볼 수가 없었어요."

"뭘 본다는 거예요, 루스?" 알렉스는 억지로 목소리에 다정한 말투를 섞어 넣었다. "뭘 보고 싶었던 거예요?"

루스는 의자 팔걸이를 꽉 쥐었다. "그놈이 왜 그런 짓을 했는지 알고 싶어요. 얼굴을 직접 보고 그놈이 미안해하는지, 내 인생을, 나를 망가뜨려놓고 조금이라도 죄책감을 느끼는지 알고 싶어요."

알렉스는 공감한다는 듯 고개를 끄덕였지만 이 얘기는 이쯤에서 정리해야 했다. 짧은 시간 안에 달성해야 할 목표가 너무 많았다.

"지난번 상담 시간에 했던 얘기 기억나세요?"

루스의 찡그린 얼굴이 불안해졌다. 그녀는 고개를 끄덕였다.

"어려운 일이라는 건 알지만, 이건 치유 과정에 꼭 필요한 부분이에요. 날 믿어요?"

루스는 망설임 없이 고개를 끄덕였다.

알렉스가 미소 지었다. "좋아요. 내가 여기에, 루스와 함께 있을게요. 처음부터 끝까지 무슨 일이 있었는지 말해주세요. 그날 밤에 무슨 일이 있었는지 말해봐요."

루스는 몇 차례 크게 숨을 들이쉰 다음 책상 위쪽 구석에 시선을 두었다. 완벽했다.

"2월 17일 금요일이었어요. 수업도 두 개 있었고 공부할 게 아주 많았죠. 친구 몇 명이 뭔가 축하한다면서 스타워브리지로 술을 마시러 간다고 했어요. 학생들은 자주 그러잖아요.

우리는 마을 중심부에 있는 작은 선술집에 갔어요. 술자리가 끝났을 때 저는 핑계를 대고 집으로 갔죠. 숙취가 싫어서요.

하지만 5분쯤 늦는 바람에 버스를 놓쳤어요. 택시를 잡으려고 했지만 금요일 밤이라 클럽에 사람들이 넘쳐났어요. 택시를 잡으려면 20분이나 기다려야 했는데 우리 집이 있는 라이까지는 3킬로미터도 채 안 되니까 걷기 시작했죠."

루스는 잠시 말을 멈추고 손을 떨며 커피를 한 모금 마셨다. 알렉스는 그때 이후로 수년이 지나는 동안 루스가 택시를 기다리지 않았다는 사실을 얼마나 후회했을지 궁금해졌다.

알렉스는 계속해보라며 고개를 끄덕였다.

"저는 버스 정류장에 딸린 택시 승차장에서 나오면서 아이팟을 켰어요. 얼어붙을 만큼 추운 날이어서, 재빨리 걸어 약 15분 뒤에는 라이 중심가에 도착했고요. 점심시간 이후로는 아무것도 먹지 못해서 스파•에 들어가 샌드위치를 하나 샀어요."

루스는 그 후 일어난 일을 떠올리자 호흡이 빨라졌고 더는 눈을 깜빡거리지 않았다.

"저는 그 빌어먹을 샌드위치 통을 열려고 애쓰면서 계속 걸었어요. 아무 소리도 못 들었어요, 아무 소리도. 처음에는 자동차가 제 등을 들이받았다고 생각했고, 그다음에는 누가 배낭을 잡고 저를 끌고 간다는 걸

• 네덜란드에 본사가 있는 다국적 식품 체인점.

26

알아차렸어요. 무슨 일이 일어나는 건지 알았을 때쯤에는 커다란 손이 제 입을 틀어막고 있었어요. 그놈이 제 뒤에 있어서 때릴 수가 없었어요. 계속 발버둥 쳤지만 놈에게 손이 닿지 않았어요.

느낌으로는 몇 킬로미터나 끌려간 것 같았지만 라이 중심가 입구에 있는 어두운 묘지로 겨우 50미터쯤 끌려간 것뿐이더군요."

알렉스는 루스의 목소리에서 감정이 사라진 것을 눈치챘다. 그녀는 다른 사람에게 일어난 사건을 이야기하듯 냉정해졌다.

"그 남자는 제 입에 걸레 조각을 쑤셔 넣더니 저를 땅에 내팽개쳤어요. 머리가 묘비 옆쪽에 부딪혀서 뺨으로 피가 흘렀어요. 그놈이 제 몸 아래쪽으로 손을 넣어 청바지 지퍼를 풀려고 했어요. 그냥 피 생각밖에 안 났어요. 피가 너무 많이 흘렀거든요. 청바지가 발목까지 내려갔어요. 남자가 발로 제 종아리를 밟고 몸무게를 실었죠. 저는 아픈 걸 무시하고 몸을 일으키려 했어요. 그놈이 제 머리 오른쪽을 찼고 저는 그놈이 지퍼를 내리는 소리와 바지를 부스럭거리는 소리를 들었어요."

루스가 깊이 숨을 들이쉬었다. "그때야 저는 그 남자가 저를 강간하려 한다는 걸 알았어요. 비명을 지르려고 했지만 입에 걸레가 물려 있어서 소리가 나지 않았어요.

남자는 제 배낭을 홱 당기더니 자기 무릎을 써서 제 다리를 벌렸어요. 제 위쪽으로 몸을 숙이고 항문으로 그걸 밀어 넣었어요. 너무 고통스러워서 숨도 쉴 수 없었어요. 비명을 질렀지만 입 속의 걸레 조각 때문에 소리가 나지 않았어요. 몇 번이나 정신을 잃었고 정신을 차릴 때마다 죽게 해달라고 기도했어요."

루스의 뺨에 눈물이 흘러내리기 시작했다.

"계속하세요."

"그 일은 몇 시간이나 이어진 것 같았어요. 그때야 그자가 기진맥진하더라고요. 남자가 자리에서 일어나더니 지퍼를 채우고 허리를 숙였어요. 제 귀에 대고 '자기도 즐겼길 바라.' 하고 속삭였어요. 그러더니 다시제 머리를 걷어찬 후 사라졌어요. 저는 정신을 잃었고 누가 저를 들어올려 구급차에 태울 때에야 정신을 차렸어요."

알렉스는 책상 너머로 손을 뻗어 루스의 손을 꽉 잡았다. 얼음처럼 차가운 손이 덜덜 떨리고 있었다. 알렉스는 지나치게 열심히 귀를 기울이지는 않았다. 이 얘기는 이쯤에서 정리해야 했다.

"병원에는 얼마나 오래 있었죠?"

"거의 보름은 있었어요. 머리 부상이 가장 먼저 나았어요. 보니까 머리를 다치면 피가 많이 나더라고요. 문제는 다른 쪽이었어요."

루스는 다른 부상에 대해 말하는 것을 불편해했지만, 알렉스에게는 루스가 그 모든 고통과 치욕을 전부 이야기할 필요가 있었다.

"몇 바늘 꿰맸다고 했죠?"

루스는 움찔했다. "열한 바늘이요."

그녀는 자신만의 지옥을 떠올리더니 공포로 아래턱이 딱딱하게 굳었다.

"루스, 나로서는 당신이 겪은 일을 이해하는 시늉조차 할 수 없어요. 그 순간을 다시 떠올리게 한 것도 미안해요. 하지만 장기적인 치료에는 이 과정이 꼭 필요해요."

루스는 고개를 끄덕이며 늘 그렇듯 전적인 신뢰가 담긴 눈길로 그녀를 바라보았다.

"당신이 직접 표현해보세요. 그 괴물이 당신에게서 빼앗아간 게 뭔가요?"

루스는 잠시 생각했다. "빛이요."

"계속해보세요."

"이젠 그 무엇도 더는 빛나지 않아요. 그날 밤 이전에는 모든 것을 빛으로 봤던 것 같다는 생각이 들어요. 세상은 빛이었어요. 지루한 날, 천둥이 칠 것 같은 날도요. 하지만 지금은 눈에 필터가 끼워진 것처럼 모든 것이 더 어둡게 보여요.

여름날도 전처럼 환하지 않고 농담도 웃기지 않아요. 사람들의 모든 행동에 다른 의도가 있는 것 같아요. 세상과 그 세상에서 살아가는 모든 사람, 심지어 제가 사랑하는 사람들에 대한 시선까지도 영원히 바뀌어 버렸어요."

"자살 충동이 든 이유는 뭔가요?"

루스는 다리를 풀었다가 다시 꼬았다. "처음에 그 남자를 봤을 때는 충격을 받았어요. 그자가 이렇게 빨리 풀려나다니, 사법 체계가 이렇게까지 나를 비참하게 실망시키다니 믿을 수가 없었죠. 하지만 그게 전부는 아니었어요." 그녀는 이제야 전에 탐구하지 못했던 것을 깨달은 듯 말했다. "저는 제 안에 있는 분노에서 영영 풀려날 수 없으리라는 걸 깨달았어요. 제 핏줄에 순수한 증오심이 흘렀어요. 그 증오가 저를 기진맥진하게 만들어요. 저는 그자가 늘 저한테 이런 영향력을 행사하리라는 걸 깨달았어요. 그것에 대해 제가 할 수 있는 일은 아무것도 없다는 점도요. 이건 우리 둘 중 한 명이 죽어야 끝날 문제예요."

"하지만 그 남자가 아니라 루스가 죽어야 하는 이유가 뭐죠?"

루스는 생각에 잠겼다. "둘 중 제가 마음대로 할 수 있는 건 하나밖에 없으니까요."

알렉스는 몇 초 동안 그녀를 바라본 다음 노트를 덮어 탁자에 올려놓았다. "아닐지도 몰라요." 그녀는 생각에 잠긴 듯, 방금 어떤 생각이 떠올랐다는 듯 말했다. 사실은 이 말이야말로 루스와 함께 보낸 시간 내내 그녀가 하려던 말이었다. "한 가지 실험을 해보고 싶은데, 괜찮을까요?"

루스는 망설이는 듯했다.

"날 믿어요?"

"당연하죠."

"당신한테 도움이 될지도 모르는 어떤 일을 시도해보고 싶어요. 우리가 함께 노력하면 당신이 빛을 조금 되찾을 수 있을지도 몰라요."

"정말요?" 루스는 딱하게 물었다. 무슨 젠장맞을 기적을 기대하면서.

"당연하죠." 알렉스는 무릎에 팔꿈치를 괴고 앞으로 나와 앉았다. "시작하기 전에, 이것이 시각적 상상이자 상징적인 훈련이라는 걸 이해하셔야 해요."

루스가 고개를 끄덕였다.

"좋아요, 그럼. 그냥 앞을 보세요. 우린 함께 여행을 떠나게 됩니다. 그 남자가 술을 마시는 선술집 앞에 가 있다고 생각하세요. 하지만 당신은 피해자가 아닙니다. 강하고 자신감 넘치고 의로운 사람이 된 기분이 듭니다. 당신은 선술집을 나서는 그자가 두렵지 않습니다. 예상한 일이거든요. 당신은 이 기회를 기다리고 있었어요. 당신은 그늘에 숨어 있는 것도 아니고 겁을 먹은 것도 아닙니다."

루스의 등이 펴졌다. 그녀의 아래턱에 약간 힘이 들어갔다.

"남자가 선술집에서 나오자 당신은 몇 미터 떨어진 곳에서 그자를 쫓아갑니다. 당신은 위협을 느끼지 않습니다. 당신은 여성으로서 성인 남자를 혼자 뒤쫓고 있지만 겁먹지 않습니다. 당신의 손은 코트 주머니에 들어 있는 칼을 쥐고 있습니다. 당신은 자신감이 넘칩니다. 통제할 수 있습니다."

알렉스는 루스의 시선이 봉투 칼 쪽으로 내려와 그대로 머무는 것을 보았다. 완벽해.

"큰길이 끝나자 남자가 골목으로 돌아섭니다. 당신은 주변에 아무도 없는 완벽한 순간을 기다렸다가 속도를 올립니다. 남자와 겨우 몇미터 떨어진 곳으로 다가가 말합니다. '저기요.' 그자가 놀란 표정으로 돌아봅니다. 당신은 그자에게 시간을 묻습니다."

루스는 역할극을 하는 것일 뿐인데도 범인과 얼굴을 마주 본다는 생각에 호흡이 가빠졌다. 그녀는 어렵사리 침을 삼키고 고개를 끄덕였다.

"그가 시계를 확인하려고 손목을 드는 순간, 당신은 할 수 있는 한 세게 그의 배에 칼을 쑤셔 넣습니다. 이번에도 그 남자의 살이 당신에게 닿는 것이 느껴지지만 이번에 주도권을 쥔 사람은 당신입니다. 당신이 뒤로 물러서자 그자는 놀라서 아래를 봅니다. 남자가 당신의 얼굴을 보네요. 그제야 당신의 정체를 알아챕니다. 결국 그는 당신이 누군지 알게 됩니다. 그는 땅으로 쓰러지면서 그날 밤을 잠깐 떠올립니다. 피가 남자의 셔츠에 얼룩지고 그의 몸 근처에 고입니다. 당신은 더 멀리 물러나며 그의 몸에서 빠져나오는 피를 바라봅니다. 그렇게 피가 빠져나오면서 그자가 당신에게 행사하던 모든 영향력도 함께 빠져나갑니다. 당신은 피 웅덩이를 보고 나자 당신에게 행사하던 그자의 통제력이 사라졌다는

31

것을 알게 됩니다. 당신은 아래로 손을 뻗어 칼을 가져갑니다. 당신은 통제력을, 당신의 운명을, 빛을 되찾습니다."

루스의 얼굴에 힘이 풀려 있었다. 알렉스는 그녀에게 담배를 권하고 싶은 충동을 느꼈다. 알렉스는 아무 말도 하지 않고 몇 분이 흐르도록 놔두었다.

"괜찮으세요?"

루스가 고개를 끄덕이더니 봉투 칼에서 억지로 시선을 돌렸다.

"기분이 좀 나아지셨나요?"

"네, 놀랍네요."

"이건 루스가 인생에 대한 통제력을 되찾을 수 있도록 시각적인 상상을 해보는, 상징적인 훈련이었어요."

"좋은 것 같아요. 제가 거의 깨끗해진 것 같은 기분도 들고요." 루스는 약간 비꼬는 투로 인정했다. "감사합니다."

알렉스는 루스의 손을 토닥였다. "오늘은 이 정도면 될 것 같아요. 다음 주에도 같은 시간에 만날까요?"

루스는 고개를 끄덕이고는 알렉스에게 다시 감사 인사를 한 다음 떠났다.

알렉스는 그녀가 나간 뒤 문을 닫고 소리 내서 웃었다.

5

킴은 성큼성큼 경찰서로 들어갔다. 방금 통화로 머리가 핑핑 도는 듯했다. 가슴 깊은 곳에서 어떤 의심이 그녀를 괴롭혔지만, 킴은 자신이 틀린 것이기를 바랐다. 당연히, 세상에 그렇게까지 멍청한 사람은 없어야 했다.

직원 만 천 명을 두고 있는 웨스트미들랜드 경찰은 영국에서 두 번째로 큰 경찰서로, 그보다 큰 경찰 기관은 런던 경찰청밖에 없었다. 버밍엄, 코번트리, 울버햄튼, 블랙컨트리가 모두 웨스트미들랜드 관할이었다.

열 개의 관할 구역으로 나뉜 헤일조웬은 더들리의 하위 관할 구역으로, 총경인 영의 감독을 받는 경찰서 네 곳 중 한 곳이었다.

그 넷 중에는 헤일조웬보다 큰 경찰서도 있었지만 킴은 이 경찰서를 가장 좋아했다.

"대체 무슨 일이야?" 그녀가 유치장을 관리하는 경사에게 물었다. 경사는 즉시 얼굴을 붉혔다.

"레너드 던입니다. 던에게 약간, 음…. 사고가 생겼습니다."

킴의 의심이 맞았다. 세상에 그렇게까지 멍청한 사람이 있었다.

"얼마나 심한 사고길래?"

"코가 부러졌습니다."

"제기랄, 프랭크. 지금 내가 농담을 알아듣지 못할 거라는 가설을 시험하는 중인 거지?"

"전혀 아닙니다, 경위님."

킴은 낮은 목소리로 욕설을 내뱉었다. "누구 짓이야?"

"순경 두 명입니다, 경위님. 와일리와 젱스입니다, 경위님."

둘 다 킴이 아는 사람들이었다. 경찰을 나이에 따라 쭉 세워놓는다면 그들은 각기 양 끝에 들어갔다. 와일리는 32년 동안 경찰 생활을 했고 젱스는 겨우 3년 동안 경찰이었을 뿐이니까.

"어디 있지?"

"탈의실입니다, 경⋯."

"프랭크, 경위님 소리 한 번만 더 하면⋯."

킴은 뒷말을 하지 않고 경찰서 안으로 들어가 왼쪽으로 방향을 틀었다. 치안보조관 두 명이 다가왔다가 그녀의 표정을 보더니 홍해처럼 갈 갈라지며 길을 틔웠다.

킴은 노크도 하지 않고 남자 탈의실로 쿵쿵대며 들어갔다. 그녀는 로커의 미로를 따라가다가 목표물을 찾아냈다.

와일리는 두 손을 주머니에 넣고 열린 로커에 기대서 있었다. 젱스는 머리를 부여잡고 벤치에 앉아 있었다.

"거기 둘, 대체 무슨 생각입니까?" 킴이 외쳤다.

젱스는 킴을 돌아보기 전에 먼저 와일리를 올려다보았다. 와일리는 어깨를 으쓱하고 시선을 돌렸다. 꼬맹이 젱스는 혼자 남겨졌다.

"죄송합니다. 전 그냥 참을 수가⋯. 저도 딸이 있거든요. 전 그냥⋯."

킴은 젱스에게로 온전히 관심을 돌렸다. "그 개자식을 잡으려고 밤낮 없이 일한 팀원들 중에도 딸이 있는 사람이 절반이야." 킴은 허리를 숙이고 젱스의 얼굴을 가까이서 내려다보았다. "네가 무슨 짓을 저지른 건지, 뭘 위험에 빠뜨린 건지 짐작은 해?" 그녀가 내뱉었다.

이번에도 젱스는 와일리를 힐끗 보았다. 와일리는 화가 나는 듯했지만 젱스를 마주 보지는 않았다.

"너무 빠르게 일어난 일이어서요. 저는…. 아, 진짜….'

"뭐, 손맛이라도 죽여줬던 거면 좋겠네. 영리한 법정 변호사가 경찰 가혹행위를 이유로 레너드 던을 빼내게 된다면 그 주먹질이 놈이 받을 유일한 처벌이 될 테니까.'

젱스가 두 손으로 머리를 꽉 잡은 채 고개를 저었다.

"그냥 넘어진 거라고 하면….' 와일리가 별 확신 없이 말했다.

"몇 번 넘어졌다고 할까요?'

와일리는 로커를 닫고 시선을 돌렸다.

킴은 레너드 던의 모습이 떠올랐다. 법정에서 걸어 나가며 미소 띤 얼굴로 손을 흔들어 작별 인사하는 그의 모습이. 그는 다시 자유롭게 아이들을 학대할 수 있을 것이다.

킴은 팀원들이 이 사건에 처박은 시간을 떠올렸다. 킴이 굳이 당직 일정을 무시하라고 할 필요도 없었다. 케빈조차도 몇 번은 1등으로 출근했다.

그들은 한 팀이었다. 폭행에서 성범죄, 살인 등 팀원 중 누군가에게 개인적인 의미를 갖는 사건들을 다양하게 다루었다. 하지만 이 사건의 두 여자아이는 팀원 전원에게 개인적 의미가 있었다.

케빈은 다른 사람에게 애정을 품는 성격이 아니었지만 그의 딸은 어떤 이유에서인지 케빈에게서 그 부족한 사랑을 끌어낼 수 있었다. 브라이언트에게도 10대 후반인 딸이 있었고, 킴은…. 글쎄, 위탁 가정 일곱 곳을 거치면서 아무 흉터도 생기지 않는다는 건 어려운 일이었다.

이 사건은 그들을 한시도 가만히 놔두지 않았다. 근무 시간이든 아니든 상관없었다. 비번일 때면 두 아이가 여전히 아버지라는 작자와 같은 집에 갇혀 있다는 사실이 문득 떠올랐다. 출근하지 않고 보내는 모든 시간이 아무 죄 없는 그 두 아이와의 약속을 미루는 짓이라는 생각이 들었다. 그 정도면 오랫동안 근무할 만한 충분한 동기가 됐다.

킴은 용기를 내서 의심스러운 정황을 당국에 신고해준 젊은 교사를 떠올렸다. 그녀는 교사로서의 직업적 평판이 떨어질 위험과 주변의 모든 사람에게 조롱당할 위험을 무릅써야 했지만, 어쨌든 그런 일을 해낼 만큼 용감한 사람이었다.

그 모든 일이 헛수고로 돌아갈지도 모른다는 생각에 킴은 배를 레킹볼*로 얻어맞은 것만 같은 기분이었다.

킴은 두 순경을 번갈아 바라보았다. 누구도 그녀를 마주 보지 않았다.

"둘 다 변명할 말이 한마디도 없습니까?"

킴의 목소리는 자기가 듣기에도 책상 서랍에 개구리를 넣어둔 남학생들을 꾸짖는 교장 선생님 같았다. 그녀는 뭔가 더 말하려고 입을 열었지만 그녀조차도 이토록 처참한 절망에 빠진 얼굴을 보고 계속 소리를 지를 수는 없었다.

킴은 마지막으로 한 번 그들을 노려본 다음 돌아서서 탈의실을 나가려 했다.

"저기, 경위님. 잠시만요."

돌아선 킴 스톤은 와일리가 달려오는 것을 보았다. 와일리의 짧은 흰

● 철거할 건물을 부수고자 크레인에 매달고 휘두르는 쇳덩이.

머리 한 가닥 한 가닥, 불어난 허리 한 치수 한 치수가 모두 경찰에서 경력을 쌓으며 생긴 것이었다.

킴은 멈춰 서서 팔짱을 꼈다.

"저는…. 전 그냥 설명하고 싶었습니다." 그는 탈의실 쪽을 고갯짓했다. "젱스는 자제력을 잃은 것뿐입니다. 제가 막으려 했지만 젱스가 너무 빨랐어요. 그게, 저희가 그 집에 간 적이 있거든요. 좀 지난 얘깁니다. 집에서 시끄러운 소리가 들린다는 신고를 받고 갔었어요. 젱스는 자책에 빠져 있었습니다. 그야 우린 그 애들을 봤으니까요. 그 어린 애들이…. 소파에 웅크리고 있더군요. 저는 우리가 미리 그 사실을 알 방법이, 막을 수 있는 방법이 없었다고 설명하려 했지만…."

킴은 젱스의 좌절감을 이해했다. 하지만 젠장, 레너드 던은 다 잡은 것이나 마찬가지였다.

"이제 젱스는 어떻게 됩니까? 녀석은 좋은 경찰관입니다."

"좋은 경찰관은 용의자를 두들겨 패지 않습니다, 와일리."

킴 자신도 한두 번은 그러고 싶은 충동을 느꼈지만 말이다.

킴도 마음속으로는 모든 법정 바닥에 문이 달려 있어서, 아동 학대범들이 나타나면 벌컥 열리며 그들을 지옥에 마련된 특별한 자리로 보낼수 있으면 좋겠다고 생각했다.

와일리는 두 손을 주머니 속으로 더 깊이 질러 넣었다.

"그리고…. 저는 퇴직까지 겨우 일주일이 남아서…."

아아, 이제야 알겠군. 와일리가 정말로 알고 싶어 하는 것은 이 모든 일이 그에게 어떤 영향을 미칠 것이냐는 문제였다.

킴은 레너드 던의 집 지하실에 들어가 첫 번째 DVD를 보고 모두가 굳었을 때 케빈이 지었던 표정을 생각했다. 브라이언트가 자리를 비울 수 없다며 아내에게 전화를 걸어 영화를 보기로 했던 약속을 취소하던 모습도 떠올렸다. 스테이시가 자주 훌쩍거리며 화장실로 갔던 것도 생각났다. 총명하고 어린 스테이시 순경은 가장 최근에 팀에 합류했기에 자기가 얼마나 깊은 감정을 느끼는지 다른 팀원들에게 드러내지 않으려 했다.

그런데 이제는 이 사건이, 빌어먹을 법정에도 못 가게 됐다.

킴은 와일리에게 고개를 저었다. "그게 제가 관심을 가져야 하는 문젭 니까?"

6

루스와의 상담에 만족한 알렉스는 환자들이 그토록 신뢰하는 액자 속 자격증들을 마주 보고 섰다. UCL 의대에서 딴 의학사 학위, 왕립 정신 과 학회 회원 자격증, 전공의 과정 수료증, 전문의 과정 수료증은 그녀 가 가장 수고스럽게 공부해온 시간을 나타냈다. 그 시간이 수고스러웠 던 까닭은 공부가 어려웠기 때문이 아니었다. 그녀는 131이라는 IQ 덕 분에 수월하게 이 과정들을 마칠 수 있었다. 오히려 공부 자체는 따분했 고, 동료 학생들이나 교수들의 멍청함을 참아주느라 애써야 했던 점이 힘들었다.

그녀가 따낸 자격증 가운데 누가 뭐래도 가장 쉬웠던 것은 정신의학 박사 학위였다. 그건 알렉스의 벽에 걸려 있는 자격증들 중에서 그녀의 고객들이 실제로 정체를 알고 있는 유일한 자격증이기도 했다.

알렉스는 이런 종이 쪼가리에서 아무 자부심도 느끼지 못했다. 그녀는 자신이 목표를 이루게 되리라는 걸 한 번도 의심해본 적이 없었다. 그녀가 자격증을 전시해둔 이유는 한 가지뿐이었다.

신뢰.

교육 과정을 마친 알렉스는 원대한 계획의 두 번째 단계에 착수했다. 그녀는 경력을 쌓느라 2년을 보냈다. 논문을 쓰고, 좁디좁은 정신의학 업계에서 존경심을 얻게 해줄 만한 임상 연구에 참여했다. 그녀에 대한 동료들의 의견이야 아무래도 상관없었다. 알렉스가 이런 일을 하는 유일한 동기는 나중에 누구도 의심하지 않을 만한 명성을 쌓는 것이었다. 진짜 작업을 시작할 지금 이 순간을 위해.

그 세월 동안 알렉스는 어쩔 수 없이 자신의 전문 지식을 사법제도에 팔아야 했다. 그녀는 재판 과정에 말려든 수많은 하층민들을 심리적으로 평가해 주었다.

혐오스럽지만 꼭 해야 하는 일이었다. 그래도 그 일 덕분에 알렉스는 팀을 알게 됐다. 팀은 망가진 가정의 십대 피해자였다. 그는 분노로 가득 찬 비열한 녀석이었지만 솜씨 좋은 방화광이기도 했다. 알렉스는 정신 감정을 통해 그를 성인 교도소에서 오래 복역하게 하거나 정신과 병동에 단기간 입원시킬 수 있었다.

알렉스는 쓸 만한 인재가 있다면 늘 충분히 활용하는 사람이었다. 그녀는 팀과 자신에게 모두 도움이 되는 동반자 관계를 맺었다. 팀은 포레스트힐즈 정신병원에서 4개월간 생활한 끝에 퇴원해 방화로 두 사람을 죽였다. 그 덕분에 알렉스는 재산을 상속받아 지금까지 운영하고 있는 이 개인 병원을 차릴 수 있었다. 이 병원에서 알렉스는 원하는 실험 대상을 고르고 선택할 수 있었다. 고마워요, 엄마. 고마워요, 아빠.

팀이 끝내 자살한 것도 알렉스 입장에서는 다행이었다. 그가 알아서 깔끔하게 일을 마무리 지어준 셈이었으니까.

그 세월 동안 알렉스가 했던 일들 중에서 쓸모없는 것은 하나도 없었다. 감정에 따라 움직이는 사람들을 더 잘 이해해보자는 목표를 이루는 데는 모든 환자가 도움이 됐다. 그들의 강점과 동기, 무엇보다도 약점을 포함한 모든 것이.

가끔 알렉스는 너무도 연구를 시작하고 싶어서 괴로울 지경이었다. 하지만 적절한 시기를 선택하는 데는 아주 중요한 요소 두 가지가 작용했다.

첫 번째 요소는 안전망을 구축하는 것이었다. 그녀가 쌓은 흠 잡을 데 없는 명성이라면 이후 누가 혐의를 제기하더라도 별 근거없는 것처럼 보일 터였다.

여기에 더해, 알렉스는 알맞은 후보들이 알아서 나타나기를 인내심 있게 기다렸다. 그녀의 실험에는 조종하기 쉽고, 용서받을 수 없는 행동을 저지르고 싶다는 무의식적 욕망을 가진 사람들이 필요했다. 실험 대상은 정신이 온전해야 했지만, 한편으로는 알렉스가 한 겹 더 준비한 방법을 쓰면 고삐에서 풀려날 수도 있어야 했다.

알렉스는 루스 월리스를 처음 만났을 때부터 그녀가 이 연구에 완벽하게 들어맞으리라는 것을 알았다. 알렉스는 이 여자의 내면에서 자기 삶에 대한 통제권을 되찾고 싶다는 절박한 심정을 읽었다. 가엾은 루스 자신은 그런 식의 마무리가 얼마나 필요한지조차 의식하지 못했다. 그러나 알렉스는 알고 있었고, 중요한 건 그뿐이었다. 인내의 시간이 여러 달 지나 지금 이 순간까지 이어졌다. 이제는 막을 내릴 시간이었다.

알렉스는 뭔가 잘못되더라도 자신이 의심받을 상황은 없을 만한 실험 대상을 골랐다. 실패하는 일이 없도록 충분히 시간을 들였다. 그동안 알렉스는 장래성이 있는 다른 실험 대상들도 만나 보았다. 그녀에게 선택받는다는 특권으로 그들을 유혹해 보았다. 하지만 결국 그녀가 선택한 사람은 루스였다.

다른 환자들은 중요하지 않았다. 그들은 목적을 위한 수단일 뿐이었다. 알렉스가 진짜 작업을 수행하는 동안 잔챙이 환자들은 남들이 부러워하는 알렉스의 생활에 돈을 대는 기쁨을 누렸다.

알렉스는 환자들에게 고개를 끄덕여주고 그들을 위로하거나 안심시키면서 수많은 시간을 보냈다. 그러는 동안 머릿속으로는 쇼핑할 물건들의 목록을 작성하거나 계획의 다음 단계를 발전시켰다. 환자들이 그 대가로 낸 돈은 한 시간에 단돈 300파운드였다.

BMW Z4에 들어가는 돈은 스트레스성 도벽이 있는, 경찰서장의 아내가 대주었다. 알렉스는 그 차가 마음에 들었으므로 이 환자가 빠르게 회복할 일은 없을 터였다.

해글리 가에 있는 빅토리아식 3층 주택의 월세 2,000파운드는 어느 부동산업자가 피해망상증 때문에 일주일에 세 번씩 그녀를 만나러 오는 아들을 위해 내주었다. 무의식적으로 그 피해망상을 강화할 단어를 골라 아무렇지 않게 대화에 섞으면 그의 회복도 느려질 수밖에 없었다.

알렉스는 난로 위 가장 눈에 띄는 자리에 걸린 초상화를 마주 보고 섰다. 그녀는 초상화 속 남자의 차갑고 무감정한 눈을 들여다보며 그라면 자신을 이해했을지 생각해보곤 했다.

초상화는 호화스러운 유화였다. 알렉스는 추적할 수 있었던 조상 중 유일하게 자랑스러운 인물의 흑백사진을 본떠 그 그림을 그리도록 했다.

알렉스가 잭 삼촌이라는 별명을 붙여준 그는 "히글러", 그러니까 1870년대의 교수형 집행인이었다. 볼튼 마을에는 빌링튼 가문이 있었고 허더스필드에는 피어폰트 가문이 있었지만, 블랙컨트리에는 교수형 집행이라는 소름 끼치는 일을 대대로 수행하는 가문이 없었다. 그래서 잭 삼촌이 우연히 그 직업을 갖게 됐다.

잭 삼촌은 가족을 부양하지 않았다는 이유로 감옥에 갇혀 있었는데, 이 시기에 남녀 450명을 목매달았다는 기록을 세우며 최장수 사형 집행인으로 일하던 윌리엄 캘크래프트가 스태퍼드 교도소를 찾았다.

그날 캘크래프트는 두 명을 동시에 목매달아야 해서 자원봉사자가 필요했다. 지원한 죄수는 잭 삼촌밖에 없었다. 캘크래프트는 줄을 짧게 늘어뜨려 느리고도 고통스럽게 죽음에 이르게 하는 방법을 좋아했는데, 그 방법을 쓰려면 죄수가 사망할 수 있도록 그의 두 다리에 매달릴 조수가 필요했던 것이다.

잭 삼촌은 이 작업에서 자신의 재능을 발견하고 사형집행인이 되어 전국을 여행하기 시작했다.

그의 초상화 앞에 서면 알렉스는 일종의 소속감을 느꼈다. 먼 친척과의 어떤 친밀함을. 그녀는 잔인하고도 무감정한 그의 얼굴을 올려다보며 미소 지었다. "잭 삼촌, 삼촌이 살았던 시절만큼 일이 간단하다면 얼마나 좋을까요?"

알렉스는 구석 책상에 앉았다. 이제야 인생 최고의 프로젝트가 시작됐다. 드디어 몇 년 동안이나 그녀를 혼란스럽게 했던 질문의 답을 찾아 여행을 떠날 수 있게 됐다.

알렉스는 만족스러운 듯 길게 숨을 내쉬고 맨 위 서랍에 손을 넣어 클레르퐁텐 노트와 몽블랑 펜을 꺼냈다. 그녀만의 여가를 즐길 시간이었다.

사랑하는 새라에게.

그녀는 글을 쓰기 시작했다.

7

루스 윌리스는 가게 문이 드리운 그림자 속에 서 있었다. 그녀의 시선은 공원에 붙박여 있었다. 바닥에서 스며 나온 한기가 그녀의 두 발을 타고 다리까지 쇠말뚝처럼 뚫고 올라왔다. 지린내가 주변에 가득했다. 오른쪽에 있는 플라스틱 쓰레기통에서는 쓰레기가 넘쳐났다. 바스락거리는 담배 포장지와 피우고 남은 담배꽁초가 도로로 넘쳤다.

시각화 훈련이 머릿속에 선명하게 남아 있었다. 알렉스가 그녀의 곁에 있었다.

당신은 그늘에 숨어 있는 것도 아니고 겁을 먹은 것도 아닙니다.

루스는 두렵지 않았다. 대학 입학시험 결과를 보기 직전에나 경험해 본 초조한 기대감이 느껴졌을 뿐이다. 그녀가 진짜 사람이었던 그 시절의 기대감.

당신은 선술집을 나서는 그자가 두렵지 않습니다. 예상한 일이거든요.

루스의 빛을 빼앗아 간 그날 밤, 그 남자도 이런 기분을 느꼈을까? 그녀가 슈퍼마켓에서 걸어 나오는 것을 지켜보며 그 남자도 이런 흥분으로 몸을 떨었을까? 지금 이 순간 그녀의 몸을 타고 흐르는, 이런 정의로운 기분을 그 남자도 느꼈을까?

한 사람이 공원 아래쪽 정문으로 빠져나와 교차로에 섰다. 가로등 불빛이 남자와 그가 데리고 있는 개를 비추었다. 지나다니는 자동차가 드문데도 개를 산책시키는 남자는 신호등에서 소리가 날 때까지 기다렸다가 도로를 건넜다. 법규를 지키며.

당신은 피해자가 아닙니다. 강하고 자신감 넘치고 의로운 사람이 된 기분이 듭니다.

남자는 루스가 있는 곳에 이르더니 잠시 멈추었다. 루스는 조용해졌다. 3미터 떨어진 곳에서 그는 오른쪽 신발 끈을 다시 묶으려고 개 목줄 손잡이를 왼발로 밟고 허리를 숙였다. 너무 가까웠다. 개가 루스 쪽을 힐끗 보았다.

저자도 그녀를 볼 수 있을까? 루스는 알 수 없었다.

당신은 자신감이 넘칩니다. 통제할 수 있습니다.

아주 짧은 순간, 루스는 앞으로 달려 나가고 싶은 충동을 느꼈다. 그의 구부정한 등에 식칼을 꽂아 넣고 그가 얼굴부터 땅에 처박히는 모습을 지켜보고 싶었다. 하지만 참았다. 시각화 훈련 때 절정 장면의 배경은 골목길이었다. 계획을 철저히 따라야 했다. 그래야만 자유로워질 수 있었다. 그래야만 빛을 되찾을 수 있었다.

당신은 여성으로서 성인 남자를 혼자 뒤쫓고 있지만, 겁먹지 않습니다.

루스는 그림자 속에서 나와 남자를 몇 발짝 뒤에서 쫓아가기 시작했다. 쭉 뻗은 도로를 따라 빠르게 달려가는 자동차 두 대에 비하면 그녀의 운동화에서는 거의 소리가 나지 않았다.

골목길에서는 루스의 발소리가 들렸다. 등뒤의 인기척을 느낀 남자의 몸에 힘이 들어갔다. 하지만 그는 돌아보지 않고 조금 속도를 늦추었다. 보행자가 자기를 지나쳐 가기를 바라는 듯했다. 루스는 그럴 생각이 없었다.

당신의 손은 코트 주머니에 들어 있는 칼을 쥐고 있습니다.

골목으로 반쯤 들어간 곳, 상상했던 바로 그 장소에 이르자 루스의 심장이 그녀의 발걸음을 따라 빠르게 뛰었다.

"저기요." 그녀가 말했다. 루스는 알렉스가 전해준 바로 그 단어를 말했다. 목소리가 너무 침착해 그녀 자신조차 놀랐다.

여자 목소리에 남자는 긴장을 풀었다. 그는 미소 지으며 돌아보았다. 큰 실수였다.

"지금 몇 시예요?" 루스가 물었다.

그의 얼굴을 마주 봤을 때도 루스는 표정 하나 바꾸지 않았다. 남자가 등 뒤에서 그녀를 강간했기에 그의 생김새는 루스에게 아무 의미가 없었다. 그녀를 과거로 돌려놓은 것은 소리였다. 남자는 개를 산책시키느라 숨이 찬 상태였다. 남자가 그녀의 몸을 가르고 들어올 때 들었던, 기억에 선명하게 남은 소리.

남자는 오른손으로 재킷의 고무줄 소매를 걷고 손목시계를 보았다.

"지금은….."

칼은 손쉽게 그의 복부를 파고들어 살과 근육, 불끈거리는 장기들을 뚫고 움직였다. 루스가 칼을 위쪽으로 밀어 넣자 칼날이 북쪽으로 방향을 틀어 뼈에 부딪혔다. 그녀는 천천히 칼을 뒤틀며 칼날 앞을 막는 모든 것을 갈아버렸다. 믹서기처럼. 그녀의 손이 잠시 그의 배에 머물렀다. 더는 칼을 움직일 수 없었다.

이번에도 그 남자의 살이 당신에게 닿는 것이 느껴지지만, 이번에 주도권을 쥔 사람은 당신입니다.

루스는 남자의 배에서 칼날을 빼내며 온몸을 휩쓰는 성취감을 느꼈다. 칼날을 쑤셔 넣고 돌릴 때의 저항감이 만족스러웠다.

당신은 피 웅덩이를 보고 나자 당신에게 행사하던 그자의 통제력이 사라졌다는 것을 알게 됩니다.

남자는 오른손으로 상처를 부여잡고 휘청댔다. 쫙 벌어진 그의 손가락 위로 피가 흘러내렸다. 그는 당황한 듯 아래를 보더니 그녀의 눈을 보고 다시 아래를 보았다. 아무 상관 없는 이 두 가지 사건, 그녀의 존재와 칼에 찔린 상처를 이해할 수 없다는 듯이.

당신은 통제력을, 당신의 운명을, 빛을 되찾습니다.

남자는 빠르게 눈을 깜빡였다. 잠깐 그의 눈빛이 선명해졌다가 곧 잠잠해졌다.

루스의 모든 감각이 날카롭게 깨어났다. 트럭 한 대가 굉음을 내며 골목 저편을 지나갔다. 그 소리를 듣자 루스는 귀에 불이 붙는 것 같았다.

짙은 쇠 비린내가 콧구멍을 가득 채우자 속이 울렁거렸다. 개는 낑낑거렸지만 도망치지는 않았다.

당신은 통제력을, 당신의 운명을, 빛을 되찾습니다.

루스는 칼을 다시 뺐다가 쑤셔 넣었다. 두 번째 찔렀을 때는 칼이 그렇게 깊이 들어가지 않았지만, 밀치는 힘 때문에 남자는 어쩔 수 없이 뒤로 밀려났다. 그의 두개골 뒤쪽이 콘크리트에 부딪히면서 역겹게 퍽 소리가 났다.

당신은 통제력을, 당신의 운명을, 빛을 되찾습니다.

뭔가 잘못됐다. 뭔가 치명적인 세부 사항을 놓쳤다. 시각화 훈련 때는 온몸에 평화와 평온이 흘러넘쳤는데.

루스는 꿈틀거리는 그의 몸을 내려다보고 서서 그의 살 속으로 다시 칼을 찔러 넣었다. 그가 신음하자 다시 찔렀다.

루스는 그의 왼쪽 다리를 걷어찼다. "일어나. 일어나. 일어나!" 그녀가 고함을 질렀지만 다리는 그의 몸 다른 부분과 마찬가지로 꼼짝하지 않고 늘어져 있었다.

당신은 통제력을, 당신의 운명을, 빛을 되찾습니다.

"씨발, 일어나라고!" 그녀는 남자의 갈비뼈를 노리고 찼다. 그의 벌어진 입에서 피가 울컥 솟구쳤다. 그는 정신이 나간 포유동물처럼 꿈틀거렸다. 그의 눈알이 머릿속에서 뒤로 돌아갔다. 개는 뭘 해야 할지 잘 모르겠다는 듯 그의 머리 주위를 뛰어다녔다.

루스의 뺨으로 눈물이 흘러내렸다. "내놔, 이 개자식아. 돌려달란 말이야." 그녀가 명령했다.

시체는 고요해졌고 골목에는 정적만이 흘렀다.

루스는 물러나 허리를 쭉 펴고 섰다.

생명이 빠져나간 몸뚱이 밑에 피가 페인트처럼 고이는 동안 루스는 기다렸다.

안도감은?

구원은?

빌어먹을, 빛은 어디에 있는 거야?

개가 짖었다.

루스 윌리스는 돌아서서 숨도 못 쉬고 도망쳤다.

8

킴은 골프 GTI에서 내리며 사건은 언제나 시체 한 구로부터 시작한다고 생각했다.

"칠 뻔했어요, 대장." 브라이언트는 제복을 입은 경찰관이 킴의 자동차 범퍼를 피하느라 펄쩍 뛰다시피한 것을 보고 말했다.

"몇 킬로미터는 떨어져 있었는데요."

킴은 현장 차단 테이프 밑으로 몸을 숙이며 흰 천막 주변으로 밀려드는 형광 재킷들 쪽으로 향했다.

손즈 가는 라이에서 더들리 시내로 이어지는 주요 통로였다.

길의 한쪽은 대체로 공원과 주택들로 이루어져 있었다. 반대편의 주요 건물은 체육관과 학교, 손즈 선술집이었다.

3월 중순의 낮 기온은 거의 두 자릿수를 넘었지만 해가 떨어지고 나면 온도계의 수은이 2월 수준으로 곤두박질쳤다.

브라이언트가 신분증을 보이는 동안 킴은 모두를 무시하고 시체 쪽으로 향했다. 어두컴컴한 도랑이 주택가 옆면을 따라 브라이얼리힐에서 가장 잘 사는 동네인 앰블코트까지 이어져 있었다.

인도 왼쪽에는 웃자란 잡초와 풀, 개똥으로 뒤덮인 땅이 있었다. 지금은 범죄 현장 요원들이나 카센터 직원들이 그 땅을 마구 짓밟는 중이었다.

킴은 대중의 시선을 가리느라 쳐놓은 흰 천막으로 들어가며 신음했다. 그녀가 가장 좋아하는 법의학자 키츠가 시체 위로 몸을 숙이고 있었다.

"아아, 스톤 경위. 만난 지 너무 오래됐는데." 키츠는 그녀를 보지도 않고 말했다.

"지난주에 봤습니다, 키츠. 자살한 여성 부검 때요."

키츠는 킴을 올려다보며 고개를 저었다. "이런, 내가 그 기억을 지워 버렸나 봐. 트라우마적인 상황에서는 그럴 수도 있거든. 자기 보호를 위한 방법이라네. 근데, 자네 이름이 뭐였지?"

"브라이언트, 키츠한테 안 웃기다고 좀 말해주십시오."

"대장, 어떻게 사람을 코앞에 두고 거짓말을 해요?"

킴은 고개를 저었고 둘은 히죽거리며 웃음을 주고받았다.

키츠는 매끈한 머리에 뾰족한 턱수염을 기른 왜소한 사람이었다. 몇 달 전에는 30년 동안 그와 함께해온 아내가 예상치 못하게 세상을 떠났다. 그 때문에 키츠는, 인정하지는 않겠지만 엄청난 상실감에 빠져 있었다. 가끔 킴은 그가 자신을 희생양 삼아 농담하게 놔두었다. 그냥, 가끔은.

그녀는 축 늘어진 주인 옆에 참을성 있게 앉아 있는 보더 콜리 잡종을 돌아보았다.

"왜 개가 아직도 여기 있는 겁니까?"

"목격자입니다, 대장." 브라이언트가 재치 있게 말했다.

"브라이언트, 지금 그럴 기분이…."

"털에 피가 튀었어." 키츠가 덧붙였다.

킴은 가까이 가서 개의 앞다리에 피 몇 방울이 얼룩져 있는 것을 확인했다.

그녀는 주위의 움직임을 머릿속에서 지우고 범죄 현장에서 가장 중요한 부분인 시신에 초점을 맞추었다. 백인 남자가 보였다. 40대 초중반으로 과체중이었고 테스코 청바지와 흰 티셔츠를 입고 있었다. 셔츠는 너무 여러 번 빨아서 담뱃재 색깔이 되어 있었다. 짙은 붉은색 얼룩이 옷 앞섶을 물들였고 옷에는 마구 그어댄 자국이 널려 있었다. 아래쪽에는 피 웅덩이가 고인 상태였다. 땅을 보니 남자는 뒤로 넘어진 모양이었다.

재킷은 새것이었다. 그저 그런 품질의 가죽 항공 점퍼로 그의 배를 덮을 만큼 늘어나지는 않는 게 분명했다. 지퍼를 잠근다는 건 그저 꿈같은 얘기였다. 이 남자를 너무 사랑해서 그의 불어난 허릿살을 보지 못한 누군가가 선물로 준 모양이었다. 어머니일까. 그 옷도 날카로운 물건으로 찔리는 데는 아무 보호막이 되지 못했다.

남자는 새치가 있었고 머리카락이 지나치게 길었다. 얼굴은 깨끗하게 면도했고 여전히 놀란 표정을 띤 채였다.

"흉기는요?"

"아직 안 나왔어." 키츠가 돌아서며 말했다.

킴은 몸을 숙이고 법의학 사진사와 눈을 맞추었다. 그는 고개를 끄덕였다. 필요한 시신 사진은 다 찍었다는 뜻이었다. 그는 개에게로 관심을 돌렸다.

킴은 조심스럽게 젖은 티셔츠를 들어 올렸다. 피 대부분은 찔린 상처한 곳에서 나왔을 것이다.

"제일 위쪽 상처가 치명상이었던 것 같네." 키츠가 덧붙였다. "그리고 자네가 물어보기 전에 말해주면, 흉기는 13에서 15센티미터쯤 되는 식칼이었을 거야."

"멀리 있지는 않겠네." 킴은 딱히 듣는 사람을 정해두지 않고 말했다.

"그걸 어떻게 아나? 흉기는 어디든지 있을 수 있어. 놈이 가지고 갔을 수도 있고."

킴은 고개를 저었다. "이건 계획된 공격이었습니다. 늦은 밤, 어두운 골목에서 일어난 걸 보면 그래요. 하지만 어떤 광기가 개입됐습니다. 이 공격에는 감정이 실려 있어요. 처음 부상만으로도 목표는 이루어졌는데, '죽은 상태에서' 입힌 부상이 세 군데나 더 있습니다."

그녀는 계속 시체를 살폈다. 주변 공기가 공격에 동반된 분노를 머금고 있는 듯했다.

킴은 고개를 들었다. "살인자는 범행 당시에 분노로 눈이 먼 상태였습니다. 하지만 범행을 마치고 나자 아드레날린이 사그라들었죠. 그다음엔?"

브라이언트가 킴의 논리를 따라 말했다. "자기가 무슨 짓을 저질렀는지 알고 그때까지 자기 손에 들려 있는 물건을 봤겠죠. 그리고 최대한 빨리 그 연결고리를 버리고 싶어졌을 겁니다."

"칼로 찌르는 건 매우 사적인 행동입니다, 브라이언트. 사람을 찌르려면 거의 친밀하게 느껴질 정도로 가까이 다가가야만 해요."

"아니면 강도질을 하려다가 잘못된 걸 수도 있어요. 피해자한테 지갑이 없더라고요."

킴은 브라이언트의 마지막 말을 무시하고 시체 왼쪽의 땅으로 몸을 숙였다. 그녀는 옆으로 누워서 자기 발을 피해자의 발 바로 옆에 두었다. 차가운 자갈이 옷을 파고드는 듯했다.

키츠는 고개를 흔들며 계속 그 모습을 지켜보았다. "아, 브라이언트. 매일이 힘들겠군."

"박사님은 짐작도 못 하실 겁니다."

킴은 둘 모두를 무시했다. 그녀는 한쪽 팔을 뒤로 젖혔다가 찌르듯 홱 내뻗었다. 궤적을 따라가니 가슴뼈 가운데에 상처가 나게 된다는 결론이 났다. 그녀는 자기 팔에서 실제 상처까지의 궤적을 그려보려 했지만 그러자니 힘이 충분히 실리지 않았다.

그녀는 바닥에 누운 채로 몸을 움직여 다시 같은 행동을 했다. 이번에도 칼의 궤적은 실제 상처에서 2~3센티미터 이상 떨어져 있었다.

그녀는 한 뼘쯤 더 아래로 내려갔다. 눈을 감고 호기심 어린 주변의 시선을 모른 체했다. 사람들이 뭐라고 생각하든 그녀에게는 중요하지 않았다.

킴은 레너드의 딸, 데이지 던이 그 지저분한 지하실 한가운데에 서 있던 모습을 올렸다. 아버지가 고른 옷을 입은 채 떨고 있던 그 겁먹은 아이를.

이번에 그녀는 분노를 실어 팔을 휘둘렀다. 사람을 죽일 준비가 된 자의 분노를 담아서. 그녀는 눈을 뜨고 허리를 숙였다. 그녀의 검지가 상처에 바로 닿아 있었다.

그녀는 아래를 내려다보았다. 시체와 그녀의 발은 더 이상 높이가 맞지 않았다. 그녀는 10~13센티미터는 족히 내려와야 상처의 궤적에 맞는, 편안하고도 자연스러운 찌르는 자세에 이를 수 있었다. 킴은 땅을 짚고 일어나 청바지에 묻은 먼지를 털어냈다.

그녀는 자기 키와의 차이를 계산해 보았다. "범인은 키가 아무리 커도 160~162센티미터 정도일 겁니다."

키츠가 미소 지으며 턱수염을 톡톡 두드렸다. "그게 말이지, 브라이언트. 만일 칼스버그*에서 형사를 만들었다면…."

"또 알려주실 게 있습니까?"

킴은 천막의 출구 쪽 덮개로 가면서 말했다.

"일단 내가 저 친구를 데려가서 제대로 살펴봐야지." 키츠가 말했다.

킴은 잠시 시간을 들여 현장을 훑어보았다. 현장 요원들이 증거를 찾아 근처를 뒤지고 있었다. 순경들은 이 집 저 집 탐문을 다니는 중이었고 사람들이 진술하고 있었으며 구급차는 시신이 인도되기를 기다리고 있었다. 더는 킴이 이곳에 있을 필요가 없었다. 그녀는 필요한 모든 것을 확보했다. 이제 킴은 그 모든 것을 짜 맞춰 무슨 일이 일어났는지 알아내야 했다.

● 칼스버그는 덴마크 맥주 브랜드다. "칼스버그에서 ○○ 했다면, 세계 최고가 되었을 겁니다."라는 카피의 시리즈 광고로 유명하다.

킴은 말없이 천막을 나서, 골목 끝을 지키고 있는 두 경찰관을 지나쳤다.

3미터쯤 갔을 때 그녀는 두 경찰이 서로 뭐라 중얼거리는 소리를 들었다. 그녀가 우뚝 멈추는 바람에 하마터면 브라이언트가 그녀의 등에 부딪힐 뻔했다. 킴은 돌아서서 그들에게 다가갔다.

"뭐라고 했나, 자비스?"

그녀는 바지 주머니에 손을 넣은 채 자비스 경사를 마주 보았다. 자비스도 얼굴을 붉힐 정도의 염치는 있었다.

"방금 한 말 다시 해보지? 브라이언트가 못 들은 것 같은데."

키가 크고 호리호리한 경찰관이 고개를 저었다. "전 아무 말도…."

킴이 브라이언트를 돌아보았다. "여기, 자비스 경사님이 나를 '피도 눈물도 없는 년'이라는데요."

"아, 이런…."

킴은 브라이언트에게 계속 말했다. "자비스 경사의 평가가 완전히 틀렸다는 건 아닙니다. 그냥 설명을 듣고 싶다는 거지." 그녀는 한발 물러선 자비스를 돌아보았다. "그러니까, 계속 말해 봐."

"경위님 얘기를 한 게 아니라…."

"자기가 한 말을 자세히 설명할 배짱만 있었어도 훨씬 존중하는 마음이 생겼을 텐데."

자비스는 아무 말도 하지 않았다.

"내가 어쩌길 바라나? 저 사람이 목숨을 잃었으니 눈물이라도 터뜨려? 내가 저 사람의 죽음을 애도해줬으면 좋겠나? 기도라도 할까? 얼마나 좋은 사람이었는지 아쉬워해야 해? 아니면 단서를 모아서 이런 짓을 한 자를 찾아내야 할까?"

자비스의 눈을 마주 보는 킴의 시선은 흔들림이 없었다. 자비스가 눈길을 돌렸다.

"죄송합니다, 경위님. 제가 생각이 짧았⋯."

킴은 그의 사과를 끝까지 듣지 않았다. 이미 그 자리를 떠난 뒤였으니까.

현장 차단 테이프에 이르렀을 때쯤에는 브라이언트가 그녀의 바로 뒤에 있었다. 킴은 테이프 밑으로 몸을 숙이고서 망설였다. 그녀는 두 순경 중 한 명을 돌아보았다.

"누가 저 개 좀 돌봐주죠?"

브라이언트가 웃었다. "세상에, 대장. 이만하면 대장을 잘 안다고 생각했는데 말이죠."

"뭐가요?"

"정신을 딴 데 팔았다고 잔뜩 들볶인 순경들과 범죄 현장에 한 번도 와본 적 없는 초보 경찰관들, 대장한테 한바탕 깨진 경사가 있는데 대장이 신경 쓰는 건 개의 복지란 거예요?"

"개는 이런 상황을 고려하고 직업을 선택한 게 아니니까요. 나머지 사람들은 잘 생각했어야죠."

브라이언트는 자동차에 타고 안전띠를 확인했다. 두 번이나.

"힘내세요, 대장. 우발적 살인으로 이어진 강도 사건은 아닐 겁니다."

킴은 말 한마디 없이 차를 몰고 현장을 떠났다.

"대장 얼굴을 보면 알아요. 표정을 보니까 꼭 누가 대장한테서 바비 인형을 빼앗아다가 물에 넣고 삶은 것 같은데요."

"난 한 번도 바비 인형을 가지고 논 적이 없습니다. 바비 인형이 있었다면 내가 직접 팔다리를 뜯어냈을 거고요."

"무슨 뜻인지 아시면서 그래요."

킴은 실제로 브라이언트가 한 말의 뜻을 알고 있었다. 브라이언트는 그런 말을 하고도 별 탈 없이 지낼 수 있는 유일한 형사였다.

브라이언트는 재킷 주머니에서 사탕 한 팩을 꺼냈다. 그가 킴에게 사탕을 한 개 권했지만 킴이 거절했다.

"진짜 그것 좀 줄여요."

박하 향이 자동차를 가득 채우자 그녀가 말했다.

브라이언트는 하루에 마흔 개비씩 피워대던 담배를 끊은 뒤 유난히 강한 목 캔디에 중독됐다.

"전 이걸 먹어야 생각을 더 잘한다는 거, 대장도 아시잖아요."

"그럼 한 번에 두 개씩 드세요."

브라이언트와 달리 킴 스톤은 이 사건이 강도 사건이 아니라는 사실을 이미 알고 있었다. 그러니까 답을 구해야 할 질문도 달랐다. 누가, 언제, 어떻게, 왜.

'어떻게'에 대한 답은 간단했다. 범인은 13~18센티미터쯤 되는 칼을 사용했다. '언제'에 가장 가까운 답은 부검을 통해 확인될 것이다. 남은 질문은 '누가', 그리고 '왜'였다.

범죄 수사에 있어서 '왜'라는 질문에 대한 답을 찾는 것은 대단히 중요한 일이지만, 킴에게 이 질문이 가장 본질적인 퍼즐 조각이었던 적은 한 번도 없었다. '왜'라는 질문은 과학적인 방법으로 답을 확정할 수 없는 유일한 질문이었다. 이에 대한 답을 찾는 것도 킴의 일이기는 했지만 그녀는 범인의 동기를 이해할 마음이 전혀 없었다.

킴은 경사 시절에 겪었던 다른 사건을 떠올렸다. 어떤 어린아이가 건

널목을 건너다가 혈중알코올농도 제한 수치의 세 배가 넘도록 취한 여자가 몰던 차에 치인 사건이었다. 여자가 타고 있던 지프 앞의 불바* 때문에 생긴 끔찍한 내상으로 일곱 살 남자아이는 천천히 죽어갔다. 알고 보니 여자는 자궁암 진단을 받아 그날 오후를 선술집에서 보내고 돌아오는 길이었다.

이 정보는 킴에게 아무런 영향도 주지 않았다. 사실관계는 전혀 달라지지 않았으니까. 어쨌든 술을 마시기로 한 건 그 여자였고 차를 몰기로 한 것도 그 여자였다. 일곱 살 아이는 결국 죽었고.

행위가 아무리 잔인해도 그 행위가 '왜' 벌어졌는지 이해하다 보면 어떤 공감, 이해, 용서를 기대하게 된다.

하지만 킴의 과거가 보여주듯 그녀는 누굴 용서하는 성격이 아니었다.

9

새벽 1시 30분. 킴은 순경들과 치안보조관, 민간 요원 두어 명이 머무는 공동 사무실을 가로질렀다.

"좋아, 이미 와 있었네."

킴의 팀에 속한 다른 두 형사가 이미 앉아 있었다. 던 사건을 마무리

---

* 충돌 때 파손 방지를 위해 지프차 등의 앞에 설치하는 굵은 금속봉.

한 이후 기운을 되찾을 시간은 많지 않았다. 하지만 킴의 팀은 원래 그런 방식으로 굴러갔다.

사무실에는 두 개씩 짝지어 서로를 마주 보는 책상 네 개가 놓여 있었다. 컴퓨터 모니터, 그리고 어울리지 않는 서류함이 놓인 각 책상은 반대편 책상을 거울처럼 비추었다.

책상 세 곳에는 변치 않는 주인이 있었지만 네 번째 책상은 2년 전 팀의 규모가 축소되면서부터 비어 있었다. 킴은 보통 자기 사무실에 들어가는 대신 그 자리에 걸터앉았다.

문에 그녀의 이름이 붙어 있는 공간은 그저 석고보드와 유리로 나눠둔, 사무실 오른쪽 귀퉁이일 뿐이었다. 그곳은 보통 어항이라고 불렸다.

"안녕하세요, 대장." 스테이시 우드 순경이 밝게 소리쳤다. 그녀는 영국인과 나이지리아인 혼혈이면서도 책상에 "모든 길은 더들리로 통한다"라는 팻말을 붙여놓았다. 머리는 짧았고 특별히 손질하지 않았다. 그녀의 피부색이나 부드러운 인상과 어울리는 스타일이었다.

반면 케빈 도슨 경사는 끝내주는 데이트를 마치고 온 듯한 모습이었다. 그는 날 때부터 정장을 입었을 것 같은 스타일이었다. 세상에는 아르마니를 입고도 도저히 세련돼 보이지 않는 남자들이 있지만 케빈은 그 반대였다. 그가 가진 수많은 정장은 비싸지 않았지만 케빈은 어째서인지 그것들을 좋아 보이게 만들었다. 구두와 넥타이가 보통 그의 행동 방식을 결정했다.

그가 커피메이커 쪽으로 걸어가자 킴은 바닥을 힐끗 보았다. 그럼 그렇지. 케빈은 하룻밤 상대를 찾고 있었던 게 틀림없었다. 사랑하는 약혼자와 어린 딸의 품에 안겨도 좋다는 허락을 받은 지 겨우 몇 달이 지났을 뿐인데.

하지만 킴이 알 바는 아니었으므로 그녀는 케빈을 그냥 놔두었다.

"스테이시, 칠판을 맡아."

스테이시가 벌떡 일어나 검은색 보드마커로 손을 뻗었다.

"신원 확인은 아직이야. 피해자한테 지갑이 없었으니 지금까지 파악된 내용만으로 진행한다. 피해자는 40대 중반의 백인 남자이고 저소득층으로 보인다. 네 군데 자상이 있었고 그중 첫 번째 자상이 치명상이었어." 킴은 잠시 말을 멈추고 스테이시에게 받아 적을 기회를 주었다.

"자, 사건이 일어난 순서를 추정해봐야 해. 피해자는 선술집에 들렀다가 이후 지갑을 도둑맞은 걸까? 아니면 그냥 개를 산책시키던 중이었을까?"

킴은 케빈에게 관심을 돌렸다. "케빈, 경찰관들한테 얘기해서 버스랑 택시 승차장을 확인해. 사람이 많은 길이야. 뭔가 본 사람이 있을 수도 있으니 어제의 목격자 진술을 확보해. 브라이언트, 실종자 신고가 있는지 확인하세요."

킴은 사무실을 둘러보았다. 모두가 움직이고 있었다.

"난 가서 경감님한테 보고하고 오지."

그녀는 한 번에 두 단씩 계단을 올라가 노크 없이 우디의 사무실에 들어갔다.

우드워드 경감, 일명 우디는 180센티미터를 넘는 거구였다. 앉아있었는데도 체격이 눈에 띄었다. 워낙 곧고 똑바르게 상체를 펴고 있기도 했지만. 킴은 칼같이 다린 그의 흰 셔츠에서 여태껏 주름 하나를 본 적이 없었다. 카리브해 출신답게 53세라는 나이가 무색할 정도로 피부가 매끈했다. 그는 울버햄튼의 거리에서 순경으로 경찰 경력을 시작했고, 경찰이 그들의 바람과는 달리 그리 정치적으로 올바르지 않았던 시절에 수십 년이나 살아남아 승진 사다리를 오를 수 있었다.

우디의 흔들리지 않는 열정과 자긍심은 자동차 미니어처 수집품이 전시된 책장에서도 드러났다. 경찰차들이 무대 한가운데를 차지하고 있었다.

우디는 책상 가장자리에서 스트레스 볼을 집어 들어 오른손으로 주무르기 시작했다.

"지금까지 나온 건?"

"거의 없습니다, 경감님. 이제 막 수사 개요를 짜던 중입니다."

"벌써 기자들이 전화를 해왔네. 뭐라도 던져줘야지."

킴은 눈알을 굴려댔다. "경감님…."

우디는 스트레스 볼을 더 세게 쥐었다. "집어치워, 스톤. 내일 아침 여덟 시야. 기자들에게 말해주게. 남자 시신이 발견됐다, 등등."

우디는 킴이 기자들과 이야기하는 걸 싫어한다는 사실을 알면서도 가끔 고집을 부렸다. 킴이 세운 진로 계획은 우디가 그녀를 위해 세워놓은 계획과 달랐다. 이 이상 계급이 올라가면 그녀는 경찰 실무에서 멀어질 터였다. 먹이사슬에서 더 높은 쪽으로 이동할수록 그녀의 하루는 실행 지침이니 정책이니 뒤치다꺼리니 빌어먹을 기자회견이니 하는 것들로 가득 차게 될 것이다.

킴이 반박하려고 입을 열었지만 우디가 살짝 고개를 저어 그 행동을 막았다. 킴은 나아갈 때와 물러날 때를 잘 알았다.

"또 있습니까, 경감님?"

우디는 스트레스 볼을 내려놓고 안경을 벗었다. "상황이 진전되는 대로 계속 보고하도록."

"그거야 당연하죠." 킴 스톤은 문을 닫고 나오며 말했다. 보고야 늘 하는데?

사무실로 돌아와보니 여러 표정이 섞여 있었다.

"좋은 소식과 나쁜 소식이 있습니다." 브라이언트가 그녀와 눈을 맞추고 말했다.

"말하세요."

"피해자 신원을 확인했습니다만⋯. 경위님이 전혀 좋아하시지 않을 것 같습니다."

10

알렉스는 핸드폰에서 들려오는 〈아이 엠 어 루저〉라는 비틀즈 노래에 깜짝 놀라 잠에서 깼다. 이건 하드윅 하우스에서 전화를 걸어왔다는 사실을 알리는 그녀만의 농담이었다. 거의 새벽 세 시가 다 된 시간에는 별로 재미있지 않은 장난이었지만.

그녀는 몇 초 동안 핸드폰을 노려보며 자세를 가다듬은 다음에야 존 레넌을 닥치게 했다.

"여보세요."

"알렉스, 데이비드예요. 잠깐 와주실 수…." 그의 목소리가 멀어졌다. 하지만 알렉스는 그가 누군가에게 셰인을 휴게실로 다시 데려오라고 소리치는 걸 들을 수 있었다. "저기, 셰인이랑 맬컴 사이에 일이 좀 있었어요. 와주실 수 있을까요?"

알렉스는 관심이 생겼다. "무슨 일이에요?"

"에릭, 셰인 데리고 들어가. 망할 문 좀 닫고!"

그는 무척 걱정하는 목소리였다. 배경에서 고함 소리가 잔뜩 들려왔다. "오시면 설명해드릴게요."

"바로 갈게요."

그녀는 빠르게, 하지만 충분히 고민한 끝에 엉덩이 선을 받치며 부드럽게 내려가는 꼭 맞는 청바지를 입었다. 웃옷으로는 몸을 숙이면 살짝만 가슴골이 드러나는 캐시미어 스웨터를 걸쳤다. 남자들이 잔뜩 모여 있는 집에 갈 때는 이런 옷에 따질 수 없을 만큼 높은 가치가 있었다.

블러셔를 가볍게 칠하고 입술을 삐죽 내밀며 립스틱을 빠르게 바르자 '이제 막 일어난' 모습이 세심하게 연출됐다. 그녀는 나가면서 주방 서랍에 있던 노트를 챙겼다.

3리터 연료 분사식 엔진이 나뭇잎으로 덮인 고요한 도로를 가로지르는 동안 알렉스는 하드윅 하우스에 대해 그녀가 어떤 선택지를 가지고 있는지 생각해 보았다. 하드윅과의 동반자 관계는 일방적인 것으로 변해버렸고 이 동맹에서 얻는 이익은 알렉스가 보기에 점점 매력을 잃어가고 있었다.

그녀는 자신의 재능을 베풀어줄 시설을 매우 신중하게 선택했다. 지역에서 좋은 일을 한다는 시설들을 살펴보니 좋은 사회를 만들겠다는 공상에 빠진 자들 중에서는 하드윅 하우스 사람들이 그나마 참을 만했다.

그녀는 자기 연구에 쓸 후보자들을 찾아 보았지만, 딱히 훌륭한 실험 대상은 없었다. 그 뒤로는 흥미를 잃고 단지 심리 조작 기술을 연마하기 위한 도구로 그들을 활용해왔다. 지금은 그조차 피곤해지던 차였다. 알렉스는 그렇게 생각하며 진입로에 접어들어 시동을 껐다. 미래 어느 순간에 슬며시 발을 빼야 할 것 같았다.

문을 열어준 건 데이비드였다. 이 시설에서 조금이라도 흥미가 가는 인물은 그뿐이었다. 그는 서른일곱 살로, 검은 머리에 새치가 아주 살짝 있어서 생김새에 분위기를 더해주었다. 데이비드에게는 이성에게 자신이 얼마나 매력적으로 보이는지 전혀 모르는 사람 특유의 태평한 태도가 있었다. 상대가 데이비드라면, 알렉스는 '오직 유부남'만 노리는 규칙을 깰 용의가 있었다.

운동 중 사고로 무릎을 심하게 다쳤다는 걸 제외하면 알렉스는 데이비드가 하드윅 하우스 밖에서 어떤 사람인지 잘 몰랐다. 아무래도 상관없었기에 물어본 적도 없었다.

알렉스는 데이비드가 자신이 맡은 사람들을 위해 지치지 않고 일한다는 사실도 알고 있었다. 그는 시설 입소자들을 위해 직업과 사회복지 혜택, 기본적인 교육 기회를 찾아주었다. 데이비드가 보기에는 그 사람들이 구원받아야 할 영혼이었다. 알렉스에게는 그들이 사격 연습용 과녁과 비슷한 것이었지만.

"무슨 일이에요?"

알렉스가 들어가자 데이비드는 문을 닫았다. 알렉스는 과거에 요양원으로 쓰이던 이곳이 인테리어를 새로 했음에도 여전히 신을 만나러 가는 사람들의 대기실 같은 분위기를 풍긴다는 걸 다시 한번 떠올렸다.

휴게실로 들어가는 문은 닫혀 있었고, 알렉스가 4개월 전 자신의 프로젝트에 참여할 잠재적 후보자들을 선택할 때 고려했던 실험 대상인 배리가 그 문을 지키고 있었다.

안타깝게도 배리는 진도가 느렸다. 알렉스는 아내가 형과 바람을 피웠을 때 배리가 입은 상처에 대해 그와 수많은 대화를 나눴지만, 배리에게는 행동을 촉발할 최후의 동기가 없었다. 그의 증오심은 오랫동안 쌓아온 양심에 영향을 줄 만큼 깊지도, 노골적이지도 않았다. 궁극적으로는 그 증오심이 바로 알렉스의 관심사였는데도.

배리는 그녀에게 또 한 번 실망을 안겨주었다.

알렉스는 배리가 자신을 빠르게 살펴보는 것을 보고, 자신이 눈치챘다는 것을 알려주려고 잠깐 그와 눈을 마주쳤다. 배리는 시선을 돌렸다.

"저 안에 셰인이 있어요." 데이비드가 다급하게 말했다. "맬컴은 주방에 있고요. 지금 당장은 둘을 떼어놓아야 합니다. 얘기가 길지만, 간단히 말하면 셰인이 침대로 자러 가지 않고 작업실 텔레비전 앞에서 잠들었습니다. 맬컴이 TV 소리를 듣고 TV를 끄러 들어왔어요. 자러 가라고 셰인을 살살 흔들어 깨웠습니다."

데이비드는 머리를 쓸어 넘기며 잠시 말을 멈추었다. 알렉스는 이 이야기가 어디로 흘러갈지 이미 알고 있었다.

"그런데 셰인이 일어나더니 맬컴을 정신 못 차릴 정도로 두들겨 패버렸어요. 맬컴은 주방에 있습니다. 어디가 부러진 건 아니지만 엉망진창이에요. 맬컴은 경찰을 불러달라고 야단이고, 셰인은 박사님을 불러달라고 소리 지르고 있어요."

알렉스는 그녀의 '경호원' 두기가 등 뒤에 있다는 걸 소리보다는 느낌으로 알았다. 그녀는 가방에 손을 넣어 앞표지에 현란한 디자인이 들어가 있는 공책을 꺼냈다. 두기는 심각한 자폐증을 앓고 있어서 말을 하는 경우가 거의 없었지만 공책에 매료되곤 했다. 알렉스는 좋은 인상을 남기려고 이곳에 올 때마다 새 공책을 한 권씩 가져왔다. 두기는 공책을 가져가 가슴에 꼭 끌어안고 한 걸음 물러났다.

두기는 키가 183센티미터로 호리호리한 체격이었다. 열두 살 때 가족에게서 버림받았지만 어떻게든 거리에서 살아남았다. 그러다가 데이비드가 쓰레기통에서 남은 음식을 가져가는 그를 붙잡았다. 두기는 더들리 운하 둘레길을 따라 몇 킬로미터씩 걸으며 지냈다. 두기는 한 번도 교도소에 수감된 적이 없었으므로 하드윅 하우스의 공식 거주자가 아니었지만 데이비드는 그에게 평생 방을 내주겠다고 선언했다.

알렉스는 두기에게 혐오감을 느꼈지만 그런 마음을 잘 감추고 사랑에 굶주린 강아지처럼 그녀를 졸졸 따라다니는 두기를 참아주었다. 그런 식의 맹목적 사랑이 언제 어떻게 쓰일지는 아무도 모르는 거니까.

"일단 셰인을 만나보죠. 진정시켜야 하니까요."

데이비드는 작업실 문을 열었다. 시설 거주자 두 명이 셰인을 양옆에서 붙들고 있었고 셰인은 무릎을 꿇고 몸을 앞으로 숙인 채 흔들거리고 있었다.

"고마워요, 둘 다." 알렉스는 그렇게 말하며 두 사람을 내보냈다.

두기가 그녀를 등지고 열린 문간에 서 있었다. 이곳 규칙에 따르면 여성은 그 어떤 거주자와도 문 닫힌 방에 함께 있으면 안 됐다. 두기가 아무도 들어오지 못하게 할 것이다.

알렉스는 셰인 맞은편에 앉았다. "봐요, 셰인."

셰인은 고개를 들지 않았지만 멍든 두 손을 꽉 맞잡았다.

알렉스는 셰인을 자기 연구에 참여시킬까 고민했던 적이 있었기에 그의 사연을 잘 알고 있었다. 셰인은 실제 나이인 스물세 살보다 어려 보이는, 키가 크고 비쩍 마른 청년이었다. 그는 다섯 살 때부터 삼촌에게 성적 학대를 당했다. 열세 살이 되자 그는 자신을 학대해온 삼촌보다 30센티미터는 커졌고 맨손으로 그를 때려죽였다.

신체검사를 통해 셰인이 제기한 학대 혐의가 사실이라는 점이 증명되었지만, 어쨌든 그는 8개월 반 동안 교도소에 갇혀 지냈다. 석방된 뒤, 그는 부모가 주소를 남겨놓지 않고 이사를 떠났다는 사실을 알게 됐다.

알렉스는 셰인을 어떻게 처리할지 고민했다. 그녀가 정말로 하고 싶은 일은 셰인을 동요하게 만들고 그가 일을 심하게 망쳐놨다고 말해주는 것이었다. 하지만 그녀는 셰인에게 느껴지는 짜증을 드러낼 수 없었다. 그녀는 연민 어린 가면을 만들어 썼다.

"셰인, 좀 봐요. 나예요, 알렉스. 무슨 일이 있었던 거예요?"

그녀는 셰인을 만지지 않도록 주의했다. 셰인은 모든 종류의 신체 접촉을 피했다. 그는 침묵을 지켰다.

"나한테는 얘기해도 돼요. 난 친구니까."

셰인은 고개를 저었다. 알렉스는 그를 후려치고 싶었다. 자다가 끌려나와 엿같은 사회 부적응자들을 처리하는 것만도 힘든 일이었다. 그런데 벙어리 사회 부적응자라니, 좀 지나친 시험 아닐까? 알렉스의 인내심에도 한계가 있는데.

"셰인, 나한테 털어놓지 않으면 경찰이…."

"악몽이었어요." 그가 속삭였다. 알렉스가 몸을 숙였다.

"악몽을 꾸고 있었는데 맬컴이 깨워서, 맬컴이 삼촌인 줄 알았다는 건가요?"

셰인이 처음으로 그녀를 보았다. 그는 얼굴이 창백했고 두 뺨에 눈물이 주르륵 흐르고 있었다. 하, 거 되게 남자답네. 알렉스가 속으로 생각했다.

"그러니까, 잠에서 깼을 때 삼촌이 돌아와 당신을 또 강간할 거라고 생각한 거예요?"

알렉스는 강간이라는 말에 그가 움찔하는 것을 보았다. 그녀를 잠자리에서 끌어낸 것에 대한 복수였다.

셰인이 고개를 끄덕였다.

"불은 켜져 있었어요?"

"네."

그녀가 생각했던 그대로였다.

"그럼 주먹질을 처음 한 다음에는 삼촌이 아니라는 걸 알았겠네요. 맬컴인 줄 알았을 거예요. 그런데 왜 계속 때렸어요?"

그녀는 답을 알고 있었다. 하드윅 하우스에서 아직 경찰을 부르지 않은 게 그녀에게는 다행스러운 상황이었다. 셰인은 너무 멍청해서 알렉스와 나눈 대화에 대해서든, 그가 겪은 혼란에 대해서든 모든 것을 불쑥 말해버렸을 테니까. 알렉스는 아주 작은 의심의 눈길이라도 자신에게 향하는 걸 감히 허용할 수 없었다.

셰인이 어깨를 으쓱했다. "모르겠어요. 전 박사님이 맬컴의 조카들에 대해서 했던 얘기를 생각하고 있었어요."

알렉스는 셰인에게 모든 중년 남자가 그의 삼촌과 똑같지는 않다는 걸 설명했던 2주 전의 대화를 떠올렸다. 그녀는 신중하게 단어를 선택했기에 그때 했던 말을 한 마디 한 마디 전부 기억하고 있었다.

저기 맬컴을 봐요. 맬컴은 꽤 멋진 사람이에요. 맬컴이 자기 조카딸들에게 관심을 두고 있다는 증거는 하나도 없죠. 만일 그랬다면 경찰이 분명히 알았을 거예요.

그녀의 상담은 바로 이런 반응을 끌어내도록 고안된 것이었다. 하지만 하루 이틀 안에 기대한 효과가 나타나지 않자 알렉스는 충분히 예측 가능하지 않다는 이유로 셰인을 후보자 명단에서 지웠다.

알렉스의 마음속 일부는 셰인이 마침내 그녀가 원하는 일을 해냈다는 사실에 은밀한 기쁨을 느꼈지만, 그렇다고 달라지는 것은 없었다. 시간이 이렇게 오래 걸렸다니 화가 났다. 그녀에게는 이럴 시간이 없었다.

"하지만 셰인, 기억할지 모르겠지만 난 일부러 맬컴이 그 어린아이들에게 아무 짓도 하지 않았다고 말했어요. 맬컴은 당신 삼촌과는 전혀 다르고, 세상엔 착한 남자들도 존재한다는 걸 알려주려고요."

눈물이 멈추었다. 셰인은 혼란스러워하며 얼굴을 찡그렸다. "하지만 박사님은…." 셰인은 알렉스가 한 말을 정확히 기억하지 못했다. "전 계속 그 애들을 상상하게 됐어요. 맬컴이 그 애들에게 한 짓도요. 박사님은 경찰이 알았을 거라고 하셨죠." 셰인은 고통에 겨운 눈길로 그녀를 바라보았다. "하지만 제 경우에는 경찰이 전혀 몰랐어요."

알렉스는 시선을 돌렸다. 그의 애정 결핍이 혐오스러웠다.

"그러더니 박사님은 더 이상 저하고 얘기하지 않으려 하셨어요." 그는 길을 잃은 듯, 혼자가 된 듯한 목소리였다. 셰인의 말이 맞았다. 알렉스는 셰인이 더욱 빨리 맹렬한 분노를 터뜨리도록 맬컴과 더 많은 시간을 보냈다. 결국 셰인이 분노를 터뜨리긴 했지만, 너무 늦어서 알렉스에게는 소용이 없었다.

"내가 왜 당신하고 더는 얘기하지 않았는지 알아요, 셰인?" 그녀가 부드럽게 물었다.

셰인은 고개를 저었다.

"그건 당신이 시간 낭비이기 때문이에요. 당신은 너무 망가져서 정상인과 비슷한 삶조차 살 수 없답니다. 당신한테는 아무 희망이 없어요. 악몽은 멈추지 않을 거고 머리가 벗어진 중년 남자는 모두 당신 삼촌처럼 느껴질 거예요. 당신은 삼촌에게서든, 삼촌이 저지른 일로부터든 결코 자유로워질 수 없어요. 아무도 당신을 사랑하지 않을 거예요. 당신은 더럽혀졌으니까. 그리고 당신이 겪는 고통은 영원히 당신과 함께할 거예요."

셰인의 얼굴에서 핏기가 완전히 빠져나갔다. 알렉스가 더 가까이 고개를 숙였다. "그리고 지금 이 순간부터 당신이 어떤 식으로든 나를 귀찮게 군다면 난 가석방 심의 위원회에 당신이 다른 사람들에게 위험한 존재라고 말할 거예요. 그럼 당신은 교도소로 돌아가게 돼요."

그녀는 자리에서 일어나 뜻 모를 말을 지껄이는 비참한 인간을 고압적으로 내려다보았다. 세상에, 그녀는 사람을 실망시키는 게 참 싫었다. "교도소 안에 중년 남자가 아주 많다는 건 우리 모두 알고 있죠. 아닌가요, 셰인?"

셰인의 고개가 축 늘어졌다. 그의 어깨가 떨렸다. 알렉스는 셰인의 침묵을 완전히 이해했다는 뜻으로 받아들였다. 그녀와 셰인의 관계는 끝났다. 영원히.

알렉스는 두기를 지나쳐 주방으로 갔다. 신나는 구경거리가 끝나자 입소자들 대부분은 잠자리로 돌아갔고 데이비드와 맬컴만이 남아 있었다. 두기는 그녀의 등 뒤 어딘가에서 서성일 뿐이었다.

알렉스는 식탁에 앉아 있는 통통하고 아무 해도 끼치지 못하는 피해자에게 셰인이 무슨 짓을 저질렀는지를 보자 어쩔 수 없이 감명받았다. 이제 그녀가 걱정해야 할 일이라고는 피해를 최소화하는 것뿐이었다. 경찰이 끼어드는 것은 부적절했다. 이곳은 그녀의 놀이터였으니까.

"이럴 수가, 맬컴." 그녀는 맬컴 곁에 앉으며 말했다. "우리 가엾은 맬컴." 그녀는 손을 들어 멍들고 부어오른 그의 얼굴을 다정하게 매만졌다. 맬컴은 오른쪽에 난 찢어진 상처 때문에 입술이 부풀어 있었다. 알렉스로서는 맬컴이 아침에 어떤 몰골이 될지 상상밖에 할 수 없었다.

"망할 미친놈이에요. 가둬놔야 해요."

알렉스는 데이비드를 힐끗 보고 그의 처지를 이해했다. 범죄가 일어났지만, 데이비드는 셰인이 교도소로 돌아가면 살아남지 못하리라는 걸 알고 있었다. 알렉스가 고개를 끄덕이자 데이비드는 셰인의 상태를 확인하러 주방을 나섰다.

"잘 봐요, 맬컴. 당신이 경찰을 부르는 건 완벽하게 정당한 일이에요. 끔찍한 폭행을 당했으니까요. 당신이 다른 입소자들을 완전히 이해한다는 건 어려운 일이죠."

알렉스가 앞으로 조금 몸을 숙였다. 맬컴의 시선이 이리저리 헤매다가 알렉스가 의도한 목적지에 이르렀다. 맬컴은 살면서 개미 한 마리 해친 적이 없는 사람이었다. 심각하게 수줍음을 타고 사회성이 떨어지는 그는, 열대어 얘기를 나누는 채팅방이라는 낭만적인 배경에서 그와 사랑에 빠진 어느 '태국 여자'의 온라인 사기 수법에 걸려들었다. 아픈 가족들 얘기를 한참 듣고 나서 그 여자에게 여러 번 돈을 보낸 뒤 맬컴은 파산했고, 경리로 일하던 강철 회사에서 돈을 횡령하기 시작했다.

그는 2년을 복역했고 전에도 재산이 많았던 건 아니었지만 이제는 티끌부터 모아야 했다. 그는 나이 51세에 아내도, 자식도, 가정도, 직업도 없었다.

알렉스는 설탕을 덧바른 듯한 목소리로 몸을 앞으로 조금 더 숙였다.

"이걸 기억해야 해요, 맬컴. 당신은 저 사람들과는 달라요. 당신은 교육을 잘 받은 전문가예요. 사회에 내줄 게 많은 사람이죠. 당신은 끔찍한 상처를 입었지만 영구적인 손해를 입은 건 아니에요. 이 한심한 인간들은 당신한테 동정받아 마땅해요. 저들은 당신의 지능을 눈곱만큼도 갖지 못할 테니까요."

알렉스는 다리를 다시 꼬며 자신의 무릎을 그의 무릎에 스쳤다.

"하지만 누구든 자기가 저지른 일에는 책임을 져야…." 맬컴은 약하게 말했고 알렉스는 성공이 확실해졌다는 걸 알아챘다.

"책임은 지게 될 거예요. 제 생각에, 당신은 당신한테 맞는 일을 해야 해요. 뭐든 당신 기분이 나아지는 쪽으로 하세요. 하지만 셰인이 교도소로 돌아간다면 다시는 나오지 못하리라는 건 알아두시는 게 좋아요. 전당신이 순간적으로 화가 나서 행동하는 바람에 양심에 오점을 남기는 건 바라지 않거든요. 일단 경찰에 신고하고 나면 취소할 수는 없어요."

알렉스는 가슴이 오르내리도록 심호흡을 했다. 알렉스는 맬컴의 온순한 본성 때문에 그를 실험 대상에서 제외했지만, 지금은 맬컴이 그 본성을 꺾고 독한 마음을 먹으려는 참이었다.

"혹시 제가 제안을 한 가지 해도 될까요?"

맬컴은 고개를 끄덕였지만 계속해서 그녀의 상체를 훑어보았다. 알렉스에게 셰인을 더 이상 곁에 두는 건 부적절한 일이었다. 그녀는 셰인의 한심한 얼굴을 다시는 보고 싶지 않았다.

"음, 제 생각에는 두 분이 함께 이곳에서 계속 사는 건 불가능할 것 같아요. 당신이 지속적인 공격으로 두려움을 느껴서는 안 되죠. 제 의견은, 셰인이 이곳을 떠나기만 한다면 당신도 이 일에 경찰을 개입시키지 않는 게 좋겠다는 거예요."

맬컴은 마침내 고개를 들어 그녀를 보았다. 진짜 가관이네. "그럼 셰인은 어디로…?"

"셰인이 당신한테 이런 짓을 했는데 그건 당신이 걱정할 일이 아니지 않을까요?"

"뭐, 그건 그렇지만…."

"그럼 제가 데이비드한테 맬컴의 결정을 전달해도 되겠어요?"

맬컴은 고개를 끄덕였다. 너무 쉬웠다.

알렉스는 허리를 숙이고 그의 무릎을 가볍게 토닥였다. 늙은 멍청이가 얼굴을 살짝 붉혔다. 이 가엾은 인간은 근방 100미터 이내의 살아 숨쉬는 다른 생명체와 함께 오르가슴을 느껴본 적이 한 번도 없었다.

"올바른 결정이라고 생각해요, 맬컴. 이젠 자러 가세요. 데이비드한테는 제가 대신 얘기할게요."

맬컴이 떠나고 데이비드가 다시 들어오자 알렉스는 한숨을 쉬었다.

"어떻게 됐어요?"

알렉스는 숨을 훅 불었다. "한참 설득해야 했지만 경찰은 부르지 않겠대요."

데이비드의 표정이 안도감에 풀어졌다. "정말 다행이네요. 셰인은 그런 짓을 저지른 걸 무척 후회하고 있어요. 셰인은 자기가 한 짓이 잘못이라는 걸 알고 있고 박사님과 저는 셰인이 교도소로 돌아가면 죽으리라는 걸 알고 있죠. 사실 셰인은 그렇게 나쁜 녀석이 아니에요."

"근데 경찰을 부르지 않는 대가로 맬컴이 건 한 가지 조건이 셰인을 내보내야 한다는 거예요."

데이비드가 낮은 목소리로 욕설을 했다.

"어려운 일이라는 거 알아요. 저도 맬컴의 마음을 돌려보려 했지만 꿈쩍도 안 하네요. 맬컴이 한 말이 무슨 뜻인지는 데이비드 씨도 아실 거예요. 맬컴은 겁에 질린 거예요."

데이비드가 고개를 저었다. "대체 셰인이 뭐에 씌어서 그랬는지 모르겠어요."

알렉스가 어깨를 으쓱했다. "그게 문제예요. 그런 일이 다시 벌어지지 않도록 할 방법이 하나도 없다는 거요. 셰인이 남는다면 맬컴의 안전을 보장할 수 없어요."

데이비드는 얼굴을 두 손으로 감쌌다.

알렉스는 손을 뻗어 그의 맨팔을 어루만졌다. "이 이상 당신이 할 수 있는 일은 없어요, 데이비드."

이 남자의 유일한 단점이 그가 돌보는 아무 희망 없는 인간들과 공감하는 능력이라는 사실에 알렉스는 미칠 듯이 화가 났다. 조금만 무자비하거나 독한 구석이 있었다면 그는 알렉스와 완벽한 짝이 됐을 것이다.

데이비드는 알렉스의 손이 닿지 않게 팔을 뺐다.

"너무하네요, 데이비드. 난 최선을 다했어요. 당신도 알잖아요." 그녀는 데이비드의 거부 반응에 기분이 상해서 쏘아붙였다. 데이비드는 그녀가 상황을 조작해 경찰의 개입을 막았다는 사실을 몰랐다. 자신만 생각했다면 알렉스는 그냥 셰인을 교도소에 다시 처넣고 살아가는 내내 학대당하도록 놔두었을 것이다. 동기야 어쨌든 알렉스가 이 상황을 수습했는데, 이 남자는 그녀를 거절하다니.

"알아요, 알렉스. 정말 고마워요. 그냥 셰인을 돕기 위해서 내가 할 수 있는 일이 뭔지 생각해야 해서요."

알렉스는 자리에서 일어나 그를 스치고 지나간 다음 찬장에서 컵 두 개를 꺼냈다.

"배리는 어때요? 지금쯤은 떠났을 줄 알았는데." 그녀는 그냥 말을 걸기 위해서 물었다. 마지막으로 커피를 한 잔 마시면 이제 작별이었다. 자신이 다가가는데도 데이비드가 관심을 보이지 않자 인내심이 한계에 다다랐다. 시간을 때울 곳이 여기뿐인 줄 아나?

데이비드는 고개를 저었다. "불쌍한 사람이에요. 심각한 좌절을 겪었어요. 친구의 친구한테서 전처와 형이 지난주에 결혼했다는 소식을 들었대요. 배리의 딸이 들러리를 섰고요. 그 말을 들은 배리는 엄청나게 낙담해서 물건을 좀 부쉈어요. 아직 떠날 준비가 안 된 거죠."

알렉스는 배 속 깊은 곳에서 미소가 피어나는 걸 느꼈지만, 다행히도 미소가 얼굴까지 번지기 전에 돌아설 수 있었다. 어쩌면 방금 이곳에 머물 만한 이유가 생긴 걸지도 몰랐다.

"이럴 수가, 너무 안됐네요. 제가 커피를 탈 테니까 그 얘기 좀 해주세요."

11

킴은 사무실의 남는 책상에 앉았다. "다들 좀 잤길 바란다. 이 사건에 진전이 있기 전까지는 아무도 더 못 잘 테니까."

개인적으로, 그녀는 거의 한숨도 자지 못했다. 한참 만에 선잠이 들긴 했지만 두 시간 후 어린 데이지 던의 꿈을 꾸고 깼다. 그녀는 사건에 대해 생각하다가 잠드는 경우가 많았고 아침에 처음으로 하는 생각이 용의자에 대한 것인 경우는 더 많았다.

데이지의 모습은 그녀를 불안하게 했다. 킴은 꿈에서 누가 데이지를 다른 곳으로 데려가는 모습을 지켜보았고 데이지는 가지 않겠다고 몸을 당기며 킴을 돌아보았다.

킴은 그 장면을 떨쳐냈다. 사건은 종결됐고 다음 사건이 시작됐다. 그녀는 맡은 역할을 다했고 이제는 그 사건이 젠스와 와일리의 멍청한 실수에도 불구하고 법원의 심판을 받을 수 있기만을 바랄 뿐이었다.

하필이면 킴이 돌아섰을 때 사무실 한쪽 구석에서 투덜거리는 소리가 들렸다. 케빈의 자리에서 난 소리였다.

킴은 의심 어린 눈으로 그를 쳐다보았다.

그가 눈을 돌렸다.

킴은 당직 일정에 따라 일하지 않았다. 당직 일정에 적힌 시간은 그저 조언일 뿐이었다. 목격자를 신문해야 한다면 킴은 근무 시간이 끝나기 5분 전이라도 개의치 않았다. 그녀는 어떻게든 일을 처리했다.

"시체가 우리 편할 때 나타날 거라고 생각하는 사람이 있다면 지금 당장 발령 신청서를 내려받는 게 좋을 거다. 해당 인원?"

브라이언트조차 대답하지 않았다. 그에게는 입을 열면 안 되는 순간이 언제인지 아는 재능이 있었다.

"좋아, 다시 시작한다. 피해자는 앨런 해리스, 강간으로 복역한 적이 있는 45세 남성이다. 약 18개월 전에 석방됐고 그 이후 전과는 없다. 사망 당시까지 노모와 함께 보조금을 받으며 살았다. 석방된 후로는 단 하루도 일을 해본 적이 없다."

"그 강간 사건, 끔찍하던데요." 브라이언트가 말했다.

"압니다." 킴은 이미 보고서를 읽었기에 굳이 그 사건을 되새길 필요가 없었다. 앨런 해리스가 피해자에게 입힌 끔찍한 상처를 보니 구역질이 났다. 과연 킴은 인간으로서 해리스의 죽음에 눈물을 흘리게 될까? 그럴 리는 없었다. 그럼 그녀의 개인적 감정이 사건 처리에 영향을 줄까? 그럴 리도 없었다. "최소한이긴 했지만, 앨런 해리스는 형을 살았고 그 이후로는 경찰 감시망에 걸린 적이 없다. 앨런 해리스가 성인군자는 아니었지. 하지만 우린 피해자를 골라서 수사할 수 없어. 알겠나?"

"네, 대장."

"케빈, 나가서 택시 기사, 버스 기사, 개를 산책시키던 사람들, 선술집 주인과 이야기해보도록. 해리스를 싫어한다는 얘기를 유달리 많이 한 사람이 있는지 확인해. 스테이시도 데려가고. 스테이시도 바람 좀 쐬어야지."

스테이시는 IT분야에 재능이 무척 뛰어나서 언제나 컴퓨터 모니터 앞에서 팀원들을 지원했다. 하지만 이제는 그녀를 바깥 세상에 더 노출할 시간이었다. 킴은 스테이시가 약간 불안해 보이는 것을 보고 자신의 판단이 맞았다는 걸 알 수 있었다.

스테이시와 케빈은 자리에서 일어나 문 쪽으로 향했다.

케빈이 멈칫했다. "음…. 대장, 잠 못 잔다고 투덜거린 거 죄송합니다."

"네가 진심으로 한 말이라고 생각했으면 넌 이미 짐 싸서 집으로 가고 있었을 거야."

케빈은 알겠다는 뜻으로 고개를 끄덕이고는 나갔다. 그는 괜찮은 형사였지만 킴은 괜찮은 것 이상을 요구했다. 그녀는 팀원들을 더 나은 경찰관으로 만들 수 있다고 믿으며 그들을 강하게 압박했다. 경찰 업무는 출근 도장을 찍으면서 하는 게 아니었다. 그저 일자리만을 원하는 팀원이 있다면 맥도날드로 가서 하루 종일 햄버거를 만들면 될 일이었다.

브라이언트는 팀원들이 말소리를 들을 수 없을 만큼 멀어지기를 기다렸다. "우리, 좋은 콤비 아닙니까? 대장의 차가운 지성과 제 따뜻한 인성. 대장의 냉철한 분석력과 제 융통성 있는 성격. 대장의 지성과 제 미모."

킴은 끙 소리를 냈다. "가시죠, 공주님. 기자들이 기다리네요."

기자들은 킴이 부른 게 아니었다. 그럴 필요가 없었다. 새벽 네 시부터 알아서들 족족 모여들고 있었으니까. 그녀는 깊이 숨을 들이쉬며 고개를 끄덕인 다음 이중문을 밀어젖혔다.

기자들과 사진사들이 군데군데 모여 서 있었다. 그녀는 〈익스프레스 앤 스타〉 등의 무가지에서 나온 지역신문 기자들 몇몇을 알아보았다. 〈센트럴뉴스〉 기자와 BBC 〈미들랜드 투데이〉 카메라맨이 핸드폰으로 뭔가를 함께 보고 있었다. 〈스카이뉴스〉 통신원은 문자를 보내느라 바빴다.

"자, 모이세요." 킴이 소리쳤다. 마이크 다발이 그녀의 얼굴 앞으로 쑥 나왔고 녹음기가 켜져 들이밀어졌다. 제기랄, 싫다.

킴은 기대감에 찬 얼굴들을 보며 고개를 끄덕였다. "브라이언트 경사님에게 마이크를 넘겨드리겠습니다. 경사님이 지금까지 밝혀진 내용을 자세히 전해드릴 겁니다."

킴은 옆으로 물러났다. 킴이 갑자기 보여준 예의 바른 태도에 당황했는지는 모르겠지만, 브라이언트는 그런 기색을 잘 숨기고 즉시 유족에게 유감을 표했다.

됐어. 지금쯤 우디의 스트레스 볼이 잘 굴러가고 있겠네.

"…미들랜드 경찰은 범인에게 정의를 실현하기 위해 할 수 있는 모든 일을 다 할 것입니다. 시간 내주셔서 감사합니다."

킴은 자동차로 향했고 브라이언트가 그 뒤를 따랐다.

"참 고맙네요, 대장." 브라이언트가 〈클래식 바이크〉 잡지를 뒷자리로 던지며 툴툴댔다.

"프로답던데요, 브라이언트."

"우디가 대장을 죽이려고 들 거예요, 이런…."

"주소 나왔습니까?"

"손즈 가 남쪽 끝의 분리 도로로 다시 가야 합니다만, 왼쪽으로 방향을 틀어서 칼레도니아로 가시면 어떨까요?"

"고맙다, 시리야."

"그냥 알려드리려고 하는 말인데요, 대장. 어젯밤에 집에 안 가셨다는 거 알고 있습니다."

킴은 아무 말도 하지 않았다.

"대장의 사무실에 존재하는 건 사실상 갈아입을 옷과 세면도구뿐이에요."

"최우수상감이네요, 명탐정님."

"게다가 대장의 총 주행거리도 어젯밤 주차했을 때와 같죠."

"뭡니까, 걸어 다니는 운행 기록계라도 돼요?"

"아뇨, 전 형사입니다. 눈치를 채는 것이 제 일이죠."

"뭐, 그런 노력은 사건에 집중하시죠. 나는 가만히 두시고."

브라이언트가 한 말은 물론 다 맞았다. 그래서 더 짜증났을 뿐이다.

"대장한테도 밤이면 집에 돌아갈 이유를 만들어줘야겠어요."

"브라이언트…." 킴은 경고했다. 브라이언트만큼 킴을 몰아붙일 수 있는 사람은 없었지만 그것도 정도가 있었다.

킴은 조용히 운전을 계속했다. 파트너의 입에서 힘겨운 한숨이 나오기 직전까지.

"뭡니까?"

그가 한숨을 내쉬었다. "그 집에 도착했을 때 해리스의 어머니에게 진심으로 유감을 표현할 수 있을지 모르겠습니다."

킴이 인상을 썼다. "왜 그런 말을 합니까?"

브라이언트는 계속 창밖을 내다보았다. "뭐, 뻔하지 않아요?"

"안 뻔한데요."

"해리스가 그 여자한테 한 짓이…."

브라이언트가 말을 멈추었다. 킴이 브레이크를 콱 밟으며 왼쪽으로 방향을 틀어 선술집 주차장으로 들어선 것이다.

"왜요?"

"자, 당장 내리세요."

브라이언트는 눈을 피했다. "다른 사람들 앞에서는 아무 말도 안 하겠습니다. 하지만 제 딸이 해리스한테 강간당한 그 여자애와 비슷한 나이에요."

"그건 알지만, 우리에게 똑바로 산 사람들이 살해당했을 때만 수사하는 사치를 부릴 여유는 없습니다."

브라이언트가 그녀를 바라보았다. "하지만 그런 쓰레기 새끼의 사건을 처리하면서 어떻게 똑같은 열정을 가질 수 있겠습니까?"

킴은 이 대화가 흘러가는 방향이 마음에 들지 않았다. "그게 경사님 일이니까요, 브라이언트. 경사님은 경사님 생각에 가치 있는 사람들의 권리만을 보호하겠다는 계약서에 서명한 게 아닙니다. 우리가 지키는 건 법 자체고, 법은 모두에게 적용됩니다."

브라이언트가 그녀와 눈을 마주쳤다. "하지만 대장은 지금 아는 그런 사실을 알면서도 아무 편견 없이 이 사건에 전념할 수 있으세요?"

킴은 눈 하나 꿈쩍하지 않았다. "네, 할 수 있습니다. 그리고 경사님에게서도 정확히 같은 태도를 기대합니다."

브라이언트는 손마디를 깨물었다.

둘 사이에 긴장이 흘렀다. 브라이언트를 설득해 동조하게 만들어야 하는 경우는 많지 않았다. 브라이언트의 뜻을 꺾는 건 힘든 일이었다. 하지만 둘의 우정이라면 이 정도 일은 견뎌줄 것이다. 킴은 그러길 바랐다.

킴은 목소리를 낮추고 똑바로 앞을 쳐다보았다. "브라이언트, 그 집에 들어가면 완전한 프로의 태도 그 이상도, 이하도 보이지 않길 바랍니다. 그렇게 할 수 없다면 그냥 차에서 내리지 마세요."

킴도 이런 조치는 너무 심하다는 걸 알고 있었지만 피해자에 대한 브라이언트의 개인적 감정이 드러나는 건 참아주지 않을 생각이었다.

브라이언트는 망설이지 않았다. "알겠습니다."

브라이언트가 명령을 거부할 경우에 킴이 필요한 조치를 하리라는 사실은 둘 다 알고 있었다. 우정이야 어떻든. 킴은 자동차에 시동을 걸고 차를 뺐다.

브라이언트는 현명하게도 손즈 가 남쪽 끝의 분리 도로에 도착할 때까지 입을 다물고 있었다. 도로 양옆에는 가정 주택들이 있었는데, 킴은 그 집들이 모두 방 두 칸짜리일 거라고 생각했다. 집마다 가족용 자동차 한 대가 딱 들어갈 만한 진입로가 딸려 있었다.

브라이언트는 킴에게 23번 가 앞에 차를 세우라고 했다. 집은 해리스가 살해된 골목 끝에서 약 15미터 떨어진 곳에 있었다.

브라이언트가 자동차 문을 쾅 닫았다. "세상에, 15초만 더 있었으면 집에 도착했을 텐데요."

정원에는 판석이 깔리다 말았다. 풀더미가 조잡한 솜씨로 파헤쳐져 땅은 군데군데 덥수룩하고 곰보 자국이 난 것처럼 보였다. 상자처럼 생긴 현관이 집 앞쪽으로 뻗어 나와 있었다. 고개를 왼쪽으로 약간 기울이면 똑바르게 보이는 건물이었다. 창문은 전부 망사 커튼으로 가려져 있어 숨 막혀 보였고 위층의 작은 유리창은 왼쪽 아래에 금이 가 있었다.

브라이언트는 문을 짧게 세 번 두드렸다. 운동복에 청바지를 입은 가족 연락 담당관이 문을 열었다.

"힘들어하세요. 아직 울고 계시고요."

킴은 그녀의 옆을 비집고 거실로 들어갔다. 계단이 거실에서 위층으로 이어졌다. 거실을 가득 채우고 있는 구석의 베이지색 벨벳 천 소파를 제외하면 모든 곳이 갈색과 주황색 소용돌이무늬로 덮여 있었다.

시체 옆에 앉아 있던 개가 꼬리치며 킴에게 다가왔다. 목 주변의 흰 털에는 여전히 주인의 피가 남긴 말라붙은 갈색 얼룩이 묻어 있었다.

킴은 개를 무시하고 작은 집 안으로 더 들어갔다. 작은 집 안쪽은 대부분이 주방이었다. 편안한 흔들의자에 나이 든 여성이 앉아 있었다.

브라이언트가 옆으로 오자 킴이 자기소개를 했다. 브라이언트가 여성의 손을 잡았다.

"해리스 부인, 저는 브라이언트 경사입니다. 먼저 아드님 일에 조의를 표합니다." 그는 그녀의 울퉁불퉁하고 앙상한 손을 잠깐 잡았다가 다시 무릎에 얹어놓았다.

킴은 라탄 의자 두 개에 브라이언트와 나눠 앉으며 그에게 살짝 고개를 끄덕였다. 브라이언트는 프로다운 태도로 자동차에서 킴에게 드러냈던 감정을 감추었다. 킴도 브라이언트에게 그 이상을 요구하지는 않았다.

가족 연락 담당관이 차를 내왔다. 개가 킴 옆에 자리 잡더니 그녀의 오른쪽 다리에 기댔다. 킴은 다리를 치우며 해리스 부인에게 관심을 집중했다. 해리스 부인의 머리카락은 완전히 셌고 군데군데 듬성듬성했다. 킴은 이 집 앞뜰이 생각났다.

해리스 부인은 상냥한 얼굴이었지만 고된 노동과 마음의 고통으로 황폐해져 있었다. 온몸이 관절염에 갉아먹혀 뼈 하나하나가 부러졌다가 엉뚱한 곳에 다시 붙은 것처럼 보였다. 그녀는 오른손으로 왼손에 들고 있는 휴지를 뜯어댔다. 흰 종잇조각 수백 개가 그녀의 무릎에 쌓여갔다.

늙은 부인은 가장자리가 충혈된 눈으로 브라이언트를 빤히 응시했다. 입을 연 그녀는 심한 블랙컨트리 사투리를 썼다. "아들은 나쁜 녀석이었어요, 형사님. 감옥에 간 게 다행이었지요."

킴의 머릿속에서 이 말이 빠르게 번역됐다. 해리스 부인의 말은 아들이 나쁜 녀석은 아니었고 교도소가 그에게 도움이 되었다는 뜻이었다.

킴은 개를 쿡 밀쳐냈다. "해리스 부인, 저희는 아드님의 과거가 아니라 아드님에게 일어난 일에 더 관심이 있습니다."

해리스 부인은 킴을 뚫어지게 쳐다보았다. 그녀의 눈가는 헐어 있었지만 눈물은 더 이상 흐르지 않았다. "우리 애가 한 짓은 끔찍하고 역겨운 짓이었어요. 아니라고 할 생각은 전혀 없어요. 우리 애도 모든 혐의를 인정했고 거창한 말로 요란하게 변호하려 들지도 않았어요. 형사님들이 판결을 어떻게 생각하실지는 모르지만 우리 애는 법원이 내린 벌을 받았어요. 다른 사람이 돼서 나왔죠. 그 가엾은 아이한테 한 짓을 정말로 미안하게 생각했어요. 할 수만 있다면 그걸 없었던 일로 만들고 싶어 했어요." 해리스 부인의 눈가에 눈물이 고였다. 그녀는 고개를 저었다. 감정이 실린 아들 변호는 끝났다. 어쨌든 아들이 죽었다는 차가운 현실만이 남았다.

해리스 부인은 계속 말을 이었지만 목소리가 떨렸다. "우리 애는 다시는 일을 할 수 없었을 거예요. 걔가 받은 판결은 평생 가는 거였어요."

킴은 중립적인 표정을 유지하며 정직하게 말했다. "해리스 부인, 저희는 최선을 다해 아드님의 살인 사건을 수사할 생각입니다. 아드님이 과거에 한 일은 수사 방식에 아무 영향도 끼치지 않습니다."

해리스 부인은 킴과 눈을 맞추고 몇 초 동안 가만히 있었다. "그럼요."

브라이언트가 말을 이었다. "어젯밤에 정확히 무슨 일이 있었는지 말씀해주시겠습니까?"

그녀는 심하게 구겨진 휴지로 두 뺨을 꾹꾹 찍었다. "그 애는 열 시 정 각쯤에 내가 잠자리에 들도록 도와주고 라디오를 켜줬어요. 난 밤늦게 까지 사람들이 나와서 얘기하는 프로그램을 듣다가 자거든요. 우리 애 가 휘파람을 불어서 바니를 부르더니 데리고 나갔어요. 그 애는 늘 밤에 산책을 다녔지요. 바니가 다른 개들을 별로 안 좋아해서.

우리 애는 가끔 공원에 가기 전에 손즈 선술집에 들러서 맥주 한 잔을 마셨어요. 그냥 바니랑 같이 가게 앞에 앉아 있었죠. 과자 한 봉지를 사 서 바니랑 나눠 먹곤 했어요."

"보통 몇 시쯤 돌아왔습니까?"

"보통은 열한 시 삼십 분쯤요. 애가 집에 돌아오기 전에는 제대로 잠을 잘 수가 없었어요. 아아, 세상에. 세상에, 그 애가 떠나버렸다니 믿기지 가 않아요. 누가 이런 짓을 한 걸까요?" 그녀가 브라이언트에게 물었다.

"유감이지만 저희도 아직 모릅니다. 해리스 부인, 아는 사람 중에 아 드님과 문제가 있었던 사람이 있습니까?"

"우리 애가 돌아온 후로 이웃들은 나랑도, 그 애랑도 말을 섞지 않았 어요."

이번에도 킴은 이 말의 의미를 다르게 알아들었다. 부인이 하고 싶었 던 말은 그녀가 아들을 받아주었기에 이웃들이 자기까지 따돌렸다는 뜻 이었다.

"내 생각엔, 우리 애가 낮에 밖으로 나가면 사람들이 뭐라고 고함을 질러댄 것 같아요. 어느 날 밤에는 눈에 멍이 들어서 왔는데 무슨 일이 있었는지 얘기를 안 하더라고요. 고약한 편지도 몇 통 왔고 협박 전화도

왔어요. 몇 달 전에는 누가 창문에 벽돌을 던지기도 했고요."

킴은 혼자 남은 늙은 여인이 불쌍했다. 아들이 저지른 일에도 불구하고 어머니는 그를 받아들이고 보호하려 했다.

"편지를 보관하거나 전화번호를 적어 두셨습니까?"

해리스 부인은 고개를 저었다. "아뇨, 형사님. 앨런이 편지를 버렸어요. 전화번호는 바꿨고."

"누가 벽돌을 던졌을 때는 경찰에 신고하셨나요?"

"두 형사님은 우리 애가 살해당한 걸 심각하게 생각하실지 몰라도, 나는 유죄판결을 받은 강간범의 집 창문에 누가 벽돌을 던졌다 한들 경찰이 별 반응을 보이지 않을 거라고 생각했어요."

킴은 대답하지 않았다. 해리스 부인의 말이 아마 맞을 테니까.

앨런 해리스가 당한 협박이나 괴롭힘에서 발견될 만한 단서가 없었으므로 킴은 다음 질문으로 넘어갔다.

"아드님이 지갑을 늘 가지고 다녔습니까? 술집에 들르기 위해서라든지."

"아뇨, 금요일이나 토요일에는 절대 술집에 가지 않았어요. 사람이 너무 많으니까. 애 지갑은 다른 방 탁자에 있어요."

"칼을 가지고 다닌 적은 없습니까? 뭐랄까, 호신용으로요." 브라이언트가 물었다.

해리스 부인은 인상을 썼다. "가지고 다녔다고 해도 나한텐 말 안 했어요."

누가 문을 두드려서 그들은 더 이상 질문하지 못했다. 참관하던 가족 연락 담당관이 문을 열어주러 나갔다. 킴은 범죄 피해자 지원이 끝나면 약하디약한 이 여인이 어떻게 살아나갈 수 있을지 헛되이 고민했다. 결국은 사건이 해결되고 가족 연락 담당관은 다른 곳으로 배치될 텐데.

"블루크로스일 거예요." 해리스 부인이 슬프게 말했다.

해리스 부인이 이 말을 했을 때 개가 다시 킴의 다리에 기댔다. 킴은 아무것도 하지 않았다. 제대로 걸어차지 않는 한은 이 망할 똥개가 아무 데도 가지 않으리라는 걸 깨달았으니까.

"블루크로스요?" 브라이언트가 물었다.

"바니를 데려온 유기견 센터예요. 바니를 다시 데려가겠다고 왔어요. 내가 돌봐줄 수 없으니까. 이건 너무해요."

그녀의 눈가에 눈물이 다시 고였다. "우리 애는 저 개를 참 좋아했어요. 저 개가 자기한테 두 번째 기회를 주었다고 생각하고 싶어 했어요."

유기견 센터 로고가 박힌 옷을 입은 남자와 여자 한 명이 거실로 들어왔다.

"목줄은 저쪽에 걸려 있어요. 개집은 거실에 있고, 저 갈색 곰 인형도 가져가요. 제일 좋아하는 장난감이니까."

개가 뒷걸음쳐 킴의 다리에 바짝 몸을 붙였다. 그 몸이 떨려왔다. 슬픔이 밀려들었다. 개는 과거에 저지른 죄를 가지고 주인을 판단하지 않았다. 이 개는 충성스럽고 헌신적인 친구였는데 이제는 이 집에서 보내는 시간이 끝나고 말았다.

남자가 개의 물건을 챙겼고 여자는 목줄을 가져갔다.

해리스 부인이 몸을 숙여 마지막으로 개를 한 번 토닥였다. "미안하구나, 바니. 하지만 나는 널 돌봐줄 수가 없어."

센터에서 나온 여자가 바니에게 목줄을 채우고 집 밖으로 데리고 나가려 했다. 바니는 문간에서 뒤돌아보며 슬픔이 가득한 눈으로 뭔가를 묻듯이 킴을 바라보았다.

　킴이 지켜보는 가운데 바니는 지금까지 알았던 모든 것을 떠나 끌려갔다. 녀석은 전시대로 돌아가야 했다. 또다시 좋은 가정에 갈 기회를 찾아 이리저리 내보여져야 했다. 그건 킴이 너무도 잘 아는 감정이었다.

　킴은 자리에서 불쑥 일어났다. "가죠, 브라이언트. 필요한 정보는 전부 얻은 것 같습니다."

12

　알렉스는 자신의 적응력에 감탄하며 크래들리 히스로 향했다. 그녀의 분야에서는 연구를 진행하는 와중에 실망스러운 일이 벌어지기 마련이었다. 셰인은 그녀를 실망시켰지만 알렉스는 전혀 들키지 않고 그 상황을 자신에게 유리한 쪽으로 바꿨다.

　연구를 하다 보면 언제나 피해가 생기기 마련이었지만 지금까지 알렉스가 입은 부수적 피해는 최종 결과를 생각하면 모두 감수할 만한 것이었다. 가끔은 실패할 위험도 있었지만 그녀는 지략을 빼면 시체인 사람이었다.

　지금도 그랬다. 어젯밤 같은 사건이 있었으니 하드윅 하우스에 다시 들러 모두가 잘 지내는지 확인하는 건 그야말로 적당한 일이 될 테고 마침 그때 배리가 근처에 있다면 아주 좋은 날이 될 터였다.

알렉스는 계속 루스 생각이 떠올라 다른 데 관심을 돌릴 만한 일이 필요했다. 그녀는 다음번 상담 일정까지는 아무 자료도 얻지 못하리라는 사실을 받아들여야 했다. 관련된 이야기로 뉴스가 도배됐지만 경찰은 결코 제시간 안에 사태를 파악하지 못할 것이다. 특히 루스가 알렉스의 말을 제대로 듣고서 칼을 처리했다면 말이다.

환한 날이었지만 바람이 좀 불었다. 겨울의 마지막 흔적이 날려가며 나무들도 흔들렸다. 차를 타고 크래들리 히스를 지나던 알렉스는 테스코 마트에 들러 싸구려 케이크와 페이스트리 몇 개를 골랐다. 몇 푼 되지도 않는 빵이었지만 이번에도 중요한 건 이미지였으니까.

하드윅 하우스 진입로로 들어간 알렉스는 자동차 두어 대가 더 와 있는 것을 보았다. 주말이라 면회객들이 입소자들을 만나러 온 것이다.

"기분 전환 좀 하시라고요." 알렉스가 주방으로 들어가며 말했다. 데이비드가 그녀를 돌아보았다. 그는 수화기를 들고 있을 뿐 말은 하지 않았다. 그가 전화를 끊고서 고개를 저었다.

"이렇게 이른 시간에 여기에 들르시다니 무슨 일입니까?"

"음, 그러면 전 간식거리를 가지고 돌아갈게요. 그럼 되죠?" 그녀가 내숭을 떨며 물었다.

"미안해요, 그런 뜻은 아니었는데."

"그냥 맬컴과 셰인이 둘 다 괜찮은지 확인하고 싶었어요." 가끔 그녀는 아주 그럴싸하게 말할 수 있는 자신이 놀라웠다. 그녀는 두 패배자에게 눈곱만큼도 관심이 없었다. 단, 배리는 완전히 다른 얘기였다.

"맬컴은 타이슨과 열 번 붙은 다음 빙판길에서 트럭에 치인 것 같은 모습이지만, 자기는 괜찮대요. 경찰한테 연락하지 않았으니 더 성숙한 남자가 된 것 같은가 봐요. 누나랑 같이 작업실에 있어요. 맬컴의 누나가 이런 일이 일어나도록 놔뒀다며 저한테 한바탕 잔소리를 했지만 세인이 여기 없다는 사실에 좀 기분이 풀린 모양이에요."

"벌써 떠났다고요?" 알렉스는 놀라기도 했지만 한편으로는 기분이 좋았다.

데이비드는 두 팔을 벌리며 말했다. "밤에 떠났어요. 얘기 좀 해보려고 아침 일찍 세인을 깨우러 갔는데 방이 비어 있더라고요. 메시지를 남겼지만 지금은 핸드폰을 꺼놨어요."

"아, 데이비드. 정말 유감이에요. 당신이 세인을 얼마나 좋아했는지 알아요."

"그 불쌍한 녀석한테는 아무도 없어요. 살면서 숨 고른 적 한 번이 없다고요. 난 정말로 우리가 세인을 도울 수 있다고 생각했어요."

"세인도 성인이에요. 자기가 알아서 결정을 내려야죠. 그냥 더 이상 맬컴을 마주할 수 없어서 이게 최선이라고 생각했을지도 몰라요. 그래도 당신이 세인한테 떠나달라고 말할 필요는 없었으니 다행이에요."

"안녕, 두기." 그녀는 돌아보지도 않고 말했다. "날 따라다니는 게 지겹지도 않니?"

두기는 고개를 젓더니 발을 바꿔 짚으며 땅에 끌어댔다. 그녀는 뭔가 말하려고 입을 열었다가 다시 다물었다. 두기한테 못되게 구는 건 재미조차 없는 일이었다. 그녀는 뇌세포가 한 개라도 있는 상대를 선호했다.

알렉스는 작업실로 접시를 가져갔다. 가장 나이가 많은 거주자인 레이가 소파에 앉아 있었다. 그는 거의 알지도 못하는 딸과의 사이에서 자주 발생하는 불편한 침묵을 또 한 번 견뎌내고 있었다.

레이는 데이비드 하드윅이 이 집을 지을 때 생각했던 존재의 본보기 같은 인물이었다. 레이가 자유를 빼앗긴 1986년에는 컴퓨터 하드 디스크 하나가 방 전체를 채웠다. 핸드폰에는 여행 가방만 한 배터리가 달려 있었고 페이스북의 창업자는 두 살이었다.

알렉스는 접시를 가지고 레이와 그의 딸에게 다가갔다. 이런 사소한 일로 시간 낭비할 필요가 없으면 좋겠다고 생각했지만 이미지는 중요했다. 둘 다 케이크를 받아 들며 고맙다고 했다. 다른 데 관심을 둘 수 있어서 신이 난 것 같았다.

맬컴은 저쪽 구석에 앉아 있었다. 엄한 누나 때문에 주눅 들고 당황한 듯한 모습이었다. 맬컴이라면 지배적인 성격의 여자와 만나 좋은 남편이 될 수 있었다. 자기 주제를 아는 사람이었으니까. 알렉스는 그에게 비밀스러운 미소를 지어 보인 다음 눈을 내리떴다.

그녀가 방을 둘러보고 있을 때 등 뒤에서 어떤 목소리가 들렸다.

"어…. 실례합니다. 박사님 맞으시죠?"

알렉스는 맬컴의 기세등등한 누나가 자기를 노려보는 걸 보고 놀랐다. 그녀는 뻐드렁니에 작은 사팔눈을 가진, 불행해 보이는 여자였다.

"알렉산드라 손이에요. 제가…."

"그러니까, 당신이 내 동생한테 경찰에 신고하지 말라고 한 여자라는 거잖아요?"

그녀는 두 손으로 허리를 짚고 곰보 자국이 난 아래턱을 앞으로 쑥 내밀고 있었다. 알렉스는 웃음이 터지려는 걸 참았다. 둘의 키 차이 때문에 알렉스는 아래로 손을 뻗어 여자의 머리라도 토닥여주고 싶은 마음이 들었다. 이렇게 중요하지 않은 사람들한테 시간을 낭비할 필요만 없다면 참 좋을 텐데.

"왜 그런 짓을 했는지 설명 좀 해줄래요?"

"제가 굳이 설명해야 할 필요는 없….."

"애 상태를 좀 보라고요." 그녀가 맬컴을 가리켰다. 그는 창피해하는 것 같으면서도 가만히 앉아 있었다.

"어떻게 그 후레자식이 이런 짓을 하고도 빠져나가게 놔둘 수가 있어요?"

"경찰을 부르지 않겠다는 건 맬컴의 결정이었어요."

여자는 실제 나이보다 훨씬 늙은 사람처럼 헛기침했다. "예예, 그러시겠지." 그녀가 알렉스를 위아래로 훑어보았다. "빅토리아 베컴 청바지에 하이힐을 신고….. 그쪽이 부탁했으면, 앤 자기 조카라도 팔아넘겼을 거예요."

마침 그때 어린 여자아이 둘이 지나가면서 알렉스의 왼쪽 허벅지를 꼭 잡았다. 알렉스는 잠시 여자의 말이 사실인지 시험해보고 싶다는 생각을 했다. 사람들이 이쪽을 쳐다보기 시작했다. 알렉스가 참을 수 있는 지루함도 한계치에 이르렀다.

알렉스는 목소리를 낮추었다. "저는 어떤 식으로든 동생 분을 설득한 적이 없어요. 맬컴은 자기 나름의 생각이 있는 성인 남자예요."

"아, 그래요? 뭔 수작인지 알겠네."

알렉스는 이 여자가 자신의 수법을 전혀 모를 거라 생각했지만, 어쨌든 인내심을 발휘해 미소 지었다. "글쎄, 무슨 수작일까요?"

"당신이 앤 노리는 거야. 그래서 이러는 거네."

아 네, 아무렴요. 알렉스는 그렇게 생각하며 하마터면 여자의 면전에서 웃음을 터뜨릴 뻔했다.

"당신은 얘가 당신한테 의지하게 만들려는 거야. 환상 속에 얘를 붙잡아두려고." 여자의 입에서 나온 침방울이 알렉스의 뺨에 튀었다. 선 넘네.

알렉스는 슬며시 여자를 구석으로 데려가 구경꾼들을 위해 미소 지으며 조용히 말했다.

"그래, 이 멍청하고 무식한 여자야. 내가 맬컴한테 경찰은 끌어들이지 말자고 했어. 씨발, 너도 고마운 줄 알아야지. 셰인은 맬컴이 저기 있는 네 두 악마 같은 계집애들을 성추행했다는 온갖 비난을 퍼붓고 있었어. 신고를 받은 경찰은 그런 주장을 조사할 의무가 있고, 그랬다면 네가 사랑하는 꼬맹이들한테 고통스럽고 치욕적인 신체검사를 했을 거야. 네가 저 애들을 돌보지 못하게 될 가능성이 크다는 건 말할 필요도 없고."

알렉스는 남아 있는 모든 침이 말라버릴 만큼 여자의 입이 크게 벌어지는 것을 보고 만족감을 느꼈다.

알렉스는 여전히 미소 지었다. "그러니까, 그 고약한 입은 다물고 계속 남동생 면회나 하는 게 좋을 거야. 남 일에 오지랖 떨지 말고."

여자는 대답 대신 아주 살짝 고개를 끄덕였다.

알렉스는 돌아서서 숨을 깊이 들이쉬었다. 이제는 이곳에 온 진짜 이유로 돌아갈 차례였다.

13

알렉스는 저 멀리 구석에 혼자 앉아서 잡지를 읽고 있는 배리를 몰래 지켜보았다. 그녀는 배리 앞에 서서 접시를 내밀었다. 게임이라도 하는 것 같은 표정이었다. "애플파이?"

"먹으라는 거요, 달라는 거요?"

"당신이 골라보세요." 알렉스가 그의 곁에 앉았다. "잘 지내요?"

그는 대답 대신 어깨를 으쓱하더니 다시 잡지로 시선을 돌렸다. 그는 머리를 깎은 지 얼마 안 됐고, 알렉스가 기억하는 것보다 몸이 좋아지고 근육도 붙은 모습이었다. 배리는 감옥에 가기 전에 준프로급 권투선수였다. 이 사실이 재판에서는 그에게 전혀 도움이 되지 않았다.

알렉스는 앞으로 두 다리를 쭉 뻗어 발목께에서 포갰다. 그녀는 짜증나는 여자아이들이 식탁으로 달려가 케이크를 가지고 다시 뛰어가는 것을 보며 인내심을 발휘해 쿡쿡 웃었다. 혼자 있었다면 그녀는 한쪽 다리를 들어 그 애들을 바닥에 넘어뜨렸을 것이다. 하지만 참았다.

"참 사랑스럽지 않아요?"

배리는 아이들을 쳐다보지 않았다. "아직 안 갔습니까?"

"네. 면회객이 없는 사람은 여기서 당신뿐인 것 같아서요. 제가 위로상을 드리러 왔죠."

"와아."

"어머, 너무 신나 하시네. 속마음은 짜릿하다는 거 알고 있어요. 그냥 티를 안 내기로 했을 뿐이지."

솔직히, 하드윅 하우스의 남자들은 너무 섬세했다. 처음에는 셰인이 그녀의 거절에 강한 반응을 보이더니 이제는 배리가 똑같은 이유로 그녀를 무시하고 있었다. 상관없었다. 알렉스는 배리를 되찾을 것이다.

"예에, 퍽이나 그렇겠네요."

알렉스가 고개를 갸웃했다. "오늘은 나랑 말할 기분이 아니에요?"

배리가 큰소리로 웃었다. "어처구니가 없네. 나랑 몇 달째 한마디도 안 한 건 당신 아닙니까?"

알렉스는 계산을 해보았다. "알아요, 배리. 미안해요. 하지만 문제는, 당신보다 내 도움이 훨씬 더 필요한 사람들이 많이 있다는 거예요. 지금 당신은 최악의 상황을 지난 것 같으니까요."

그가 툴툴대자 알렉스는 미소를 눌러 참았다. 그녀는 어느 모로 보나 배리가 최악의 상황을 넘겼다고 할 수 없다는 사실을 아주 잘 알았다. 그녀의 계획 자체가 그 사실에 근거하고 있었으니까.

그녀는 배리의 옆구리를 쿡 찔렀다. "아이, 참. 난 우리가 친구라고 생각했어요. 왜 그렇게 화가 났어요?"

"데이비드가 이미 소식을 전해줬을 거라고 생각하는데."

"아닌데요." 그녀가 거짓말했다. "난 공식적인 자격으로 여기 오는 게 아니에요. 그래서 데이비드도 과거사를 얘기해주진 않아요. 그건 각자에게 달린 일이에요." 그녀가 정말로 원하는 건 배리가 직접 자기 이야기를 털어놓는 것이었다. 그래야 배리의 약점이 무엇인지 헤아려볼 수 있으니까.

데이비드는 그녀에게 사실관계를 전해줬지만 알렉스는 감정적인 기폭제를 원했다. 그녀는 이미 배리가 두 여자아이를 똑바로 쳐다보지 못

하는 이유를 추측했다. 아마 그 애들을 볼 때마다 자기 딸을 다른 남자가 돌보고 있다는 생각이 들 것이다. 그 남자가 다름 아닌 자기 형이라는 생각도.

배리는 케이크를 뚫어지게 응시했다.

알렉스가 밀어붙였다. "좋아요, 일방적인 대화는 이제 그만. 당신이 물어보면 내가 뭐든지 대답할게요."

그가 관심을 보이며 알렉스를 바라보았다. "결혼은 했어요? 애는 있고?"

"별거 중이고 딸이 하나 있어요." 그녀가 아이들을 보며 말했다. 그녀는 시선을 내렸다. 방금 한 말은 둘 사이를 더 가깝게 하기 위해 지어낸 이야기였다. 그녀에게는 아이와 떨어져 있는 배리와의 공감대가 필요했다.

배리는 그녀의 미묘한 말투를 알아챘다. "애는 어디 있어요?"

"아빠랑요. 이번 주는 아빠랑 보내는 주거든요." 그녀가 눈을 돌렸다.

"그, 미안합니다. 내가…."

알렉스는 사과할 필요 없다는 듯 손을 내저었다. "괜찮아요. 가정을 깬다는 건 언제나 고통스러운 일이죠. 하지만 우린 어떻게든 해보려고 노력하고 있어요."

환상적인데. 알렉스는 생각했다. 이제 배리는 알렉스에게 상처를 주었다는 생각에 죄책감을 느끼고 있으므로 마음을 열 가능성이 컸다.

알렉스는 이미 배리의 이야기를 속속들이 알고 있었다. 배리는 젊은 아내를 둔 아마추어 권투선수였으나 권투를 그만두라는 아내의 압박에 용달차를 몰았다. 얼마 뒤 아내가 임신했지만 여덟 달째에 아기의 심장이 더 이상 뛰지 않았다. 아내는 진통 끝에 죽은 아이를 낳았다.

배리는 강해지고 싶었다. 그는 분노를 해소하고자 다시 권투를 시작했다. 싸울수록 더 큰 상처를 입었지만 멈출 수가 없었다. 그 당시 배리는 아내를 위로했어야 했다. 그런데 그 일을 형이 대신 해주었다.

두 사람이 함께 있는 걸 본 배리는 형을 심하게 구타했다. 그 바람에 형은 하반신이 마비됐다. 7개월 뒤 리사는 배리의 아이를 낳았다. 딸이었다.

"박사님 남편은 무슨 짓을 저질렀습니까?" 배리가 조용히 물었다.

알렉스는 배리의 눈을 똑바로 응시했다. "맞춰 봐요."

"불륜?"

그녀는 고개를 끄덕였다.

배리가 고개를 저었다. "박사님도 아는 사람이었습니까?"

알렉스는 지어낸 이야기에 끼워 넣을 가장 친한 친구를 만들어낼까 고민했지만 그러자면 이야기의 신빙성을 너무 시험하게 된다는 생각이 들었다. "아뇨, 남편이 무슨 카페에서 만난 여자였어요. 바리스타라나 뭐라나. 그 여자가 덜 까다롭게 느껴졌나 봐요."

"덜 까다로운 여자를 찾는다는 건 박사님이 잘났다는 뜻이니 자랑스러워할 만한 일이죠."

"우아." 알렉스가 그에게 미소 지었다. "세상에, 누가 정신과 의사인지 모르겠네요. 내가 일어나기 전에 상담료라도 청구할 건가요?"

"예에, 수백 파운드는 내야 할 겁니다." 그가 농담했다.

"아무튼, 제 얘기는 이만하면 됐어요. 당신은 어떻게 지내요?" 그녀는 실험을 다시 시작할 생각에 들떠서 물었다.

"별로 못 지냅니다. 이젠 둘이 결혼했다네요." 그가 비참하게 말했다.

"아, 배리. 미안해요. 전혀 몰랐어요."

그는 알렉스의 사과에 손을 내저었다. "박사님 잘못도 아닌데요."

알렉스는 잠시 조용히 그의 곁에 앉아 배리가 방금 했던 말을 계속 생각하도록 놔두었다.

이제 시작할 시간이었다.

"사랑한대요?" 그녀가 조용히 물었다.

이 질문은 배리에게 상처를 주었다. 알렉스가 의도한 그대로였다. 잠시 혼란스러운 빛이 그의 눈에 떠올랐다.

"몰라요. 그러니까…. 사랑하겠죠. 형이랑 결혼했잖아요."

"리사가 어떤 책임감 때문에 형하고 결혼했다고는 생각 안 해요?"

"그게 중요합니까?"

"나라면 중요했을 것 같아요. 내가 아직 리사를 사랑한다면요." 알렉스가 다정하게 말했다.

배리는 고개를 저었다.

"리사는 절대로 나를 다시 받아주지 않을 겁니다."

알렉스는 잠시 말을 멈추었다. "흠…. 어렸을 때 형이랑 싸우곤 했나요?"

배리가 미소 지었다. "박사님이 했던 말 중에 처음으로 정신과 의사다운 말이네요."

"미안해요. 그게 그저 우연히 벌어진 일인지 관심이 생겨서요."

배리가 인상을 썼다. "무슨 소립니까?"

"아, 잠깐만요. 언제는 정신과 의사처럼 굴지 말라면서요. 한 가지만 해요."

"계속 말해보세요."

"뭐랄까, 형제들은 어린 시절 내내 경쟁하는 경우가 있거든요. 보통은 부모의 애정이나 인정을 두고 다투죠. 형이나 동생이 더 똑똑하거나 매력적이라고, 혹은 부모님의 애정을 독차지한다고 느끼면 아이들은 잘난 형제와 경쟁하면서 그 형제를 모방하려고 해요. 보통 형제들이 어린 시절의 가정에서 떠나 서로 다른 인생을 살아가게 되면서 이런 경쟁심은 사라지죠. 하지만 가끔은 시기심이 성인이 된 다음까지도 이어져요."

알렉스는 배리가 이 말을 심각하게 생각해보는 중이라는 걸 알 수 있었다. 당연히 그렇겠지. 형제가 있는 아이라면 누구나 장난감이나 옷, CD를 놓고 싸웠던 기억이 있을 테니까. 그건 완벽하게 정상적인 일이었다.

알렉스는 어쨌든 아무 상관 없다는 듯 어깨를 으쓱했다. "들어보니 당신이 이 모든 상황을 혼자 책임지고 있으면서도 이런 상황이 어느 정도 계획된 것일 수도 있다는 점은 모르는 듯해서요. 다시 물어볼게요. 리사는 형을 사랑하나요?"

"그게 왜 중요한지 아직도 모르겠는데요. 리사는 날 절대로 용서하지 않을 텐데."

"당신이 포기했다면야 전혀 중요하지 않은 문제죠."

"하지만 포기하지 않는다고 해서 내가 뭘…."

"당신은 가족으로 지낼 수만 있으면 리사가 무슨 짓을 하든 용서할 거라고 했죠? 리사도 그럴지 어떻게 알아요? 지금 이 순간에는 형이 당신의 인생을 훔쳐 간 거예요. 형은 당신의 아내를 빼앗아 갔고 당신 딸의 아빠 노릇을 하고 있어요. 그런데 당신은 리사가 형을 사랑하는지조차 모르잖아요."

결정타. 이제는 마지막으로 잽을 날리기만 하면 된다.

"형을 부러워하면 안 돼요. 그러니까 제 말은, 형이 사는 삶의 질을 생각해보라는 거죠. 형은 휠체어에서 일어나지도 못해요. 차라리 그때 죽는 게 더 나았을지도 몰라요." 그녀는 잠시 말을 멈추었다. "당신의 아내한테 더 나았을 거라는 얘기예요."

배리는 그녀를 골똘히 바라보았다. 그의 눈에 새로운 희망이 감돌았다.

알렉스는 어깨를 으쓱하고는 한숨을 쉬었다. "어쩌면 리사도 이 모든 일을 후회하면서 당신이 돌아오기를 바라고 있을지도 몰라요. 리사가 사랑하는 사람은 강하고 힘 있는 신체의 소유자인 당신이니까요. 리사가 낳은 아이의 진짜 아빠도 당신이고요. 하지만 리사는 당신의 형을 돌봐야 한다는 의무감에서 풀려날 수 없을 거예요."

배리는 혼란스러우면서도 초조한 표정이었다. "잘 모르겠는데…."

"알고 있잖아요." 알렉스는 다리를 구부리고 그에게로 몸을 살짝 숙이며 말했다. "나도 남편한테 절대 용서하지 않겠다고 말했지만, 내일 당장 그 사람이 자기가 저지른 짓을 진심으로 후회하면서 나타난다면 기회를 한 번 더 줄지 고민해볼 거예요. 나는 그 사람을 사랑하고 그리워하거든요. 그 사람이 내 아이의 아빠이기도 하고요. 기본적으로 나는 가족을 되찾고 싶어요."

배리는 몇 분간 침묵을 지키다가 일어섰다. "산책이나 하러 가야겠네. 머릿속을 좀 정리해야겠어."

알렉스는 고개를 끄덕이며 미소 지었다. 그녀는 손을 뻗어 페이스트리를 하나 집었다. 이번 실험은 회전하는 팽이를 가지고 하는 장난과 비슷했다. 최대한 줄을 팽팽하게 감았다가, 팽이가 어디로 튈지 모른 채

던지는 것이다.

14

킴은 마지막 보고서를 던졌다. "빌어먹을, 뭐가 하나도 없네. 택시 기사든, 버스 기사든, 주민들이든. 한 사람이 칼에 찔려 죽었는데, 염병할 뭘 보거나 들은 사람이 아무도 없어."

"그 신고가 있잖아요." 브라이언트가 자기 파일 더미를 뒤지며 말했다.

"예에, 뭐. 술에 찌든 열여덟 살짜리가 열한 시 십오 분이 되기 직전에 누가 버스 정류장 바로 옆 담벼락에 앉아 있는 걸 본 것 같다고 했다는 그 신고 말이죠?"

"네, 근데 마지막 버스가 지나간 시간이⋯."

"딱히 대단한 증거라고 할 수는 없지 않습니까? 누가 버스 정류장의 담벼락에 앉아 있었다니."

브라이언트가 한숨을 쉬었다. "노커들이 한 짓일지도 몰라요."

"노커요?"

브라이언트는 킴과 자신의 머그잔을 가지고 가서 커피메이커 앞에 섰다. "광부들한테 '노커'라는 요정들이 있었대요. 화가 나면 공구를 숨기거나 양초를 훔치고 석탄 기둥 뒤에서 뛰어나오며 말썽을 부렸다죠. 그 요정들을 본 사람은 아무도 없지만 광산에서 노커가 존재한다는 걸 의

심하는 사람은 아무도 없었어요."

"대단히 도움이 되는군요. 그럼 이제 망할 팅커벨을 찾으면 되겠습니다."

"상처로 보면 15센티미터짜리 부엌칼을 들고 있는 팅커벨일 겁니다."
케빈이 덧붙였다.

"예비 부검에서는 처음 찌른 칼이 치명상을 냈을 거라고 하네요. 칼이 폐 내부를 관통했을 거래요."

전화가 울렸다. 킴은 못 들은 체했다. 브라이언트가 받았다.

"그렇다면 범인이 아래에서 위로 칼을 찌른 건 일 처리하는 방법을 제대로 알고 있었거나 키 차이가 상당했기 때문이겠네. 다른 상처는 분노나 좌절감 때문에 찌른 거고."

"대장."

그녀가 브라이언트를 돌아보았다. "뭡니까?"

"흉기로 추정되는 칼이 오고 있습니다."

"어디서 발견됐답니까?" 킴이 물었다. 머릿속으로는 이미 가지고 있는 정보를 짜 맞추는 중이었다.

"그 동네 사람이 말을 몇 마리 키우고 있는 더들리 가의 공터에서 발견했답니다."

"더들리 가로 쭉 가면 어디가 나오죠?"

"라이요." 브라이언트가 대답했다. "루스 윌리스의 집입니다."

15

킴은 브라이언트와 단둘이 차에 남을 때까지 기다렸다가 머릿속에서 맴돌던 질문을 던졌다.

"또 그러는 거 맞죠?"

파트너에게 구체적으로 말해줘야 한다는 생각이 들었다면 킴도 이야기했을 것이다.

브라이언트가 한숨을 쉬었다. "어젯밤에 넥타이 보셨죠?"

"신발도 봤습니다." 킴이 확인해주었다. "태도는 말할 것도 없고요."

케빈은 약혼자를 두고 바람을 피울 때 좀 더 자신만만한 태도가 되곤 했다. 하지만 팀원 중에는 그에게 속는 사람이 아무도 없었다.

브라이언트는 킴이라면 무시하고 지나쳤을 법한 신호등에서 멈추었다.

"지난번에 그렇게 된통 당하고도…."

그 이상 말할 필요는 없었다. 딸이 태어나 겨우 두 달쯤 지났을 때, 케빈의 약혼자는 임신 기간에 그가 바람을 피웠다는 사실을 알게 됐다. 약혼자는 케빈을 내쫓았고 케빈이 그녀의 마음을 다시 얻으려고 애쓰는 동안 팀원들의 생활은 처참해졌다. 하지만 결국 케빈은 약혼자를 되찾았다.

브라이언트는 어깨를 으쓱했다. "모르겠네요. 그 녀석, 곁에 있을 때는 소중하다는 걸 모른다니까요."

곁에 있다가 잃었다가 다시 되찾은 게 소중한 줄 모르는 거겠지. 킴은 그렇게 생각했지만 아무 말도 하지 않았다. 케빈이 사적으로 무슨 일을 하든 그건 그의 사정이었다. 그러나 그가 팀에서 보이는 태도는 다른 문제였다.

강간 현장에서 두 골목 떨어진 곳의 테라스 딸린 집은 별로 눈에 띄지 않았다. 그 집은 좁은 도로 양옆에 쌍둥이처럼 마주 보고 일렬로 늘어선 열두 채의 집들 중 하나였다. 그중 앞뜰이 있는 집은 없었다. 골목 한가운데에 있는 석판에 따르면 이 건물들은 1910년에 지어진 것이었다.

"대장, 진심으로 묻겠는데 이게 좋은 생각일까요?"

킴은 브라이언트가 조심스러워하는 이유를 알고 있었다. 지금 그들이 하는 행동은 일반적인 관행이 아니었다. 그러나 킴의 직감은 탈수 모드에 들어간 세탁기처럼 마구 날뛰었다. 전에도 이런 적이 있었다. 그때는 직감이 만족하기 전까지 도무지 잦아들지 않았다.

"맹세합니다. 그냥 쳐들어가서 체포할 생각은 없어요. 그냥 얘기를 좀 해보고 싶은 겁니다."

킴의 말은 브라이언트를 전혀 달래지 못한 것 같았다.

그들은 문을 두드린 후 누가 나올 때까지 조용히 기다렸다. 한참 만에 남색 운동복을 입은 조그만 체구의 여자가 문을 열었다. 죄책감 어린 표정이 거의 순식간에 그녀를 사로잡았다. 킴은 그녀가 강간 피해자 루스라는 걸 즉시 알아차렸다. 그리고 루스와 눈을 마주친 순간 그녀가 살인자 루스이기도 하다는 걸 눈치챘다.

"저는 스톤 경위이고 이쪽은 브라이언트 경사입니다. 들어가도 되겠습니까?"

여자는 잠시 망설이더니 옆으로 물러섰다. 킴은 그녀가 신분증을 제시하라는 요구도, 무슨 일로 찾아왔느냐는 질문도 안 했다는 걸 마음속에 새겨두었다.

킴은 루스 윌리스를 따라 앞쪽 거실로 들어갔다. 거실 벽은 루스의 어린 시절을 보여주는 연표나 마찬가지였다. 하늘색 배경을 뒤에 깔고 전문가처럼 포즈를 잡은 사진들과 가족들이 좋아하는 다른 사진들이 확대되어 액자에 걸려 있었다. 사진에 보이는 다른 아이는 없었다.

텔레비전에서는 〈스카이뉴스〉가 나왔다. 킴은 브라이언트에게 자신이 심문을 주도하고 싶다는 신호를 보냈다. 브라이언트가 대답으로 지은 표정에는 "살살 하세요"라고 적혀 있었다. 킴도 다르게 할 생각은 없었다. 브라이언트와는 달리 그녀는 수사가 끝났다는 사실을 알고 있었다.

"무슨 일이세요, 경위님?" 루스가 리모컨으로 손을 뻗어 채널을 돌리며 물었다.

킴은 기다렸다가 그녀와 시선을 맞추었다. "이틀 전 밤, 여기서 그리 멀지 않은 손즈 가에서 한 남자가 살해당했다는 사실을 알려드리려고 왔습니다."

루스는 킴의 눈을 피하지 않으려 했지만 실패하고 말았다. 그녀의 시선은 킴의 두 눈을 빠르게 오가며 안정을 찾지 못했다. "뉴스에서 들은 것 같네요."

"그 남자의 신원이 앨런 해리스로 확인됐습니다."

"아, 그렇군요."

킴은 루스가 적절한 반응이 무엇인지 확신하지 못한 채 무표정한 얼굴을 유지하려고 애쓴다는 것을 알아차렸다. 그녀가 보이는 반응 하나하나가 킴의 배 속 깊은 곳에서 으르렁거리는 직감에 먹이를 주었다.

"그 남자는 칼로 네 번 찔렸습니다. 치명상은…."

"네, 무슨 얘긴지 대강 알겠어요. 근데 그게 저랑 무슨 상관이죠?"

아무렇지 않은 척하느라 여자의 목소리가 더욱 떨렸다.

"그걸 알아보려고 온 겁니다, 루스."

킴은 위협적이지 않은 표정을 유지하려고 신경 썼다. 천천히, 천천히, 원숭이를 잡자.

킴은 자리에 앉았고 루스도 그녀를 따라 자리에 앉았다. 루스는 두 손을 꽉 맞잡고 무릎에 얹어놓았다.

"우리는 그 사람이 당신에게 무슨 일을 저질렀는지 알고 있습니다. 앨런 해리스는 당신을 강간하고 죽기 직전까지 폭행했죠. 그런 범죄가 당신에게 무슨 영향을 끼쳤는지 아는 척할 생각은 없습니다. 그 끔찍함과 두려움, 분노가 저로서는 상상조차 되지 않습니다."

루스는 아무 말도 하지 않았지만 얼굴에서 핏기가 가시기 시작했다. 그녀는 가지고 있는 모든 힘을 다해 진짜 감정을 숨기려 했지만 그녀의 몸은 그런 지시를 알아듣지 못한 모양이었다.

"앨런 해리스가 석방됐다는 소식은 언제 들으셨습니까?"

"몇 달 전에요."

"어떻게 아셨죠?"

루스는 어깨를 으쓱했다. "기억 안 나요."

"당신은 앨런 해리스와 몇 킬로미터밖에 떨어지지 않은 곳에 살고 있습니다. 앨런 해리스를 봤습니까?"

"솔직히 기억 안 나요."

"해리스가 석방됐다는 걸 알고 기분이 어땠습니까?"

킴은 루스의 오른손이 반사적으로 왼쪽 손목에 난 흉터를 문지르는 것을 보았다. 그녀의 자살 기도를 알리는 영원한 흔적이었다.

루스는 창문 쪽을 쳐다보았다. "별로 생각 안 해봤는데요. 제가 어떻게 할 수 있는 것도 아니고."

킴은 밀어붙였다. "해리스가 받은 처벌이 공정했다고 생각합니까?"

루스의 두 눈에서 감정이 확 타올랐다. 킴은 그녀가 이 문제에 대해 하고 싶은 말이 아주 많지만 하지 않고 있다는 것을 알아차렸다.

"해리스가 결국 당할 만한 일을 당했다는 걸 알고 나서는 어떤 기분이 들었습니까?"

루스는 이를 꽉 다물었다. 자기도 모르게 해서는 안 되는 말을 할지도 몰라 걱정하는 듯했다. 킴은 브라이언트가 불편해하는 것을 느꼈지만, 이런 것들은 괜히 던지는 질문이 아니었다. 킴은 자동차에서부터 이 질문들을 구상했다. 루스가 보이는 반응이 감정적인 것은 당연한 일이었다.

이런 식으로 찔러봤을 때 결백한 사람이 보일 만한 반응은 즉각적이고 걸러지지 않은 형태였을 것이다. '그 개새끼는 평생 감옥에 갇혀 있었어야 해요'라거나 '그 씹새끼 잘 뒈졌네요' 같은. 루스의 두 눈과 행동에는 분노가 담겨 있어야 했다. 담담히 받아들이거나 적절한 반응이 뭔지 생각하느라 우물쭈물하면 안 되는 거였다.

"그게 살인 사건이랑 무슨 상관인지 모르겠는데요."

루스는 목소리가 갈라졌고 긴장감에 손을 꼼지락거리기 시작했다.

"루스, 실례지만 금요일 밤 아홉 시에서 자정 사이에 어디에 있었습니까?"

"여기서 TV를 보고 있었어요."

킴은 그녀의 목소리가 한 톤 높아졌다는 걸 알아차렸다. 머릿속에서 이 말을 너무 여러 번 연습한 것이다.

"당신이 집을 떠나지 않았다는 걸 확인해줄 사람이 있습니까?"

"그건… 음…. 아홉 시 삼십 분쯤에 튀김 가게에 잠깐 들르긴 했어요."

이 말을 들은 킴은 루스가 집을 나가거나 들어가는 모습을 본 이웃이 있기에 그녀가 잠깐 외출했다는 이야기를 지어낼 수밖에 없었다는 사실을 알아차렸다.

킴은 고개를 끄덕였다. "튀김 가게 주인한테 물어보면, 아홉 시 삼십 분 즈음에 루스한테 음식을 팔았다고 확인해주겠군요?"

루스는 당황해서 어쩔 줄 몰랐다. "그게… 모르겠어요. 바쁜 시간이었거든요. 기억 못 할지도 몰라요."

킴은 루스를 안심시키려고 미소 지었다. "아, 당연히 기억할 겁니다. 동네 가게 아닌가요? 몇 년에 걸쳐 여러 번 갔을 텐데요. 당신은 평생 여기서 살았잖아요."

"그렇긴 하죠. 하지만 사장님이 가게를 지키고 있었던 건 아니었고 다른 직원들은 잘 몰라서요."

킴은 루스가 물러나는 대로 따라가 그녀를 구석으로 몰았다.

"그건 괜찮습니다. 당신한테 튀김을 팔았던 직원의 인상착의만 알려주면 반드시 그 사람과 얘기해보겠습니다."

킴은 루스의 얼굴에서 투지가 빠져나가는 것을 확인했다. 그녀는 이미 확인되지 않을 알리바이를 제시했다. 갑자기 태도를 바꾸면 대단히 의심스러워 보일 터였다. 죄 없는 사람은 알리바이를 지어낼 필요가 없으니까.

킴이 일어서자 루스가 그녀를 쳐다보았다. 얼굴은 잿빛이고 두 눈은 겁에 질렸으며 몸은 바람에 시달린 텐트처럼 무너져 내렸다.

킴이 조용히 말했다. "우린 흉기를 확보했습니다, 루스. 당신이 버려둔 곳에 그대로 있었어요."

루스는 두 손으로 얼굴을 감쌌다. 흐느끼는 그녀의 몸이 고문당하는 것처럼 보였다. 킴은 브라이언트를 돌아보며 그와 시선을 교환했다. 둘 사이에는 어떤 승리감도, 쾌감도 오가지 않았다.

킴은 루스 옆의 소파에 앉았다. "루스, 앨런 해리스가 저지른 짓은 끔찍했어요. 하지만 그자가 미안해하고 있었다는 사실도 알아야 합니다. 우리는 교도소가 범법자들을 갱생시켜주기를 바라면서도 늘 교도소를 믿지는 않습니다. 그런데 이번에는 그런 일이 일어났어요. 앨런 해리스는 자기가 저지른 짓을 진심으로 후회했습니다."

브라이언트가 앞으로 나섰다. "루스 윌리스, 당신을 체포…."

"겁먹은 게 아니었어요." 킴이 일어서려고 하자 루스가 조용히 말했다. 킴은 다시 앉았다.

"루스, 분명히 알려드립니다만…."

"긴장하긴 했지만 겁먹은 건 아니었어요." 그녀가 다시 말했다.

"루스, 지금 하려는 이야기는 법정에서…." 브라이언트가 말하려 했다.

"놔두세요." 킴이 고개를 저었다. "결정할 사람은 루스지 우리가 아닙니다."

"난 그 사람이 공원에서 나오는 걸 봤어요. 해리스는 교차로에 서 있었죠. 난 강해지고 정의로워진 느낌이 들었어요. 난 가게 입구의 그림자 속에 숨어 있었어요. 해리스가 신발 끈을 묶으려고 허리를 숙이더군요. 개가 나를 정면으로 쳐다봤어요. 짖지도 않았고." 루스는 고개를 들었다. 얼굴이 눈물에 젖어 있었다. "왜 안 젖었을까요?"

킴은 고개를 저었다.

"바로 그때 해리스의 배에 칼을 쑤셔 넣고 싶다는 충동을 느꼈지만 그랬으면 일을 망쳤을 거예요. 나는 빛을 되찾고 싶었어요."

킴은 브라이언트를 돌아보았다. 브라이언트가 어깨를 으쓱했다.

"나는 자신감이 있었고 통제력이 있었어요. 그래서 해리스를 쫓아가서 시간을 물었어요."

"루스, 우린…."

"그놈의 배에 칼을 쑤셔 넣었어요. 그놈의 살이 내 살에 닿았지만 이번에 주도권을 쥔 사람은 나였어요. 해리스가 두 다리를 휘청거렸어요. 그놈이 오른손으로 상처를 움켜쥐었어요. 피가 손가락 위로 흘러넘쳤어요. 그놈이 아래를 보더니 다시 나를 봤어요. 난 기다렸어요."

"기다렸다고요?" 킴이 물었다.

"나는 칼을 뽑아서 다시 그자를 찔렀어요. 그리고 기다렸어요."

킴은 뭘 기다렸는지 묻고 싶었지만 뭔가에 홀린 듯한 그녀를 감히 막을 수 없었다.

"찌르고 또 찔렀어요. 그놈의 머리뼈가 콘크리트에 부딪히는 소리를 들었어요. 놈이 눈을 감으려고 해서 걷어찼지만, 그 자식은 돌려주지 않았어요."

"뭘 돌려준다는 거지요, 루스?" 킴이 조용히 물었다.

"다시 하고 싶었어요. 뭔가 잘못됐어. 아직도 그 자식이 가지고 있었어요. 난 그 자식한테 돌려달라고 소리쳤지만 그 자식은 움직이지 않았어요."

"앨런 해리스가 가지고 있었던 당신 것이 뭐였습니까?"

루스는 뻔하지 않느냐는 눈빛으로 킴을 보았다. "내 빛이요. 나는 빛을 되찾지 못했어요."

그 순간 루스가 몸을 구부렸다. 그녀의 목구멍에서 흐느끼는 소리가 뜯겨 나오는 듯했다.

킴은 다시 한번 브라이언트를 보았지만 브라이언트는 대답 대신 어깨를 으쓱했다. 킴은 1분을 꽉 채워서 조용히 앉아 있다가 브라이언트에게 고갯짓을 했다.

브라이언트는 방금 살인을 자백한 여자에게 한걸음 다가갔다. "루스 월리스, 앨런 해리스를 살해한 혐의로 당신을 체포합니다. 당신은 묵비권을 행사할 수 있고 당신이 하는 말은 법정에서 불리하게 작용할 수 있으며…."

킴은 브라이언트가 말을 마치기 전에 그 집을 나섰다. 의기양양함이나 승리감은 느껴지지 않았다. 그저 범죄를 저지른 사람을 잡았고 임무를 완수했다는 만족감이 느껴질 뿐이었다.

피해자 더하기 가해자는 사건 종료를 의미했다.

16

킴이 차고에 들어간 시각은 자정이 막 지나서였다. 평범한 가정집들은 앞으로 맞이할 한 주를 준비하며 문을 닫고 있었다. 정말이지 킴이 가장 좋아하는 시간이었다.

그녀는 아이팟을 켜고 쇼팽의 〈야상곡〉을 골랐다. 이 피아노 독주곡을 듣고 있으면 새벽 내내 긴장이 풀리다가 결국 몸이 잠을 원하게 되었다.

우디도 그녀의 정신 건강에 도움이 되지 않았다. 그는 킴이 다른 팀원들을 집으로 보내고 난 뒤 선물로 샌드위치와 커피를 가지고 그녀의 자리에 들렀다.

"나쁜 소식이라도 있습니까, 경감님?" 킴이 물었다.

"검찰에서 이번 건을 조심스럽게 처리하고 싶어 하네. 아직은 별로 살인 혐의를 제기하고 싶어 하지 않아. 뒷받침될 만한 뭔가가 있었으면 하는 거지. 영리한 변호사가 나타나서 정신 이상에 의한 정상 참작을 주장하는 건 바람직하지 않으니까."

"하지만…."

"단단히 얽어야 해."

"내일 스테이시와 케빈을 이 사건에 붙이도록 하겠습니다."

우디가 고개를 저었다. "아니, 이번 매듭은 자네가 지어줬으면 좋겠네, 킴 스톤."

"왜 이러십니까, 경감님."

"말대꾸하지 마. 그냥 하라면 해."

킴은 크게 한숨을 지으며 그 한 번의 호흡에 담을 수 있는 모든 실망감을 끌어다 담았다. 그런다고 바뀌는 건 아무것도 없겠지만 핵심은 전달되는 것처럼 느껴졌다.

우디가 미소 지었다. "그럼 좋은 소식을 전해주지. 집에 가서…. 뭔지는 몰라도 자네가 여기 없을 때 하는 일을 하게."

그래서 킴 스톤은 시키는 대로 했다.

킴은 오토바이 부품들이 흩어져 있는 땅에 엎드리다 역겨움을 느끼고 끙 소리를 냈다.

킴은 뒤치다꺼리를 싫어했다. 사건은 종결됐다. 그녀는 48시간도 되기 전에 나쁜 놈을, 아니지, 이 사건의 경우에는 나쁜 년을 잡았다. 자백까지 전부 녹음했다. 그런데 검찰에서 이젠 자기들 똥까지 닦아달라고 하다니.

킴은 다리를 꼬고 주변의 부품들을 살펴보기 시작했다. 부품은 전부 이곳에 모여 있었다. 조립하면 아름다운 최고급 영국 오토바이가 완성될 터였다. 이제는 그 방법을 알아내기만 하면 됐다.

한 시간 뒤에도 퍼즐의 모든 조각은 같은 자리에 놓여 있었다. 킴의 배 속에서 뭔가가 가만히 있을 수는 없다고 외쳐댔다.

문득 어떤 생각이 떠올랐다. 그녀는 자리에서 일어나 부츠 쪽으로 손을 뻗었다. 어쩌면 불면증은 이 사건 때문이 아닌지도 몰랐다.

17

킴은 닌자에서 내려 허리 높이의 대문에 걸린 빗장을 풀었다. 짧은 진입로와 잔디밭이 거리 전체에 전염병처럼 퍼져 있었다. 더들리와 네더튼의 경계에 있는 조그마한 지역구의 수많은 주민들은 재개발지 주택 우선 매입권을 이용해 아주 적은 돈으로 널찍한 공간을 확보했다. 던 가족도 그런 집안 중 하나였다.

이번에는 정신없이 움직이는 사람들도, 쿵쿵 굴러대는 장화 소리나 요란하게 그 집에 접근하는 경찰관들도 없었다. 그저 킴과 열쇠 몇 개가 있었을 뿐.

그녀는 처음 왔을 때보다 천천히 집 전체를 돌아다녔다. 더는 급할 게 없었다. 당국에서 이 집을 여기저기 찔러보고 조사해보고 사건에 도움이 될 만한 건 전부 가져갔다.

공기에서 버려진 느낌이 감돌았다. 누가 이곳에 살았던 사람들을 그림에서 지워버린 것만 같았다. 어린이책과 장난감들은 구석 이곳저곳에 보관돼 있었다. 시리얼 상자와 그릇들이 부엌에서 누군가를 기다리고 있었다. 이 집에서는 학대뿐만 아니라 평범한 삶도 진행됐다. 가끔은 그 아이들도 그저 평범한 두 어린아이일 뿐이었다.

마침내 킴은 아래로 내려가는 계단 맨 위의 나무 문에 이르렀다. 킴은 모두가 이 공간을 지하실이라고 불렀다는 사실에 놀랐다. 이곳은 지하실이 아니었으니까.

킴은 미들랜드 이곳저곳에 있는 위탁 가정을 전전하면서 비좁은 지하실을 여러 곳 보았다. 서로 벽을 맞대고 스무 채씩 줄지어 서 있는 그 집들은 산업혁명 시대에 공장주와 광산 주인들이 지은 곳으로, 한 채에 여섯 가족까지 살 수 있었다.

지하실은 사람 하나가 겨우 들어갈 정도의 아주 비좁은 공간으로 돌계단 두어 개를 내려간 곳에 있었다. 석탄을 보관하기 위해 만들어진 곳이었다.

하지만 이곳은 그렇지 않았다. 이 집은 땅속에 파묻힌 공간을 만들기 위해 특별한 리모델링을 거쳤다.

자신만의 동굴, 자기 공간이라고 할 만한 곳을 원하는 남자들은 많다. 정원의 헛간이라든지, 프라모델을 조립하고 컴퓨터 게임을 할 만한 남는 방 같은 공간 말이다.

하지만 레너드 던은 자기 아이들을 학대할 공간을 원했다. 그가 바로 이런 식의 쾌락을 위해 오랜 시간을 들여 지하실을 만들었다고 생각하니 안 그래도 받아들이기 힘든 그의 타락이 더욱 역겹게 느껴졌다.

지하실 자체는 이제 거의 비어 있었다. 증거를 전부 치웠기에 그리 불쾌하지는 않았다. 하지만 킴의 눈에는 지금도 기습하던 날의 모습이 보였다. 요가 매트, 전등, 디지털카메라 등등. 그러나 무엇보다 이곳에서 일어난 더러운 행위가 이 방의 구조 안에 새겨져 있었다. 그건 절대 사라지지 않을 터였다.

지금은 컴퓨터와 디스크가 경찰서로 옮겨졌기에 맞은편 구석에는 책상 하나만이 있었다. 건축설계사나 회계사, 누구든 생각하고 집중하고 창작하기 위해 자신만의 공간이 필요한 사람이 쓸 만한 책상이었다.

킴은 방을 가로질러 옷장이 있는 곳으로 갔다. 옷장에선 레너드의 역겨운 놀이에 사용된 의상들이 치워진 상태였다.

경찰은 증거를 수집하면서 전등을 반대편 벽으로 밀어두었다. 하지만 킴은 기억을 일깨워줄 만한 다른 단서 없이도 전등의 원래 자리를 떠올릴 수 있었다. 당시에 조명은 카메라 뒤에 배치되어 요가 매트에 스포트라이트를 드리우고 있었다.

킴의 머릿속에 요가 매트 한가운데에 서 있던 데이지의 모습이 자동으로 떠올랐다. 아빠에게 다음에는 뭘 해야 하느냐고 묻는 아이의 작은 목소리가 떨리고 있었다.

킴은 그 모습을 머릿속에서 지우려고 고개를 저었다. 세상에는 봤거나 들었다는 사실 자체를 취소하고 싶어지는 일들이 있다. 하지만 킴의 머리 옆에 간편한 삭제 버튼 따위는 달려 있지 않았다.

킴은 왜 이 방에 다시 마음이 끌렸는지 아직 깨닫지 못한 채로 계단으로 향했다.

그녀는 숨을 깊이 들이쉬며 말했다. "내가 더 일찍 막았어야 했어, 데이지." 그녀의 손이 전등 스위치 위에 그림자를 드리웠다.

킴의 손가락이 우뚝 멈추었다가 떨렸다. 그녀는 고개를 돌려 조명을 보았다. 뭔가 말이 되지 않았다.

킴은 한발 물러나 열심히 머리를 굴렸다. 신경을 긁었던 의심이 마침내 그녀를 세게 물어뜯었다.

"아니, 말도 안 돼." 그녀는 계단을 뛰어 올라갔다.

18

이제 오토바이는 밖에서 식어가고 있었지만 킴은 그 오토바이를 탔을 때의 속도를 그대로 유지하려는 것처럼 경찰서 내부를 빠르게 지났다.

시청각 자료실은 4층에 있었다. 간단히 들어갈 수 없는 구역이었다.

킴은 출입 요청 버튼을 누르고 손가락을 벽에 댄 채로 카메라를 올려다보았다. 카메라가 그녀의 얼굴 생김새를 살피고 있었다.

킴이 벨을 누르려고 다시 손가락을 들었을 때 익숙한 찰칵 소리가 났다. 그녀는 문을 당겨 열고 밀폐된 공간으로 들어갔다. 첫 번째 문을 닫고 난 다음 암호를 입력해야만 시청각 자료실로 들어갈 수 있었다.

두 개씩 짝 지워진 책상 여덟 개가 창문 하나 없는 공간을 가득 채우고 있었다. 이 방과 경찰서 안의 다른 사무실들이 눈에 띄게 다른 점 하나는 이곳에 종이가 없다는 점이었다.

이곳은 압수한 CCTV 증거를 하나하나 들여다보는 사람들이 쓰는 공간이었다. 레너드 던 사건의 경우 일본에서 가장 좋은 오토바이를 전부 다 준다고 해도 하고 싶지 않은 일이었다.

"에디, 야근입니까?"

킴은 사람이 있는 유일한 책상으로 다가가서 물었다.

에디는 키보드 위에서 아주 오랜 시간 동안 웅크리고 있던 상체를 쭉 폈다. 분명히 뭔가 뚝하는 소리가 났다.

"경위님도요?"

킴은 직장에서 에디를 수도 없이 만났다. 그는 모든 면이 평균적인 사람이었다. 키도, 몸무게도, 생김새도, 책상에 올려놓은 사진도. 눈에 띄는 사람은 아니었다.

하지만 그의 왼손이 키보드를 지배하고 오른손이 마우스를 조종할 때면 어떤 화합이, 지켜보고 있으면 기분이 좋아지는 어떤 연결이 일어났다.

"에디, 레너드 던 사건의 영상을 좀 봐줬으면 하는…."

버저가 울려 킴이 하는 말이 끊겼다.

"오늘은 여기가 꼭 뉴스트리트 경찰서처럼 붐비네요." 에디가 카메라를 돌아보며 말했다.

"브라이언트일 겁니다." 킴이 말했다.

에디가 휙 곁눈질했다. "무슨…. 이제 심령술도 하시는 거예요?"

"아뇨. 제가 전화로 브라이언트를 불렀습니다."

에디가 출입 허가 버튼을 누르며 꿍 소리를 냈다.

브라이언트는 이미 재킷을 벗는 중이었다. "저기요, 대장. 저 없이 한순간도 못 견디신다는 건 알지만…."

"잘난 척할 것 없습니다. 그냥 경사님이 가장 가까이에 사는 사람이어서 그런 거니까."

"그럼 뭐." 브라이언트가 한 책상에 재킷을 내려놓으며 대꾸했다.

에디가 책상을 짚으며 의자를 밀더니 돌아앉았다. 그는 잠시 뜸을 들이다 오른손 손가락을 폈다. "뭐, 당직을 설 때 친구가 있다는 건 좋은 일입니다만, 맥주도 피자도 없으니 파티를 하려는 건 아니겠군요."

킴이 브라이언트를 돌아보았다. "에디 눈치가 얼마나 빠른지 좀 보세요. 경사님도 배우시는 게…."

"예에, 대장. 이제 제가 저녁으로 먹으려던 치즈와 피클이 다시 냉장고에 들어가 있는 이유를 말씀해주시겠습니까?"

"에디, 〈데이지, 수영장에서〉라고 표기된 동영상을 보여주시겠습니까?"

에디가 책상을 잡으며 다시 몸을 당겼다. 화면은 몇 초 안에 이름, 날짜, 참조 번호가 붙은 폴더들로 가득 찼다.

킴은 그렇게 많은 폴더들이 있다는 것만 보고도 슬퍼졌다.

에디는 킴이 따라갈 수 없을 만큼 빠른 속도로 클릭을 해댔다. 갑자기 떨고 있는 여덟 살짜리 소녀가 화면 가득 나타났다.

"소리는 죽이세요." 킴이 빠르게 말했다.

브라이언트는 그 화면만 아니면 어디든 좋다는 듯이 사무실을 둘러보았다.

카메라가 줌아웃 되면서 방의 더 많은 부분이 보이자 킴의 눈이 아이에게서 멀어졌다. 동영상은 킴이 기억하는 그대로였다. 배 속이 마구 소용돌이쳤다.

"에디, 새벽 급습 때 찍은 사진들을 보여주세요."

몇 초 뒤, 한 폴더가 보였다. 에디는 첫 번째 사진을 클릭하더니 마우스 휠을 굴리며 사진을 한 장씩 넘기기 시작했다.

"정지." 킴이 9번 사진에서 말했다.

사진은 동영상 카메라와 같은 각도에서 찍은 것이었다.

"나란히 띄워 주시겠습니까?"

에디는 그 사진과 영상의 정지 화면이라는 두 개의 서로 다른 이미지로 화면을 가득 채웠다.

"그날 아침에 우리가 어떤 조명을 썼죠, 브라이언트?"

브라이언트는 그때까지도 화면을 보지 않고 있었다.

"스팟 램프였습니다. 케빈이 전등 스위치를 찾지 못해서요."

킴이 고개를 끄덕였다. "그럼 정확히 같은 조건이었군요. 자연광도 없고 전등이 움직이지도 않았고요."

"그렇겠죠."

"알겠습니다. 여길 보세요." 킴이 손짓으로 브라이언트를 가까이 부르며 말했다. "옷장을 타고 올라가는, 저 검은 덩어리 보입니까?"

브라이언트가 고개를 끄덕였다.

"사진에서는 이게 어디죠?"

브라이언트가 화면을 더 가까이에서 들여다보며 사진 두 개를 번갈아 보았다.

그러더니 물러서서 킴을 바라보았다.

"대장, 제가 생각하는 그 말을 하시려는 겁니까?"

킴은 심호흡을 한 다음에야 입을 열었다.

"네, 브라이언트. 이 방에는 다른 사람이 있었습니다."

19

"진심이세요, 대장?" 스테이시가 조용히 물었다.

킴이 고개를 끄덕였다. "어젯밤에 영상을 확인했어. 틀림없이 사람 그림자야." 킴은 뒤쪽의 브라이언트를 향해 고갯짓했다. "내가 이 콜롬보 형사랑 같이 그 집으로 돌아가서 전등을 배치한 다음에 동영상 카메라로 상황을 재현해봤어. 확실히 사람이야."

케빈이 파일을 자기 책상 저쪽으로 거칠게 밀었다.

"어른처럼 굴어, 케빈." 킴이 쏘아붙였다.

케빈은 얼굴을 붉히며 시선을 돌렸다. "죄송합니다, 대장."

킴은 다시 스테이시를 돌아보았다. 스테이시는 여전히 케빈을 노려보고 있었다.

"레너드 던의 이웃들, 가족들, 그놈과 함께 일했던 사람이나 이야기를 나눈 사람들, 버스에서 스쳐 지나간 사람들에 관해 전부 알아내. 그중에 리스트에 올라 있는 사람이 있는지 알아야겠어."

'리스트'란 성범죄자 명부를 말했다.

처음에 학대의 단서가 접수된 건 통찰력과 주의력이 뛰어난 학교 선생 덕분이었다. 하지만 수사의 초점은 오직 레너드에게만 맞춰져 있었다. 레너드를 잡은 뒤 그들은 사건이 종결됐다고 생각했다. 제기랄. 이 일에 연루된 다른 미친놈도 추적했어야 하는데.

"케빈, 모든 사람을 다시 탐문해. 특히 이웃들 말이야. 그 사람이 정기적으로 레너드의 집에 드나들었다면 누가 틀림없이 봤을 거야. 알았지?"

"웬디 던은요?" 브라이언트가 물었다.

킴은 고개를 저었다. 아직은 아니지만 언젠가는 그녀를 처리할 시간도 올 것이다.

"의심 가는 사람이라도 있으세요, 대장?" 스테이시가 물었다.

분명 있었지만 킴은 아직 그 정보를 공유하지 않을 생각이었다.

그녀는 브라이언트를 보았다.

"갑시다, 파트너. 정리해야죠."

20

알렉스는 즐겨찾기에 추가해놓은 모든 온라인 뉴스 플랫폼의 새로고침 버튼을 눌렀다. 지금 이 순간 그녀가 하고 있어야 하는 일은 루스를 만나 실험에 꼭 필요한 자료를 수집하는 것이었다. 그런데 그 멍청한 년이 48시간도 안 돼 잡히고 말았다.

알렉스는 경찰이 아무리 무능해도 결국은 루스라는 용의자를 우연히 찾아내게 될 거라 생각했다. 하지만 그녀의 생각이 틀렸다. 아주 약간 지능이 있는 경찰관이 이 사건을 맡게 됐든가 루스가 범죄 현장에 "제가 한 짓이에요"라는 표시와 함께 자기 이름과 주소를 남겨놓은 모양이었다.

알렉스가 기대했던 건 며칠의 시간이었다. 그 정도면 필요한 정보를 빼내는 데 충분했다. 빌어먹을. 그 저능아한테 그림이라도 그려줬어야 하나? 알렉스는 시각화 훈련 때 루스에게 동기와 범행 방법, 범행할 기회를 제공했다. 알렉스가 이 과정에서 루스에게 기대한 건 오직 한 가지, 약간의 자기 보호 본능뿐이었다.

알렉스는 새로고침 버튼을 다시 눌렀다. 변한 건 없었다. 그녀는 평소 아침마다 확인하는 사이트로 관심을 돌렸다. 그녀는 페이스북에 접속해 '새라 루이스'라는 이름을 입력했다. 20분 뒤, 목록에 올라 있는 모든 SNS 사이트에 접속했다가 로그아웃한 그녀는 한숨을 쉬었다. 새라는 여전히 사이버 공간에서 자취를 감추고 있었지만 상관없었다.

새라를 조준경의 십자선에 다시 세워놓는 일은 알렉스의 인생을 완전하게 만들어주었다. 정말이지, 그녀의 얼굴에 떠오른 반응을 보는 경험은 돈 주고도 살 수 없을 만큼 귀했다. 그녀는 힉스빌 한가운데에 있는 비좁은 오두막이 아직 매물로 나오지 않았는지 궁금해졌다. 그래서 Rightmove.com에 들어가 그 사이트를 즐겨찾기에 추가했다. 뭐, 오래 걸리지는 않을 것이다.

알렉스는 완전한 익명성이라고는 존재하지 않는 인터넷 접근성의 시대를 살게 해준 신에게 감사했다. 어디를 들여다봐야 하는지만 알고 있다면 언제든 원하는 사람을 찾을 수 있었다. 사이버 공간에 캄캄한 구석이란 없으니까.

초인종이 울리는 바람에 알렉스는 손목시계를 확인했다. 예약을 잡아둔 다른 환자는 없었다. 오늘 예약은 루스뿐이었다.

문을 열어보니 눈앞에 남자 한 명과 여자 한 명이 서 있었다. 남자가 미소 지었다. 알렉스는 마주 미소 짓지 않았다. 젠장. 바로 이런 일을 피하고 싶었던 건데.

"손 박사님, 저는 브라이언트 경사이고 이쪽은 스톤 경위입니다. 들어가도 될까요?"

그들의 신분증을 확인하면서 알렉스는 손으로 문고리를 꽉 쥐었다. 그녀는 두 경찰을 번갈아 보았다. "무슨 일이시죠?"

"시간을 많이 빼앗지는 않겠습니다. 박사님 환자에 관해서 잠깐 얘기하고 싶은데요."

"그러세요. 이쪽으로 오시죠."

알렉스는 그들을 상담실로 데려갔다. 들어가자마자 그녀는 둘 모두를 재빨리 살펴보았다. 남자는 40대 중반에서 후반으로 보였다. 몸매를 유지하고 싶어 하는 건 분명했지만 중년의 피할 수 없는 뱃살로 고생하

는 듯했다. 그의 밤색 머리카락은 관자놀이 부근에서 하얗게 희어가고
있었으나 머리를 깎은 모습은 깔끔하고 프로다웠다. 표정이 숨김없고
친절했다.

여자의 표정은 시무룩하고 어두웠다. 머리카락은 짧게 쳤으며 색깔
은 거의 새까맸다. 알렉스가 하마터면 숨을 멈출 뻔했던 건 여자의 눈
때문이었다. 미소조차 없는 그 얼굴과 빡빡한 태도 안에는 어떤 어둡고
도 강렬한 느낌이 도사리고 있었다. 멀리서 보면 홍채와 동공이 거의 구
분되지 않았다.

알렉스는 간신히 시선을 돌려 남자에게 집중했다. 브라이언트의 몸
짓은 대놓고 읽으라는 듯 뻔했다.

"그럼, 브라이언트 경사님. 제가 어떻게 도와드리면 되죠?"

"저희는 루스 윌리스가 박사님의 환자라고 알고 있습니다만?"

알렉스는 갑작스러운 방문에도 태연한 태도와 통제력을 되찾았다.

"다시 여쭤보게 되는데, 무슨 일이신가요?" 그녀는 브라이언트의 질
문에 확인도, 부정도 하지 않고 대답했다.

"지금 박사님의 환자가 경찰서에 구류돼 있습니다. 살인 혐의로 체포
됐어요. 환자의 부모님이 박사님 이름을 알려줬습니다."

알렉스의 손이 딱 벌어진 그녀의 입으로 쏜살같이 향했다. 거울을 들
여다보며 여러 번 연습해본 뻔한 동작이었다. 아침 드라마에서나 나올
법한 과장된 연기와 연극영화과 1학년 학생의 어설픈 연기 사이에서 적
당한 균형을 찾기까지 시간이 꽤 걸리긴 했지만, 알렉스의 레퍼토리에
들어 있는 모든 표정이 그렇듯 이 표정 또한 관찰과 연습, 연마를 거쳐
완성됐다.

첫 수업은 친할머니의 장례식이었다. 당시 알렉스는 다섯 살이었다. 흐린 10월의 어느 오후, 그녀는 부모님 사이에 서 있었다.

알렉스는 조문객들이 보여주는 날것의 감정에 취해버렸다. 그 늙은 여자는 끔찍한 냄새를 풍겼고 피부 전체에 뜨악하고 추한 점이 나 있었다. 알렉스는 그 늙은 염소가 죽어버렸다는 게 기뻤다.

그녀는 무덤 옆에서 조문객들의 표정을 지켜보았다. 내리깐 시선, 감정의 엄격한 절제, 입술을 깨무는 모습. 그중에서도 가장 알렉스가 따라 하기에 가장 짜증났던 건 눈물이었다.

알렉스는 눈 한 번 깜빡이지 않고 관을 계속해서 내려다보았다. 관 위에 놓여 있는 백합 한 송이에 시선을 고정하고 있었다. 아니나 다를까, 그녀의 눈에도 물이 고이기 시작했다. 그녀는 눈물을 많이 흘리는 조문객들이 어깨를 떨고 있는 것을 알아챘다. 알렉스는 그 어깨 떨림도 덧붙였다. 간신히 둘 다 해낼 수 있었다.

그녀는 어깨를 꽉 잡는 아버지의 손길을 느꼈다. 그런 신체적 접촉은 마음에 들지 않았지만, 알렉스는 그날 배운 교훈에서 기쁨을 느꼈고 기회가 있을 때마다 새로운 기술을 사용해 왔다.

지금, 알렉스의 데이터베이스는 현재 상황에 대한 적합한 반응이 '충격 받음'이라는 사실을 알려주었다.

그녀는 몸을 지탱하려고 책상 귀퉁이를 꽉 잡았다. "아니, 그럴 리가요. 뭔가 잘못 아신 거겠죠."

"유감이지만 아닙니다. 루스 윌리스는 범행을 인정했습니다."

당연히 그랬겠지, 멍청한 년. "하지만…. 누굴…. 어디서요?"

알렉스는 남자가 여자를 힐끗 쳐다보는 것을 알아챘다. 거의 눈에 띄지 않을 정도로 짧게 고개를 끄덕이는 것이 여자의 반응이었다. 여자의 표정이 단 한 번도 변하지 않았다는 사실도 눈에 띄었다. 이 여자, 포커를 치면 어마어마한 실력자가 될 것이다.

"앨런 해리스라는 남자를 칼로 찔렀습니다."

남자는 루스를 상담했던 알렉스가 앨런 해리스라는 이름을 틀림없이 알고 있으리라 생각했기에 더 이상 설명하지 않았다.

알렉스는 고개를 저으며 바닥으로 시선을 내렸다. "죄송해요. 받아들이기가 너무 힘드네요."

"괜찮습니다, 박사님. 천천히 하셔도 돼요."

알렉스는 실제로 뜸을 들였다. 생각을 정리해야 했다. 어떻게 해야 이번 만남을 이용할 수 있을까? 일단, 그녀에게 필요한 건 정보였다. 그녀는 브라이언트 경사를 애원하듯 바라보았다. 그녀의 얼굴에 의구심이 드러났다. "무슨 일이 있었는지 말해주실 수 있을까요?"

브라이언트는 망설였지만 상관을 보지 않고 고개를 끄덕였다. 이들은 정보를 얻으려고 그녀를 찾아온 것이었기에 그녀의 협조를 원했다. 알렉스가 원하는 그대로였다.

"루스는 어느 어두운 골목 안에서, 혹은 그 근처에서 피해자를 기다렸다가 칼로 찔렀습니다. 첫 상처가 치명상일 가능성이 큽니다."

그 얘기는 상처가 하나 이상이었다는 뜻이다. 알렉스는 잠시 눈을 감고 조금 더 가벼운 색조의 놀라움을 골랐다. "그럴 리가, 아직도 못 믿겠어요."

모든 일이 계획에 따라 정확히 진행된 건 아니었지만, 이번 프로젝트의 성공을 평가하기 위해 알렉스는 루스와 직접 만나야 했다. 그녀는 조금씩 떨리는 손가락으로 머리카락을 한쪽 귀 뒤로 넘겼다. "저는 치료에 큰 진전이 있다고 생각했어요." 그녀는 두 형사를 번갈아 보았다. "제가 루스를 만나봐도 될까요? 절망하고 있을 텐데요."

"그건 안 됩니다, 박사님." 여자가 확고하게 말했다.

쌍년. 알렉스가 생각했다. 이걸로 그녀의 모든 문제가 해결될 수 있었는데. 시간만 충분히 주어지면 브라이언트 경사는 어떻게든 처리할 수 있을 것이다. 하지만 주도권을 쥔 사람이 스톤 경위라는 건 분명했다. 알렉스는 강렬한 인상의 이 경위가 그녀의 실험 대상을 신속하게 체포한 장본인이라는 데 밖에 세워둔 BMW도 걸 수 있었다.

"질문 몇 가지 해도 괜찮겠습니까?"

알렉스는 다시 남자에게로 관심을 돌렸다. "얼마든지 물어보세요. 하지만 윤리적으로 대답할 수 있다고 생각되는 질문에만 답하겠습니다."

그녀는 오직 남자 형사에게만 보여줄 생각으로 미소를 약간만 섞어서, 수위를 낮춰 말했다.

형사는 수첩을 꺼냈다. "루스가 언제부터 박사님께 치료를 받아왔는지 알려주시겠습니까?"

"루스는 석 달 전부터 저를 만나러 왔어요."

형사들의 이마에 주름이 졌다. "음, 강간 사건 이후로 꽤 시간이 흐른 다음이네요. 루스가 그 시점에서 도움을 받기로 한 이유가 뭐였습니까?"

"자살 시도를 하고 나서 법원 명령을 받았어요. 강간 피해자들한테는 꽤 흔하게 일어나는 일이에요."

"루스가 처방전이 필요한 약물을 사용하고 있었습니까?"

알렉스는 고개를 저었다. 그녀는 정신이 맑은 실험 대상들을 선호했다. "아뇨. 루스는 여러 해 동안 주치의한테서 다양한 항우울제를 처방받았어요. 가끔은 그런 약들이 루스의 감정을 무디게 했죠. 하지만 장기적으로 효과가 있는 약이 하나도 없었기에 주치의와 제가 협력해서 루스가 약물에 의존하지 않도록 했어요. 제가 알기로 강간 피해자들에게는 다른 치료법이 더 효과적이거든요."

"예를 들면 어떤 치료법입니까?"

"인지 재구성 치료법이죠."

"루스는 그 치료에 어떻게 반응했나요?"

알렉스는 고개를 저었다. "환자에 관한 구체적인 정보는 알려드릴 수 없어요. 그건 기밀입니다. 하지만 강간 피해자의 심리에 관해서는 말씀드릴 수 있는데, 괜찮을까요?"

브라이언트 경사가 알겠다는 뜻으로 고개를 끄덕였다. 여자 형사는 환자 의자에 앉아 긴 다리를 꼬고 있었다. 전혀 긴장하지 않았거나 지겨워서 죽을 지경인 것처럼 보였다.

"형사님도 이번 사건의 자세한 내용을 알아보셨을 테니 당시의 강간이 얼마나 끔찍한 방식으로 이루어졌는지 아실 거예요. 강간 피해자는 여러 가지 후유증을 겪을 수 있습니다. 가장 주된 것이 자기 비난이죠. 강간 피해자는 자신의 행동이 강간을 유발했기 때문에, 혹은 자신의 성격에 강간을 유발하는 어떤 요소가 있기에 자기가 그런 공격을 당해도 싸다고 생각할 수 있어요. 자기가 뭔가 다르게 했어야 한다고 느낄 수 있습니다. 강간 피해자들은 자신을 탓하는 경우가 많아요.

자기 비난에는 강간 사건에 대한 수치심이 따라옵니다. 수치심은 사람들이 도저히 상상하지 못할 만큼 파괴적이에요. 그래서 간혹 강간 피해자들은 자신의 과거 인생이나 친구들, 가족들로부터 자신을 고립시킵니다. 하지만 그보다 더 파괴적인 건 수치심이 분노와 공격성으로 이어진다는 점이에요."

알렉스는 두 손님에게 뭐든 질문할 기회를 주려고 잠시 말을 멈추었다.

"수치심과 분노는 특수하게 연결돼 있습니다. 피해자들은 수치심과 분노를 느낄 경우 복수하겠다는 동기를 품습니다."

"루스는 그 사건이 자기 잘못이 아니라는 사실을 받아들였습니까?"

"루스는, 그 사건이 자기 잘못이 아닐지도 모른다고 생각해볼 준비가 돼 있었어요."

알렉스는 자신이 잘 아는 주제에 대해 이야기하는 걸 즐겼지만 스톤 경위의 관심이 방 전체를 헤매고 다닌다는 사실도 인식하고 있었다. 경위는 자격증을 들여다보고 시야 안에 바로 들어오는 사진을 살펴보는 중이었다.

"치료에는 어떤 내용이 포함되는지 알려주실 수 있나요?"

"인지 재구성 치료법에는 네 가지 단계가 있어요. 첫 번째 단계는 자동적 사고라고 알려진, 문제가 있는 인지를 찾아내는 거예요. 자신이나 세상, 미래에 대한 역기능적이고 부정적인 시각을 찾아내는 거죠. 다음으로는 자동적 사고 내의 인지적 왜곡을 찾아냅니다. 이어 자동적 사고에 대해 합리적으로 논쟁하고, 마지막으로는 자동적 사고에 대한 합리적 반론을 개발하죠."

"휴, 복잡하네요."

알렉스는 무기로 '매력'을 쓰기로 하고 미소 지었다. "꼭 그렇지만은 않아요. 그냥 형사님에게 깊은 인상을 남기고 싶어서 거창한 단어들을 집어넣은 것뿐이죠. 간단히 말하자면, 이건 파괴적 사고에 대한 정신의 반응을 다시 훈련하는 방법이에요."

여자 형사는 아무 반응이 없었지만 브라이언트 경사는 약간 얼굴을 붉혔다. "루스에게도 이 방법이 도움이 됐나요?"

알렉스는 '내가 실제로 그 방법을 썼다면 효과가 있었겠죠.'라고 생각했다. 이 방법은 루스가 그날의 범죄를 나름대로 이해하고 자기 인생을 계속 살아나가는 데 도움이 됐을 것이다. 알렉스야 골치 아파졌겠지만.

"저는 루스가 이 치료법에 잘 반응하고 있다고 생각했어요."

알렉스는 핸드폰으로 뭔가를 확인하고 있는 여자 형사에게로 관심을 돌렸다. 알렉스가 너그럽게 전문 지식을 베풀어주고 있는데도 여자는 귀를 기울이는 예의조차 보이지 않았다.

"그 치료법에 루스가 이번 일을 저지르는 데 영향을 줬을 만한 부분이 조금이라도 있을까요?"

알렉스는 고개를 저었다. "이 치료법은 사건 자체보다는 피해자의 사고방식과 그런 생각의 패턴을 바꾸는 데 초점을 맞추고 있어요."

"루스 윌리스가 박사님에게 살해 의도를 암시할 만한 말을 한 적이 있나요?"

알렉스는 공짜 정보는 이만하면 충분히 주었다고 생각했다. 이 이상의 정보가 필요하다면 형사들이 직접 가서 10년 동안 공부하거나 돈을 주고 그녀의 지식을 활용하면 될 일이었다. "죄송하지만, 상담 시간에 한 이야기를 자세히 공유할 수는 없어요."

"살인 사건 수사인데요."

"형사님들은 이미 자백을 받으셨으니 제가 형사님들의 범죄 수사를 방해하는 건 아니죠."

브라이언트는 그 주장을 받아들이고 알렉스를 보며 미소 지었다.

알렉스도 마주 미소 지었다. "마지막으로 한 가지 더. 제 환자들이 어떤 공상을 이야기할 때마다 제가 형사님한테 연락을 드렸다면 우리 둘에 관해서도 뭔가 소문이 돌지 않았을까요?"

브라이언트가 목을 가다듬었다. 그렇지. 이제 알렉스는 재미있어졌다. 남자들은 조종하기가 훨씬 더 쉬웠다. 남자란 너무도 단순하고 허영심 가득한 생물이었으니까.

알렉스는 귀엣말보다 조금 큰 정도로 목소리를 낮추었다. 이 방 안에 있는 사람은 브라이언트와 그녀 단 둘뿐인 것처럼 말이다. 지금까지 이 관계는 일방적이었다. 그러나 이제 알렉스는 서비스에 대한 비용을 청구하고 싶었다. "가엾은 루스가 어떻게 지내고 있는지만 알려주실 수 있을까요?"

브라이언트가 머뭇거렸다. "안 됐지만, 그리 잘 지내는 건 아닙니다. 피해자는 예전에 루스한테 저질렀던 짓을 후회했던 것 같거든요."

알렉스는 앞으로 나올 이야기에 대비해 마음을 다잡았다.

"그럴 수가, 루스한테 너무 끔찍한 일이겠어요."

브라이언트가 고개를 끄덕였다. "루스는 죄책감에 괴로워하고 있습니다. 그런 가능성은 전혀 생각해 보지 않은 것 같더군요. 루스의 머릿속에서는 피해자가 여전히 자신을 강간한 괴물이지 자신이 저지른 짓을 후회하고 뉘우치는 사람이 아니었거든요. 그런데 이젠 자기가 그 사람의 목숨을 빼앗았으니까요."

알렉스의 핏줄을 타고 분노가 뜨겁게 번졌다. 알렉스가 혼자였다면

130

장식품이 사방을 날아다니고 가구도 자리를 옮겼을 것이다. 지랄 맞게 멍청한 년이 그깟 쓰레기를 죽였다고 죄책감을 느끼다니. 자신을 잔인하게 강간하고 폭행한 다음 죽도록 내버려둔 좆같은 괴물의 목숨을 빼앗았다고 정말 후회하다니!

알렉스는 해롭지 않은 미소로 분노를 감추었다. 루스는 그녀를 심하게 실망시켰다. 이번 실험 대상에게는 기대가 높았는데, 결국 루스도 한심할 만큼 마음 약한 존재가 되고 말았다. 알렉스는 루스가 지금 당장 이곳에 왔으면 좋겠다고 생각했다. 그래야 기꺼이 목을 졸라줄 수 있을 테니까.

"박사님, 습격 당시 루스의 정신 상태에 대해 더 알고 싶은데요."

나왔다, 이들이 방문한 목적이자 형사 기소가 지연된 이유. 형사들은 피고인이 정신 이상을 주장할 때에 대비해 배경 조사를 하는 중이었다. 이들은 반드시 유죄 판결로 이어질 살인 혐의를 원하는 것이다.

"그건 정말 말하기 어려워요. 사건을 일으킨 밤에 제가 루스와 함께 있지 않았으니…."

"하지만 루스 윌리스 편에 서서, 피해자를 공격하던 당시에 그녀가 제정신이 아니었다고 증언할 생각은 있으신 거지요?"

"정신과 의사를 만나왔다는 이유만으로 루스가 정신이상자라고 생각하는 건 어리석은 일이에요."

"딱히 답이 된 것 같지는 않은데요, 박사님."

당연하지. 하지만 알렉스는 긴장감을 쌓아가며 형사들에게 이 상황이 그녀에게 무척 난감하다는 걸 보여주는 중이었다. 그때까지도 여자 형사는 그녀를 보지 않고 있었다.

"일부러 그렇게 말씀드린 거예요. 제가 루스를 알고 지낸 시간이 꽤 되고, 여러 차례 상담하면서 루스와 친밀한 관계를 쌓아왔다는 점을 이해해 주셔야죠. 루스는 저를 믿고 있어요."

"하지만 저희는 루스를 조금 더 이해해야만 앞으로 나아갈 수 있습니다."

알렉스는 자신이 이어서 할 말이 루스의 인생을 바꿔놓게 되리라는 사실을 깨달았다. 알렉스가 루스는 정신이상으로 인해 정상 참작을 받아야 한다거나 일종의 일시적 정신병을 앓고 있었다는 전문가 의견을 내놓는다면 검찰에서는 확실한 유죄판결을 받기 위해 살인보다 한 단계 낮은 범죄인 고살 혐의를 제기할 가능성이 컸다.

지금부터 알렉스가 할 말로 종신형과 5년에서 8년의 징역형이 갈릴 수 있었다.

"아뇨. 의사로서 양심을 건다면, 루스가 정상인이 아니었다고는 말할 수 없어요."

정말이지 알렉스는 그녀를 실망시키는 사람들이 싫었다.

이제 형사들은 그녀에게 관심을 집중했다. 두 형사 모두가. 특히 브라이언트가 더욱 활기를 띠었다.

"박사님, 혹시 검사 측에 유리한 증언을 해주실 수도 있나요?"

알렉스는 몇 분간 침묵을 지켰다. 환자에 대한 의리와 선량하고 정직한 시민의 의무 사이에서 고통스러워하는 것처럼 보이고 싶었다.

그녀는 숨을 길게 내쉬었다. "절대적으로 필요한 경우에만요."

어때, 루스. 복수라는 게 참 엿같지?

브라이언트는 상관을 힐끗 본 다음에야 손을 내밀었다. "시간 내주셔서 감사합니다, 손 박사님. 매우 큰 도움이 됐습니다."

알렉스는 여전히 내면의 갈등을 겪는 사람처럼 조용히 고개를 끄덕였다.

브라이언트가 문으로 향하자 여자도 뒤따랐다. 여자는 문 앞에서 멈춰 뒤돌아보더니 겨우 두 번째로 입을 열어 말했다. 낮고 잔잔하며 자신 있는 목소리였다.

"마지막으로 한 가지만 말씀드리죠, 손 박사님. 박사님처럼 많은 수련을 받고 오랜 시간 임상 경험을 쌓은 데다 환자와도 긴 시간을 보내신 분이 이런 일이 닥치리라는 걸 예상하지 못하셨다니, 저로서는 놀랍습니다."

알렉스는 조금도 물러날 기색이 없는 여자의 시선을 마주 보고 그 안에서 어떤 냉기를 발견했다. 그녀의 등줄기를 타고 짜릿한 흥분이 흘렀다. 그들의 시선이 몇 초간 얽혔다. 그러고 나서 형사는 어깨를 으쓱하더니 방을 나섰다.

알렉스는 닫힌 문을 빤히 바라보았다. 시뻘겋게 달귀진 분노는 지금도 그녀의 핏줄을 따라 흐르고 있었지만 흥미로운 자극에 조금은 식었다. 알렉스가 절대로 피하지 않는 게 한 가지 있다면 그건 바로 도전이었다.

머릿속에서 어떤 계획이 서기 시작하자 알렉스는 미소 지었다. 한쪽 문이 닫히면 다른 문이 열리는 법이다.

21

문이 열리자 셰인 프라이스는 몸을 숨겼다. 남자 한 명과 여자 한 명이 나와서 폭스바겐 골프에 올라탔다.

분노가 끓어오르는 와중에도 문을 닫는 그녀의 모습을 잠깐 보니 셰인의 심장박동이 조금 빨라졌다. 그녀의 완벽함을 생각하자 분노가 잠시 멎었다.

마음속에서 감정이 터져 나왔다. 셰인은 그녀를 증오했다. 사랑했다. 그녀가 필요했다.

셰인의 마음속에 있는 것은 성욕이 아니었다. 셰인은 그 누구에게도 성욕을 느끼지 않았다. 성욕을 느낄 능력은 오래전에 파괴됐다.

그가 열망하는 것은 그녀의 완벽함, 그녀의 순수함이었다. 그녀는 너무도 깨끗했다. 셰인은 그녀와 함께 시간을 보냈기에 그녀의 머리카락에서 코코넛 냄새가 난다는 사실과 그녀가 재스민 향이 들어간 바디워시를 사용한다는 사실을 알고 있었다. 매니큐어를 바르지는 않았지만 그녀의 손톱은 깔끔하게 손질되어 있었다. 그녀의 옷은 산뜻하고 잘 다려져 있었다.

셰인 자신은 한밤중에 하드윅 하우스를 나설 때 입고 있었던 바로 그 옷을 입고 있었다. 밝은 파란색 청바지는 흙이 묻어 뻣뻣했다. 무릎 부분에는 크래들리 히스의 버려진 빙고 게임장에서 '일'하느라 때가 덕지덕지 눌러 붙어 있었다. 그때마다 셰인은 오직 5파운드만을, 겨우 먹을 것을 살 정도의 돈만을 받았다.

셰인에게 거슬리는 것은 겉으로 보이는 때가 아니었다. 문제는 내면의 오물이었다. 온몸의 세포 하나하나가 과거로 더럽혀져 있었다. 그는 한 번에 하나씩 신체 부위를 떼어내 뜨거운 비눗물로 씻어내는 자신을 자주 상상했다. 세게 빡빡 문지르다 보면 그 모든 부위를 반짝거리는 새것으로 만들어 다시 조립할 수 있을 것 같았다.

하지만 알렉스는 그런 희망을 앗아갔다. 셰인은 자기 몸 안에서 불끈거리던 삼촌의 몸에 대한 기억에서 영영 자유로워질 수 없을 것이다. 이런 행위에 따라왔던, 그의 머리를 쓰다듬던 부드러운 손길과 친밀하게 달래는 소리를 떠올릴 때마다 느껴지는 역겨움에서도. 삼촌이 속삭이던 애정 어린 말은 강간보다도 나빴다.

이런 기억들이 덮쳐오자 셰인은 목구멍에 쓴물이 솟구치는 것을 느꼈다. 그는 옆 골목으로 뛰어 들어가 허리를 숙였다. 힘들게 산 맥도날드 햄버거가 인도에 쏟아졌다.

분노가 너무도 강력하게 되돌아왔기에 셰인은 하마터면 땅에 주저앉을 뻔했다. 알렉스와 마지막으로 만나기 전까지 셰인에게는 언제나 깨끗해질 수 있다는 실낱같은 희망이 있었다. 어떤 식으로든, 누군가가 마침내 그의 때를 벗겨줄 방법을 찾아내리라는 희망이.

하지만 알렉스는 셰인과의 마지막 대화를 통해 그 꿈을 빼앗아갔다. 그녀는 모든 것을 앗아갔으니 이제 그 대가를 치러야 했다.

셰인은 재킷 소매로 입에 튄 침방울을 문질러 닦았다. 그는 이미 알렉스의 집에 들어갈 방법을 알고 있었다. 작은 욕실 창문이 언제나 약간 열려 있었다.

셰인은 그 좁은 틈에 자기 몸이 들어가리라는 사실을 알고 있었다. 어렸을 때 그는 작은 공간에 몸을 욱여넣고 숨는 데에 탁월한 재주를 보였다.

다음번에 알렉스가 집을 나서면 셰인은 그녀의 집에, 그녀의 안전한 공간에 들어갈 수 있을 것이다. 그리고 기다릴 것이다.

22

"아니, 생각을 해보세요, 브라이언트. 손 박사가 왜 자기 환자에게 불리한 증언을 하겠습니까?" 본부로 돌아온 킴이 물었다.

브라이언트는 도시락을 열면서 어깨를 으쓱했다. 그는 안에 담긴 음식을 자세히 살펴보았다. 사과 하나, 햄치즈 샌드위치 하나, 액티멜 요거트 한 개. 내용물이 바뀐 적은 한 번도 없었다.

"양심 때문에요."

킴은 침묵을 지켰다. 그녀가 생각하기에, 브라이언트는 근사하고 매력적인 그 여자의 추파를 던지는 듯한 미소에 넘어간 듯했다. 킴조차도 그 여자의 겉모습에 어떤 매력이 있다는 건 인정할 수밖에 없었다.

하지만 몇 가지가 불편하게 느껴졌다. 킴과 브라이언트는 정보를 얻으려고 그 정신과 의사를 찾아갔으며 실제로 정보를 얻었다. 그러나 알고 싶었던 것 이상의 뭔가를 알게 됐다는 불편한 느낌이 가시지 않았다.

킴은 브라이언트와 함께 상담실 문 안으로 들어간 그 순간 감정을 탐지하는 본능의 스위치가 꺼지는 것만 같았다. 이상한 일이지만, 킴은 감정적으로 거리를 두면서도 다른 사람들의 감정은 예민하게 포착하곤 했다. 그러나 알렉스에게서는 아무것도 느껴지지 않았다.

"세상에, 대장. 대체 왜 그래요? 손 박사님은 우리 질문에 대답해줬고 증언도 해주겠다고 했습니다. 우리한텐 잘된 일이라고요."

"손 박사의 외모나 유혹하는 태도에는 조금도 흔들리지 않았고요?"

"전혀요." 브라이언트는 한 손에는 샌드위치를, 다른 손에는 펜을 들었다. "손 박사님이 대단히 매력적인 여성이라는 건 인정합니다. 제 취향보다는 좀 마른 편이지만요. 어쨌든, 최근에 듣기로는 매력적으로 사는 게 불법은 아니라던데요. 제 말은, 어쨌거나 손 박사님은 자기가 하는 말이 무슨 뜻인지 잘 알고 있었다는 겁니다. 그 자격증들을 포토샵으로 만든 건 아니니까요."

"손 박사가 사기꾼이라는 얘기가 아닙니다만…."

브라이언트는 펜을 탁 내려놨다. "그럼 뭔데요, 대장? 박사님은 우리가 듣고 싶어 했던 얘기를 전부 해줬어요. 우린 루스 윌리스가 정신이상자가 아니라는 걸 알고 있고, 검찰은 앞으로 영원히 우리와 가장 친한 친구가 되어줄 거예요. 이 사건을 세번 강*에 빠뜨리면 물 한 방울 스며들지 않을걸요. 틈이 전혀 없으니까. 대체 뭐가 문젠지 모르겠네요."

킴은 턱을 문질렀다. 브라이언트가 한 말은 전부 사실이었지만, 그렇다고 해도 배 속을 갉아대는 듯한 느낌은 사라지지 않았다.

"근데 나오면서 했던 얘기는 뭐였어요?" 브라이언트가 물었다.

"그냥 한 말입니다."

---

* 영국 블랙컨트리 근처에 흐르는 강.

"손 박사님은 의사지 신이 아니에요. 루스가 무슨 짓을 할지 박사님이 어떻게 알았겠어요?"

킴은 브라이언트의 겉모습에 반영된 그의 답답한 마음을 느낄 수 있었다. 재킷은 팽개쳐져 있고 넥타이는 느슨해졌으며 셔츠 맨 위 단추는 풀려 있었다.

킴은 말을 이었다. "손 박사는 정신과 의사입니다. 정신이 작동하는 방식이 손 박사의 전공 분야라고요. 루스가 범행할 가능성이 있다는 사실 정도는 알았어야 하는 거 아닐까요?"

브라이언트는 첫 번째 샌드위치를 다 먹고 입을 쓱 닦았다.

"아니, 모를 수도 있죠. 우린 기소를 위해 필요한 정보를 수집하라는 부탁을 받았어요. 대장은 이 사건이 살인으로 기소돼야 한다고 확신했고 우리가 해온 모든 일은 대장이 옳았다는 걸 확인해줬습니다. 그런데도 대장은 모든 것에서 어둠을 보고 누가 도와주려 하면 숨은 동기를 찾으려 하네요. 온 세상이 계산적이고 사악하기만 한 건 아니에요, 대장." 그는 길게 한숨을 쉬었다. "그런 의미에서, 전 구내식당에 가서 뭘 좀 마셔야겠습니다."

브라이언트가 돌아올 때쯤이면 둘은 아무 일도 없었다는 듯 태연해질 터였다. 둘은 늘 그런 식이었으니까.

그때까지 킴은 구글 검색으로 마음을 달랬다. 의사의 이름을 검색창에 입력하니 열두 건의 결과가 떴다. 킴은 맨 위의 결과부터 살펴보기 시작했다.

10분 뒤, 킴은 알렉산드라 손 의원의 웹사이트를 방문했고 그녀가 기고한 기사들을 읽어봤으며 그녀가 한 자선 활동에 대해 알게 되었다. 링크를 타고 그녀가 상담 봉사를 하는 사이트 몇 곳에도 들어가보았다.

브라이언트가 커피를 가지고 돌아왔을 때 킴은 브라이언트의 말이 맞았다는 걸 깨달았다. 검색으로는 아무것도 드러나지 않았다. 이제는 놔줄 때였다.

당분간은 말이다.

23

킴은 오토바이에서 내렸다. 우디가 했던 말을 헬멧과 함께 벗어두려 했는데 그 말소리가 계속 귓가에 울렸다. 우디는 킴에게 그 어떤 상황에서도 레너드 던의 딸들에게 접근하거나 말을 걸어서는 안 된다고 했다. 하지만 킴의 기억이 맞는다면 그녀는 우디의 말에 동의한 적이 없었다. 어쨌든 명시적으로는. 그러니까 현실적으로 보면 계약은 존재하지 않는 셈이었다.

킴은 브라이언트에게도 어디로 가는지 말하지 않았다. 하루치 말싸움은 다 했으니까.

포덤 하우스는 팁튼의 빅토리아 파크 서쪽에 있는 새로 세워진 시설이었다. 토지 대장에 티빈튼으로 등록된 이 구역은 블랙컨트리에서 가장 산업이 발달한 지역 중 하나였다. 한때는 운하가 많아서 '미들랜드의 베네치아'로 알려지기도 했다. 하지만 이 지역의 수많은 다른 마을들이 그렇듯 1980년대가 되면서 그 많던 공장들이 문을 닫았고 그 자리에 주택들이 세워졌다.

포덤 하우스의 입구는 유리와 벽돌로 길게 확장한 현관 형태였다. 벽에 붙어 있는 단순한 금색 표지판에 건물 이름이 검은색으로 새겨져 있었다.

킴은 이 시설에서 앞으로 내려질 조치를 기다리고 있는 성 학대 피해자들을 돌본다는 사실을 알고 있었다. 이곳의 아이들은 장기 위탁 가정으로 옮겨지거나 부모 혹은 가족에게로 돌아갔다. 포덤 하우스는 잠시거쳐 가는 숙소로, 사람마다 머무는 기간은 며칠에서 몇 달로 다양했다. 아이들이 어머니에게 돌아갈지, 돌아간다면 언제 돌아갈지는 사회복지국에서 결정했다.

킴은 건물로 들어가자마자 다른 복지시설과의 차이에 놀랐다. 앞쪽 현관의 유리는 밖에서 들어올 수 있는 모든 빛을 기꺼이 받아들였다.

아이들의 그림 여러 장이 게시판을 넘어 벽에까지 꽂혀 있었다. 허리 높이에는 더 많은 유리창이 설치되어 있었고 접수대 뒤쪽으로 사무실이 보였다. 한 여자가 서류 보관함 맨 아래 서랍 위로 허리를 숙이고 있었다.

킴은 빨간색 초인종 버튼을 눌렀다. 버튼이 미소 짓는 얼굴의 코 부분을 이루고 있었다. 여자가 깜짝 놀라 서류 보관함에서 물러서더니 그녀를 돌아보았다. 킴은 신분증을 유리 쪽으로 들어 올렸다.

킴은 여자가 30대 초반일 거라고 생각했다. 교대를 시작할 때쯤에는 머리카락을 깔끔하게 말아 올리고 있었겠지만 지금은 힘든 하루를 보낸 듯한 모습이었다. 그녀는 날씬한 몸에 밝은 파란색 청바지와 초록색 티셔츠를 걸치고 있었고 왼쪽 어깨에서는 카디건이 흘러내리고 있었다.

여자는 신분증을 확인한 다음 사무실에서 나왔다. 버저 소리와 함께 문 몇 개가 열리고 나서 여자가 킴 앞에 섰다.

"어떻게 오셨어요?"

"킴 스톤 경위입니다. 레너드 던의 아이들과 이야기하고 싶은데요."

"저는 일레인이에요. 죄송하지만 그건 불가능합니다."

무례하지는 않으나 단호한 말투였다.

킴은 무한한 예의를 선보이는 브라이언트가 곁에 없다는 사실을 어쩔 수 없이 떠올리며 그러면 이 상황을 어떻게 처리할지 생각해보았다.

"규정에 어긋날 수도 있다는 건 알지만, 간단히 몇 마디만 나눠도 됩니다. …부탁합니다."

일레인은 고개를 저었다. "죄송하지만, 저한테는 그럴 권한이…."

"다른 분께 부탁드릴 수는 있을까요?" 킴이 일레인의 말을 자르고 물었다. 제기랄, 노력은 했는데 말이다.

일레인은 사무실을 힐끗 들여다보았다. 그곳에는 한 남자가 앉아 있었다. 그녀는 오른손 손가락 두 개를 입술에 갖다 댔다. 담배를 피우는 그 동작에 남자가 대답 대신 고개를 끄덕였다.

"따라오세요." 일레인이 출구 쪽으로 향하며 말했다. 킴은 그녀를 따라갔고 그들은 건물 옆에 있는 눈에 띄지 않는 곳에 도착했다.

일레인이 담배 한 갑과 라이터를 카디건 주머니에서 꺼냈다. 그녀는 담배 한 개비를 입에 물고 불을 붙였다.

킴이 벽에 기댔다. "저기 말입니다. 이게 대단히 비상식적인 일이라는 건 알지만 사건에 진전이 있었습니다. 정말로 아이들과 이야기해봐야 해요. 아니면 그 애들 중 한 명만이라도요."

"아이들은 둘 다 매우 다치기 쉬운 상태예요. 형사님은 이런 쪽 훈련을 받으신 것도 아니고…."

"아니 좀, 일레인, 제발 도와주십시오. 절차대로 해봤자 건방지고 융통성 없는 심리학자가 나타나 그 애들과 이야기하면 안 된다고 말하고 끝날 것 아닙니까?"

일레인이 미소 지었다. "절차는 없어요. 제가 바로 그 건방지고 융통성 없는 심리학자고, 지금 이 순간 형사님한테 그 애들과 이야기하면 안 된다고 말하는 중이니까요."

제기랄. 킴은 생각했다. 참 잘도 했다.

킴은 그녀가 아는 유일한 전략, 즉 정직함을 쓰기로 했다.

"알겠습니다. 다 말하겠습니다. 저는 레너드 던이 혼자서 범행했다고 생각하지 않습니다. 최소 한 개의 영상을 통해 그 방 안에 다른 사람이 있었다는 걸 알았습니다."

일레인이 눈을 감았다. "아…. 그건 너무…."

"전 애들이 필요합니다, 일레인. 누군지는 모르지만, 그 장면을 지켜봤고 최악의 경우는 그 짓에 참여했던 자를 잡고 싶습니다."

일레인은 담배를 한 모금 더 빨아들였다.

"아직은 두 아이 중 누구도 자발적으로 많은 정보를 내놓고 있지는 않아요. 가끔 '예, 아니오'로 대답하긴 하지만. 조금이라도 반응을 끌어내려면 질문을 적절하게 던져야 해요."

그래, 킴도 알고 있었다. 학대자들은 피해자가 가진 최악의 약점을 찾아서 침묵을 지키라고 협박하곤 했다. 학대자가 물리적으로 사라진다고 해서 그 두려움이 사라지지는 않았다. 그가 한 위협은 뭐든 아주 오랜 시간 동안 피해자들에게 남아 있을 것이다.

'예, 아니오'로 대답하는 것은 제대로 된 설명을 하는 것보다 부담이 덜한 일이었다. 어리고 순진한 아이들은 그걸로 진실을 고백할 때 따르는 위험을 피할 수 있다고 생각하곤 했다.

"그래서, 아이들과 얘기해봐도 되겠습니까?"

일레인은 마지막으로 담배를 한 모금 빨아들이며 단호하게 고개를 저었다.

"제가 담배를 피우는 동안 4년의 수련 과정을 거치신 게 아니라면, 답은 여전히 '아니오'예요."

"아니, 못 들으신 겁니까? 제가….."

"형사님이 하신 말씀은 전부 다 들었고, 저도 형사님만큼이나 이 일에 연루된 자들이 체포되기를 바라고 있어요."

킴은 그녀의 얼굴을 바라보고 그 말을 믿었다. 킴이 하는 일도 끔찍하기는 했지만 일레인이 하는 일은 완전히 차원이 달랐다. 그녀는 어린이들의 다친 마음을 어르고 달래 정보를 빼내며 돈을 벌었다. 일을 제대로 처리하면 일레인은 상상할 수 있는 가장 끔찍한 이야기를 보상으로 받게 됐다. 그것 참 대단한 보상 아닌가?

이번만큼은 킴도 본능을 누르고 침묵을 지켰다.

"제가 아이들한테 얘기해볼게요. 형사님이 같이 계셔도 되지만 어떤 식으로든 아이들과 상호작용을 시도하시면 대화는 끝이에요. 이해하셨어요?"

이상적인 조건은 아니었다. 킴은 나름의 방식으로 자신만의 질문을 던지고 싶었다. 하지만 이 제안을 받아들이거나 아예 기회를 놓치는 것밖에는 방법이 없다는 느낌이 들었다.

"네, 이해했습니다."

"좋아요. 제가 물어봤으면 하는 구체적인 질문이 있으신가요?"

킴은 고개를 끄덕이며 망설임 없이 말했다.

"네. 그 방에 있던 다른 사람이 아이들의 어머니였는지 알고 싶습니다."

24

킴은 두 아이가 함께 지내는 것을 보고 기뻤다. 며칠만 있으면 아이들은 어머니와 재결합할지도 몰랐다. 웬디 던이 모든 혐의를 벗었기에 가족 재결합 결정은 언제라도 이루어질 수 있었다.

방은 작았지만 침대 옆 탁자를 사이에 두고 싱글 침대 두 개가 놓여 있었고 작은 옷장과 화장대까지 가구가 완전하게 갖춰져 있었다. 킴은 자신이 어린 시절에 머물렀던 곳보다 이 방이 훨씬 덜 삭막하다고 생각했다. 킴이 어렸을 때는 가구와 장식품이 '실용성'이라는 단 하나의 간단한 기준에 따라 결정됐다.

이 방의 흰 벽들은 방 전체에 뻗어 있는 빨간색과 초록색의 담쟁이덩굴로 장식돼 있었다. 이불과 베개에는 짝이 맞지 않는 디즈니 캐릭터들이 그려져 있었다.

아이들은 두 침대 사이의 바닥에 앉아 있었다. 둘 다 상하의가 하나

144

로 붙어 있는 캐릭터 잠옷 차림이었다. 데이지는 달마티안, 루이자는 부엉이였다. 공기에는 비누 냄새, 그리고 막 감은 아이들의 머리에서 나는 샴푸 냄새가 배어 있었다.

킴은 문득 가슴이 아팠다. 킴과 일레인을 보기 전, 데이지는 반바지를 입은 곰 인형으로 동생과 놀아주며 잠깐이나마 입을 활짝 벌리고 기뻐하는 표정이었다.

하지만 이제는 그 표정이 닫혀 버렸다. 킴은 이해했다. 아무리 끔찍한 인생이라도 데이지에게는 그것이 익숙한 삶이었다. 비록 겁에 질려 있을지라도 그녀의 주변에는 아는 사람들이 있었다. 변치 않는 것들이 있었다. 어머니, 친구들, 데이지의 물건들. 그런데 이제는 그 모든 것이 낯선 사람들과 그녀를 끊임없이 기억 속으로 되돌려놓는 질문으로 바뀌어 버렸다.

킴은 데이지에게 그 이상의 고통을 주는 사람이 자신이라는 사실이 무척 싫었다.

"얘들아, 안녕. 무슨 놀이 하고 있었어?"

일레인이 바닥에 앉으며 물었다.

킴은 그녀가 아이들에게 가까이 앉되 너무 가까이 앉지는 않는다는 사실을 눈치챘다. 일레인은 자신과 아이들 사이의 거리를 두 아이 사이의 거리보다 멀게 유지하며 위협적으로 느껴지지 않도록 아이들의 공간 밖에 머물렀다.

킴은 문 앞에 서 있었다. 데이지의 눈이 그녀를 올려다보았다.

"저분은 내 친구야. 그냥 없다고 생각하자. 저분은 너희들한테 아무것도 묻지 않을 거고 너희들이 불편하게 느낄 만한 행동도 전혀 하지 않을 거거든. 알겠지?"

데이지가 못 믿겠다는 듯이 눈을 돌렸다. 킴은 데이지를 탓할 수 없었다.

"데이지, 괜찮다면 내가 몇 가지 물어보고 싶어."

데이지는 방 안의 모든 사람을 둘러보는 동생을 힐끗 돌아보았다.

"아가, 아래층에 내려갔을 때를 떠올려줬으면 좋겠어."

킴은 심리학자가 그 방의 이름을 구체적으로 언급하지도 않고 아이의 기억을 억지로 끌어낼 만한 단어를 사용하지도 않는다는 사실을 눈여겨보았다. 일레인은 데이지가 원할 때 직접 그곳으로 갈 수 있도록 해준 것이다.

아이는 격하게 눈을 깜빡였지만 아무 대답도 하지 않았다. 곰 인형이 여전히 아이의 손에 꽉 쥐어져 있었다.

"아가, 그 방에 다른 사람이 있었니?"

데이지는 동생을 봤지만 대답하지 않았다.

"아가, 엄마가 아래층으로 내려온 적 있어?"

이번에도 동생을 힐끗 보았다.

킴은 깨달았다. 제기랄, 저게 위협이었구나. 그 개자식이 데이지에게 진실을 말하면 동생에게 나쁜 일이 일어날 거라고 말했던 것이다. 지금까지도 데이지는 그 점에 두려움을 느끼고 있었다. 데이지는 동생을 보호하는 언니였다. 킴은 이해했다. 그녀에게도 동생이 있었다. 겨우 몇 분 차이 나는 동생이었지만 킴 역시 목숨을 바쳐서라도 마이키를 지켰을 것이다.

킴은 희망이 사라지는 것을 느꼈다. 데이지가 입을 열지 않는 것도 이상한 일은 아니었다. 킴은 더 밀어붙이지 않기로 했다. 그녀는 일레인의 어깨를 두드리려고 앞으로 나섰다. 끝났다. 그녀는 이 아이에게 더 이상 고통을 주고 싶지 않았다.

킴의 손이 일레인의 어깨 위에 닿기 직전, 데이지가 돌아서서 그녀를 쏘아보았다. 킴은 우뚝 멈추었다.

데이지의 눈은 애원하는 듯했고 입은 긴장해 있었다. 데이지가 그녀에게 무언가 말하려 했다.

킴은 아이를 머리끝부터 발끝까지 자세히 살폈다. 단순한 진실이 그녀를 정면으로 마주 보고 있었다.

킴은 아이를 보고 미소 지으며 고개를 끄덕였다. 이해했다.

입을 열었을 때, 킴의 목소리는 부드러웠다. "일레인, 다시 물어봐주세요."

일레인이 그녀를 돌아보았다.

"부탁드립니다."

일레인은 다시 데이지를 바라보았다. 이제 데이지는 똑바로 앞을 보고 있었다.

"데이지, 엄마가 아래층에 들어온 적이 있니?"

곰 인형의 머리가 양옆으로 움직였다.

"데이지, 너랑 아빠랑 그 방에 있을 때 어떤 남자가 같이 있었니?"

곰 인형의 머리가 앞뒤로 움직였다.

"데이지, 그 남자가 네가 아는 사람이었어?"

킴은 숨을 참았다.

곰 인형이 고개를 끄덕였다.

25

알렉스는 워즐리 가로 이어지는 옆길에서 검은색 폭스바겐 골프가 나오는 것을 보고 BMW에 시동을 걸었다. 은밀히 관찰한 결과 그녀는 여자 형사가 결혼하지 않았으며 아이도 없다는 사실을 알아냈다. 알렉스는 그녀와의 첫 만남에서 여자가 심리적으로 상처를 입었다는 사실을 알 수 있었다. 그 정보 자체도 흥미롭긴 했지만, 알렉스에게는 더 많은 것이 필요했다.

킴 스톤 경위가 기분 좋은 심심풀이가 되어주는 동안 알렉스는 배리의 소식을 기다렸다. 그녀는 소식이 들려오리라는 사실을 확실히 알고 있었다.

알렉스는 경위와 거리를 벌리느라 자동차 두 대가 앞에 끼어들게 놔두었다.

그녀는 킴 스톤 경위의 직업적 인생에 대해 알아야 할 모든 것을 알아냈다. 킴벌리 스톤은 직장에서 뛰어난 실력을 발휘했으며 빠르게 승진했다. 사건을 해결하는 데 있어서 과도할 정도로 높은 성공률을 보였고 사교성이 떨어지는데도 꽤 존경받고 있었다.

알렉스에게 필요한 것은 또 다른 단서였다. 적어도 아직은 실험 대상이 자발적으로 다가오지 않으리라는 사실을 알고 있었기에 약간의 창의력을 발휘해야 했다. 이 연구를 계속 진행할 유일한 방법은 토요일 오후에 그 여자를 뒤쫓아 그녀가 성공적인 경위로 생활하지 않을 때는 뭘 하는지 확인하는 것뿐이었다. 그 조사 때문에 알렉스는 지금 올드힐에 있는 꽃집 앞에 와 있었다.

알렉스는 킴이 백합과 카네이션 꽃다발을 들고 가게에서 나서자 흥미를 느꼈다. 알렉스가 보기에 킴 스톤은 누구한테 꽃을 줄 만한 성격이 아니었으니까.

알렉스는 액셀에서 발을 떼고 천천히 이동하며, 자동차 몇 대를 사이에 두고 계속 골프 자동차를 뒤쫓았다. 그렇게 그녀는 교통섬 몇 곳을 지나 라울리 리지스 외곽으로 향했다.

그 동네에서 눈여겨볼 만한 곳은 작은 병원 하나와 파우크 레인 공동묘지 뿐이었다. 우연한 만남을 꾸며내기에는 후자가 훨씬 쉬웠다.

골프 자동차는 알렉스의 생각을 읽기라도 한듯 교통섬 바로 옆의 입구를 지나 공동묘지로 들어갔다. 알렉스는 바로 그 앞 진출로로 나와 형사와 조금 거리를 두고 병원 쪽으로 올라갔다.

그녀는 병원의 주차장을 빙 돌아 빠져나왔다. 공동묘지 옆을 따라 이어진 길을 천천히 되돌아가며 골프가 주차된 자리를 파악했다.

그녀는 묘지 정문 앞에 차를 세우고 안으로 들어가자마자 검은 옷으로 몸을 감싸고 언덕을 올라가는 사람을 발견했다. 알렉스는 그 구역을 자세히 살펴본 다음 형사가 향하는 곳과 골프가 주차된 곳 사이에 줄지어 서 있는 묘비들을 골랐다. 완벽했다. 자동차로 돌아가려면 여자는 알렉스를 지나가는 수밖에 없었다.

알렉스는 어느 묘비를 골라 그 앞에 섰다. 검은색 대리석에는 꽃도, 장식품도 없었다. 실제로 친척들이 찾아와 슬퍼하는 불편한 일이 발생하지 않으리라는 좋은 단서였다.

알렉스는 킴벌리 스톤에게 느껴지는 흥미를 누를 수가 없었다. 뱀파

이어 같은 그 까만 두 눈에는 어떤 거리감이 깃들어 있었다. 알렉스는 종종 몇 초 만에 한 사람의 성격을 포착해내곤 했다. 그녀는 비언어적 의사소통의 세밀한 내용을 자세히 살폈다. 첫 만남 때 여자가 거의 아무 말도 하지 않은 건 오히려 행운이었다. 많은 것을 추론할 수는 없었지만 그렇게까지 속마음을 드러내지 않는 사람이라면 트라우마와 고통을 경험했을 게 분명했다. 그래서 킴벌리 스톤이 흥미롭게 느껴졌다.

알렉스는 형사에게서 느껴지는 계산적인 지능에 대항하려면 그 어느 때보다도 철저하게 그녀를 조종해야 한다는 걸 알고 있었다. 하지만 알렉스는 결국 자신이 이기리라는 것도 알고 있었다. 이기는 건 언제나 그녀였으니까.

검은 옷을 입은 사람이 움직이기 시작했으므로 알렉스는 계획을 실행에 옮겼다. 그녀는 허리를 숙이고 오른쪽 신발에 작은 자갈을 집어넣었다. 그녀는 줄지어 서 있는 묘비들에서 벗어날 시간을 쟀고, 절뚝거리면서 언덕을 올라가다가 중간쯤에서 형사와 만났다. 알렉스는 도박을 해보기로 하고 고개를 계속 숙이고 있었다.

"손 박사님?"

알렉스는 고개를 들고 잠시 머뭇거렸다. 깊은 생각을 방해한 이 여자가 누구인지 생각해보는 척했다.

"아, 경위님이시군요." 그녀가 손을 내밀며 말했다.

여자는 아주 짧게, 알렉스가 내민 손을 맞잡아 악수했다.

"루스는 어떤가요? 여쭤봐도 되나요?"

형사는 청바지 주머니 깊숙한 곳에 두 손을 묻었다. 알렉스는 형사가 신체적 접촉의 흔적을 청바지 안감에 문질러 닦고 있다는 인상을 받았다.

"살인 혐의로 기소됐습니다. 보석이 불가능한 조건으로요."

알렉스는 슬픈 미소를 지었다. "네, 그건 뉴스에서 봤어요. 전 그냥, 루스가 어떻게 지내는지 궁금해서요."

"무서워합니다."

일이 어렵게 됐다. 킴벌리 스톤은 그녀가 예상했던 것보다 더 폐쇄적이었다. "저기, 형사님이 상담실을 나서면서 하셨던 얘기를 생각해봤어요."

"그런데요?"

사과도 하지 않고 했던 말을 취소하지도 않는다. 심한 말을 했던 이유를 설명하려 들지도 않고 오해 때문에 한 말이라는 시늉도 하지 않는다. 알렉스는 이 여자의 스타일이 마음에 들었다.

알렉스는 아파하며 발을 바꿔 짚었다. 그녀는 주위를 둘러보고 3미터쯤 떨어진 곳에서 벤치를 발견했다. "잠깐 앉아도 될까요?" 그녀는 절뚝절뚝 그쪽으로 걸어가며 물었다. "어제 발목을 삐어서요."

형사는 그녀를 따라와 벤치의 반대편 끝에 앉았다. 그녀의 몸짓은 "빨리 좀 말해!"라고 소리치고 있었다. 알렉스가 예상한 그대로였다. 일단 앉히고 나면 사람들은 더 오랜 시간 자리에 머무른다. 만남의 장소마다 카페가 있는 이유가 그래서다.

"상담 시간에 무슨 단서를 놓쳤을까 싶어서 메모를 훑어봤어요. 루스의 의도를 암시할 만한 걸 찾아봤지만 아무것도 없더군요. 단지…."

알렉스가 망설였다. 처음으로 그녀는 킴벌리 스톤의 얼굴에서 흥미로워하는 기색을 보았다. "단지, 루스가 예상만큼 빠르게 반응을 보이지 않았다는 걸 눈치챘어야 한다는 생각이 들었어요. 루스는 앞으로 나아가려는 노력을 거의 기울이지 않았어요. 제 치료법이 구체적인 일정에 따라서 진행할 수 있는 형식은 아니지만, 돌이켜보면 루스가 조금은 저항하고 있었던 것 같아요."

"아."

엿 같네. 이 여자는 다루기가 무척 까다로웠다. 알렉스가 고개를 갸웃했다. "형사님은 제가 실패했다고 생각하시죠?"

형사는 아무 말도 하지 않았다.

"제가 뭔가 설명해야 할 일이 생길까요? 아니면 그냥 형사님 혼자만 이걸 문제라고 생각하시는 건가요?"

형사는 어깨를 으쓱하더니 계속 앞을 보았다. 형사가 아직 자동차로 돌아가지 않았기에 알렉스는 그녀에게 호기심이 남아 있다는 사실을 알 수 있었다. 여자가 아직 여기 앉아 있는 데에는 무슨 이유가 있었다.

"정신과 의사들은 상처 입은 마음을 다른 사람들과 같은 방식으로 보지 않아요. 형사님의 경우를 생각해보세요. 형사님은 루스 같은 사람이 치료를 받기 시작하면 구체적인 일정에 따라 정상적인 상태로 완전히 회복될 수 있다고 생각하시겠죠. 강간 피해자는 4개월이 걸리고, 조울증 환자는 10개월이 걸리고, 성 학대 피해자는 2년이 걸린다는 식으로요. 하지만 이건 쇼핑 리스트 같은 게 아니에요."

알렉스는 이것저것 형사를 자극할 만한 말들을 던져놓고 반응이 있는지 살폈지만 아무 반응도 보이지 않았다. 형사의 트라우마는 다른 데 있었다.

"정신과 의사로서, 저는 사람들이 망가졌다는 사실을 받아들여요. 심리적으로 봤을 때 우리 중에는 가까운 사람의 죽음을 경험한 뒤 짧은 시간 동안 상심을 경험하는 사람들이 있죠." 그녀는 웬 아서라는 녀석의 묘비를 바라보며 용기를 내듯 침을 삼켰다. "그런 다음 우리는 돌아오는 길을 찾아내요. 절대 정상적인 상태로 돌아오진 못하지만 최선을 다해 고치는 거죠."

"이곳에 누가 묻혀 있습니까?" 형사가 물었다. 그녀는 전혀 돌려 말하지 않았다. 직접적인 질문을 던진 것에 대해 사과하지도 않았다.

알렉스가 깊이 한숨을 쉬었다. "제 책상에 놓인 사진 보셨죠? 제 가족이에요. 3년 전에 교통사고로 죽었어요." 마지막 몇 단어에서 알렉스의 목소리가 갈라졌다. 알렉스는 여자가 불편해하는 것을 느낄 수 있었다.

알렉스는 고개를 들고 앞을 바라보았다. "슬픔은 이상한 일들을 일으키죠." 알렉스는 어떤 반응을 끌어냈다고 생각하고 밀어붙였다. 여자의 모든 반응이 더 많은 반응을 원하는 그녀의 식욕에 불을 지폈다. 알렉스의 주머니에는 미사일이 충분히 많이 들어 있었다. "상실을 진정으로 받아들일 수는 없는 것 같아요."

여자는 맞장구치지 않았다. 그러나 알렉스는 어쨌든 인내심을 가지고 계속해나갔다.

"전 아주 어렸을 때 동생을 잃었어요."

아, 눈에 띄게 움찔한다. 이제는 성과가 나올 것 같았다. "우린 아주 가까웠어요. 거의 가장 친한 친구였죠. 나이 차이가 두 살밖에 나지 않거든요."

아무 대꾸도 없고 계속 말하라고 맞장구를 치지도 않으니 약이 올랐다. 알렉스는 형사와 그녀 사이에 뭔가 공통점을 만들어야겠다고 생각했다.

"동생이 익사하고 난 후 저는 수면 습관이 극적으로 바뀌었어요. 하룻

밤에 서너 시간 이상을 자본 적이 없어요. 검사도 받아보고 진찰도 받아
봤죠. 다들 나를 여기저기 찔러보고 관찰했어요. 제 문제는 병 이름이
있을 뿐 치료법이 없더군요."

사실, 알렉스는 매일 밤 일곱 시간을 쭉 잤다. 하지만 이 여자의 집 앞
에 자동차가 서 있는 시간을 보면 이 여자는 그렇지 않다는 걸 알 수 있
었다.

"죄송해요. 이런 식으로 얘기하면 안 되는 건데. 형사님도 가족에게
돌아가고 싶으시겠죠."

옆자리의 여자가 어깨를 으쓱했다. 지금까지도 그녀는 입을 열어 대
화에 참여하지 않았지만 벤치에 계속 앉아 있었다.

알렉스는 유감스럽다는 듯 웃으며 재킷의 벨트를 만지작거렸다. "정
신과 의사들도 가끔은 이야기할 사람이 필요하거든요. 상실은 우리 모
두를 변화시키죠. 저는 매일 기나긴 시간을 생산적으로 채우는 방법을
알아냈어요. 일기도 쓰고 연구도 하고 인터넷도 하지만, 가끔은 밤이 영
영 끝나지 않을 것처럼 느껴져요."

짧은 끄덕임. 모든 반응은 아무리 작은 것이라도 알렉스에게 뭔가를
말해주었다.

알렉스는 킴의 태도에 나타난 작은 변화를 눈치챘다. 여자는 몸을 약간
웅크렸다. 포장을 뜯다 만 샌드위치 같았다. 살을 에는 바람으로부터 몸
을 보호하려는 몸짓일 수도 있었지만 알렉스의 생각은 그렇지 않았다.

그녀는 질 리가 없는 도박을 해보기로 했다.

"혹시 누가…?"

"수다 재미있었습니다, 박사님. 나중에 뵙죠."

알렉스는 형사가 성큼성큼 자동차로 돌아가 골프에 올라타고 묘지를 빠르게 벗어나는 모습을 지켜보았다.

그녀는 신발에서 돌멩이를 꺼내고 언덕을 올라가며 미소 지었다. 서둘러 물러나는 여자의 행동은 기나긴 대화만큼이나 의미 있는 것이었다. 알렉스는 충분한 정보를 얻었으며 상대방을 가늠하기 시작했다.

킴 스톤 경위는 사교성이 부족했다. 타고나지 못한 사람도 필요하면 얼마든지 쉽게 배울 수 있는 예절을 갖추지 못했다. 반면 목적의식이 강했고 지능이 높았다. 성적으로 학대당했을 가능성이 있었고 비극과 상실을 경험한 것만은 확실했다. 그녀는 몸이 닿는 것을 싫어했으며 상대가 그 사실을 알아챈다 해도 개의치 않았다.

알렉스는 목적지로 삼았던 묘비에 도착했다. 짧은 묘비명을 읽은 그녀는 기쁨을 굳이 감추지 않았다.

뭐든 퍼즐을 풀려면 체계적이고 논리적인 단계를 밟아야 한다. 일단은 퍼즐을 풀겠다는 열의가 있어야 하고 그 뒤에는 앞에 놓인 도전 과제의 엄청난 규모를 이해해야 한다. 다음으로는 진전하는데 필요한 집중력이, 최종 목표를 이루려는 노력이 뒤따른다.

마지막이 가장 신나는 부분이다. 다음으로 끼워 넣을 조각이 전체 퍼즐을 완성하는 데 필수적인 조각이 되는 순간.

알렉스는 빨간색 바탕에 금색으로 새겨진 정보를 다시 읽으며 퍼즐의 핵심적인 조각을 찾아냈다는 사실을 깨달았다.

26

초인종이 울렸다. 킴은 굳이 묻지 않고도 문 앞의 사람이 누군지 알수 있었기에 체인을 풀었다.

"마님이 라자냐를 너무 많이 만드셔서요." 브라이언트가 어깨를 으쓱했다. "고집을 부리시네요."

킴은 미소 지었다. 브라이언트의 '마님'은 한 주 걸러 한 번씩 집에서 만든 음식을 보내는 것으로 남편만큼 자비심 넘치는 인품을 보여주었다.

킴은 몇 달 전 브라이언트가 악명 높은 홀리트리 지구의 아파트에서 스태퍼드셔 불테리어 어미와 강아지들을 구출했던 일을 떠올렸다. 강아지들은 투견장에서 평생 살아야 하는 삶을 피할 수 있게 되었고, 어미는 계속 새끼를 낳다가 투견장에서 죽을 운명에서 벗어났다.

브라이언트의 가족은 강아지들을 보살피다가 친척과 친구들을 통해 그 강아지들에게 보금자리를 구해주었고 어미는 자기들이 키우기로 했다.

"그래서, 진짜로 원하는 게 뭡니까?" 킴이 두 번째 머그잔으로 손을 뻗으며 물었다.

"그게, 혹시 말이죠…."

킴이 이마를 탁 쳤다. "브라이언트, 위험한 관계에 대해서는 경고했잖아요?"

브라이언트가 눈을 가늘게 떴다. "킴, 방금 농담한 거예요?"

킴은 어깨를 으쓱했다.

"루스 윌리스 건은 이만 놔줘야 할 것 같아요. 대장은 손 박사한테 집착하는 것 같다고요. 그래서 좋을 게 없어요."

"아 그래요? 내가 오늘 누구랑 우연히 마주쳤는지 알아요?" 킴은 마주친 장소를 언급하지 않으려고 신경썼다. 어떤 이유에서인지 앞서 의사와 나누었던 대화가 머릿속에서 끝없이 재생됐지만, 킴은 그 이유를 잘 알 수 없었다.

"어디 말해보세요."

"손 박사였습니다. 손 박사가 저더러 루스는 어떻게 지내느냐고 묻더군요."

브라이언트가 어깨를 으쓱했다. "그야 예상할 만한 질문 같은데요."

"흠…."

"왜요?"

"모르겠습니다."

"뭘 몰라요?"

"그 여자, 할 말이 아주 많은 것 같더군요."

"루스에 대해서요?"

"딱히 그런 건 아니고, 자신에 대해서요."

"무슨 말이요?"

"자기 가족이 죽었다느니, 잠을 잘 못 잔다느니, 친구가 별로 없다느니…."

"두 분이 절친이라도 된 건가요?"

"그냥 뭔가… 이상했어요."

브라이언트가 킬킬거렸다. "딴 사람도 아니고 대장이 그런 말을 하다니 의미심장하네요."

"네에, 네. 잊어버리세요."

"죄송합니다. 계속 말해주세요. 어떻게 이상했는데요?"

킴은 그 점을 직접 알아내려고 애쓰던 중이었다. 브라이언트를 그녀가 했던 말을 받아적는 칠판처럼 활용한다면 문제를 이해하고 잊어버릴 수 있을지도 몰랐다.

"손 박사가 했던 이야기나 말하는 방식도 그렇고요. 나한테서 뭔가를 끌어내려고 자기 얘기를 하는 것처럼 느껴지더군요. 무슨 뜻인지 알겠어요?"

"아뇨."

"왜 나한테 자기 얘기를 그렇게 많이 했을까요?"

"아마 손 박사가 마음이 약해져 있을 때 대장을 우연히 마주쳐서 대장한테 끌린 거겠죠."

킴도 그럴 가능성은 인정할 수 있었다. 그 대화는 묘지에서 이루어졌으니까.

"네. 그런데 손 박사 자신보다는 나를 향해서 얘기하는 것 같다는 느낌이 들더라고요."

"대장한테 뭘 물어보던가요? 대장의 삶을 캐내려 한다든지."

"직접적으로 그런 건 아닌데…."

"손 박사가 마음이 약해진 상태였다거나 그냥 대장한테 말을 붙여보려고 했을 가능성은 없어요?"

"있긴 있는데…."

"저기요, 킴. 사람들은 만나고 이야기를 나눠요. 사람들이 자기 얘기를 하면 대장도 자기 얘기를 들려주는 거라고요. 그걸 사람을 사귄다고 해요. 솔직히, 개들은 더 쉽게 친구를 사귀는 것 같지만요. 개들은 그냥 서로 거시기 냄새를 맡….”

“그만하시죠.” 그래, 킴도 자신이 친구를 잘 사귀지 못한다는 건 알고 있었다. 하지만 뭔가 이상하면 킴은 그냥 알았다.

“진심이에요. 대장은 모를 수도 있지만 보통 사람들은 그런 식으로 서로를 알게 된다고요. 사람들은 대화를 해요. 제가 듣기로, 몇몇 드문 경우에는 결국 친구가 될 수도 있다더군요.”

킴은 그 말을 못 들은 체했다. “뭔가 다른 게 있었습니다.”

“어련하시겠습니까.”

“손 박사한테는 뭔가, 별로…. 진짜 같지 않은 구석이 있어요.”

“어떤 식으로요?”

킴은 예시를 찾아 기억을 뒤졌다. “〈페이킹 잇〉이라는 프로그램 본 적 있습니까?”

“사람들한테 뇌 수술 같은 걸 벼락치기로 공부시키고 끝날 때쯤 전문가를 속이게 하는 프로그램이요?”

킴은 고개를 끄덕였다. “그거랑 비슷합니다. 알렉스는 마치 감정을 연기하는 것 같아요. 표정에서는 감정이 드러나는데 다른 데서는 전혀 드러나지 않습니다. 한 번에 하나씩 감정을 꺼내 쓰지만 사이사이 잠깐 멈추는 순간에는 텅 비어 있어요. 희한하죠.”

“킴, 당신이 내 상관이기도 하고 내가 당신이 아는 사람 중 가장 친구에 가까운 사람이기도 하니까 존중하는 마음을 담아서 하는 얘긴데요….” 브라이언트는 계속 해도 되느냐는 허락을 구하듯 잠시 말을 멈추었다.

대답하지 않는 것이 킴의 대답이었다.

"…전 대장이 사람의 감정 표현을 아주 잘 판단할 수 있는 사람인지 잘 모르겠습니다."

킴은 브라이언트의 말에 상처받지 않았다. 그녀는 진실을 불쾌해하지 않았고 브라이언트의 말에도 일리가 있다는 점을 인정했다.

"왜 지금까지 그 대화를 신경 쓰시는 겁니까?"

킴은 잠시 생각했다. "진심으로 모르겠습니다."

"그냥 잊어요. 손 박사를 다시 만날 일은 없을 테니까. 대장의 인생에 그 대화가 별 영향을 미치지도 않을 겁니다."

브라이언트의 위로는 전혀 소용이 없었다. 그들이 아직 알렉산드라 손의 모습을 속속들이 본 건 아니라는 생트집에 가까운 마음이 여전히 남아 있었다.

27

알렉스가 현관문을 닫고 들어왔을 때는 거의 9시였다. 집은 완전히 어두웠다.

그녀는 복도를 지나 주방으로 들어갔다. 묘지를 벗어난 뒤 그녀는 마크스 앤 스펜서*에 들러 96년산 샤또 라꽁브를 집어 들었다. 오늘은 그 술을 마실 만한 날이었다.

알렉스는 술병을 대리석 조리대에 올려놓고 잠시 멈추었다. 뭔가 잘못됐다. 즉시 냄새가 훅 끼쳤다. 그녀는 주위를 둘러보았다. 불쾌한 악취가 주방을 가득 채우고 있었다. 그녀는 한 번 더 숨을 들이쉬었지만 구체적으로 어떤 냄새인지 알 수는 없었다. 냄새는 고약한 데다 사방에서 풍겼다.

"세상에, 여기서 뭐가 죽기라도 한 건가?" 그녀는 혼자 중얼거리며 180센티미터짜리 일체형 냉장고를 열었다.

가장 아래쪽 칸에는 알렉스가 그날 이른 시각에 개봉한 반쯤 남은 샐러드 채소가 들어 있었다. 알렉스가 우유를 별로 마시지 않았기에 우유는 없었고 다른 건 전부 밀봉된 용기에 들어 있었다.

그녀는 묵직한 문을 홱 닫았다. 눈앞에 서 있는 사람과 눈을 마주친 순간 그녀는 심장이 입 밖으로 튀어나올 뻔했다.

알렉스는 경악해 뒤로 물러났다.

"셰인…! 이게 무슨….."

셰인은 알렉스가 물러나지 못하게 하려고 그녀의 위팔을 잡았다. "안녕하세요, 박사님. 저 보고 싶으셨어요?"

알렉스는 헐떡이는 호흡을 진정시키며 자세를 바로잡으려고 애썼다. 셰인이 여기에, 그녀의 집에 와 있었다. 씨발, 어떻게 그럴 수가 있지? 셰인은 더 이상 그녀의 머릿속에도 들어오지 못했는데.

알렉스의 팔을 잡은 셰인의 손아귀는 단단했고 그의 두 눈은 침착하

• 의류, 신발, 잡화, 식품 등을 판매하는 영국의 소매 체인점.

고 절제돼 있었다.

그는 알렉스보다 족히 20센티미터는 큰 키로 그녀를 내려다보았다. 그가 다가오자 악취가 코 속을 가득 채웠다. 역겨움에 배 속이 뒤틀렸다. 체취와 축축하고 썩은 음식이 뒤섞인 냄새였다.

알렉스는 헛구역질했지만 점심을 게워내지는 않았다.

그녀는 셰인의 손에서 벗어나려 했으나 그의 손은 힘이 세고 단단했다. "셰인, 대체 여기서 뭘 하는 거야?"

알렉스는 셰인이 듣기에도 자신의 목소리가 이렇게 떨리는지 궁금했다. 그녀는 셰인이 가진 능력이 어디까지인지 완전히 파악할 만큼 그를 잘 알지 못했다. 하지만 그녀는 이미 한 번 셰인을 조종한 적이 있었다. 한 번 더 그렇게 할 수 있을까?

"벌을 주러 왔어요, 알렉스."

알렉스는 침을 삼켰다. 셰인의 표정은 차가웠다. 더는 상처 입은 어린 소년처럼 보이지 않았다. 남자처럼 보였다. 진짜 남자.

알렉스는 아무 말도 하지 않았다. 그의 머릿속에 어떤 생각이 몰아치고 있는지 짐작조차 할 수 없었다. 작전을 세워야 했다. 핸드폰에 손만 닿아도….

그 생각이 떠오른 순간, 셰인이 그녀의 등 뒤에 있는 핸드백 쪽으로 다른 손을 뻗었다. 그는 가방을 뒤집어 내용물을 식탁 위에 쏟더니 그녀의 핸드폰을 가져다가 자기 주머니에 넣었다.

셰인은 손아귀 힘으로 그녀를 밀어 주방 조리대에 기대게 했다. 그는 알렉스의 팔을 놓아주고 그녀의 몸 양옆에 손을 짚었다. 알렉스는 그의 팔 사이에 갇히게 됐다.

알렉스는 자신이 가진 선택지들을 헤아려보았다. 셰인이 바닥에 쓰러지기를 기대하면서 그의 두 다리 사이를 무릎으로 걷어찰 수도 있었다. 그러면 문으로 가서 걸쇠와 체인을 풀고 밖으로 나갈 시간이 생길 것이다. 성공하기만 하면 환상적인 계획이었지만, 그 행동에 힘을 충분히 싣지 못한다면 얘기가 달랐다. 알렉스는 셰인이 맬컴에게 어떤 짓을 저질렀는지 보았다. 게다가 셰인은 자신을 학대한 삼촌을 맨손으로 때려죽였다.

그녀는 다른 접근법을 쓰기로 했다.

알렉스는 두려움을 삼키고 유혹하려는 듯 그에게 미소 지었다. "보고 싶었어, 셰인."

그가 머리를 천천히 뒤로 움직였다. 그의 입술이 역겹다는 듯이 비틀거렸다.

잘못 짚었다. 그녀는 재빨리 자기 행동을 취소하고 진심 어린 표정을 지으려고 애썼다. "정말이야."

셰인은 고개를 저었다. "구라 까지 마, 씨발 년아. 널 만나기 전만 해도 나한테는 살아갈 기회가 있었어. 데이비드가 나한테 살 곳을 줬고 그곳 사람들은 날 이해했어. 그 사람들은 내 친구였다고. 그런데 이젠 그 사람들을 잃었어. 너 때문에 모든 걸 잃은 거야."

알렉스는 호흡을 고르려고 애썼다. 그녀가 입을 열었다.

"말하지 마." 셰인이 명령했다. "네 주둥이에서 나오는 말은 전부 좆같은 개소리야. 넌 내가 정상이 될 수 있다고 믿게 했어. 깨끗해지고 완전해진 느낌을 받을 수 있을 거라고 날 설득했어. 그럴 수 없다는 걸 처음부터 알고 있었으면서."

스물세 살짜리에게는 어울리지 않는 깊은 주름이 그의 이마에 패었다. "그리고 나를 이용해서 맬컴을 해쳤어. 왜 그런 짓을 했는지는 모르겠지만, 내가 맬컴을 그렇게까지 심하게 때린 건 너 때문이야. 난 네가 사람들에게 피해를 준다고 생각해, 알렉스. 그러고는 조금도 다치지 않고 빠져나가는 거지. 하지만 이번엔 아니야."

알렉스는 심장이 잠깐 멎었다. 셰인이 그녀에게 무슨 짓을 저지르려는 건지 상상도 할 수 없었다. 육체적 싸움에서는 셰인이 모든 패를 다 쥐고 있는 셈이었다. 하지만 심리학 게임장에서는 완전히 다른 싸움이 펼쳐졌다.

"있잖아, 난 정말로 당신을 믿었어. 당신이 내 친구라고 생각했어. 그런데 이제는 당신 때문에 모든 걸 잃었어."

셰인의 오른손이 위로 올라와 뺨을 어루만지자 알렉스는 움찔하지 않으려고 애썼다. "너무 깨끗해. 너무 아름다워. 너무 완벽해."

자신의 피부에 스치는 셰인의 거친 살결에 알렉스는 숨이 막힐 것 같았지만 상냥한 표정을 유지했다. 셰인의 얼굴에는 알렉스가 수많은 환자들에게서 보아 알고 있는 아쉬움이 깃들어 있었다. 셰인에게는 원하는 것, 욕망하는 것이 아직 남아 있었다.

그녀는 셰인의 내면에 있는 어린아이에게 손을 뻗어야 했다. 그녀의 안전이 달린 일이었다.

알렉스는 도박하는 심정으로 셰인의 왼손을 가볍게 어루만졌다. 셰인은 아래턱을 꽉 다물면서도 그녀의 손을 치우지 않았다.

마침내 알렉스는 작전이 섰다. 그녀는 속삭이듯 목소리를 낮추었다. "네가 날 찾아내서 정말 다행이야, 셰인."

셰인의 시선이 그녀의 눈을 파고들었다.

알렉스는 목소리에서 억지로 두려움을 몰아내며 계속 말했다. "너를 아주 열심히 찾아다녔어. 네가 괜찮은지 보려고 다음 날 아침 일찍 하드 웍으로 돌아갔는데, 데이비드가 네가 떠났다고 했어. 난 너한테 못되게 군 걸 사과하고 싶었어. 난 그냥 네가 맬컴한테 저지른 짓 때문에 화가 났던 것뿐이야." 그녀가 고개를 저었다. "난 우리가 연결돼 있다고 생각 했거든. 내가 널 도울 수 있다고 생각했어."

셰인이 살짝 머뭇거리는 기색을 보이자 빠르게 뛰던 알렉스의 심장이 느려졌다. 그녀는 계속 밀어붙였다. "우리가 함께 보냈던 그 오랜 시간 동안 나는 우리가 진전을 이뤄냈다고 생각했어. 난 네가 나를 믿는다고 생각했지. 하지만 맬컴의 상태를 보니까, 우리가 함께 보낸 시간에 아무 의미가 없었던 것처럼 느껴졌어."

셰인은 천천히 고개를 저었다. 그의 오른손이 알렉스의 얼굴을 떠나 옆으로 툭 떨어졌다.

"안 그래, 셰인? 너도 느꼈잖아. 우리 사이에는 우정이 있었어. 나도 그런 말을 해선 안 됐는데." 그녀는 아래를 보며 고개를 저었다. "잔인한 말이었어. 사실도 아니었고."

"뭐가 사실이 아니었는데?"

"내가 너를 도울 수 없다는 얘기 말이야."

이제는 완전한 혼란이 그의 얼굴을 일그러뜨렸다. "하지만 당신은⋯."

"내가 무슨 말을 했는지는 나도 알아, 셰인. 하지만 내가 했던 말은 잘 못된 거야. 그냥 너한테 화가 나서 그랬어. 난 당연히 널 도울 수 있어. 다음 날 밤에 내가 이 골목 저 골목 헤매고 다니면서 너를 찾았던 이유가 그래서야."

"하지만…."

저울이 기울어졌다. 알렉스는 그의 공간에서 벗어나 돌아서며 손을 내밀었다. 그녀가 다시 주도권을 잡았다. 이번 일은 그녀의 방식대로 끝날 것이다.

"같이 가자. 지금부터 내가 도와줄게."

셰인은 그대로 서 있었다.

위험한 순간은 지나갔다. 혼란스러워지자 그의 분노는 방향을 잃었다. 어린아이가 다시 표면으로 떠올랐다.

알렉스는 그를 타일러 앞으로 나오게 한 다음 상담실로 데려갔다.

"책상 전등을 켤게, 그게 더 편하거든."

그녀는 책상 옆으로 손을 뻗어 스위치를 켰다. 바로 옆에 다른 버튼이 있었다. 그녀는 그 버튼을 두 차례 눌렀다.

상담실은 은은하고 친밀한 빛에 젖어 있었다. 그녀는 셰인을 환자용 의자로 데려갔다. 셰인이 자리에 앉았다.

단지 몇 분. 그거면 충분했다. 그녀를 도와줄 사람들이 1킬로미터도 안 되는 곳에 있었다. 그녀는 이 특별한 실험 대상을 처리해야 했다. 이제는 머릿속에 계획이 선명하게 떠올랐다.

그녀는 재킷을 벗어 셰인과의 사이에 놓인 탁자에 내려놓았다. "내가 널 도와줬으면 좋겠니, 셰인?" 그녀가 부드럽게 물었다.

셰인은 아무 말도 하지 않고 그녀를 빤히 바라보기만 했다.

"네가 허락만 해주면 내가 그 모든 걸 사라지게 만들 수 있어. 지금 시작해도 돼. 그럼 잠시 후에 내가 데이비드를 부를게. 넌 하드윅 하우스로 돌아갈 수 있을 거야. 원하는 게 그거니?"

166

셰인은 의심스러워하는 표정이었다. "돌아갈 수 있어?"

알렉스는 단호하게 고개를 끄덕였다. "당연하지. 네가 원해서 떠난 거 잖아. 아직도 네 방이 비어 있어."

그는 못 믿겠다는 듯 그녀를 보았다. "그렇게 해줄 거야?"

알렉스는 안심시키듯 미소 지었다. "셰인, 널 돕기 위해서라면 난 무슨 일이든 할 거야. 넌 내 친구니까."

셰인의 얼굴이 일그러졌다. 그는 두 손에 얼굴을 푹 파묻었다. "아, 세상에, 알렉스. 이런 짓을 하다니 너무 미안해요. 난 내가 당신을 싫어한다고 생각했어요. 당신도 나를 싫어한다고 생각했고요. 내가 너무 더러워서, 당신이 내 근처에 오는 것조차 참을 수 없는 거라고 생각했어요."

"바보 같은 소리." 그녀는 셰인이 다섯 살짜리라도 되는 것처럼 말했다. "이제 눈을 감고 내 목소리에만 집중해."

셰인은 의자에 등을 기대고 앉아 눈을 감았다.

알렉스는 블라우스의 오른쪽 소매를 걷었다. 그녀는 꾹 감고 있는 그의 눈꺼풀에서 시선을 떼지 않으며 왼손으로 자기 아래팔 피부를 꼬집기 시작했다.

"일단은 그냥 긴장을 풀고 머릿속을 비워. 내가 고통을 없애도록 도와줄게."

셰인의 얼굴에서 긴장이 풀리고 턱이 늘어졌다. 알렉스는 왼팔 소매를 걷어 올리며 미소 지었다. 그녀는 침착하고도 위로하는 듯한 목소리로 계속 셰인에게 말을 걸며 최대한 세게 피부를 손톱으로 파냈다. 손목에 선을 그었다. 여기저기 사선으로 피부를 뜯었다. 그 모습은 이미 심각해 보였다.

"미워하는 마음을 내려놔야 해, 셰인. 난 네가 과거를 극복하도록 도와줄 수 있어. 네가 다시 깨끗해졌다고 느끼도록 도와줄 수 있어."

원한다면 알렉스는 실제로 그렇게 할 수 있었다. 하지만 그녀는 손목시계를 보면서 정말이지 시간이 없다는 걸 깨달았다.

"팔에 무슨 짓을 하는 거예요, 알렉스?"

제기랄. 손목시계를 보느라 아주 잠깐 셰인에게서 눈을 뗐다.

셰인이 알렉스의 얼굴과 여기저기 긁히고 붉어진 그녀의 팔을 번갈아 보았다. 그의 눈에 뭔가를 깨달았다는 빛이 떠오르기 시작했다.

문 두드리는 소리가 들렸다. 알렉스는 준비하고 있었다. 그녀의 책상 옆에 달려 있는 개인 경보기는 전에도 한 번 눌린 적이 있었고 완벽하게 작동했다. 셰인이 벌떡 일어나 복도로 이어지는 문으로 갔다.

"괜찮아, 셰인. 그냥 무시해. 저 사람들은 떠날 거야."

알렉스는 그들이 떠나지 않으리라는 걸 아주 잘 알고 있었다.

셰인은 겁에 질린 표정이었다. 그의 시선은 알렉스의 오른팔에 고정돼 있었다.

알렉스가 일어나서 문을 등지고 섰다. "괜찮아, 저 사람들은…."

현관문이 무너져 내리는 소리에 그녀의 말이 끊겼다.

셰인이 충격을 받고 겁에 질린 표정으로 그녀를 보았다. 알렉스는 자기 블라우스를 찢어발기며 가슴을 드러냈다. 머리카락을 흐트러뜨리느라 고개를 마구 흔들고 뺨에도 빨갛게 꼬집은 자국을 남겼다.

남자 경찰관 두 명이 신속히 상담실로 들어와 현장을 목격했다.

"저…. 저 사람이…. 나를 강간하려고 했어요." 알렉스는 그렇게 소리쳤다. 다음 순간 그녀의 다리가 풀렸다. 그녀는 쓰러져서 벽에 기댔다.

키가 큰 경찰관이 손을 뻗어 그녀를 붙들었다.

셰인의 시선이 세 사람 사이를 빠르게 오갔다. 무슨 일이 벌어진 건지 전혀 짐작하지 못하는 듯했다. 정말이지 한심했다. 그토록 쉽게 속다니. 알렉스가 그를 돕는 데 조금이라도 관심이 있다고 믿다니. 셰인은 알렉스를 이길 기술을 영영 갖지 못할 터였다.

"아니에요…. 진짜…. 내가 안 했어요…."

키 큰 경찰관이 알렉스의 팔에 난 상처를 살펴보았다. "수갑 채워." 그는 알렉스를 의자로 데려가며 말했다. 셰인의 두 눈이 그녀에게 붙박여 있었다. 그의 표정은 혼란스러움을 표현한 그림 같았다.

알렉스는 그에게 승리감에 찬 미소를 지어 보였다.

곧장 교도소로 가게 됐다는 깨달음이 그의 표정에 드러났다. 셰인은 수갑을 풀려고 마구 날뛰었다.

"안 돼, 제발요, 난 못해요…. 아저씨들은 모르잖아요…. 제발…. 난 돌아갈 수 없어요…."

셰인은 이미 저지른 죄가 있었기에 그 이후로 어떤 식으로든 폭력을 쓰면 가석방이 취소될 게 틀림없었다. 그리고 알렉스는 이 특별한 실험 대상이 다시는 그녀를 방해하지 않으리라는 걸 확실히 알아야 했다.

"말해줘요, 알렉스." 셰인이 소리쳤다. 그의 두 뺨에 눈물이 흘러내렸다. "내가 당신을 해친 게 아니라고 말해줘요. 제발요. 난 거기 돌아가면 안 된다고 해줘요."

알렉스는 아래팔을 주무르며 시선을 돌렸다.

"잘 가, 셰인." 키 큰 경찰관이 셰인을 경찰차로 데려가는 동안 그녀가 속삭였다.

28

킴은 자동차 문을 닫으면서도 왜 자신이 이곳에 왔는지 잘 모르고 있었다. 그녀가 아는 것은 불안으로 가득한 얼굴이 계속 눈앞을 떠다닌다는 것뿐이었다.

그녀는 이중문을 지나 접수대에 멈춰 섰다. 머리카락에 핑크색 브리지를 넣은 젊은 여자가 미소 지으며 그녀를 맞이했다.

"어떻게 오셨어요?"

킴은 어떻게 대답해야 할지 잘 알 수가 없었다.

"그냥 구경하러 왔는데요."

여자는 고개를 끄덕이더니 다른 이중문을 가리켰다. 킴은 그 문을 지났다. 감각이 심하게 자극됐다. 소독약과 개 사료, 배설물이 뒤섞인 냄새가 났다. 킴이 문을 밀어 열자 종이 울리면서 개 짖는 소리가 불협화음을 내며 터져 나왔다.

첫 번째 칸에는 스태퍼드셔 불테리어 강아지 두 마리가 있었다. 작고 탄탄하고 단단해 보이는 녀석들이었다. 킴은 멈추지 않았다. 그녀는 우리를 들여다보며 다양한 크기와 종의 개들을 지났다. 다른 손님이라고는 허리를 숙이고 있는 젊은 부부뿐이었다. 그들은 최대한 좋은 인상을 남기려는 잭 러셀 테리어를 어르고 있었다. 킴은 저 멀리 시베리아처럼 고립된 우리까지 계속 걸어갔다.

개는 바구니에 누워 있었다. 녀석은 눈을 치켜떴을 뿐 제자리에서 움직이지 않았다. 킴은 녀석이 자신을 알아보았다는 기색을 분명히 알아차렸다.

"아, 그 녀석은 바니예요." 등 뒤에서 어떤 목소리가 들렸다. 뒤를 돌아보니 자글자글한 곱슬머리가 희어져 가는 땅딸막한 중년 여자가 있었다. 명찰을 보니 팸이라고 불리는 듯했다. 이름 밑에는 '자원봉사'라고 적혀 있었다.

킴은 대답하지 않았다. 바니의 우리에 이름표조차 없다는 게 눈에 들어왔다.

"가엾은 녀석이죠." 여자가 한숨을 쉬었다. "누가 오든 굳이 일어나서 인사하지도 않아요. 포기한 것 같아요."

이름표 하나 없이 녀석을 시베리아에 놔두다니, 킴은 과연 누가 누구를 포기한 건지 궁금해졌다. 여자가 말을 이었다.

"지난번에 이 녀석에게 다시 보금자리를 찾아주게 된 건 행운이었죠. 지금은 아예 불가능해졌어요. 바니는 좀 까다롭거든요."

"왜요?" 킴이 처음으로 입을 열어 물었다.

"사람 많은 걸 싫어해요." 통과.

"애들도 싫어하고." 통과.

"하지만 요란스럽게 예뻐해 주는 건 좋아해요." 뭐, 셋 중 둘이 통과면 나쁘진 않았다.

"가여운 녀석. 강아지 때 학대를 당했고 아이들이나 다른 개들과 잘 어울리지 못하기 때문에 여러 번 파양됐어요. 바니를 데려갔던 주인들 중에는 녀석을 더 나은 개로 만들려고 애쓴 사람도 몇 명 있었어요. 한 분은 반려견 정신 관리사를 고용해서 녀석을 도와주려고까지 했죠."

킴은 한쪽 눈을 치켜떴다. 제기랄, 개도 정신과 의사를 만난다고?

"어떤 방법도 통하지 않았어요. 8년 동안 바니는 여러 집을 전전했어요. 좀 이상한 녀석이긴 한데, 사람들은 녀석을 나아지게 해보려다가 결국 실망하고 말아요. 아무도 이 녀석을 있는 모습 그대로 받아…."

"제가 데려가겠습니다." 킴이 말했다. 옆에 서 있던 수다쟁이만큼 그녀 자신도 놀랐다.

바니가 고개를 들었다. 땅딸막한 여자의 다음 말을 따라하는 것만 같았다.

"정말요?"

킴이 고개를 끄덕였다. "이제 뭘 하면 됩니까?"

"어…. 절 따라오세요. 접수대로 가서 서류 작업을 좀 해야 하거든요. 이번만큼은 가정 방문 절차를 생략할 수 있을 거예요."

킴은 여자를 따라서 왔던 길로 나갔다. 시설에서는 그 우리가 비워지기를 무척 바라는 듯했다. 혼자서 울타리 하나를 다 차지하고 있는 개는 바니뿐이었다.

서류 두 종류를 작성하고 신용카드로 돈을 내고 나니 바니가 킴의 자동차 뒷자리에 앉아 있었다. 장담하는데, 바니의 얼굴은 분명 어리둥절한 표정이었다. 그녀는 지금까지도 왜 자기가 녀석을 데려왔는지, 아니, 애초에 왜 녀석을 보러 갔는지 전혀 알 수 없었다. 킴이 아는 것은 불확실한 미래로 끌려가는 녀석의 모습이 마음에 남았다는 것뿐이었다. 자원봉사자가 녀석의 사교성 부족에 대해 이야기하는 소리를 들으면 들을수록 그 말이 킴의 마음속에 울려 퍼졌다. 새로운 보금자리를 제공하겠다는 말이 너무 빨리 튀어나오는 바람에 그 말을 주워 담을 수도 없었다.

직원은 너무 놀라서 킴의 자동차에 바니의 침대와 장난감들, 개껌 여러 개, 2주 분량의 개 사료를 실어주었다. 바니를 너무도 치워버리고 싶은 나머지 킴이 평생 쓸 물건을 달라고 했어도 들어줬을 거라는 생각이 들었다.

"그래, 짜식아. 왔다." 그녀는 집 앞에 자동차를 세우며 말했다. 바니는 킴이 자동차 문을 열고 목줄을 쥘 때까지 가만히 앉아 있었다. 킴은 녀석을 안으로 데려가 목걸이에 채워져 있는 고리를 풀었다. 문이 닫히자 바니는 꼬리를 흔들며 코가 닿는 바닥을 구석구석 전부 냄새 맡았다.

킴은 문에 기대 서 있었다. "아, 제기랄. 내가 대체 뭔 짓을 한 거지?"

당혹감이 즉시 밀려들었다. 킴의 집에 다른 생명체가 침입하다니. 킴은 자기가 저지른 짓이 얼마나 어마어마한 것인지 문득 깨달았다. 그녀는 자신의 기본적인 욕구를 돌보는 일도 간신히 해내고 있었다. 다른 걸 할 여유 따위는 없었다. 그녀는 배가 고플 때 먹었고 몸이 버티지 못할 때 잠을 잤으며 자발적으로 운동을 하는 경우는 극히 드물었다.

그녀는 바니를 다시 차에 실어 데려다주고 싶은 충동을 눌러 참았다. 그게 어떤 기분인지 알고 있었으니까. 그녀는 심호흡하고 앞으로 나서 주도권을 잡았다.

"자, 좋아." 킴의 목소리에 바니가 하던 일을 멈추었다. "이게 어떻게든 성공하려면 몇 가지 규칙이 필요해. 음…. 지금 당장은 어떤 규칙들이 생기게 될지 잘 모르겠지만, 첫 번째 규칙은 소파는 절대 안 된다는 거야. 알아들어? 바닥에는 장판이 깔려 있고 깔개랑 네 침대도 있어. 소파는 내 거야."

킴은 그 점을 이해시키고 나자 이상하게도 기분이 나아졌다. 그녀는 바니를 주방으로 데려갔다. 바니는 탐색을 계속했지만 처음처럼 하지는 않았다.

커피를 탄 킴은 앉아서 바니가 만족한 듯이 꼬리를 치며 그녀의 공간을 돌아다니는 모습을 지켜보았다. 잠시 녀석이 무슨 생각을 할까 궁금해졌다. 정말로 저렇게 쉽게 근거지를 옮긴 걸까? 아니면 경계하는 걸까? 휴일 동안 잠깐 개 보육원을 벗어난 것뿐일 거라고, 분명히 원래 자리로 돌아가게 될 거라고 생각할까?

바니가 다가오더니 커피 테이블 옆에 앉아 그녀를 보았다. 녀석은 고개를 돌려 킴의 머그잔을 자세히 살펴보고 다시 그녀를 보았다. 킴은 아무것도 하지 않았다. 바니가 그 동작을 반복했다.

"장난하냐, 개?"

킴이 말하자 녀석의 꼬리가 바닥을 탁탁 쳤다.

킴은 몸을 숙이고 새끼손가락을 식어가는 커피에 담갔다. 녀석의 거칠거칠한 혓바닥이 그 액체를 핥아댔다. 그러더니 녀석은 기다렸다. 킴은 미소 지었다. 그녀만큼 커피를 좋아하는 개를 구할 수 있는 사람은 없을 것이다.

킴은 바니의 물그릇에 커피를 조금 따르고 우유를 부어 식혔다. 바니는 그릇이 바싹 마를 때까지 커피를 핥아댔다. 녀석은 머리를 들고 우유 거품이 가득한 콧수염을 보였다.

킴이 웃었다. "더는 안 돼. 개랑 커피는 안 어울려."

그녀는 남은 커피를 소파로 가져갔다. 바니는 그녀의 말을 알아들은 건지 킴의 발치에 엎드렸다. 거의 그녀와 닿을 것 같았다.

킴은 소파 등받이에 머리를 기대고 눈을 감았다. 어떻게든 이 일을 성공시켜야 했다. 그녀와 공간을 나누어 쓰는, 다른 살아 있는 존재를 둔다는 건 불편한 일이었다. 그러나 뭔가가 그녀를 자극해 유기견 보호소로 향하게 했다. 다시 녀석을 버린다고 생각하니 구역질이 날 것 같았다.

킴은 뭔가가 소파에서 움직이는 것을 느꼈다. 눈을 떠보니 바니가 곁에 앉아 있었다. 아직 몸은 닿지 않았다.

"바니, 분명히 말했지만….."

뭐 그래, 이제는 이 개에게 둘의 관계가 어떻게 돌아가게 될지 보여줄 시간이었다. 음식과 물, 장난감 몇 개, 개뼈다귀 몇 개, 심야 산책은 제공할 것이다. 하지만 이건 절대 아니었다.

킴이 입을 열자 녀석은 더욱 가까이 파고들며 그녀의 오른쪽 가슴에 머리를 기대고 그녀의 눈을 깊이 들여다보았다. 녀석의 눈에도 온갖 질문이 가득했다.

킴의 손이 바니의 머리까지 가는 길을 찾아냈다. 그녀의 손가락이 부드러운 털 안에서 앞뒤로 움직였다.

바니는 한숨을 쉬더니 눈을 감았다. 킴도 그렇게 했다. 그래, 이 정도면 누가 대장인지 충분히 보여준 셈이었다.

녀석의 부드러운 털을 쓰다듬는 리듬감 있는 동작에 킴은 마음이 놓이고 긴장이 풀렸다.

작고 따뜻한 몸이 그녀의 곁에 웅크리고 있는 감각은 점차 너무도 강렬한, 다른 어느 시간의 기억을 떠올리게 했다. 아주 오래전, 또 다른 작은 몸이 보호와 위로를 구하며 그녀의 곁에 있었다.

눈물이 28년 만에 처음으로 탈출에 성공해 그녀의 뺨 위로 조용히 흘러내렸다.

29

"아, 진짜, 케빈! 그것 좀 치워." 스테이시가 주차장에서 나와 왼쪽으로 방향을 틀며 말했다. "손에서 도저히 안 떨어지냐?"

케빈은 스테이시의 말을 못 들은 체하고 계속 핸드폰을 만지작거렸다. "신경 *끄*서, 스테이시."

케빈의 얼굴에 천천히 미소가 번졌다. 결국 그는 두 손을 능숙하게 사용해 문자를 보냈다.

스테이시는 레너드 던의 집까지 갈 때 차를 운전해주겠다고 했다. 언제까지고 다른데 정신이 팔려있는 케빈에게 운전을 맡길 수가 없었다.

"나한테 거시기가 있었으면 그걸 케빈이라고 불렀을 거야." 그녀가 말했다.

"스테이시, 네가 뭘 안다고 생각하는 건지는 모르겠지만 너랑은 눈곱만큼도 상관없는 얘기야. 알아?"

스테이시는 어깨를 으쓱했다. 케빈이 신경 *끄*라고 해도 스테이시는 불쾌하지 않았다. 사실 그녀는 불쾌감을 느끼는 경우가 거의 없었다. 그녀는 나름의 소신이 있는 사람으로 그 소신을 주저하지 않고 활용했다.

"나도 이게 아무 의미 없는 잔소리라는 건 알아, 써니 짐●."

"언제부터 내 사생활이 공공 소비재가 된 거야?"

"지난번에 바람피우다 들키고 나서 조언을 해달라며 우리 모두를 괴

● 흑인들이 아들, 젊은이 등을 부를 때 자주 사용하는 일종의 애칭.

룹혔을 때부터."

케빈의 핸드폰은 무음 모드로 되어 있었지만 스테이시는 답장이 오는 작은 진동 소리를 들을 수 있었다.

"그 핸드폰이 다시 네 주머니로 들어가기 전까지 계속 말할 거야."

"너한텐 이게 〈네 신경에 거슬릴 만한 노래가 있어〉•라도 되는 거야?"

"응. 제목을 〈네 머리에 들어갈 만한 의견이 있어〉로 하고 싶은데."

케빈이 메시지를 하나 더 보냈다.

"너 그러다 진짜 걸린다. 네 여자 친구가 우리 사무실에서 일하지 않는 게 다행이지."

"대체 무슨 소리야, 스테이시?" 케빈이 물었다. 그의 손가락이 핸드폰을 누르다 말고 멈추었다.

"우린 네가 난잡하게 놀아나고 있다는 걸 다 알고 있어, 케빈. 심할 때 너는 잘난척하는 개새끼지만 평소에는 좀 호감이 가서 쫓아내기 어려운 편이야. 하지만 지금은 아니라고. 난 네가 정말로 마음에 안 들어. 대장도 너 때문에 인내심이 한계에 다다랐고."

케빈은 마지못해 핸드폰을 치웠다.

"이런, 인터넷이 끊겼나 봐?"

케빈이 앞을 보았다.

스테이시는 고개를 저었다. 알고 있는지 모르겠지만 케빈은 여자 친구보다 대장에게 걸리는 걸 더 신경 쓰고 있었다.

• 아이들이 서로를 약올리기 위해 부르는 노래. 누군가가 화를 낼 때까지 "난 모두의 신경을 거슬릴 노래를 알고 있어 / 모두의 신경을 / 모두의 신경을 / 난 모두의 신경을 거슬릴 노래를 알고 있어 / 바로 이런 노래야"라는 가사를 반복해서 부른다.

"레너드의 집에는 왜 간다고?" 스테이시가 물었다.

"범죄 현장 2차 증거수집이 끝나서 대장이 우리더러 확인하라고 했어."

스테이시는 레너드가 자기 딸들을 학대하고 있을 때 그 방에 두 번째 인물이 있었을지도 모른다는 사실이 밝혀진 이후로 현장 요원들이 다시 법의학적 증거를 찾으러 갔다는 걸 알고 있었다.

"네가 과학수사팀을 만나는 게 이번이 처음이라는 건 알지만 나까지 쪽팔리게 하지는 마라. 이건 컴퓨터 게임이랑은 다르거든. 이 사람들은 진짜 인간이니까 말이야."

"아, 케빈. 차라리 네가 핸드폰을 만지작거리고 있을 때가 더 나았던 것 같아." 스테이시가 말했다. 스테이시가 온라인 게임 〈월드 오브 워크래프트〉에 중독돼 있다는 사실은 케빈에게 끊임없이 즐거움을 주는 듯했다.

"여기야. 왼쪽에 주차해." 그가 안전벨트를 풀며 말했다.

"난 형사야, 케빈. 저 흰색 밴을 보면 과수팀이 와 있다는 걸 알 수 있다고."

"나대기는." 케빈이 자동차에서 내리며 말했다.

스테이시는 문을 잠그고 케빈을 따라 집 안으로 들어갔다. 심장 박동이 아주 약간 빨라졌다. 케빈의 감은 그가 생각한 것 이상으로 정확했다.

18개월 전 형사 팀에 합류하면서 스테이시의 자리는 사무실 안으로 정해졌다. 대장과 브라이언트는 함께 다니는 듯했다. 케빈은 보통 혼자 파견됐고, 스테이시는 컴퓨터와 친구가 됐다.

잠깐은 그게 화가 났지만 결국 그녀는 다른 팀원들에게 도움이 될 법한 사실들을 기술적으로 파헤치고 탐색하는 일이 좋아졌다.

그런데 이제 와서 대장이 그녀에게 커브볼을 던져 그녀를 안전 구역 밖으로 밀어낸 것이다. 그러니까 어떤 면에서는 케빈의 생각이 맞았다. 그녀는 어떻게 행동해야 할지 확신이 서지 않았고 아무리 마음에 들지 않는대도 케빈을 따라야 했다. 일단은 말이다.

둘이 집 안 전체를 성큼성큼 돌아다니는 동안 거실에서는 아무 움직임도 보이지 않았다. 스테이시는 계단을 지나 지하실로 내려갔다. 흰 가운을 입은 사람 세 명이 남아 있었다.

"다 됐어, 트리시?" 케빈이 가운데 사람에게 물었다.

스테이시는 그 사람이 여자라고 결코 생각하지 못했을 것이다. 트리시가 흰 후드를 젖히자 빡빡 민 머리와 왼쪽 귀 뒤의 장미 문신이 드러났다.

"트리시, 이쪽은 스테이시. 스테이시, 여긴 트리시." 케빈이 둘을 소개했다. 트리시가 잠깐 미소 지었다. 스테이시는 대답 대신 고개를 끄덕였다.

케빈이 트리시를 마주 보았다. "그래서, 뭘 좀 찾았어?"

트리시가 왼쪽으로 움직였다. "동영상에 나온 그림자는 여기 있었어." 그녀가 옷장 옆에 서서 말했다. "카메라는 여기에 설치돼 있었고, 스팟 램프는 이곳에 있었고."

스테이시는 촬영 장비라도 된 것처럼 방 안을 돌아다니는 트리시를 따라다녔다.

"그러니까 몇 가지 계산과 상식을 조합해보면 우리의 피사체는 바로 여기 서 있었던 거야. 지금 네가 서 있는 그 자리야, 스테이시."

"아, 젠장." 스테이시가 뜨거운 석탄을 밟은 것처럼 소리쳤다.

트리시가 미소 지었다. "괜찮아, 지금 거기 있는 건 아니니까."

스테이시는 두 뺨이 후끈거렸다. 그 사실이 피부로 드러나지 않는다는 게 다행이었다.

"모, 조명 좀 줘봐." 트리시가 다른 요원에게 말했다. 적외선 조명은 그녀가 뻗은 손에 수술실의 메스처럼 들려 있었다.

모가 조명 스위치를 누르자마자 지하실이 완전한 어둠에 잠겼다. 푸른 조명이 바닥을 향해 있었다. 스테이시는 법의학자들이 쓰는 조명이 정액, 질 분비물, 침 등의 체액을 발견하는 데 유용하다는 사실을 알고 있었다. 이런 체액들은 원래 모두 형광성이었다. 스테이시가 알고 있는 기본적인 지식에 따르면 이 조명으로 지문과 모발, 섬유, 족적도 찾아낼 수 있었다.

트리시가 앞으로 나와 문제의 구역을 비추었다. 맨눈으로는 보이지 않는 작은 웅덩이가 이제는 콘크리트에 선명하게 보였다.

"아니…. 제기랄." 케빈이 역겹다는 듯 말했다. 그 흔적에는 더 이상의 설명이 필요 없었다.

스테이시는 뒤로 물러나다가 비틀거렸다. 주변 환경의 현실감이 그녀를 짓눌렀다. 사진은 보았다. 동영상도 보았다. 하지만 그녀는 늘 한 발짝 떨어져 있었다. 지금 이 순간 그녀는 여덟 살짜리 소녀가 어린시절을 영영 빼앗긴 공간에 서 있었다. 데이지 던은 이 공간 한가운데에 겁에 질린 채 혼자 서 있었다. 떨면서, 혼란스러워하면서.

스테이시는 눈물로 눈이 따가워지는 것을 느꼈다. 불이 켜지자 그녀는 두 걸음 물러나 계단에 주저앉았다.

누군가 그녀를 내려다보고 섰다. "처음이야?" 트리시가 조용히 물었다.

스테이시는 고개를 끄덕였다. 차마 입을 열 용기가 나지 않았다.

"힘들지. 하지만 그 감정을 언제까지나 잊지 마. 일하는 데 도움이 되니까."

"고마워요." 스테이시가 눈물을 삼키며 말했다.

트리시는 그녀의 어깨를 가만히 어루만졌다. "그건 그렇고, 작은 선물이 있어."

그녀는 책상에 놓여 있는 증거물 쟁반에서 작은 꾸러미를 가져왔다. 비닐 봉투에 넣어 테이프로 밀봉하고 깔끔하게 이름표까지 붙여진 꾸러미였다.

"음모 한 가닥을 찾았거든."

30

"이야, 대장. 잘하시던데요." 브라이언트가 말했다. 그들은 더들리 카운티 법원을 나서고 있었다.

킴은 어깨를 으쓱하는 것으로 칭찬을 받아넘겼다. 어떤 경찰관들과는 달리 그녀는 피할 수 없는 법정 출석일을 전혀 두려워하지 않았다. 그녀는 증인석에서 거짓말을 하거나 진실을 과장한 적이 한 번도 없었으므로 두려워할 게 없었다.

피고인 측 변호사는 저스틴 힉스-클레이튼이라는 자였다. 잘난 척밖에 할 줄 모르는 그 사냥개는 돈 많은 중범죄 사기꾼들의 변호를 맡은 대가로 방 네 개, 화장실 세 개, 차고 두 개짜리 집 임대료를 냈다.

킴은 거의 12개월 전에 고발장을 받고 힉스-클레이튼의 의뢰인이 받고 있는 혐의를 확정할 만한 수사를 해냈다. 문제의 인물은 자기가 근무하는 에이즈 자선단체에 가짜 명함을 등록하는 방법으로 20만 파운드라는 거금을 모았다.

힉스-클레이튼은 의뢰인의 혐의가 분명하면 금방 눈치를 채고 절차상의 문제를 이유로 재판에서 이길 수 있도록 경찰 업무의 허점을 찾는 쪽으로 초점을 돌렸다.

"뒷주머니에 1984년 증거법 책자라도 가지고 다니세요?" 브라이언트가 킴에게 물었다. '1984년 경찰 및 범죄 증거법'은 경찰이 지켜야 할 모든 규칙과 행동 강령을 규정하고 있었다.

"아뇨. 하지만 힉스-클레이튼은 가지고 있을 겁니다."

"어떻게 될 것 같아요?"

"유죄죠." 법을 위반한 사람이 교도소에 갈 수 있도록 최선을 다하고 나면 킴은 확신을 느꼈다. 이번 사기 사건에 관해 짜 맞춘 그녀의 퍼즐은 완벽했다. 레너드 던 사건에 대해서는 별로 확신이 서지 않았지만.

"여기 세우세요." 워터프런트 단지 모퉁이에 있는 브루어스 워프 선술집을 지나칠 때 그녀가 말했다. 그곳에는 주점과 레스토랑, 사무실들이 운하 위에 모여 있었다. 과거에 이곳에 있었던 그 유명한 회사 라운드오크 제강소는 전성기에 3,000명의 직원을 두고 있었으며 1982년 문을 닫을 때는 1,200명을 고용하고 있었다.

"한잔하시려고요, 대장?"

"난 커피 마시겠습니다. 경사님이 사세요."

브라이언트는 꿍 소리를 내며 차를 세웠다. 점심시간도 아니고 퇴근

이후 사람들이 몰려드는 시간도 아닌 늦은 오후라 선술집은 조용했다.

킴은 창가에 자리를 잡았다. 창문 너머로 운하에 걸쳐진 검은색과 흰색의 무쇠 다리가 보였다.

브라이언트가 탁자에 커피 두 잔을 내려놓았다. "있잖아요, 대장. 갑자기 든 생각인데 그렇게 오래 함께했어도 대장이 술을 한 모금이라도 마시는 모습은 못 본 것 같아요."

"그야 내가 술을 안 마시니까요."

브라이언트는 흥미를 느꼈는지 탁자 위로 몸을 숙였다. "가끔 와인 한 잔도 안 하세요?"

킴은 고개를 끄덕였다.

"크리스마스 때 축하주 한 잔이라든지?"

킴이 브라이언트를 노려보다가 눈을 돌렸다. 브라이언트는 그녀가 크리스마스를 싫어한다는 걸 알고 있었다.

"알았어요, 그럼 크리스마스는 됐고. 그래서 술은 한 번도 안 마셔본 거예요?"

"그렇다고는 안 했습니다."

"그럼 그냥 술맛이 싫은 건가요?"

"아뇨, 그런 것도 아닙니다. 이제 그만 좀 하죠?"

브라이언트는 의자를 당겨 앉았다. "아니, 도저히 그만둘 수가 없네요. 대장이 그만두라고 할 때마다 그만둘 만한 뭔가가 있다는 걸 알게 되거든요."

끝내주네. 이번 수법에는 보기 좋게 넘어가고 말았다. "사실은 경사님이 두 번째로 말한 게 맞습니다. 술맛이 싫어요."

브라이언트가 턱을 문질렀다. "아닌 것 같은데."

"놔두라고요, 브라이언트." 가끔 브라이언트는 도무지 포기하지 않으려 들었다. 이런 식으로 킴을 압박할 수 있는 사람은 그뿐이었다.

"어쩌면 대장은 바보같이 보이는 게 싫어서 그러는 걸지도 몰라요. 술을 마시면 대장의 절제력이 엉망이 될 테니까요. 대장이 알코올중독자라서 그러는 걸지도 모르고." 브라이언트가 잠시 말을 멈추었다. "대장, 알코올중독자예요?"

"아닙니다."

"그럼 왜 조금도 안 마시는 거예요?"

킴은 그를 돌아보며 그가 억지로 그녀의 눈을 들여다보게 했다. "일단 마시기 시작하면 절대 멈추지 못할 것 같아서요."

젠장, 이렇게 말하려던 건 아니었는데.

그녀는 다시 창문으로 시선을 돌렸다. 마이키의 묘비가 세워진 날 밤, 킴은 커다란 보드카 한 병과 작은 콜라 한 병을 마셨다.

그 결과로 나타난 숙취에는 알코올 때문에 무언가를 잊을 수 있었다는 기억이 함께 따라왔다. 몇 시간 동안은 고통과 상실감이 녹아내렸고 그녀의 마음은 죄책감과 증오로부터 자유로워졌다. 킴은 감히 그 행복한 곳을 다시 방문하지 않았다. 다시는 돌아오지 못할까 봐 두려웠다.

"치킨 바게트 주문하셨나요?" 한 남자가 미심쩍다는 듯 접시 두 개를 높이 들고 물었다.

브라이언트가 고개를 끄덕이며 고맙다고 인사했다.

"브라이언트." 킴이 씹어뱉듯이 말했다.

"대장은 원래 아침을 안 먹잖아요? 우리는 법원에 여섯 시간 동안 있었고요. 그러니 대장이 오늘 하루 종일 굶었다는 걸 알 수 있죠."

"정말이지 내 엄마 노릇은 그만두십시오."

"뭐, 대장이 자기 몸을 돌보기 시작하면 제가 엄마 노릇을 할 필요도 없겠죠. 그건 그렇고, 무슨 생각 하세요?"

킴은 그가 바삭바삭한 바게트 한쪽 끝을 물어뜯는 걸 보고 그를 따라 했다. 둘의 우정이 작동하는 방식은 놀라웠다. 킴과 브라이언트의 우정은 고무줄과도 같아서 가끔은 한계까지 세게, 팽팽하게 늘어났다가 팅 소리를 내면서 원래 자리로 돌아왔다.

"루스 윌리스 사건에 관해서 아직도 신경 쓰이는 부분이 있습니다."

"아니, 세상에. 개인적인 감정으로 이러는 거예요, 대장?"

"왜 그렇게 생각합니까?"

"대장이 손 박사에게 많은 시간을 내주지 않은 건 분명하잖아요. 대장은 만나자마자 손 박사를 싫어했어요. 손 박사에 대한 대장의 부정적인 시각이 그냥 이어지는 건 아닐까요?"

킴도 자신에게 같은 질문을 던졌었다. 하지만 브라이언트의 말은 한 가지가 틀렸다. 그녀는 손 박사를 싫어하지 않았다. 둘 사이에는 감정적인 반응이 전혀 없었다.

"뭔가 직감적으로 거슬립니다."

"저는 보통 대장의 직감을 엄청나게 존중하는데요. 이번 경우에는 대장의 직감에 잡음이 걸린 걸지도 모른다는 생각이 듭니다."

킴은 뭔가 말하려고 입을 열었지만 그러지 않기로 했다. 그녀는 바게트를 한 입 더 뜯어 먹었다. 브라이언트는 자기 바게트를 다시 접시에 올려놓았다.

"대장, 아까부터 물어보고 싶어서 죽을 것 같았는데 대장 재킷에 붙어 있는 거 개털이에요?"

앞선 대화는 끝났다. 킴은 손 박사의 거슬리는 점을 파보고 싶다면 혼자서 파야 한다는 사실을 깨달았다.

31

"자, 레너드 던 사건 업데이트합시다. 케빈?"

"정액과 음모 분석을 시작했습니다. 결과는 아직 기다리는 중이고요."

킴이 고개를 끄덕였다. 쓸모는 있겠지만, 그것도 용의자가 나타난 다음 얘기였다.

"지금까지 레너드 던의 동료 대부분과 이야기를 나눠봤습니다. 그런데 레너드의 상사를 만날 수가 없어요. 레너드가 마지막으로 일했던 곳은 키더민스터에 있는 체인점 형태의 자동차 정비소였습니다. 지금까지 두 번 가봤는데 매니저가 계속 자리를 비우더라고요."

킴은 브라이언트를 돌아보았다. "기록해두세요."

케빈이 말을 이었다. "레너드 던의 가족 모두와 이야기를 나눴고 웬디의 가족들과도 대부분 이야기했습니다. 다들 레너드 던에 대해서는 혐오감만 표현하더군요. 웬디의 오빠는 공격적으로 자기 가족을 보호하려는 모습을 보이면서 저를 집 안에 들여보내지 않으려 했습니다. 현관에서부터 감정을 분명히 드러냈어요."

김이 브라이언트를 돌아보았다. 브라이언트는 그 내용도 기록했다.

"이웃들한테 집중해, 케빈. 그 집 손님에 대해서는 전부 알아야겠으니까. 그 동네에서 커튼 들추고 이웃집 염탐하는 사람이 누군지 찾아내서 그 사람이랑 차 한잔하라고. 스테이시?"

"체포 이후 페이스북에 들어온 새로운 메시지는 없어요. 추가로 열아홉 명이 레너드와 친구를 끊었고 레너드의 계정을 차단했습니다. 아직 남아 있는 레너드의 친구들을 살펴보고 뭔가 쓸 만한 정보가 있는지 살펴볼게요."

김은 곁눈으로 케빈이 주머니에서 핸드폰을 꺼내며 등을 돌리는 것을 보았다. 브라이언트가 큰 소리로 기침했다. 스테이시는 그녀와 케빈의 책상이 만나는 중간 지점의 나무를 걷어찼다. 김이 손을 들어 둘 모두를 조용히 시키고 팔짱을 꼈다. 그리고 기다렸다. 사무실이 거의 1분을 꽉 채워 침묵에 잠겨 있고 나서야 케빈이 동료들을 돌아보았다.

"우리 얘기 듣고 있나, 케빈?" 김이 물었다.

별로 놀랍지도 않다는 듯 그를 바라보는 세 사람의 눈길에 케빈은 즉시 얼굴을 붉혔다.

"죄송합니다, 대장. 저희 장인어른이신데요, 장인어른이…."

"케빈, 입 다물어. 쪽 팔리는 짓 좀 그만하자. 다음번에는 나랑 아주 다른 대화를 하게 될 거야. 다시 경고하지는 않을 거라고. 알아들어?"

케빈은 고개를 끄덕이며 앞을 보았다.

"그래, 좋아. 다들 시작하자."

가장 먼저 문을 나선 사람은 케빈이었다. 킴은 앉아 있던 자리에서 일어나지 않고 브라이언트에게 자기 자동차 열쇠를 던졌다. 브라이언트는 킴을, 그다음에는 스테이시를 보았다.

"아하. '브라이언트, 자리 좀 비키죠'라는 뜻이구나." 브라이언트가 혼잣말을 했다.

브라이언트가 곁을 스치고 지나가자 킴이 미소 지었다.

"스테이시, 그렇게 걱정하는 표정 지을 것 없어." 둘만 남게 되자 킴이 미소 지으며 말했다. "넌 잘못한 거 없으니까."

사실이었다. 스테이시 우드 순경은 뭐든 잘못을 하는 경우가 극히 드물었다.

"네가 해줄 일이 있어. 그냥 나도 머리를 좀 쉬어야 할 것 같아서. 그 박사를 좀 파볼 수 있겠어?"

"손 박사 말씀하시는 거죠?"

킴은 고개를 끄덕였다. 이건 공식적인 요청이 아니었다.

"특별히 찾으시는 게 있나요?"

킴은 잠시 생각했다. "응. 손 박사의 여동생이 어떻게 죽었는지 알고 싶어."

32

킴은 골프를 자동차 정비소의 차고 앞에 세웠다. 브라이언트는 눈에 띄게 긴장을 풀고서 다친 데가 있는지 자기 몸을 확인했다.

"정말이지, 대장. 전 대장이 머리로 생각하는 속도에 맞춰서 차를 모는 게 참 싫더라고요."

"액셀 좀 밟는다고 해서 해로울 건 없습니다." 킴이 브라이언트에게 대답할 기회를 주지 않고 자동차에서 내리며 말했다.

정비소로 들어가는 입구는 묵직한 유리 여닫이문으로 되어 있었고 그 너머에 작은 접수대가 있었다. 접수대는 깨끗하고 깔끔했으며 킴의 허리 높이까지 올라오는 책상이 하나 놓여 있었다. 2인용 가죽 소파 하나가 책상 바로 옆에 놓여 있었다.

"으웩, 이게 무슨 냄새죠?" 브라이언트가 말했다.

킴이 아는 냄새였다. 휘발유가 기름때와 섞이고 윤활유가 살짝 얹혀 있는 냄새. 킴에게는 향기였다.

한 남자가 브레이크 부품을 들고 문에서 나와 접수대 책상 위에 내려 놓았다.

킴은 그가 40대 초반이라고 생각했다. 십대 아들에게 더 어울릴 법한 짧고 뾰족뾰족한 머리 스타일로 가리려 했지만 이마가 넓어져가고 있었다. 그는 주변 환경에도 불구하고 깨끗한 하늘색 셔츠를 입고 있었다. '브렛, 매니저'라고 적힌 명찰 덕분에 킴은 이 사람이 바로 그 미꾸라지 같은 매니저라는 사실을 알 수 있었다.

"어떻게 오셨습니까?" 그가 둘을 번갈아 보며 말했다. 그가 지은 고객 응대용 미소는 말보다 딱 한 박자 늦게 따라왔다. 브렛은 머릿속 체크리스트에 따라 일하고 있는 듯했다. 인사하고, 미소 짓고.

브라이언트는 신분증을 보여주고 킴과 자신을 소개했다.

더 이상 미소 지을 필요가 없어지자 웃음기가 빠졌다. "벌써 누가 두어 번 와서 애들하고 얘기를 나눴던데요. 제가 드릴 말씀이 있을지 모르겠습니다."

"그냥 레너드 던에 대해서 조금 얘기해주시면 좋겠습니다."

남자에게 대놓고 질문을 던진 덕분에 그들은 자유롭게 이야기하는 브렛을 살펴볼 기회를 얻었다.

"레너드는 정부 프로그램으로 우리 정비소에서 일하게 됐어요. 레너드를 받아주는 대가로 정부에서 지원금이 나왔죠. 일단은 창고에서 일하게 했는데 실수가 너무 잦더라고요."

"정해진 기간 동안 레너드를 고용해야 했던 겁니까?" 킴이 물었다.

정부는 실업률을 떨어뜨리려고 재취업 프로그램을 여러 가지 운영하고 있었다. 덕분에 실제로 실업률이 떨어지기는 했다. 잠깐은 말이다.

브렛은 그녀를 보며 미소 지었다. "네, 최소 12개월이었습니다. 하지만 그냥, 잘되지 않았어요."

"그래서 어떻게 하셨어요?" 브라이언트가 물었다.

"뻔하죠. 레너드 던과 대화를 했습니다. 그래도 전혀 안 나아지길래 출장 정비 차량에 배치했죠."

"그랬더니요?"

"레너드의 태도에 대해서 불만 두 건이 접수됐습니다. 한번은 레너드한테서 냄새가 난다는 불만이 들어왔고요."

킴은 웃음을 눌러 참았다. "그다음에는 어떻게 됐습니까?"

"정부에 돈을 돌려줬습니다."

"환불을 시도하셨다는 거네요?" 브라이언트가 물었다.

킴은 사람을 물건처럼 이야기하는 걸 싫어했지만 레너드 던에게는 기꺼이 예외를 둘 생각이었다.

"이상한 습관 같은 건 없었습니까?" 브라이언트가 물었다.

브렛은 고개를 저었다. "레너드는 비만이었고 샤워를 좀 더 했다면 좋았을 겁니다. 하지만 특별히 눈에 띄는 습관은 없었어요."

눈에 띄는 아동 학대범도 아니었을 거라고, 킴은 생각했다. 그런 건 세상에 존재하지 않으니까.

두개골 크기나 눈 사이 간격 같은 것으로 놈들을 골라낼 수만 있다면 얼마나 좋을까? 하긴, 한때는 이런 특징들이 범죄성을 나타내는 지표라고 생각됐다. 정말 그렇게 범인을 찾아낼 수 있다면 킴에게 필요한 건 줄자와 메모지뿐이었을 테고 놈들은 모두 감방에 갇히게 됐겠지만.

"레너드랑 친하게 지내던 사람은 없습니까?" 킴이 물었다.

"네. 오히려 제가 레너드를 집어넣으려다가 친구를 몇 명 잃었습니다."

"레너드를 집어넣는다고요?" 킴이 물었다.

"고용 프로그램에요." 브렛이 짜증스럽게 말했다.

브라이언트가 킴 대신 인상을 썼다. "정부에서 레너드를 여기에 집어넣었다는 줄 알았는데요."

"그 프로그램을 레너드한테 제안했던 게 저였습니다. 망할 독서 모임에서 그놈을 만난 다음이었죠."

브라이언트가 킴을 힐끗 돌아보았다. 킴은 아무 반응도 보이지 않았다.

"알겠습니다, 브렛. 시간 내주셔서 고맙습니다."

킴은 브렛 쪽을 보며 고개를 끄덕이고는 앞장서서 문으로 나갔다.

차에 타자마자 킴의 손가락이 핸들을 톡톡 두드렸다.

"뭐, 완전히 시간 낭비였네요." 브라이언트가 툴툴댔다.

"그렇게 생각합니까?"

"아무 정보도 주지 않았잖아요."

"난 생각이 다릅니다, 브라이언트." 킴이 생각에 잠겨 말했다. "그 독서 모임이라는 걸 더 자세히 살펴봐야 할 것 같습니다."

33

배리는 자신이 디자인한 캐노피 아래로 자신이 만든 문을 지나 자신의 집으로 들어가는 아내와 딸과 형을 지켜보았다.

그냥 한번 볼 생각이었다. 리사와 아멜리아를 한 번만 보고 싶었다. 무슨 결정을 한대도 어떤 징표를, 그들이 고통스러워하고 있다는 단서를 잡은 다음에 하고 싶었다. 하지만 여기 서 있는 지금, 돌아갈 수 없다는 걸 알게 됐다. 대체 애덤은 배리를 뭐라고 생각한 걸까? 그들은 배리의 가족이었다. 형에게는 그들을 빼앗아 갈 권리가 없었다. 배리가 사랑하는 모든 것이 저 집 안에 있었고 배리는 싸워보지도 않고 그 모든 걸

놓아버릴 준비가 되어 있지 않았다. 리사한테 그 정도는 해줘야 했다. 알렉스 말이 맞았다.

배리는 문을 두드렸다. 자기 집에 들어가는데 허락을 구해야 한다니 약간 짜증이 났다. 하지만 상황은 변할 테니까.

문이 홱 열리더니 그가 4년 동안 꿈꿔왔던 얼굴이 두려워하며 그를 맞이했다.

아주 잠깐, 둘 다 아무 말도 하지 않았다.

"배리, 여기서 뭐 해? 당신도 알겠지만···."

"나 왔어, 리사." 배리는 그녀를 스치고 지나가며 말했다.

그는 성큼성큼 거실로 들어갔다. 리사에게는 문을 닫고 그를 따라가는 것 말고는 다른 선택지가 없었다.

배리의 머릿속에서 집은 늘 같은 모습이었다. 유일한 차이점은 그의 자리를 차지한 애덤뿐이었다. 하지만 지금 보니 사실은 그렇지 않았다. 가구가 예전보다 적어졌다. 3년 할부로 사서 구석에 놔두었던 소파가 없어졌고 3인용 소파와 2인용 소파가 벽을 따라 놓여 있었다. TV 앞의 가장 중요한 자리, 그의 자리는 휠체어를 맞아들일 준비를 하고서 텅 비어 있었다.

배리는 애덤을 받아들이기 위해 리사가 어쩔 수 없이 집을 바꿔야 했으리라는 걸 인정했다. 영구적인 변화는 아니었다. 예전 모습으로 돌려놓을 수 있었다. 머잖아 배리는 일자리를 구할 것이고 집에 다시 가구를 채울 수 있을 터였다.

벽돌로 만들어진 벽난로와 가스난로는 벽에 내장되어 가짜 불꽃을 보여주는 전자 스크린으로 바뀌었다.

이것도 원래대로 바꿀 수 있었다.

"누구야, 여보?" 애덤이 부엌에서 소리쳤다.

주방에 들어가자 배리의 눈에 높이를 낮춘 조리대와 주방 설비들이 어렴풋하게 보였다. 그의 눈은 즉시 딸의 잔뜩 꼬인, 부스스하고 숱 많은 금발 곱슬머리에 머물렀다. 배리는 숨을 참았다. 딸은 그가 기억하는 모습보다도 아름다워져 있었다.

애덤의 눈에 공포가 몰아쳤다. 그는 아멜리아를 보호하려는 듯이 끌어안았다.

아팠다. 배리는 아멜리아의 아버지였다. 배리한테서 아멜리아를 지킬 필요는 없었다.

형의 눈에 한랭 전선이 밀려들었다. "대체 여기서 뭘 하는 거야?"

"당연히 내 가족을 만나러 왔지." 배리가 간단히 대답했다. 형에게 적대적인 태도를 보일 필요는 없었다. 배리는 인생을 되찾을 생각이었다. 그런 다음에는 애덤이 따돌림을 당하게 될 것이다. 그러니 애덤을 불쌍하게 여겨야 했다.

"아멜리아, 방으로 가 있으렴."

아멜리아는 낮춰둔 조리대 위에 언제든 쓸 수 있도록 준비해둔 그릇과 케이크 믹스를 바라보았다. "그래도, 아빠…."

삼촌이지. 배리는 그렇게 생각했지만 아무 말도 하지 않았다. 상관없었다. 머잖아 아멜리아도 누가 아빠인지 알게 될 테니까.

"아멜리아, 부탁이야." 애덤이 조용히 부탁했다. 아멜리아는 고개를 끄덕이고 문으로 향했다.

배리는 아멜리아가 지나갈 때 그녀의 부드러운 머리카락을 흩뜨려놓왔다. 아멜리아는 그의 손길을 피했다. 배리는 이해할 수 있었다. 아이를 탓할 생각은 없었다. 아멜리아는 그를 몰랐다. 곧 알게 되겠지만.

"당신은 여기 오면 안 돼. 알잖아."

배리의 아내가 팔짱을 끼고 섰다.

배리는 그녀에게 다가갔다. "리사, 우린 대화가 필요해."

리사가 물러섰다. "무슨 대화?"

"우리에 관한 대화."

배리는 모터 달린 휠체어 소리를 들었다. 애덤이 주방으로 들어왔다. 그 소리 하나만으로도 집을 찾아가보라고 응원했던 알렉스의 말이 맞았음이 확인됐다. 리사가 행복할 리 없었다.

배리가 리사를 이 감옥에 가두었다. 이제는 그가 리사를 풀어주어야 했다.

"배리, 당신과 나 사이에 '우리'는 없어."

"자기야, 다시 노력해보면…."

"그렇게 부르지 마." 리사가 쏘아붙였다.

"당장 나가." 애덤이 말했다.

배리는 형을 돌아보았다. "형하고는 아무 상관도 없는 일이야. 우리 둘 사이 문제라고."

애덤이 소파 오른쪽의 전화기로 손을 뻗었다. 배리가 몸을 돌려 전화기를 쥐고 벽에 연결돼 있던 전화선을 뜯어냈다.

"배리, 이게 무슨…."

"아내랑 둘이서 얘기 좀 하겠다는데, 내가 너무 많이 바라는 건가?"

"리사는 네 아내가…."

"우린 이혼했어, 배리. 기억나?" 리사가 조용히 말했다.

배리가 그녀를 돌아보았다. 손에는 여전히 전화기를 들고 있었다. "당신이 이혼할 수밖에 없었다는 거 이해해, 리사. 이젠 내가 뭘 잘못했는지 알고 있어. 난 대가를 치렀고."

리사는 슬퍼 보였다. 후회하는 것 같았다. "백만 년이 지나도 당신이 우리한테 저지른 일의 대가를 치를 수는 없어."

"하지만 우리는 다시 '우리'가 될 수 있어. 기회만 주면 내가 보여줄…."

리사가 애덤을 향해 고갯짓했다. "아니, 나는 '우리'를 말하는 거야."

배리가 그녀에게 다가가 그녀의 위팔을 붙들었다. "내가 한 짓을 보상하자고 당신이 형과 평생 감옥살이를 하게 할 수는 없어. 죄책감 때문에 저 자식이랑 지내면 안 된다고."

리사는 움찔하더니 그의 손길을 떨쳐냈다. "왜 그런 식으로 생각해?"

"저 자식을 봐." 배리가 내뱉었다. "저 자식은 불구자라고. 난 당신이 인생을 포기하게 놔둘 수 없어. 당신도 우리가 함께여야 한다는 걸 알고 있잖아."

"이 새끼야!" 애덤이 화를 냈다.

"넌 빠져 있어, 좆같은 도둑 새끼야."

리사는 배리의 손이 닿지 않는 곳으로 물러났다. 그녀에게서 느껴지는 익숙한 향기를 견딜 수 없을 것만 같았다. 그녀는 늘 이터니티 향수를 썼다.

배리의 아내가 그의 형 곁에 섰다. 그녀의 목소리는 친절하고 연민에 차 있었다. "배리, 이젠 그만 정리하고 잊을 시간이야. 더 이상 '우리'는 없어. 당신 자신을 위해서 다른 인생을 만들어야 해."

그녀의 말은 부드럽고 인내심이 가득했다. 아이들에게 채소를 먹으라고 설득할 때 쓰는 말투였다.

배리는 그녀의 진실한 눈을 마주 보았다.

눈길을 돌리던 그에게 문득 들어올 때 놓쳤던 모습이 들어왔다. 사진이었다. 벽난로 위에 가족사진이 놓여 있었다. 교묘하게 각을 잡아 휠체어를 가렸지만 턱시도와 부케는 3D 영화에서처럼 선명하게 두드러졌다. 리사의 미소도 잘 보였다. 배리는 그 미소를 알고 있었다.

배리는 다시 눈을 떴다.

리사는 애덤의 어깨에 손을 얹은 채 그의 곁에 서 있었다. 고통도, 후회도, 고개 숙인 모습도, 죄책감도 없었다. 그저 사실뿐이었다.

애덤의 손이 리사의 손을 찾아 꽉 쥐었다. 함께함을, 단합을 과시하는 동작. 리사의 다른 손, 금팔찌가 채워진 손이 보호하려는 듯 그녀의 배에 얹혀 있었다.

그 순간 배리의 세상은 끝났다. 알렉스가 줬던 모든 희망이 그의 영혼 속에서 죽어버렸다. 배리의 몸은 뼈와 근육, 장기가 없는 껍데기처럼 느껴졌다. 아무것도 없었다.

알렉스가 틀렸다.

배리는 나란히 서 있는 두 사람을 보았다. 한때 배리가 가졌던 모든 것을, 배리의 집과 아내와 딸을 가진 그의 형. 불구가 된 형이 배리에게서 인생을 전부 빼앗아 갔다. 그가 배리를 지워버렸다. 밤에 리사와 한 침대에 누워 아직도 옛 아내에게 감정을 품고 있는 배리를 비웃는 그가 상상됐다.

익숙한 붉은 안개가 자욱해졌다. 배리는 그 안개를 오랜 친구처럼 반갑게 맞이했다. 그는 지난 세월 동안 그 안개와 거리를 두는 기술을, 최대한 그 안개를 다스리는 기술을 연마해 왔다. 하지만 지금은 그 안개를 끌어안았다.

주방 벽 바깥에 있는 모든 것이 녹아내려 진공 상태가 됐다. 바로 여기, 지금 이곳. 존재하는 것은 그것뿐이었다. 대참사가 찾아왔고 달리 남은 것은 아무것도 없었다.

배리는 천천히 그들에게로 다가가 애덤에게 손을 내밀었다.

배리는 형의 상체에서 긴장감이 사라지는 것을 보았다. 애덤은 끝났다는 걸 알고 있었다. 배리도 알고 있었다.

애덤은 악수를 받아들이려고 손을 들었다.

그 순간 배리는 권투장에서 무자비한 트레이너에게 훈련받은 대로 오른손을 단 한 번 매끄럽게 움직여 애덤을 휠체어에서 끌어내리고 땅에 내팽개쳤다. 애덤은 관자놀이를 제대로 조준한 발길질에 의식을 잃었다.

"이 씹새끼." 배리가 내뱉었다.

리사는 겨우 헛숨을 들이켰다. 곧 배리의 왼손이 그녀의 목을 움켜쥐어 그녀를 조용히 시켰다. "개같은 배신자 년."

배리는 그녀를 벽에 밀어붙이고 그녀의 눈을 들여다보았다. 물에 빠져 죽기 직전에 그렇다던가? 리사와 함께 보낸 그의 인생 전체가 머릿속에 펼쳐졌다.

리사의 눈에서는 두려움과 증오심이 드러났다. 잘됐다.

아내의 공포는 배리의 온몸 세포를 하나하나 가득 채우고 있는 분노의 먹잇감이 됐다. 그의 손가락까지 이어진 모든 신경이 만족감을 원했다. 배리가 어쩔 수 없이 참아내야 했던 것들을 이 두 사람도 겪어야 했다.

배리의 두 손이 한때 애무하고 입 맞추고 깨물었던 살을 움켜쥐었다.

그는 리사의 얼굴에 침을 뱉었다. "이 바람이나 피우는 역겨운 창녀 같으니라고. 네가 날 이렇게 만든 거야."

그는 부드러운 피부를 꽉 쥐었다. 리사와 그녀의 태어나지 않은 아기에게 생명을 주는 숨구멍을 조였다.

리사는 마구 팔을 휘둘렀다. 그녀의 폐가 공기를 찾아 비명을 질렀다. 절박하게.

배리는 더욱 세게 힘을 주었다. 그의 시선이 그녀를 태워버릴 것 같았다. "배⋯. 리⋯."

그녀의 숨결에 실린 이름이 곧장 그의 심장을 겨누었다. 배리도 그 한숨을 기억하고 있었다. 하지만 이런 식은 아니었다.

눈물이 왈칵 솟았다. 이미 일그러진 그녀의 얼굴이 흐려졌다. 배리의 왼손이 그녀의 목을 놓았다. 그의 오른손 주먹이 그녀의 관자놀이를 후려쳤다.

"씨발년아⋯."

제기랄. 배리는 지금도 그녀를 사랑했다.

리사는 기침을 하고 침을 튀겨댔다. 그녀는 손으로 자기 목을 붙들었다. "아메⋯."

지금이라도 배리는 리사의 모든 잘못을 용서할 수 있었다. 그녀의 실수를 받아들일 수 있었다. 그 순간, 배리는 리사가 어디로 가는지 보았다.

리사는 의식을 잃고 꼼짝하지 않는 불구 남편에게 가려고 발버둥 치고 있었다. 그녀의 손톱이 카펫에 파고들었다.

"넌 절대로 우리 딸을 다시 볼 수 없을 거야." 배리가 리사의 뒤통수를 걷어차며 말했다.

배리는 거실 문을 닫고 나와 계단 위에 대고 소리쳤다. "괜찮아, 아멜리아. 이제 내려와도 돼. 어서, 아빠한테 와."

34

아파트는 메리힐 쇼핑 단지 주변부의 작은 땅에 있었다. 3층짜리 건물에서는 서쪽으로 푸드코트 입구가 보이고 동쪽으로는 붐비는 페드모어 가의 대로가 보였다.

킴은 이게 대체 무슨 마케팅 전략인지 궁금해졌다.

"전에 가본 동네보다는 낫지 않아요?" 브라이언트가 말했다.

여기저기 싸질러놓은 욕설이나 오줌 냄새만 없으면 어디든 그들이 들렀던 아파트 단지보다는 한 단계 나아진 동네였다.

브라이언트는 문을 두드리고 기다렸다. 킴은 뭔가가 벽에 부딪히는 쾅 소리와 욕하는 소리를 들었다. 체인이 풀리고 한 남자가 문을 열었다. 킴은 하마터면 그를 알아보지 못할 뻔했다.

크리스 젱스 순경이 진흙 색깔의 운동복 바지를 입고 있었다. 대학교 티셔츠는 로고 오른쪽에 얼룩이 져 있었다. 다듬지 않은 까칠한 수염은 색이 짙고 빽빽했다.

킴과 브라이언트를 본 그의 얼굴에 놀란 표정이 떠올랐다.

브라이언트가 몸을 앞으로 숙였다. "들어가도 될까요?"

"아, 네…. 그럼요." 젱스는 한 걸음 물러나 문을 활짝 열며 말했다.

킴은 서로 몸이 닿지 않으면 두 사람도 지나갈 수 없는 좁은 복도로 들어갔다. 창문이 없는 데다 에너지 절약형 전구의 어둑한 빛도 도움이 되지 않았다. 닫힌 문 두 개가 작은 공간을 완전히 고립시켰다.

킴은 집의 크기에 비하면 지나치게 많아 보이는 장난감들을 조심스럽게 돌아갔다. 그녀는 이 땅굴 같은 복도 끝의 환하게 밝혀진 방으로 향했다. 그곳이 거실인 것 같았다.

"앉으세요…." 젱스는 색칠 공부책 두 권과 사인펜이 들어 있는 상자 하나를 치우며 말했다.

킴은 그가 치워준 자리에 앉았다. 브라이언트는 소파의 반대쪽 끝에 앉았지만 불편한 듯 움직이다가 엉덩이 밑 어딘가에서 리모컨을 치웠다.

젱스는 리모컨을 받아 들고 나서도 계속 서 있었다.

"뭘 좀 드릴까요…? 커피라든지, 차라든지…."

킴은 고개를 저었다.

"징계 청문회 때문에 오신 건가요?" 그가 두 손을 비틀어대며 물었다.

"아뇨, 다른 일이 있습니다." 브라이언트가 말했다.

킴과 브라이언트는 징계 청문회와 아무 상관이 없었다. 젱스와 와일리는 둘 다 정식 조사를 앞두고 정직을 당한 상태였고 그 문제는 두 사람의 상관들이 처리할 일이었다.

"가정 학대 신고로 레너드 던의 집에 간 적이 있죠?" 브라이언트가 물었다.

젱스는 하나 있는 의자에 앉았지만 모서리에만 걸터앉아 있었다. 그는 여전히 리모컨을 쥔 채 고개를 끄덕였다.

"네, 겨우 두어 달 전입니다. 왜요?"

킴은 기꺼이 브라이언트에게 주도권을 맡기고 방을 둘러보았다.

아이들에게 기습당한 것 같은 집이었다. 자갈로 장식된 난로는 어린이 보호용 그물로 가려져 있었다. 아마도 벽난로를 장식했을 꽃병들은 오목한 책장 위에 거추장스러운 모습으로 놓여 있었다. 책과 음반 사이 사이에는 칼폴 약병*과 기저귀 가방, 딸랑이 두 개가 있었다.

"레너드 던 학대 사건에 연루된 사람이 한 명 더 있었습니다."

브라이언트에게서 킴에게로, 다시 브라이언트에게로 눈을 돌리는 젱스의 입이 떡 벌어졌다.

브라이언트가 말을 이었다. "어느 정도까지 연루됐는지는 모르지만 학대 장면을 촬영할 때 그 사람이 있었다는 건 확실합니다."

젱스가 머리를 쓸어 넘기며 이마를 문질렀다. "제기랄."

"그날 밤 뭔가 눈치챈 게 있는지 알고 싶은데요. 누가 거기 있었는지 알아내는 데 도움이 될 만한 거라면 뭐든 좋습니다."

젱스의 눈이 바닥으로 향했다. 그는 고개를 젓기 시작했다. "아무것도 없었습니다. 그러니까, 그냥 일상적인 업무였거든요…. 그건…."

"말해 봐." 킴이 말했다.

젱스가 고개를 끄덕였다. "일곱 시 삼십 분쯤에 전화를 받았습니다. 시끄러운 소리가 들린다는 이웃의 신고였죠. 그 집에 가보니까 대문에서부터 던이 소리치는 소리가 들리더군요. 제가 문을 두드렸는데…."

● 어린이용 코막힘 치료제

"던이 뭐라고 소리쳤어?" 킴이 물었다.

젱스는 생각에 잠겼다. "대문에서는 알아들을 수 없었지만, 학교 선생이 어쩌고 하는 얘기였던 것 같습니다."

킴은 고개를 끄덕이고 그에게 계속 말하라고 손짓했다. 아마 학교 선생이 데이지의 행동에 관해 부모들과 처음으로 이야기해보려 했을 때의 일일 것이다. 킴의 기억이 맞는다면 그 여자는 세 번 대화를 시도해본 뒤 경찰에 신고했다. 그 덕분에 사회복지국의 도움을 받아 수사가 진행됐지만 체포는 그로부터 거의 두 달 뒤에나 이루어졌다.

"레너드가 문을 열었습니다. 아직도 화가 나 있는 게 보이더군요. 그때 던 부인은 통화를 하고 있었어요."

"누구랑 통화하고 있었는지 아나?"

젱스는 고개를 끄덕였다. "로빈 뭐라던데요. 오빠였던 것 같습니다. 와일리가 던을 주방으로 데려갔고 저는 던 부인하고 같이 거실로 들어갔어요. 던 부인한테 전화를 끊고 얘기하자고 했죠."

"던 부인은 뭐라고 했지?"

"그냥, 남편이 열정이 과한 선생 때문에 화가 났다고 했어요. 그 이상 설명하지는 않았습니다."

그때까지는 교과서적인 답변이었다. 경찰관들은 상황을 진정시키려고 두 사람을 떼어놓았다.

"우리가 도착하니까 모든 일이 아주 빠르게 진정됐어요. 저는 던 부인에게 폭력이 있었느냐고 물었고 던 부인은 아니라고 우겼습니다. 남편을 신고하고 싶은지 물었는데 싫다더군요. 던 부인은 그냥 어쩌다 말다툼이 커졌을 뿐이라고만 했습니다."

킴은 선생의 진술을 떠올렸다. 그녀는 이 사건이 일어난 시기가 선생이 던 부부에게 처음으로 이야기해보려 했을 때라는 사실을 알고 있었다. 선생은 아이들에 대한 걱정을 입 밖에 낼 겨를도 없이, 아이들을 집까지 데려다주었다는 이유로 엄청나게 화가 난 레너드 던에게 쫓겨났다.

젱스가 말을 이었다. "와일리는 다른 방에서 레너드 던과 이야기하고 있었습니다. 겨우 15분쯤 있었을 거예요. 우리가 그 집을 나설 때는 모든 게 조용했습니다."

"아이들도 그 집에 있었나?"

젱스는 고개를 끄덕이며 처음으로 고통스러운 표정을 지었다. "소파에 같이 앉아 있었어요. 데이지가 동생을 끌어안고 있었죠."

킴은 브라이언트의 핸드폰이 주머니 안에서 진동하는 소리를 들었다. 브라이언트가 손으로 핸드폰을 덮었다. 킴의 핸드폰에서도 메시지가 왔다는 신호가 울렸다. 제기랄, 킴의 팀원들은 그녀가 어디에 있는지 알고 있었는데 말이다.

브라이언트의 핸드폰이 다시 울렸다. 킴은 복도 쪽을 고갯짓했다.

브라이언트가 방을 나갔다.

"그럼 다른 건…?"

"아시잖아요, 경위님. 제 머릿속에는 도저히 움직일 수 없는 그림이 새겨져 있습니다." 그가 말했다. 그의 눈은 여전히 방 한가운데에 있는 곰 인형에 붙박여 있었다. "지금 와서 돌이켜보면 그 아이는 저를 빤히 바라보기만 했어요. 데이지 말입니다. 강렬한 눈빛이었어요. 저한테 뭔가 말해주려는 것 같았죠. 이런 생각이 맞는 건지, 아니면 지금 알고 있는 것 때문에 제가 그 눈빛을 상상하는 건지조차 모르겠습니다."

잠깐이지만 킴은 그에게 그 생각이 맞다고 말해주고 싶은 충동을 느꼈다. 킴도 그 시선을 정면으로 받아봤으니까.

하지만 젱스는 일자리와 경력, 아직 어린 가족들의 생계를 책임지기 위해 싸움을 벌이고 있었다. 유급 정직은 휴가가 아니었다. 그는 용의자를 구타했고 그에 상응하는 결과가 있을 터였다. 레너드 던이 쓰러져 있을 때 그를 정신 못 차리게 걷어찬다고 해서 바뀌는 건 아무것도 없었다. 젱스는 상황을 더 잘 읽었어야 했다는 사실을 이미 알고 있었으며 킴도 다른 조언을 할 수는 없었다.

복도에서 브라이언트가 욕하는 소리가 들렸다. 그가 킴의 눈에 보이는 곳으로 들어와 이리 오라고 손짓했다.

킴은 젱스에게 고개를 끄덕이고 일어섰다.

"뭡니까?"

"우리가 가봐야겠습니다, 대장."

"대체 무슨…?"

"브라이얼리 힐의 주차 빌딩에서 사건이 발생했대요."

킴이 핸드폰을 꺼냈다. 그녀와 브라이언트에게 전화를 걸다니, 신고 접수 경찰관은 대체 무슨 생각인 걸까?

브라이언트가 킴의 손에 자기 손을 얹었다. "더들리에서 시위가 벌어지는 바람에 경찰 전체가 손이 묶였습니다."

최근, 영국 수호 연맹과 더들리의 이슬람교 거주자들 사이에 새로운 모스크 건설 계획을 놓고 수많은 폭력 사태가 벌어지고 있었다.

"상황이 안 좋아요. SNS에 온통 그 얘깁니다. 양측이 모두 폭동에 참여하라고 지지자들을 불러 모으고 있어요. 지금까지 일곱 명이 다쳤습니다."

킴은 끙 소리를 냈다.

브라이언트가 한쪽 눈을 치켜떴다. "대장, 뭐라고 하는 건 아닌데요. 지금 이 사건, 자살로 이어질지도 몰라요. 다른 선택지가 있는데 우릴 불렀을 거라고 진심으로 생각하시는 건 아니죠?"

킴은 이제 그녀의 등 뒤에 서 있는 젱스를 돌아보았다.

"알았어, 젱스. 오늘은 이쯤 해둘게. 혹시라도…."

"제가 막을 수는 없었던 거죠, 경위님? 그러니까, 제가 할 수 있는 일은 아무것도 없었잖아요. 아닙니까?"

킴은 할 말이 없었다.

35

"내가 운전하죠." 킴이 브라이언트를 빠르게 스치고 지나가며 말했다.

"이번만큼은 안 그래도 부탁드리려 했습니다."

킴은 시동을 걸고 앞길을 막는 것은 무엇이든 따라잡으며 경광등을 번쩍이고 사이렌을 울렸다. 그들은 기록적인 시간 안에 브라이얼리 힐의 가장자리에 도착했다.

"비켜!" 킴은 검은색 레인지로버를 향해 소리쳤다. 차에 타고 있는 여자가 핸드폰으로 통화를 하고 있었다.

"저 여자한테 딱지를 끊어주고 싶은 마음이라는 건 알지만요, 대장. 급한 일부터 처리하죠."

킴은 그 자동차를 돌아가 비상 경계선에 차를 세웠다. 제복 경찰관 두 명이 그곳을 지키고 있었다. 재빨리 살펴보니 현장에 나와 있는 경찰은 그들뿐이었다.

4층짜리 건물은 지은 지 기껏해야 여섯 달밖에 되지 않았다. 근처 쇼핑단지의 공짜 주차장에서 손님들을 꾀어내려는 마을 재생 계획의 하나로 지어진 곳이었다. 차량 진입로는 앞쪽에 있었지만 비상 경계선은 주차장을 오른쪽에 두고 쭉 이어진 측면 도로 맨 위쪽에 설치돼 있었다.

킴은 불어나는 사람들을 뚫고 어두운 측면 도로를 따라 달려가다가 중간에 멈춰 섰다.

그녀는 어둠 속을 올려다보았다. 가로등 덕분에 주차장 맨 위층이 보였다. 어떤 사람이 금속 울타리를 넘어 있어서는 안 될 곳에 매달려 있었다.

브라이언트가 그녀를 따라잡았다. "치안보조관 네 명이 방금 도착했습니다. 둘이 입구를 지키고 있고 둘은 주차장에 사람이 없는지 확인하느라 두 번째로 순찰을 하는 중입니다. 목격자 말로는 저 사람이 지금까지 12분째 저기 있다네요."

"정확한 겁니까?"

브라이언트가 고개를 끄덕였다. "네, 핸드폰으로 녹화하고 있던데요."

어련하실까. "저 사람이 뭔가 요구하는 게 있습니까?"

브라이언트는 고개를 저었지만 평상복을 입은 남자가 비상 경계선에서 그들을 보며 소리치는 바람에 말이 끊겼다. 끝내주는군. 바로 저런 고함이 필요했는데.

"저 머저리가 뭐라는지 보고 오세요."

브라이언트가 비상 경계선으로 달려갔다. 킴은 협상 전문가가 도착할 때까지 남자를 제자리에 붙들어둘 만한 모든 전략을 떠올렸다. 경찰에는 소란을 최소화하며 뛰어내릴지도 모르는 사람을 설득해서 내려오게 하는 특수한 훈련을 받은 경찰관들이 있었다. 킴은 자기가 입을 열면 남자가 살고자 하는 의지를 잃고 즉시 추락하리라는 사실을 알고 있었다. 그녀는 자살 직전이 아닌 사람들과 이야기하는 방법도 잘 몰랐다. 이건 아니었다.

"대장, 이쪽은 하드윅 하우스의 데이비드 하드윅 씨입니다. 저 사람을 아신대요."

남자는 킴보다 키가 5센티미터쯤 컸고 수심에 잠긴 듯한 표정으로 숨을 헐떡이고 있었다. "길게 말씀드릴까요, 짧게 말씀드릴까요?"

"뭐, 이제 올라간 지 15분쯤 됐으니 짧은 쪽이 낫겠습니다."

브라이언트가 킴의 팔을 건드렸다. "저는 가서 간단히 상황을 알려주고 오겠습니다." 브라이언트가 비상 경계선 쪽을 고갯짓하며 말했다. 순찰차 두 대와 구급차 한 대가 방금 그들을 따라잡은 터였다.

"저 사람은 배리 그랜트입니다. 한 시간쯤 전에 저한테 전화를 걸어서 돌아오지 않을 거라며 자기 물건을 이렇게 저렇게 나눠주라고 하더군요. 자기는 너무 끔찍한 짓을 저질러서 살아갈 자격이 없다고 했습니다."

"무슨 짓을 했는데요?"

남자는 어깨를 으쓱했다. "모르겠습니다. 하지만 하드윅 하우스의 어떤 친구가, 배리가 이곳을 이상적인 자살 장소라고 말했던 걸 생각해냈어요. 그래서 배리를 찾을 수 있을까 싶어서 와봤습니다. 배리한테 계속 전화를 걸었는데 핸드폰이 꺼져 있었거든요."

킴은 고개를 들었다. "다시 거실 필요는 없겠습니다. 딱히 받을 수 있는 상황은 아닌 것 같으니까요. 무슨 사연이 있습니까?"

"배리는 몇 달 전 교도소에서 석방됐습니다. 아내와 불륜을 저지른 형에게 중상해를 입혀 수감됐었죠. 배리가 형을 휠체어에 의지해야 하는 신세로 만들었거든요."

"대단하시네."

"배리는 전직 권투 선수라 사람 치는 방법을 잘 알고 있습니다. 배리는 아무 말썽도 일으키지 않고 형기를 마쳤고 자기가 저지른 일을 진심으로 후회하는 것처럼 보였습니다. 그래서 하드윅 하우스에 받아준 거예요."

킴은 하드윅 하우스가 뭔지 잘 몰랐지만 어디선가 그 이름을 들은 기억이 났다.

"저 사람이 죽고 싶다는 얘기를 한 적이 있습니까?"

"전혀요. 배리는 교도소 밖의 인생에 잘 적응하고 있었습니다. 우리는 배리에게 자동차 운전하는 일을 구해줄 생각이었고 배리는 과거의 삶이 끝났다는 사실을 받아들이는 것처럼 보였어요."

"그런데 뭐가 변한 겁니까?"

데이비드가 당황한 듯 고개를 저었다. 킴은 고개를 돌려 브라이언트가 다른 사람 한 명을 데리고 다가오는 것을 보았다.

"젠장, 장난합니까?" 킴은 손 박사의 익숙한 모습을 보고 내뱉었다.

손 박사는 킴에게 고개를 까딱했다. "경위님."

"손 박사님." 킴도 알은체 했다.

브라이언트는 어깨를 으쓱하고 킴 옆에 섰다. 데이비드가 박사에게 소식을 전해주었다.

"손 박사 말로는 저 사람이 자기한테 전화를 걸었다는군요. 손 박사가 이 보호소인지, 하룻밤 하우슨지 뭔지에서 무료 봉사를 하는 모양입니다."

"그래요?" 킴이 놀라서 물었다. 브라이언트가 고개를 끄덕이며 어깨를 으쓱했다.

킴이 걸음을 옮기자 브라이언트가 뒤따랐다. "지금 상황은 어떻습니까?"

"음…. 협상 전문가는 버밍엄 반대편에서 다른 상황을 처리하고 있습니다. 칼을 든 알코올중독자가 아내를 집 밖으로 내보내지 않고 있대요." 브라이언트가 손목시계를 보았다. "협상전문가가 지금 당장 거기서 출발한다고 해도 교통 상황을 생각하면 최소 40분이 걸릴 겁니다."

그렇지. 5시 30분에 도시 중심부를 지난다는 건 쉬운 일이 아니었다. "제기랄. 다른 상황은요?"

"기자들이 도착하고 있습니다. 다들 목격자를 인터뷰하느라 바쁩니다. 목격자들은 지금까지 벌어진 상황을 신나서 풀어놓고 있고요. 이 구역은 최대한 청결을 유지하는 곳이라 혹시 저 사람을 치울 일이 생길 때를 대비해서 청소업체도 오고 있습니다."

브라이언트가 무감정한 사람이라서 이런 말을 하는 것이 아니었다. 남자가 추락할 수 있다거나 어느 시점에 일부러 뛰어내릴 수 있다는 건 인정하든 말든 사실이었다.

빠르게 살펴보니 기자들이나 구경꾼들이 길 끝에서 멋진 사진을 찍을 수 있다는 걸 알 수 있었다. 사진 찍을 만한 일이 벌어지지 않는다면 실망한 분위기마저 감돌겠지.

킴은 비상 경계선에 잔뜩 몰려 있는 신난 얼굴들을 힐끗 보았다. 잠깐은 그 사람들을 지금 있는 자리에 계속 있도록 해줄까 하는 생각이 들었다. 운이 좋아서 남자의 뼈가 막대 과자처럼 부서지는 충격적인 장면을 목격할 수 있다면 그들은 몇 달 동안 꿈속에서 그 순간을 다시 보는 즐거움을 경험하게 될 것이다. 킴이 그럴 기회를 빼앗은 건 단지 경찰의 업무 절차 때문이었다.

"브라이언트, 두 번째 비상 경계선을 쳐야 합니다. 저 사람들을 모퉁이 뒤쪽으로 이동시키세요."

브라이언트는 킴에게서 몇 발짝 물러나 점점 불어나는 형광 재킷 경찰관들에게 큰 소리로 명령을 내렸다.

"제가 가서 얘기해볼게요." 알렉스가 처음으로 킴에게 말을 걸었다.

"박사님이야말로 정신과 약을 먹어야 하는 것 아닙니까?"

브라이언트라면 분명 더 전문가다운 반응을 했겠지만 킴에게는 그럴 시간이 없었다.

알렉스는 주위를 둘러보며 미소 지었다. "어쩌다가 엿듣고 말았는데…. 경위님은 별 선택지가 없으신 것 같은데요. 저는 배리를 알아요. 제 말이라면 들을 거예요."

킴은 박사의 말을 무시하고 돌아섰다.

브라이언트가 돌아왔다. "저 사람이 떨어지는 걸 막을 만한 뭔가가 필요해요."

고개를 끄덕인 킴은 어떤 아이디어가 떠올랐다. 최근에 그녀는 경찰관들이 바운시 캐슬°에 바람을 넣고 예상 충돌 지점에 놔둔다는 보고서를 읽은 적이 있었다. 배리는 주차장 전체를 두르고 있는 난간에 올라가 있었기 때문에 겨우 60센티미터 정도만 움직여도 바운시 캐슬에서 완전히 빗나갈 수 있었다.

"경찰관들을 가게로 보내세요. 정원에 펼쳐놓는 천막을 최대한 많이 구해 오라고 하십시오." 킴은 높이를 가늠해보았다. "충분히 구해 오면 모서리를 따라서 쭉 천막을 설치할 수 있을 겁니다. 고층 건물은 아니니까 저 사람이 떨어져도 천막 때문에 충격이 줄어들 겁니다."

"죽지는 않을 정도겠네요."

"바로 그겁니다."

브라이언트가 비상 경계선의 경찰관들에게 무전으로 명령을 내렸다.

"저기 계신 프로이트 박사님이 가서 얘기해보겠다더군요. 저 사람과 그의 과거를 알고 있다면서요."

브라이언트가 주위를 둘러보았다. "우린 딱히 선택지가 없는 것 같은데요, 대장. 지금도 시간이 째깍째깍 흘러가고 있어요."

킴은 그 계획이 마음에 들지 않았지만 쓸 수 있는 방법이 사라져가고 있었다.

"손 박사는 경찰에 등록된 사람이 아닙니다, 브라이언트. 상상할 수 있을지 모르겠는데, 혹시…."

"지금은 대장이 손 박사를 돌려보낸 이유에 대해 변명하는 장면이 떠오르는데요."

● 속에다 팽팽하게 공기를 채워 그 위에서 아이들이 뛰어놀 수 있는 놀이 기구.

가끔은 브라이언트야말로 그녀에게 필요한 사람이었다.

킴은 돌아섰다. "박사님, 올라가시죠. 제가 함께 가겠습니다."

"경위님, 저 혼자 가는 편이…."

"꿈도 꾸지 마십시오. 자, 따라오세요."

킴은 난간을 넘어가 엘리베이터와 계단이 있는 주차장 한가운데의 기둥으로 빠르게 움직였다. 알렉스가 그녀의 곁에서 함께 뛰었다. 엘리베이터는 꺼져 있었다. 누군가 아래층으로 접근해 꼭대기 층으로 가는 일을 막기 위해서였다. 치안보조관들이 킴에게 길을 비켜주었다.

킴은 한 번에 두 단씩 계단을 올라갔다. 박사는 쉽게 그녀와 속도를 맞추었다.

"계획이 뭡니까?" 킴이 물었다.

"아직 없어요. 어쩌다가 이런 일이 촉발된 건지조차 모르니 일단 상황을 봐야죠. 말만 하지 마세요. 제가 뭐라고 하든 입을 열지 마세요."

킴은 이를 악물었다. 그녀는 상황이 좋을 때도 누가 이래라 저래라 하는 것을 좋아하지 않았다. 이 여자한테 그런 짓을 당하다니 도저히 참을 수가 없었다.

로비에서 탁 트인 주차장 꼭대기 층으로 나서는 순간 킴은 진눈깨비가 살짝 섞인 얼음장 같은 바람을 맞았다. 킴은 뒤쫓아온 알렉스가 배리 그랜트의 상체가 보이는 쪽으로 가도록 내버려두었다. 배리는 주차장 바깥쪽을 마주 보고 있었고 그의 두 발은 10센티미터가 조금 넘는 난간에 올라가 있었으며 등 뒤로 돌린 두 팔은 미늘 판자 모양의 금속을 붙들고 있었다. 그가 떨어지지 않은 건 단지 권투로 단련된 두 팔의 근육 때문이었다.

"안녕, 배리. 괜찮아요?" 알렉스는 배리가 타고 넘은 울타리에 두 팔을 얹고서 물었다.

"건드리지 마."

알렉스는 두 손을 들었다. "안 건드릴게요. 하지만 봐요, 나랑 단둘이 보내는 시간을 그렇게까지 원했다면 그냥 그렇다고 말했으면 됐을 거예요. 그럼 내가 어떻게든 방법을 찾아 냈을 텐데요."

킴은 박사의 노래하는 듯이 침착한 목소리에 놀랐다. 이 남자의 목숨이 문자 그대로 그녀의 손에 달려 있다는 기색도, 떨림도 전혀 없었다.

킴은 잠시 시간을 들여 이 상황의 물리적 조건을 살폈다. 배리가 넘어간 울타리는 그의 날갯죽지까지 닿았다. 그를 붙든다고 해도 킴은 자신과 키가 거의 같은 울타리 너머로 배리를 끌어 올릴수 없었다. 그녀가 할 수 있는 건 배리를 꽉 잡고서 버티는 것뿐이었고 중력은 그녀의 편이 되어주지 않을 터였다.

"그럼, 오늘 하루가 어땠는지 이야기해볼까요? 내가 먼저 말하고 싶긴 한데, 보아하니 당신의 하루가 내 하루보다 더 거지 같았나 봐요."

배리는 아무 말도 하지 않고 계속 앞만 보았다.

"얼른요, 배리. 내가 아무 이유 없이 저 계단을 뛰어 올라온 건 아니죠? 최소한 뛰어내리기 전에 얘기는 해줘요. 내가 볼 당신의 마지막 모습이 저 아래에서 산산조각 난 것이라면 최소한 무슨 일이 일어난 건지라도 알고 싶어요."

그는 대답이 없었다.

"내 말은, 날 좀 봐요. 조잡하고 낡은 옷에 화장도 안 했어요. 이런 상태로 남자를 만나러 집을 나선 적은 한 번도 없다고요. 한번 봐요."

배리는 그녀의 말대로 했다. 킴은 박사가 배리와 눈을 마주치고 그의 시선을 아래쪽의 단단한 땅에서 떼어놓았다는 걸 알아챘다. 영리했다.

"그래서, 지난번에 이야기한 후로 무슨 일이 있었던 거예요?"

배리는 대답하지 않았지만 눈을 돌리지도 않았다.

"어서요. 상황이 이렇지만 분명히 약속하죠. 정신과 의사들은 입이 무겁답니다."

배리는 약하게 미소 지었고 킴은 그게 둘만의 농담일 거라고 생각했다.

"집에 갔어요." 그가 조용히 말했다. 킴은 그제야 한숨 돌렸다. 배리가 최소한 입을 열었으니까.

"그 사람들을 봤어요?"

배리는 고개를 끄덕이고 다시 땅으로 시선을 돌렸다. "끝났어요."

"뭘 봤는데요?"

"그 여자를 봤어요. 정원을 정리하고 있더군요. 잡초도 뽑고 뭣도 하고. 아주 좋아 보였어요. 그때 아멜리아가 몸을 꽁꽁 싸매고 나왔죠. 너무 아름다운 아이였어요. 참 사랑스럽더라고요. 난 잠시 길 건너에서 그 모습을 지켜봤어요. 거기에 내 가족이 있었어요. 꼭 나를 기다리고 있던 것만 같았죠. 난 박사님이 했던 말을 떠올렸고…."

"바보 같은 일을 한 건 아니죠, 배리?"

킴은 데이비드에게서 받은 대략적인 정보를 통해 이야기에 등장하는 인물들을 파악할 수 있었다. 그녀는 배리가 자기 가족을 되찾으려고 집으로 간 모양이라고 추측했다. 하지만 빌어먹을, 아이가 있다는 얘기는 아무도 안 해줬는데.

"난 그런 일이 계속 벌어지게 놔둘 수 없었어요, 알렉스. 난 내 가족을 파괴했어요. 세상에, 내가 대체 어떻게…."

킴은 배리의 목소리에 실린 감정을 알아들을 수 있었지만 그가 한 나머지 말은 바람에 섞여 날아갔다. 알렉스가 난간을 더 세게 쥐는 것처럼 보였다. 킴은 박사가 뭐든 제대로 알고 하는 것이기를 바랐다. 지금 배리는 킴과 손 박사가 처음 도착했을 때보다 훨씬 더 불안정해 보였다.

킴은 등 뒤에서 뭔가 움직이는 소리를 듣고, 돌아보지 않고도 그게 지원하러 온 제복 경찰관들이라는 걸 알아차렸다. 알렉스도 느낀 게 틀림없었다. 그녀는 돌아서서 살짝 고개를 저었다. 킴이 다가오는 경찰관들에게 손을 뻗어 자기 등 뒤에 웅크리고 있으라고 신호했다.

남자는 여전히 난간에 매달려 있었다. 아직은 괜찮았다.

알렉스가 킴 쪽을 힐끗 보았다. 킴은 자기 입술을 톡톡 두드렸다. 배리가 계속 이야기하도록 만들어야 한다는 걸 알렉스가 알아듣기를 바랐다.

"배리, 죄책감을 느낄 필요는 없어요. 당신 삶을 되찾으려는 시도는 이해할 만한 거예요."

배리는 고개를 저었다. "아니, 당신은 이해 못 합니다. 당신은 내가 무슨 짓을 저질렀는지 몰라요. 다들 사라졌어요."

그의 목소리에 깃든 도저히 바꿀 수 없다는 느낌이 킴의 뼛속에 두려움을 때려 박았다. 그녀는 조용히 둘의 목소리가 들리지 않는 곳으로 물러나 계단실 로비로 들어갔다. 그리고 핸드폰을 꺼냈다.

신호음이 두 번 갔을 때 브라이언트가 전화를 받았다. "브라이언트, 근처에서 다른 사건이 벌어졌다는 무전 받은 거 있습니까?"

"네, 세즐리의 가정집에서 불이 나서 폭동 현장에 나갔던 경찰관들이 그쪽으로 배치됐습니다. 한 명은 죽었고 한 명은 위독한 상태입니다."

"그 집에 사는 사람이 둘 뿐이었습니까?"

"네. 왜요?"

"그게 살인 사건이고 범인은 지금 이 사람이라는 확신이 들어서요. 자세한 사항 확인하고 다시 전화해주세요. 세 번째 피해자도 있을 것 같습니다."

킴은 알렉스의 시선이 미치는 곳으로 돌아갔다. 박사는 배리에게 계속 주의를 기울이면서도 시야 한쪽에는 킴이 들어오도록 고개를 살짝 옆으로 돌렸다.

킴은 알렉스가 이해할 거라고 생각되는 유일한 신호를 보냈다. 사망 사건이 관련돼 있다는 것을 나타내기 위해 손가락으로 목을 긋는 시늉을 한 것이다. 알아들은 건지는 몰라도 박사는 전혀 티를 내지 않고 배리에게로 완전히 고개를 돌렸다.

킴의 주머니에서 핸드폰이 진동하기 시작했다. 킴은 다시 로비로 물러났다.

"두 명이 확실하다는데요, 대장." 브라이언트가 확인한 후 말했다.

"그럼 대체 아이는 어디에 있는 겁니까?"

217

36

"무슨 아이요?" 브라이언트가 물었다.

"지금 맨 위층 로비입니다. 올라오세요."

브라이언트가 가볍게 계단을 오르면서 열쇠와 잔돈이 짤랑거리는 소리가 들렸다.

"아이라니, 무슨 얘기예요?"

"저기 저 사람이 장애인이 된 형과 결혼한 옛 아내를 만나러 갔답니다. 아내를 되찾으려고요. 일은 잘 풀리지 않았고…. 생물학적으로 저 사람 딸인 아이가 그 집에 있었습니다."

"세상에…."

"그 데이비드라는 사람한테 연락해서 배리가 어떤 자동차를 모는지 아느냐고 물어보세요. 아이 나이도요. 난 눈에 띄는 뭔가가 있는지 이 층을 훑어보겠습니다."

"혼자서 자동차에 앉아 있는 어린아이를 찾아보겠다는 말씀입니까?"

킴도 그런 아이를 발견할 가능성이 별로 없다는 걸 알고 있었지만 가만히 서서 손 놓고 있을 수는 없었다. "브라이언트, 우리 둘 중에 염병할 비관주의자는 나란 말입니다."

킴은 로비에서 나가 오른쪽으로 방향을 틀었다. 일단은 사건 현장에서 가장 먼 구역부터 살폈다. 킴이 있는 곳에서 보면 배리와 가장 가까운 구역에는 그녀가 찾는 것과 비슷한 자동차가 한 대도 보이지 않았다.

킴은 손 박사와 난간에 올라선 남자 사이의 균형을 방해할 생각이 전

혀 없었다. 하지만 사라진 아이를 찾기 위해 그들에게 더 다가가야 한다
면···. 제기랄, 배리는 뛰어내리게 될지도 몰랐다.

킴은 3분도 채 걸리지 않아 오른쪽 구역 전체를 살펴본 다음 로비에
도착했다. 에번스 경위가 핸드폰으로 통화 하고 있는 브라이언트 옆에
서 있었다.

"내가 수색해줄까? 여기 상황을 내가 맡든지." 에번스가 물었다.

둘은 계급이 같았지만 먼저 도착한 사람은 킴이었다. 이곳은 그녀의
현장이었다.

"여길 맡아줘. 수색은 내가 할게."

에번스가 유리창 반대편에 웅크리고 있는 경찰관 두 명을 가리켰다.
"저 녀석들한테 좀 더 가까이 가보라고 할게. 바람 소리에 기척을 가릴
수 있을 거야. 둘이면 저 사람을 난간에서 끌어올릴 가능성이 커질지도
몰라. 저 박사, 수신호를 이해할 만한 머리는 될까?"

"응. 머리는 좋아."

브라이언트가 전화를 끊었다. "짙은 색의 낡은 몬테고를 찾으면 됩니
다. 트렁크가 있는 차예요. 아이는 네 살입니다. 그리고요, 대장. 배리가
주차장으로 들어올 때 통화 중이던 어떤 아주머니를 칠 뻔했대요. 그 아
주머니 말로는 차에 아이가 없었답니다."

"제기랄." 그렇다면 아이는 다른 어딘가에 있거나 산소 공급이 제한
된 자동차 트렁크에 있었다. "알겠습니다. 방금 정보 뿌려주세요. 1층과
2층은 다른 경찰들에게 맡기고 우리가 3층을 살펴보죠."

"데이비드 말로는 배리의 여동생 린다가 가장 가까운 친척이랍니다.
린다가 여기 와 있어요."

"일단은 지금 있는 곳에 그대로 있으라고 하십시오. 아직은 우리가 해 줄 게 없습니다."

킴은 계단을 지나 아래층으로 내려갔다. 브라이언트는 아래층 사람들에게 정보를 전해준 다음 그녀를 따라잡았다.

"내가 오른쪽으로 갈 테니 경사님이 왼쪽으로 가세요." 킴이 지시했다.

그녀는 복도를 따라 빠르게 달리며 해치백 자동차들을 연달아 지났다. 으스스한 침묵에 감각이 예민해졌다. 아이가 이곳 어딘가에 있다. 틀림없었다. 어떤 상태인지는 전혀 알 수 없었지만. 그녀는 줄지어 선 자동차들을 따라 달리다가 어느 구석에서 트렁크가 있고 색깔이 짙은 자동차를 발견했다. 그녀의 발걸음이 빨라졌다. 가까이 다가가보니 자동차는 몬테고였다. 하지만 신형이었다. 제기랄. 찾은 줄 알았는데. 이 층에는 남아 있는 자동차가 몇 대 없었다.

주차장 문이 홱 열리더니 경찰관 네 명이 나왔다. 둘은 킴에게로 향했고 둘은 다른 방향으로 갔다.

"다른 층들은 절반밖에 차 있지 않습니다, 대장. 아무것도 없어요." 브라이언트가 킴의 옆으로 오더니 말했다.

젠장, 아이는 여기 어딘가에 있을 게 틀림없었다.

"로비부터 시작해서 다시 확인하십시오." 그녀가 지시했다.

"경위님, 이쪽입니다." 해먼드가 소리쳤다.

킴은 주차장 저편, 오른쪽 구석으로 전력 질주했다. 그곳은 위로 올라가는 경사로의 그림자에 잠겨 있었다.

해먼드는 X자 번호판이 달린 남색 몬테고 옆에 서 있었다. 빙고.

"해먼드, 안에 들어갈 방법 있어?" 이 경찰관은 그 어떤 곳에도 들어갈 수 있었다.

해먼드는 주머니에서 자물쇠를 따는 도구들을 꺼냈다가, 그것들을 무시하고 다른 주머니에서 작은 망치를 꺼냈다. "정확해야 합니까, 빨라야 합니까?"

킴은 망치 쪽을 고갯짓했다. "다들 물러서."

두 차례 두드리자 창문이 박살 나며 반짝이는 파편들이 운전석에 비처럼 쏟아졌다. 해먼드가 안으로 손을 뻗어 문을 열었다. 몇 초 만에 그는 핸들 덮개를 뜯어내고 철사로 자동차에 시동을 걸었다.

해먼드가 킴을 돌아보았다. 킴이 고개를 끄덕이자 그가 버튼을 눌렀다.

트렁크 뚜껑이 홱 열렸다.

킴은 겁에 질린 여자아이와 눈을 마주쳤다. 더러운 자동차 트렁크 속 쓰레기들 사이에서 웅크리고 있는 아이의 작은 몸이 두려움에 떨렸다.

킴은 길게 숨을 내쉬었다. 겁은 먹었지만 살아 있었다. 그 정도면 됐다.

브라이언트가 앞으로 나섰다. 아이가 칭얼거리는 소리를 냈다. 아이 눈속에 담긴 두려움이 한층 짙어졌다.

"비켜요, 브라이언트. 내가 하겠습니다."

킴은 트렁크를 내려다보고 서서 주변의 무엇도 보이지 않도록 아이의 시야를 가렸다.

"안녕, 아가야. 나는 킴이야. 넌?"

아이는 킴의 어깨너머를 보고 있었다. 눈이 빠르게 움직였다. 의지할 만한 안전하거나 익숙한 무언가를 찾는 것이다. 아이의 뺨에는 눈물 자국이 남아 있었다.

킴은 두 경찰관과 브라이언트를 돌아보며 비키라고 손짓했다. 그녀는 자세를 낮추고 아이와 눈높이를 맞추었다.

킴은 미소 지으며 속삭이듯 목소리를 낮추었다. "나만 봐, 아가. 이제 다 괜찮아. 여기 있는 사람들은 아무도 널 해치지 않을 거야. 알았지?"

킴은 아이와 계속 눈을 맞추었다. 아이의 눈에서 공포심이 조금 사라졌다. 트렁크 안으로 손을 뻗은 킴은 디젤 연료에 젖은 걸레 조각을 아이의 머리카락에서 떼어냈다. 아이는 움츠러들지 않았으나 눈으로 킴의 모든 동작을 좇았다.

"아가, 린다 고모가 널 데리러 오고 있어. 혹시 어딜 다쳤으면 나한테 말해줘야 해." 눈에 띄게 다친 흔적은 없었지만 확실히 알기 전에 아이를 움직이는 건 절대로 안 됐다.

아이는 살짝 고개를 끄덕였다. 몸을 떠는 것과 거의 구분할 수 없는 동작이었지만 그래도 의사소통은 이루어졌다.

"잘했어. 손가락이랑 발가락은 다 움직여? 한번 흔들어볼래?"

킴은 트렁크를 들여다보고 아이의 손발이 다 움직이는 것을 확인했다.

그녀는 다시 아이와 눈을 맞추었다. 두려움이 잦아들고 있었다. "이름 좀 알려줄래, 아가?"

"아멜리아." 아이가 속삭였다.

"그래, 아멜리아. 정말 잘하고 있어. 몇 살이야?"

"네 살 반."

아멜리아 또래에게는 '반'이 아주 중요했다.

"여섯 살인 줄 알았네! 자, 이제 내가 자동차에서 꺼내줘도 될까?" 기름투성이 공구와 더러운 스펀지들 사이에 누워 있는 아이의 모습은 킴에게 분노를 일으켰다.

아멜리아가 천천히 고개를 끄덕였다.

킴은 안으로 손을 뻗어 아이의 겨드랑이 밑에 조심스럽게 손을 대고 그 조그만 몸을 들어 끌어안았다. 아멜리아는 본능적으로 킴의 머리 뒤로 깍지를 끼고 두 다리로 킴의 허리를 감았다. 아이의 머리가 저절로 킴의 목덜미에 파묻혔다.

"괜찮아, 아멜리아. 다 괜찮을 거야." 그녀는 아이의 머리카락에 코를 묻고 아이를 위로했다. 킴은 자기 말이 맞기를 바랐다.

아이의 눈물이 목덜미에 축축하게 느껴졌다. 아이가 얼마나 많은 소리를 들었을지 궁금해졌다.

그때 로비 자물쇠가 풀리는 소리가 들렸다. 경찰관 두 명, 그러니까 하룻밤 하우스에서 온 남자 한 명과 금발 여자 한 명이 달려왔다.

"아멜리아, 난 이제 가야 해."

아멜리아는 보아뱀처럼 강한 힘으로 킴을 붙들었다.

"괜찮아, 아가. 린다 고모가 왔어."

킴은 온 힘을 다해 그녀에게 달라붙는 네 살짜리를 떼어내 친척의 품에 건넸다.

그녀는 아멜리아의 금발을 한 차례 쓰다듬었다.

"형사님, 감사합니다….."

킴은 이미 주차장을 가로질러 달려가고 있었다. 수색과 구조 전체에 11분도 채 걸리지 않았지만 꼭 몇 시간은 지난 것 같았다.

킴은 한 번에 두 단씩 계단을 올랐다. 에번스 경위가 킴이 있던 자리에 웅크리고 있었다.

"애는 괜찮아?" 그가 속삭였다.

킴은 고개를 끄덕였다. "아래층은 정리됐어?"

"빌어먹을, 가든파티라도 하는 거 같다. 한쪽 끝에 천막으로 가리지 못한 구역이 3미터쯤 있어. 내 밑에 애들 중 가장 쓸모없는 녀석들을 거기 세워놨고. 저놈이 떨어지면 그 녀석들이 막아야 해."

"박사가 들고 있는 건 뭐야?"

"안전띠 한쪽 끝. 박사가 말을 하는 동안 뉴젠트가 슬쩍 박사의 다리에 채워놨어. 박사는 저걸 쓸 줄 아는 것 같고. 단지 저놈한테 채울 기회를 기다리고 있거나, 안전띠를 채울 만한 곳을 찾지 못하는 것 같아."

"반대쪽에 연결된 건 뭐고?"

"뉴젠트의 안전띠." 에번스가 어깨를 으쓱했다. "뉴젠트가 저놈이 떨어지지 못하게 막거나 저놈하고 함께 떨어지겠지."

"지금 이게 맞냐?" 킴이 물었다.

"씨발, 천막이나 치우고 말하지?"

"어휴, 알겠다."

가끔은 손에 넣을 수 있는 걸 가지고 작업을 해야 하는 법이다. 일이 잘못되면 징계 청문회가 열리고, 일이 잘 풀리면 영웅이 된다.

킴은 손목시계를 확인했다. 그녀의 생각이 맞는다면 배리는 45분 동안 난간에 서 있었다. "별로 오래 버틸 수는 없을 거야."

"난 내려가서 차랑 스콘이라도 좀 가져와야겠다."

에번스가 물러나자 킴이 그의 자리를 대신했다. 바람의 속도가 빨라졌다는 건 손 박사와 배리가 나누는 대화를 일부만 알아들을 수 있다는 뜻이었다.

"무슨 소용이… 뛰어내린다고…. 아멜리아는요?"

배리의 대답은 더 이상 들리지 않았다.

"일단…. 설명을…. 판사도…. 이해할 거예요."

지옥 불이 식는 날이 오면 그럴 수도 있을 거라고, 킴은 생각했다.

"배리랑…. 아멜리아가…. 평생…. 함께하는…." 갑자기 바람이 잦아들었다. 침묵은 알렉스의 손에서 쫌쇠가 미끄러져 아래쪽 땅에 떨어지는 소리에 깨졌다.

배리는 움찔했다. 하마터면 난간을 붙잡은 손을 놓칠 뻔했다. 그는 고개를 돌려 난간 너머를 보려고 했다. "방금 뭐였죠? 거기 누가 있어요?"

"아무것도 아니에요, 배리." 알렉스가 침착하게 그를 진정시켰다. "그냥 내가 핸드폰을 떨어뜨린 거예요."

알렉스는 그렇게 말하면서 경찰관 두 명에게 킴이 숨죽인 채 웅크리고 있는 곳으로 물러나라고 손짓했다.

경찰관들은 허락을 구하려고 킴을 돌아보았다. 킴이 고개를 끄덕였다. 배리는 방금 들린 소리에 겁을 먹었다. 당장이라도 떨어질 것처럼 보였다.

경찰관 두 명이 킴 뒤의 원래 자리로 돌아왔다.

배리는 아직도 난간에서 돌아설 수 있을 만큼의 발 디딜 곳을 찾으려 애쓰고 있었다. 알렉스가 경찰관들에게 더 물러나라고 신호했다.

배리는 이제 완전히 돌아서서 난간 너머의 알렉스를 마주 보고 있었다. 경찰관들이 움직이지 않았다면 배리는 3미터쯤 떨어진 곳에 웅크리고 있는 그들 셋을 쉽게 알아봤을 것이다.

킴은 박사가 뭘 제대로 알고서 일 처리를 하는 것이기를 바랐다. 그녀의 기술이 시험대에 오를 참이었다. 지금 이 순간, 손 박사는 혼자였다.

37

이제 그들은 얼굴을 마주 보고 서 있었다. 알렉스가 두 번째로 실망을 겪을 순간이 코앞에 다가와 있었다. 이번 실망감은 유독 실감 났다. 하드윅 하우스는 정말이지 골칫덩어리가 됐다. 셰인을 페더스톤 교도소에 처넣은 지 얼마나 됐다고 이제는 또 다른 빌어먹을 패배자가 그녀의 관심을 끌려 하고 있었다.

알렉스에게는 배리에게 울타리를 다시 건너오라고 이야기할 만한 상황이 세 차례 있었다. 하지만 아직 일이 끝나지 않았다. 그녀는 답을 원했다.

배리가 있는 곳에서는 벽 뒤쪽 킴의 자리가 보이지 않았다. 하지만 알렉스는 필요하다면 지금도 형사와 눈을 마주칠 수 있었다. 아무튼 킴은 둘의 대화를 들을 수 없는 곳에 있었고 알렉스가 원하는 것도 바로 그것이었다. 알렉스는 어떤 방해도 필요하지 않았다.

"경찰이 아멜리아를 찾았어요." 알렉스가 말했다.

배리는 혼란스러워하는 듯했다. "왜 이렇게 오래 걸렸죠? 아멜리아가 어디에 있는지 바로 말해줬잖아요."

아, 그랬지. 맞아, 그랬을 거야. 잠깐 잊었나 보네. 당연히 배리는 알렉스에게 아이의 위치를 바로 알려주었다. 하지만 알렉스는 그 꼬마를 찾겠다고 모두가 자기 꼬리를 쫓아 뱅뱅 도는 모습을 보는 게 무척 즐거웠다. 알렉스는 스톤 경위에게 필요한 정보를 갖고 있었지만 그 정보를 나누지 않기로 했다. 그녀는 살면서 한 번도 뭔가를 나눠본 적이 없었으니까.

"어쨌든 지금은 경찰이 아멜리아를 찾았어요." 솔직히, 알렉스는 눈곱만큼도 관심이 없었다.

"아멜리아는 괜찮아요?"

"배리, 일단은 당신 자신에게 집중해야 할 것 같아요. 아멜리아 얘기는 조금 있다가 해요."

"아멜리아를 보고 싶어요."

그렇게, 배리를 안전하게 난간에서 돌아오게 할 기회가 또 한 번 지나갔다. 그녀는 떠나가는 기회에 손을 흔들어 작별 인사를 했다.

지금은 그녀의 실험에 반응한 연구 대상에게 질문을 던지는 첫 번째 기회였다. 루스의 경우에는 그녀가 한심하게 자백하는 바람에 기회를 빼앗겼다. 킴이 가까이 있을 때는 알렉스도 경계심을 발휘했다. 형사의 존경심을 얻어내는 게 그녀에게는 중요한 일이었다. 그러나 둘이서만 이야기를 나누는 지금은 자료 수집이야말로 그녀에게 가장 중요한 일이었다.

"기분이 어때요, 배리?"

배리는 눈에 띄게 창백해졌다. 알렉스에게는 지금까지 펼쳐진 일들이 감히 꿈꾸지도 못할 만큼 멋진 일들이었다. 사람을 조종하는 그녀의 능력이 너무도 강력해 그렇게까지 높은 수준의 폭력을 끌어낼 수 있었다니 A+ 감이었다. 아이까지 그 폭력을 당했다면, 그리고 배리가 이렇게 사람들의 시선을 끄는 자살극을 펼치지 않았다면 더욱 완벽한 결과였겠지만 알렉스는 주어진 상황에서 최선을 다할 생각이었다.

"그때가 기억나지 않아요." 배리는 고개를 저었다. "내가 무슨 짓을 한 건지는 알겠는데 실제로 그 행동을 했던 게 생각나지 않아요. 아멜리아를 집 밖으로 끌고 나왔던 건 생각나요. 애가 울어서 당황하는 바람에 아멜리아를 자동차 트렁크에 집어넣었어요. 그런 다음에는 집으로 돌아가서 불을 질렀죠. 그냥 그곳에서 벌어진 일의 흔적을 전부 지우고 싶었어요. 세상에, 대체 무슨 생각이었는지 모르겠어요."

배리가 알렉스와 눈을 마주쳤다. 알렉스는 그 눈 안에서 꼴사나운 희망의 그림자를 보았다. "그 둘, 죽은 거죠?"

"그럼요, 배리. 둘은 죽었어요." 킴 스톤의 수신호로는 누가 죽었는지 알 수 없었지만 누군가 죽은 건 분명했다. 게다가 알렉스는 배리에게 살아갈 이유가 없어지는 편이 더 좋았다.

"그래서, 뭐 때문에 자살을 생각하게 된 거예요? 그냥 잡혀서 벌을 받을까 봐 겁이 났나요?"

부디 그렇다고 말해. 알렉스는 기도했다. 잡힐지도 모른다는 공포는 그저 배리가 저지른 행동의 결과에 대한 걱정이었다. 그 행위가 미칠 영향에 대한 공포. 그건 후회와는 완전히 달랐다.

배리는 잠시 생각했고 알렉스는 기대감을 감추느라 애썼다. 그녀는 배리를 잡고 흔들어서라도 그의 입에서 답을 토해내게 만들고 싶었다. 그녀에게 필요한 것은 단 하나의 유의미한 결과뿐이었다.

배리가 고개를 끄덕였다. 알렉스는 하마터면 손을 뻗어 그에게 입을 맞출 뻔했다. 배리가 해냈다. 알렉스의 주장을 입증했다. 극악무도한 범죄를 아무 죄책감 없이 저질렀다. 알렉스의 모든 실패와 실망에도 다 그럴 만한 가치가 있었다.

배리는 계속 말했다.

"처음에는 그랬죠. 아직도 내가 저지른 일이 당황스러웠고 다시 교도소에 들어가게 된다는 생각을 견딜 수가 없었어요. 하지만 여기에 올라오고 나니 기억이 돌아오기 시작했어요. 리사의 얼굴이 보이더라고요. 두려움과 증오심으로 가득 차서 헐떡이는 그 얼굴이."

배리의 왼쪽 눈에서 눈물 한 방울이 새어나와 그의 뺨에 흘러내렸다. 다른 눈물도 몇 초 안에 이어졌다. 그는 덩치만 큰 아기처럼 울고 있었다.

역겨움이 알렉스의 몸을 휩쓸었다. 단 한순간, 배리는 알렉스가 거둔 승리였다. 알렉스가 찾아다니던 그 결과였다. 잠깐은 그가 알렉스의 생각이 맞았음을 증명해주었다. 하지만 지금은 그의 표정 구석구석에 죄책감이 어려 있었다.

"아, 배리. 그건 참 안됐네요."

"내가 어떻게 리사에게 그런 짓을 할 수 있었는지 모르겠어요. 난 리사를 사랑해요. 애덤은 내 형이고요. 어떻게 두 사람이 죽도록 놔둘 수 있었을까요? 대체 난 어떤 인간이기에 사랑하는 사람들에게 그런 짓을 한 거냐고요? 아멜리아는 나 때문에 엄마도 없이 크게 될 거예요."

이건 알렉스가 의도한 결과가 아니었다. 그녀는 배리의 실패에 실망감을 느꼈다. 알렉스는 유의미한 결과를 얻을 기회와 실망감을 함께 놓아버렸다. 이번이 두 번째였다. 그녀의 연구가 그 빌어먹을 죄책감이라는 천형 때문에 망가졌다.

하, 세상에. 그녀는 실망감이 끔찍이도 싫었다.

"아니, 그렇지는 않을 거예요, 배리."

"뭐라고요?"

"아멜리아는 엄마 없이 크지 않을 거라고요."

그 말도 안 되는 희망에 배리의 눈이 다시 휘둥그레졌다. "그 말은 리사가….”

알렉스는 고개를 저었다. “내 말은, 아멜리아가 아예 크지 못할 거라는 뜻이에요. 아멜리아는 자동차 트렁크 안에서 죽었어요. 당신은 딸마저 죽인 거예요, 배리. 모두 떠나버렸어요.”

알렉스가 한 말은 조용하면서도 치명적이었다. 완벽한 절망이 배리의 얼굴에 떠올랐다.

그는 알렉스의 눈을 들여다보며 진실을 찾으려 했다. 살짝 끄덕이는 알렉스의 고갯짓에 배리는 답을 얻었다. 알렉스는 배리가 저지른 행위의 중대함을 비출 수 있도록 자기 눈에 한기가 돌게 놔두었다.

배리는 난간을 놓고 땅으로 떨어졌다.

“배리, 안 돼요!” 그녀는 배리 쪽으로 손을 뻗으며 소리쳤다. 아무 의미 없는 몸짓이었다. 그녀는 배리가 손을 놓아버린 게 좋았다.

킴이 달려왔다. “대체 무슨 일입니까?” 그녀는 난간 너머를 보며 소리쳤다.

알렉스는 주차장 가장자리에서, 아래쪽 광경에서 돌아섰다. 충격받은 표정을 꾸며냈다.

킴이 그녀의 팔을 거칠게 잡고 돌려세워 마주 보았다. 킴의 몸이 분노로 떨렸다. “말해요. 방금 대체 무슨 일이 있었던 겁니까?”

“아, 세상에…. 이런…. 믿을 수가 없어요…. 아, 이럴 수가….”

“배리가 뭐라고 했습니까? 왜 뛰어내린 거예요?”

알렉스는 떨리는 두 손을 비틀어댔다. “모르겠어요, 저도 무슨 일이 일어난 건지 모르겠다고요. 아마 자기가 저지른 짓을 깨닫고 더는 살 수 없었던 것 같아요.”

알렉스는 형사가 자기 말을 믿지 않는다는 걸 알아챘다.

"하지만 배리는 자기가 저지른 짓을 이미 알고 있었습니다. 거의 한 시간 전에 박사님한테 자기가 무슨 일을 했는지 말했잖아요. 나도 들었습니다. 그런데 지금에 와서 뛰어내리다뇨?"

알렉스는 눈물 몇 방울을 끌어냈다. "모르겠어요."

킴은 입을 열었지만 핸드폰이 울리는 소리에 말을 멈추었다.

"네, 브라이언트?"

킴은 몇 초 동안 귀를 기울이다가 난간 너머를 쳐다보았다. "말도 안 돼. 그게 통했어요?"

킴이 브라이언트의 대답을 듣더니 핸드폰을 끄고 재킷 주머니에 다시 넣었다.

"천막 덕분에 배리가 추락사하는 걸 막을 수 있었다는군요. 죽지 않았답니다. 아직은."

"정말 다행이에요." 알렉스가 속삭였다. 하지만 그녀의 마음은 비명을 지르고 있었다. 씨발, 씨발, 씨발!

킴은 그녀의 팔을 붙잡았다. "같이 가시죠. 우리 둘 다 질문에 답해야 합니다."

알렉스는 형사가 자기를 안내해 가도록 놔두었다. 이번 한 번만이었다.

38

와일리 순경의 집은 50년대에 지어진 방 세 개짜리 건물로 한쪽 벽이 옆집과 붙어 있었다. 깔끔한 현관이 건물에서 불쑥 튀어나와 있고 색 바랜 마른 꽃이 장식품으로 놓여 있었다. 날씨는 건조했고 앞뜰에는 그해 들어 처음으로 깎은 풀 냄새가 배어 있었다.

킴은 와일리 부인이 남편의 자유 시간을 다가오는 은퇴를 위한 훈련 시간으로 잘 활용하고 있나 보다고 생각했다.

"그래도 나오니까 좋죠?" 브라이언트가 문을 두드리며 말했다.

킴은 동의한다는 뜻으로 고개를 끄덕였다. 배리 사건으로 작은 숲 하나 분량은 되는 서류 작업을 해야 했기에 그들은 하루 대부분을 바쁘게 보냈다.

남색 면바지와 운동복을 입은 여자가 문을 열었다. 축축한 풀잎 몇 개가 그녀의 바짓단에 붙어 있었다. 어쩌면 남편을 훈련 시키던 게 아니었는지도 몰랐다.

그녀는 얼굴이 둥글었으며 상냥한 인상이었다. 말아 올린 헤이즐넛 색깔의 머리카락이 귀밑으로 2센티미터쯤 내려와 그 얼굴을 감싸고 있었다.

"어떻게 도와드릴까요?"

"저는 브라이언트 경사입니다. 이쪽은 스톤 경위님이고요. 남편분과 이야기 좀 해도 될까요?"

여자의 표정이 살짝 변했다.

"남편은 휴가 중인데요."

브라이언트는 기회를 놓치지 않았다.

"사건에 관한 질문 두어 가지면 되는데…."

"바버라, 들어오시라고 해." 복도 끝에서 와일리가 외치는 소리가 들렸다.

킴은 들어가서 집 안쪽에 있는 와일리의 자리로 향했다. 두 번째 거실은 작은 주방 옆에 있었다. 공간 자체는 작았지만 짐이 별로 없었고 단하나 있는 의자가 창문을 마주 보고 있었으며 그 의자와 짝을 맞춘 2인용 소파가 주방과 공간을 나누고 있었다.

킴과 브라이언트는 동시에 자리에 앉았다. 아늑했다.

"정직 중이라는 얘기를 안 하신 겁니까?" 와일리가 문을 닫자마자 브라이언트가 물었다.

와일리는 고개를 끄덕이며 하나 있는 의자에 앉았다. "그럴 필요가 없죠. 걱정하게 하고 싶지 않습니다."

그는 안경을 벗어 의자 왼쪽의 작은 탁자에 올려놓았다.

"바버라는 42년 동안 청소부로 일했습니다. 내가 은퇴할 날만 손꼽아 기다리고 있어요. 집 대출금은 다 갚았고 우리가 저금해둔 돈에 내 연금을 더하면 그럭저럭 살 만할 겁니다."

"얘기를 안 하고 얼마나 버티실 수 있을 것 같은데요?" 브라이언트가 물었다.

"모르죠. 경찰에서 이번 일이 나와는 아무 상관도 없다는 걸 곧 알아주길 바라고 있습니다. 내가 젠스를 막을 수 있는 것도 아니었으니까."

킴은 그의 침착한 태도에 놀랐다. 와일리는 징계 청문회의 결과보다는 아내의 책망을 훨씬 더 걱정하고 있었다.

문이 열리자 브라이언트가 앞으로 나와 앉았다. 바버라가 들어왔다.

"차 드릴까요? 커피도 있고….”

브라이언트는 고개를 저었다.

"설탕 뺀 밀크 커피로 부탁드립니다.” 킴이 말했다. 와일리는 대화가
이어지는 동안 아내에게 다른 할 일이 있기를 바랄 테니까.

킴은 이 경찰관이 불쌍했다. 일할 나이가 됐을 때부터 평생을 경찰에
바쳤는데 다른 사람의 행동 때문에 명예롭게 은퇴할 수 없을지도 모른
다니.

바버라는 문을 열어놓고 나갔다. 와일리가 일어나 문을 닫았다. 문간
에 그림자가 스쳤다.

"하, 아가씨. 그런 차림으로는 못 나가지요.” 와일리가 그림자를 위아
래로 훑어보며 말했다.

킴이 목을 쭉 빼고 보니 열여덟 살 정도 되는 여자애가 계단을 내려오
고 있었다. 몸에 딱 붙는 검은 치마는 폭이 행주 정도밖에 되지 않았다.
검은 스타킹과 가죽 재킷, 귓불 가운데에 찬 귀걸이가 패션을 완성했다.

킴이 보기에 그렇게 심한 복장은 아니었다. 아이가 살의를 담아 아버
지에게 역겹다는 눈길을 던지는 것을 보니 그녀도 같은 생각인 듯했다.
아이는 와일리에게 아무 말도 하지 않고 어머니에게 뭐라고 중얼거리더
니 현관을 나섰다.

와일리는 한숨을 쉬고서야 문을 닫더니 하나 있는 의자에 앉았다.

놀라웠다. 킴은 저 바깥, 블랙컨트리의 거리에서는 와일리가 존경과
복종을 끌어내는 인물이라는 점을 알고 있었으니까. 그는 법을 수호하

는 경찰관으로서 즉각적인 권위를 누리는 사람이었다. 그러나 자기 집에서 그는 아내에게 거짓말을 하고 딸에게는 아무런 통제력을 행사하지 못하는 인물이었다.

"아무튼, 레너드 던의 집에 갔던 날 밤에 대해 더 알고 싶습니다." 킴이 대화를 이어나갔다.

와일리의 코에 주름이 잡혔다. "할 얘기가 없어요, 정말입니다. 그냥 일상적인 가정폭력 사건이었어요."

킴은 다른 말을 기다렸다. 아무 말도 나오지 않았다.

"사건에 연루된 다른 사람이 있어서, 우린…."

"다른 사람이라니, 무슨 뜻입니까?"

와일리가 앞으로 나와 앉으며 물었다.

"지하실에 말입니다. 던이 데이지를 학대했을 때요."

와일리가 휘파람 소리를 냈다. "세상에."

브라이언트가 소파 앞쪽으로 미끄러지듯 나왔다. "레너드 던의 집에 방문했던 두 달 전 그날 밤 이야기를 해주실 수 있다면 좋겠습니다. 젱스와는 이미 이야기했습니다. 젱스 말로는 부부가 학교 선생 때문에 싸우고 있었다더군요. 달리 해주실 말씀은 없습니까?"

와일리는 천장을 올려다보았다. 그때 바버라가 킴에게 줄 커피를 가지고 들어왔다. 킴은 바버라가 문을 닫고 나가기 전에 고맙다는 뜻으로 그녀에게 고개를 끄덕였다.

"차 마실 때쯤에 신고가 들어왔습니다. 운전은 젱스가 했고요. 젱스가 그 집 위치를 알고 있어서 몇 분 만에 도착했죠. 우리가 도착했을 때까지도 던이 계속 소리를 질렀던 건 확실합니다."

"당신이 던을 주방으로 데려갔죠?"

"네, 일반적인 절차였습니다." 그가 변명하듯 말했다.

"네, 그럼요." 브라이언트가 말했다. "레너드가 주방에서 뭐라도 얘기했습니까?"

"그냥, 데이지가 어딘가 잘못됐다고 얘기하려던 그 선생에 대해 분통을 터뜨렸습니다. 나도 그 녀석한테 공감하는 부분이 있었어요. 우리 딸로라도 학교에서 학습 문제가 있다는 얘기를 들었는데 아주 말도 안 되는 소리였거든요. 어떤 선생들은 다른 사람 일에 너무 간섭합니다. 아무튼, 난 그냥 레너드 던을 진정시키고 나도 같은 생각이라고 말해줬어요."

"젱스 말로는 그 집에 도착했을 때 던 부인이 통화 중이었다던데요?" 브라이언트가 물었다.

"네, 누구랑 통화한 건지는 모르겠지만요. 내가 레너드 던을 다시 거실로 데려가기 전까지 던 부인과 애들은 젱스가 맡았어요."

"젱스는 데이지가 어떤 눈길을 던졌다고 했습니다. 아이가 자기한테 뭔가 말해주려 했다고 생각하던데요. 와일리 순경은 아무것도 눈치채지 못했습니까?"

와일리가 눈알을 굴려댔다. "그건 젱스의 망상입니다. 아이들을 잠자리로 보낸 건 나였어요. 난 아무 눈길도 못 봤습니다." 그가 너그럽게 미소 지었다. "젱스는 어린 녀석이에요. 사방에서 뭔가 보았다고 생각하죠. 아이들은 고함 소리 때문에 좀 긴장해 있었지만 평범하지 않은 건 하나도 없었습니다."

킴은 자리에서 일어났다. 여기서는 아무 정보도 얻을 수 없었다.

브라이언트도 킴을 따라 일어났다. "음, 뭐라도 떠오르면⋯."

"아, 방금 기억난 게 있습니다. 레너드가 그렇게까지 불안해하던 이유 말이에요. 그건 선생이 집에 찾아와서였습니다. 네, 맞아요. 레너드는 선생이 아이들을 집에 데려다줬기 때문에 화가 나 있었습니다."

밖으로 나오자 킴이 브라이언트를 돌아보았다.

"수사 도중에 케빈이 그 선생과 면담했죠?"

"네, 맞습니다."

"흠, 그분을 다시 만나볼 가치가 있겠는데요." 킴은 기운이 나는 것을 느끼며 말했다.

어쨌든 뭔가 알게 됐으니까.

지하실에 있었던 사람이 웬디가 아니라는 건 이미 알고 있었다. 하지만 선생이 처음으로 그 집에 들렀을 때 자기가 염려하는 것을 얘기했다면 웬디 던은 남편을 변호했을까? 만일 그렇다면 웬디 던은 지하실에 있던 사람의 정체를 알고 있을까?

답이 필요한 질문이었다.

39

킴은 차를 세웠다. 세찬 바람이 자동차를 흔들어댔다. 킴은 자기 몸을 끌어안은 채 그대로 잠시 앉아 있었다.

경찰관으로서 훈련을 받기 시작한 첫 날부터 킴은 사람들이 저지른 범죄에 대해 대가를 치러야 한다고 굳게 믿었다. 경찰로서 경력을 쌓는 내내 해결되지 않은 모든 사건은 모두 아물지 않는 상처처럼 느껴졌다. 그녀는 정상 참작이라는 것을 믿지 않았다. 모든 것은 흑 아니면 백이었다. 저지른 짓이 있으면 대가도 치러야 하는 것이다.

킴은 앨런 해리스의 살인에 손 박사가 어떤 식으로든 연루됐다고 생각했고 그 생각을 브라이언트가 미쳤다고 여긴다는 걸 알고 있었다. 마음 한편으로는 그녀도 브라이언트와 같은 생각이었다. 하지만 배리 그랜트 사건만은 도무지 이해되지 않았다.

결국 배리가 추락하기는 했지만 그 일로 킴이 조사를 받을 리는 없었다. 다들 그녀가 '긍정적인 결과를 이끌어내기 위해 합리적으로 실행 가능한 단계들'을 모두 밟았다고 생각했으니까. 어쨌든 정원 천막을 세우겠다는 아이디어 덕분에 킴과 배리가 모두 곤경을 피할 수 있었다. 아멜리아를 찾아낸 것도 도움이 됐다.

손 박사는 정원 천막을 칠 때까지 배리를 난간에 능숙하게 잡아두었다는 이유로 윗사람들에게 점수를 땄다.

객관적으로는 킴도 이해할 수 있었다. 하지만 킴은 그 현장에 있었다. 배리와 박사의 대화가 끝을 향해 갈수록 배리는 말이 많아졌고 활력이 생겼다. 자기 목숨을 끊기 직전인 사람의 태도로는 보이지 않았다. 킴은 투신을 시도하는 다른 사람들도 본 적이 있었다. 그때는 1분 1초가 중요했다. 거의 한 시간이나 매달려 있다가 굳이 뛰어내리는 사람은 본 적이 없었다.

킴은 뒷좌석에 있는 개를 돌아보았다. "좋아, 바니. 알려줄게. 누가 오는 게 보이면 한 번 짖는 거야."

그녀는 차에서 내려 금속 대문을 지나 묘지로 들어갔다. 언덕을 올라가자 거리 쪽 불빛이 모두 희미해졌다. 그녀는 계속 오솔길을 따라가다가 일주일 전 알렉스와 함께 앉았던 벤치에 이르렀다. 당시에 그들은 몇 걸음을 걸어 올라갔으므로 킴은 그 자리에서부터 수색을 시작했다. 그녀는 주머니에서 손전등을 꺼내 묘비 몇 줄을 따라 움직였다. 짧게 끝나버린 인생들에 슬픔이 느껴졌다.

킴은 언덕 맨 아래까지 갔다가 다시, 더 천천히 올라가며 확인했다. 벤치와 같은 높이에 늘어선 묘비들에 다시 도착했을 때 킴은 10년이 채 되지 않은 묘비는 하나도 없으며 남자 한 명과 아이 둘이 잠들어 있는 곳은 확실히 없다는 것을 알게 됐다.

그녀는 언덕 맨 위 동생의 무덤을 향해 입맞춤을 보냈다.

40

알렉스는 코츠월드의 매력을 알 수가 없었다. 코츠월드에는 '뛰어나게 아름다운 지역'이라는 이름이 붙어 있었지만, 알렉스는 졸음에 겨운 마을을 연달아 지나고 나서 '아름다운'이라는 말을 '지루한'이라는 말로 바꿨다. 그녀의 여행은 부톤 온 더 워터에서 끝났다. 이 지역에서 화석이 많이 발견된다는 글을 읽었던 게 떠올랐다. 마을 중심부를 힐끗 보니 그런 화석 대부분이 지금도 이곳에 살아 있는 것 같았다.

돌로 지은 건물들이 거리 양옆에 서 있었다. 개인이 소유한 이 가게들은 200년은 장사를 해왔을 터였다. 간단히 살펴보니 눈에 들어오는 체인점은 하나도 없었다. 코스타나 스타벅스조차. 알렉스에게는 그 이상의 설명이 필요 없었다. 대체 이 인간들은 어떻게 살아남은 걸까?

다른 건 몰라도, 65킬로미터짜리 여행은 배리 그랜트가 줬던 실망감을 성공적으로 씻어냈다. 처음에는 배리가 사랑하는 아내와 형을 살해하려 했다는 소식에 마음이 한껏 들떴는데.

살을 에는 바람을 맞으며 주차장 꼭대기에 서 있던 잠깐 동안 알렉스는 배리야말로 그 사람이 될 수 있을 거라고 느꼈다. 진정한 소시오패스는 도덕적 책임감을 결코 느끼지 못한다. 절대로 타고난 본성을 거부하고 죄책감을 느낄 수 없다. 그녀의 실험에는 딱 한 번의 성공만이 필요했다. 죄책감이라는 본능을 거부할 단 한 사람. 잠깐이지만 배리는 그녀가 거둔 성공이었다.

그런데 그가 다시 입을 열었다.

'붉은 안개'가 어쩌고 하면서 떠들어대는 그의 한심한 투덜거림과 그가 느꼈다는 압도적인 죄책감에 알렉스는 배리를 직접 밀어버리고 싶은 충동을 느꼈다. 다행히 알렉스는 딸이 죽었다는 거짓말만으로도 배리를 자극해서 그녀가 원했던 행동을 하게 만들 수 있었다.

알렉스는 배리가 떨어지고도 살아났다는 말을 듣고 놀랐지만 그게 전부였다. 배리는 생명 유지 장치에 의존해야 했다. 기계 덕분에 간신히 살아있는 처지였다. 죽지는 않았지만 죽음과 그리 멀지도 않았다. 의사들은 어떤 회복도 기대하지 않았다. 그거면 충분했다.

배리에 대한 실망감은 킴에 대해 느껴지는 흥분 덕분에 잦아들었다.

그 형사는 더 깊이 파봐야겠다는 강박감이 느껴지는 감질나는 프로젝트였다. 알렉스가 아무 가망도 없는 이 오지에 찾아온 건 킴에 대한 흥미 때문이었다.

알렉스는 약속 장소로 향했다. 아침과 브런치, 점심, 오후의 차와 커피 등 하루 종일 음식을 제공하는 가게였다. 알렉스는 그 가게 주인을 위해서라도 카푸치노와 파니니라는 이국적이고 새로운 발명품을 상상해줄 생각이었다.

그녀는 허리 높이의 대문으로 들어갔다. 실외의 탁자에 앉아 있는 사람은 뒤통수를 따라 한쪽 귀에서 다른 쪽 귀까지 머리카락이 조금 이어져 있을 뿐 머리가 완전히 벗어진 땅딸막한 남자 한 명뿐이었다. 그는 코끝에 안경을 걸치고 있었으며 들고 있는 킨들*에 정신이 팔려 있는 듯했다. 그의 왼손에는 담배가 들려 있었다. 그가 밖에 나와 있는 이유가 설명됐다.

알렉스는 그가 틀림없을 것이라고 생각하며 탁자로 다가갔다. "헨리 리드 씨?"

남자가 올려다보며 미소 지었다. 그가 일어나서 손을 내밀었다. "손 박사님?"

알렉스는 대답 대신 미소 지었다.

남자가 다시 앉았다. "밖에서 얘기해도 괜찮으셨으면 좋겠네요. 저는 니코틴이라는 약물에 끔찍하게 중독돼 있거든요. 그 덕분에 이제는 이 사회의 추방자가 되고 말았습니다."

---

* 전자책을 읽기 위한 전자기기의 한 종류.

괜찮지 않았다. 가끔 비치는 햇살에 바람이 누그러지기는 했지만 이곳은 여전히 시리도록 추웠다. 하지만 알렉스는 이 남자에게서 바라는 것이 있었으므로 장단을 맞춰주었다.

"그럼요. 마실 것을 한 잔 더 가져다 드릴까요?"

"라테 한 잔 부탁드립니다."

알렉스는 안으로 들어가 라테 두 잔을 주문했다. 돈을 내자 점원은 음료를 밖으로 가져다주겠다고 했다. 그녀가 자리에 앉자 남자가 읽던 전자책을 탁자에 내려놓았다.

"디킨스를 전자책으로 읽다니 누가 상상이나 했겠습니까?"

알렉스는 미소 지었다. 그런 문제는 어쨌든 관심 없었다.

"아무튼, 손 박사님. 정확히 어떻게 도와드리면 될까요?"

알렉스는 이런 상황에서라면 아첨이 잘 통할 거라고 판단했다. "제가 어떤 주제를 탐구하다가 리드 씨 책을 우연히 알게 됐어요. 이 분야에 엄청난 통찰력을 제공해주는 작품이라더군요. 제가 읽은 모든 리뷰에 리드 씨 책이 아주 획기적이었다고 적혀 있었어요."

이 말은 부분적으로만 사실이었다. 알렉스는 리뷰를 하나도 찾을 수 없었다. 그녀는 마이클 스톤이라는 이름을 찾아보았고 신문 기사에서 엄청나게 많은 정보를 얻었다. 위키피디아의 짧은 글귀에 젊은 기자가 그때의 사건을 담은 책을 자비 출판했다는 이야기가 적혀 있기는 했지만 어디에서도 그 책을 찾을 수 없었다. 책이 없으니 작가에게 접근하기로 했다. 알렉스의 눈앞에 있는 이 남자는 사건이 아직 따끈따끈하던 28년 전에 그 사건과 가까운 인물들을 인터뷰했으니까.

남자는 알렉스의 말을 듣고 기분이 좋아진 듯 어깨를 으쓱했다. "누군가는 그 사건에 대해 이야기해야 할 것 같았어요. 독자들은 생각이 달랐고 책은 다 합해서 700권밖에 팔리지 않았지만 말이죠."

종업원이 무쇠 탁자에 기다란 유리 머그잔을 놓아두자 알렉스가 고개를 끄덕였다.

"그래서 어떻게 도와드리면 될까요, 박사님?"

"알렉스라고 불러주세요." 그녀는 미소 지으며 말했다. 이 남자에게서 최대한 많은 정보를 얻어내고 싶었다. "저한테 어떤 환자가 있거든요. 당연히 자세히 말씀드릴 수는 없지만 그 환자도 리드 씨 책에 기록된 것과 유사한 트라우마를 겪어왔어요. 20년도 더 전에 쓰인 책이지만 저는 리드 씨가 도움을 주실 수 있겠다고 생각했고요."

"그럼요. 제가 할 수 있는 일이라면야 얼마든지 도와드려야죠."

알렉스는 그의 불그레한 두 뺨이 더욱 붉어졌다는 것을 눈치챘다. 됐다, 아첨이 통했다.

"어디부터 시작할까요?"

"편하신 부분부터 얘기해주세요." 리드가 계획된 경로에서 벗어나면 알렉스가 그의 방향을 다시 틀어놓을 터였다.

"당시에 저는 스물세 살이었습니다. 더들리에 있는 〈익스프레스 앤드 스타〉 지부에서 일하고 있었죠. 6월 둘째 주 일요일만 해도 저는 네더튼에서 열린 학교 행사의 복권 당첨자에 관한 기사를 쓰고 있었어요. 그런데 그다음 날에는 블랙컨트리 역사상 가장 끔찍한 아동 방임 사건을 다루게 됐죠. 이틀 뒤에는 펜스넷의 공장에서 화재가 일어나 소방관 세 명이 사망하면서 이 이야기가 언론의 관심에서 멀어졌지만요."

"하지만 리드 씨는 그렇게 빨리 관심을 거두지 않으셨군요?"

리드가 고개를 끄덕였다. "저는 젊었고, 기자로서의 이상에 가득 차 있었어요. 답해야 할 질문이 많이 있다고 생각했죠. 어쩌다가 그런 일이 일어날 수 있었는지 알고 싶었어요. 누가, 혹은 무엇이 잘못된 건지 말이죠. 그래서 저는 틈이 날 때마다 이웃과 친구들, 사회복지사 등 저와 이야기를 하려는 사람들과 대화했어요. 정신과 의사들의 진술을 수집하고 모든 이야기를 짜 맞췄죠.

재판은 그다지 선풍적이지 않았고 언론의 관심도 별로 받지 못했어요. 이후로는 딱히 누구도 관심을 보이지 않는 것 같았고요. 사건을 자세히 조사하라는 대중의 외침도 없었고 그런 상황이 당국의 입맛에도 딱 맞았죠. 저는 제가 수집한 자료를 전부 모으면 책 한 권이 될 거라는 걸 깨달았어요. 어떤 출판사에서도 관심을 보이지 않기에 자비로 출판했던 겁니다."

알렉스는 이 정도면 충분히 인내심을 발휘했다고 생각했다. "사건 얘기를 좀 더 해주실 수 있을까요?"

리드는 음료를 다 마신 후 다시 입을 열었다.

"패트리셔 스톤은 문제가 있는 아이였어요. 아버지는 집시였는데 집시가 아닌 아내를 얻었죠. 패트리셔가 다섯 살이 됐을 때 아버지가 가족을 버리고 집시들에게 돌아갔어요. 패트리셔는 열일곱 살에 행인들을 무작위로 구타하다가 브롬스그로브 근처의 수용소에 수감됐고요. 패트리셔를 수용소에 넣은 건 그 애의 어머니였어요. 딸을 그냥 수용소에 두고 갔다는군요. 먹여 살릴 입이 하나 줄었다는 사실에 마음을 놓았다고 해요. 그때에야 의사들이 시간을 내서 패트리셔를 살펴보고 패트리셔를 조현병으로 진단했습니다. 가장 효과적인 약물 혼합법을 찾아내 중상을 안정화하기까지 5년이 걸렸어요. 그때쯤 패트리셔는 스물두 살이었습니다.

진단을 받고 나서 얼마 지나지 않아 대처 정부에서 불행한 사건이 일어났어요. 약 20년 동안 지지부진하던 지역사회 보건 계획이 속도를 내기 시작한 겁니다. 수많은 수용소들이 문을 닫았고 심하게 아픈 사람들 일부가 지역사회에 버려졌어요. 지역사회에서는 아직 그들을 받아줄 준비가 돼 있지 않았는데 말입니다."

알렉스는 입을 열지 않았다. 그녀는 대처 정부가 고마웠다. 그 덕분에 불안정한 정신이 무한히 공급되었다. 구식 수용소 같은 곳들도 잡혀 있는 실험 대상을 연구 목적으로 제공하는 데에 쓸모가 있었지만 대처 정부의 새로운 방식도 나쁘지 않았달까.

리드가 그런 정부의 정책에 한탄하는 동안 알렉스는 1950년대 미국의 유사한 환경에서 벌어진 실험을 떠올렸다. 이완 카메론 박사는 CIA의 자금을 받아 '패턴 지우기' 이론을 연구했다. 그의 목표는 개인의 정신과 기억을 삭제해 그들을 유아 수준으로 퇴행시킨 다음 자기가 선택한 방식대로 그들의 성격을 재건하는 것이었다. 그가 쓴 방법에는 약물로 혼수를 유발하고 360 볼트까지 고압 전기충격을 주는 방법이 포함돼 있었다.

게다가 그는 '심리적 추동'도 실행했다. 여기에는 감각을 박탈하기 위해 실험 대상에게 먹통과도 같은 헬멧을 씌워놓고 내장된 스피커를 통해 녹음된 메시지를 하루 16시간씩 최대 100일까지 틀어주는 방법 등이 있었다.

이 연구로 모든 실험 대상은 영구적인 손상을 입었지만 알렉스는 그런 수용소들이 이후 오랜 세월에 걸쳐 이루 말할 수 없이 귀중한 도움이 되었다고 생각했다.

알렉스는 리드를 돌아보았다. 그가 계속 뭔가를 씨부렁대고 있었다.

"…비용보다는 얻는 게 크다는 얘기죠. 일부 환자들은 '비교적' 정상적인 삶을 살아갔지만 다른 환자들은 살인과 강간, 그 외의 잔혹한 범죄를 계속 저질렀어요." 그가 알렉스를 보며 고개를 끄덕였다. "아무튼, 그건 따로 다뤄야 할 얘기죠. 패트리셔는 지역사회로 풀려났습니다. 자기 자신에게든, 타인에게든 전혀 위험하지 않다는 판단을 받았거든요. 콜리게이트에 있는 고층 빌딩의 임대 주택을 배정받는 것으로 간단하게 시스템에서 벗어났어요.

모든 환자는 관리 대상이 되어야 했지만 사회복지사들이 모두를 평가할 가능성은 전혀 없었죠. 그래서 조용하고 문제를 덜 일으키는 환자들이 빈틈으로 사라졌습니다.

패트리셔는 1년 만에 임신했어요. 아버지가 누군지는 아무도 몰랐죠. 패트리셔는 약간 이상한 사람이라고 알려졌어요. 말하자면 '동네 미친년'이었던 거예요. 어떤 이웃이 패트리셔에게 관심을 가졌고 아무도 패트리셔를 너무 심하게 괴롭히지는 못하게 했습니다. 패트리셔에게는 그 여자가 친구에 가장 가까운 존재였어요. 패트리셔가 쌍둥이를 낳았을 때 유일하게 그녀를 보러 온 사람도 그 이웃이었죠.

패트리셔는 아들 한 명과 딸 한 명을 낳았습니다. 이름은 마이클과 킴벌리라고 지었고요. 과거 이력 때문에 패트리셔는 관리 감독 대상이 됐어요. 패트리셔가 병원에서 벗어난 이후 몇 년에 대해서는 알려진 게 거의 없습니다. 다만 아이들은 몇 차례 '위기 아동' 명단에 올랐다가 빠지곤 했다죠. 엄마와 아이들 사이에 신체적 접촉이 부족했다는 기록이 남아 있어요. 아들의 발달 속도가 신체적으로나 정신적으로 늦었다는 기록도 있고요.

1~2년쯤은 이들이 감시망에서 벗어났습니다. 그러다가 아이들이 학교에 다니지 않는다는 게 밝혀졌어요. 당국에서 다시 개입했고 아이들은 다른 애들보다 두 학기 늦게 학교에 다니기 시작했습니다. 딸은 금방 학교 생활을 따라잡았어요. 내성적이기는 했지만 머리가 좋았거든요. 다만 아들은 특수 학급에 남았습니다.

아이들에 대해 보고가 이루어졌죠. 몸무게, 위생 상태, 상호작용 거부 같은. 딸은 질문을 받아도 입을 열지 않았어요. 그냥 가만히 서서 동생의 손을 잡고 있었다고 합니다."

"사건을 아주 잘 기억하시네요." 알렉스가 말했다. 거의 30년이나 지난 사건을 말이다.

리드는 슬프게 미소 지으며 그녀의 말에 긍정했다. "책을 쓰려고 자료를 조사하는 동안에는 이 사건과 함께 살며 호흡했습니다. 그 두 아이의 이야기는 한 번도 제 머릿속을 떠나지 않았어요."

"당국에서는 아무 조치도 하지 않았나요?" 알렉스가 물었다.

"딸이 입을 열지 않았으니까요. 저는 웰치라는, 킴벌리를 가르쳤던 교사를 인터뷰했습니다. 웰치가 어느 수업 시간을 기억하고 있더군요. 어쩌다가 아이의 옷 소매가 들춰졌는데 손목에 빨갛게 부은 자국이 보이더래요. 아이는 무슨 메시지를 전달하려는 것처럼 웰치의 눈을 몇 초 동안 들여다보더니 조용히 소매를 다시 내렸답니다.

웰치가 쉬는 시간에 킴벌리를 찾아가 그 상처에 대해서 물어보려 했지만 아이는 평소처럼 아무 말도 하지 않았어요."

"그 딸아이에게는 친구가 없었나요?" 알렉스가 흥미를 보이며 물었다.

"그랬던 것 같아요. 킴벌리는 쉬는 시간마다 동생을 찾아서 손을 잡고 있었대요. 운동장 어딘가에 함께 앉아 있거나 서 있었다는군요. 아이들은 놀랄 만큼 잔인해질 수 있어요. 남매는 수많은 이유로 무자비하게 괴롭힘을 당했습니다. 지저분하다느니, 몸에서 냄새가 난다느니. 아들 같은 경우는 발달이 늦은 데다 다른 애들보다 덩치가 작았고 둘 모두 옷이 형편없을 정도로 몸에 맞지 않았죠. 초등학교에서는 그 정도면 놀림거리가 되기에 충분합니다."

리드는 눈에 진짜 감정을 띤 채 알렉스를 보았다. 알렉스는 '아, 주님. 부디 저를 착하고 오지랖 넓은 이들로부터 보호하소서'라고 생각했다.

"근데 그거 아세요? 킴벌리는 단 한 번도 복수하지 않았습니다. 그냥 동생의 손을 더욱 꼭 잡고 자리를 피했대요. 그냥 그 애들을 머릿속에서 지워버린 거죠."

스톤 경위의 장벽이 그토록 오래전에 만들어진 이유가 이것이었다. 알렉스는 점점 흥미가 깊어졌다. 그녀는 리드가 심호흡하는 모습을 지켜보았다. 그가 이야기를 계속해줬으면 좋겠다는 생각에 좀이 쑤셨다.

"1987년에는 봄방학이 지났는데도 아이들이 학교로 돌아오지 않았어요. 패트리셔에게 연락하려는 노력은 있었지만 아무 소용이 없었죠. 절차에 별 관심이 없는 사회복지사 한 사람이 문을 부수도록 도와달라고 이웃을 설득했어요."

그는 머리를 숙이고 말을 이었다. "제가 인터뷰한 이웃이 바로 그 사람이에요. 키 180센티미터의 나이지리아 출신 마약상이었는데, 그때

본 광경을 이야기하면서 울더군요. 잠긴 문을 또 한 번 열고 화장실로 들어가니 아이 둘이 난방기 파이프에 사슬로 묶여 있었어요. 마이클은 파이프에 묶여 있었고 킴벌리는 마이클에게 묶여 있었죠. 그 주는 날씨가 아주 따뜻했는데 난방기도 계속 켜져 있었어요. 바닥에는 비어버린 크림 크래커 한 봉지와 바싹 마른 콜라병 하나가 놓여 있었습니다.

남자아이는 죽었고 여자아이는 거의 의식이 없었어요. 여자아이는 숨이 끊어진 동생의 시신 옆에 이틀 내내 누워 있었던 거죠. 그 애는 여섯 살이었습니다."

알렉스는 끔찍하다는 표정을 지었지만 정말로 느껴지는 감정은 흥분이었다.

"그 이후에도 사건을 추적하셨나요?"

"노력은 했지만, 그때쯤 제가 정말로 이야기해보고 싶었던 사람들은 말을 아꼈어요. 시의회에서 내부 조사를 하긴 했지만 누구 잘못인지 손가락질을 해대는 수준에 불과했죠. 진짜 결론이라고 할 만한 건 아무것도 나오지 않았습니다. 잊지 말아야 할 건, 그 당시 뉴스는 오늘날과 달랐다는 거예요. 사람들은 신문을 사서 읽고 쓰레기통에 던진 다음 잊어버렸어요. 대중이 답변을 요구하며 아우성치는 경우는 없었고 실은 그런 상황이 사회복지 시스템에도 아주 잘 맞았죠. 대중의 질문을 촉발하고 이 나라 전체의 아동 보호 정책에 중요한 변화를 일으키는 촉매가 되었던 빅토리아 클림비 사건과 이 사건을 비교해보세요."

"재판 이후 킴벌리 스톤은 어떻게 됐나요?"

"제가 알기로 킴벌리는 위탁 가정을 여기저기 전전했어요. 상상하실 수 있겠지만 그 가엾은 아이는 심각한 상처를 입었을 겁니다. 그 아이를 도와줄 방법을 아는 아주 특별한 가족이 필요했을 거예요. 지금 그 애가 어디 있는지는 모르지만 지금도 저는 그 애가 어느 정도 행복을 찾았기를 바랍니다."

글쎄, 알렉스는 그녀가 어디에 있는지 알고 있었고 진짜 행복이라고 할 만한 것이 조금이나마 그녀를 찾아왔는지에 대해서는 깊은 의구심을 품고 있었다. 그녀는 밀튼의 〈실락원〉에서 봤던 한 문단을 떠올렸다. "정신은 그 자신이 머무는 곳이라 지옥을 천국으로 만들 수도, 천국을 지옥으로 만들 수도 있다." 알렉스는 킴의 정신이 어떤 모습을 하고 있을지 궁금했다.

이제 리드에게서는 감정적인 애도 외에 아무것도 얻을 게 없다고 느낀 알렉스는 바닥의 핸드백으로 손을 뻗었다. 그녀는 일어서서 손을 내밀었다.

"시간 내주셔서 감사합니다. 믿을 수 없을 만큼 도움이 됐어요."

리드는 허리를 숙여 책 한 권을 꺼냈다. "여기 있습니다, 박사님. 아직 몇 권이 남아 있어요. 환자 치료에 도움이 된다면 한 권 가져가서도 됩니다."

알렉스는 그에게 다시 한번 고맙다고 인사한 후 그를 떠났다. 리드는 그녀의 발걸음이 가벼운 이유가 그의 자세한 기억 때문이라는 사실을 전혀 몰랐다. 그는 알렉스에게 탄약이 가득한 탄약고를 제공해주었다. 알렉스는 그 어느 때보다도 큰 도전을 시작할 시기가 못 견디게 기다려졌다.

41

"괜찮아요, 대장?" 브라이언트가 교문 앞에 차를 세우며 물었다.

자동차 안은 밀폐된 공간인데도 학교 운동장의 시끌벅적한 소리가 들렸다. 전 세계에서 연주되는 우주적 교향곡이랄까. 밀물과 썰물처럼 움직이고 변화하는 집단에서 나는 시끄럽고도 흥분에 들뜬, 수다스러운 소리. 하루가 시작되기 전 마지막 남은 몇 분의 자유시간 동안 놀고 비명을 지르고 서로를 쫓아다니는 소리. 아이들의 넥타이는 이미 느슨해져 있었고 책가방은 들어가는 길에 챙겨 가려고 구석에 던져져 있었다.

킴은 이 운동장을 잘 알았다. 아직도 오른쪽 구석에 위풍당당하게 서 있는 떡갈나무가 보였다. 마이키와 함께, 단둘이서 그 나무 주위를 돌며 술래잡기를 하는 그녀 자신이 보일 것만 같았다.

마침 종이 울리는 바람에 킴은 깜짝 놀랐다. 문은 작은 몸뚱이들을 모조리 안으로 빨아들이는 진공청소기처럼 작동했다.

"세상에, 누가 보면 대장이 유령이라도 만난 줄 알겠어요." 브라이언트가 말했다.

그녀는 유령을 만날 필요가 없었다. 유령은 매 순간 그녀의 마음속에 살고 있었으니까. 익숙한 이 주변도 마음에 들지 않았다. 애초에 케빈을 보내 선생을 인터뷰하게 했던 것도 그래서였다. 브라우닝 씨에게 대문으로 나와달라고 한 것도 그래서였고. 그녀는 아이들을 방해하고 싶지 않았다.

"대장, 혹시…."

"저 꼬마 아가씨인 것 같습니다." 킴이 자동차 문을 열며 말했다. 그 사람에게로 걸어가면서 킴은 '꼬마 아가씨'라는 표현이 무서울 정도로 정확한 것이었음을 깨달았다.

선생은 무릎 바로 아래까지 내려오는 남색 A라인 치마를 입고 있었다. 균형 잡힌 두 다리는 검은 스타킹에 감싸여 정장 구두까지 내려왔고 상체는 목까지 지퍼를 채운 노스페이스 점퍼에 싸여 있었다. 금발 머리는 뒤로 당겨 한 갈래로 묶었으며 얼굴에는 화장기가 거의 없었다. 그리 애쓰지 않았음에도 그녀의 이목구비에서 드러나는 날것의 아름다움은 전혀 가려지지 않았다.

"브라우닝 씨?" 킴이 물었다.

여자는 미소를 지었다. 그 표정에 그녀의 얼굴 전체가 밝아졌다. "걱정하지 마세요. 저 보기보다 나이 많아요."

킴은 웃었다. 나이가 들면 브라우닝은 어려 보이는 지금 외모를 고마워하게 될 것이다.

킴은 자기소개를 하고 재킷 주머니에 두 손을 넣은 채 곁에 서 있던 브라이언트도 소개했다. 이로써 킴은 파트너에게 이번 인터뷰는 자신이 주도할 생각이라는 사실을 분명히 밝혔다. 뻗어오는 기억에 항복하느니 그 편이 나았다.

"얼마 전, 레너드 던의 집에서 벌어진 학대 사건의 초동 수사를 시작할 때 케빈 도슨 경사가 면담하러 왔었죠."

브라우닝은 고개를 끄덕였다.

"처음에 왜 던 부부를 의심하게 됐는지 말해주실 수 있을까요?"

"데이지가 자리에 앉아서 움찔거리는 모습 때문요. 처음에는 데이지가 그냥 초조해하는 거라고 생각했지만 너무 자주 그러는 것 같더라고요. 두 손이 다 책상 위에 올라와 있을 때는 특히 더 그랬고요."

킴이 눈가를 찌푸렸다. "무슨 의미인지 잘 모르겠습니다만⋯."

"가려웠던 거예요, 경위님. 학대의 신체적 증상 중 하나죠. 통증이나 출혈, 붓기 같은. 데이지는 본인도 깨닫지 못하는 사이에 가려움을 해소하려고 몸을 의자에 문지르고 있었던 거예요."

킴은 뛰어난 관찰력이라고 생각했다.

"그래서 아이한테 행동 변화가 나타나는지 좀 더 자세히 지켜보기 시작했어요. 학교 활동 참여도나 수업 성취도가 떨어졌더군요. 데이지는 또래 아이들과 어울리는 횟수도 적어졌고 성적도 평균 A-에서 C+로 떨어졌어요."

"다른 징후도 있었습니까?"

브라우닝이 고개를 끄덕였다. "학대의 또 다른 흔한 지표는 더 유아적인 상태로 퇴행하는 거예요. 저는 데이지가 사흘 연속으로 엄지를 빠는 모습을 봤어요."

킴은 이 여자의 예민한 경계심에 깊은 인상을 받을 수밖에 없었다.

"데이지와 대화를 시도해보셨습니까?"

"그럼요. 여러 번 해봤어요. 하지만 데이지가 자기 내면에 너무 빠져 있어서 거의 한마디도 끌어낼 수 없었죠."

"데이지가 다른 사람을 언급한 적은 없습니까? 말이 없어지기 전에라도요."

지난번 탐문에서 케빈은 아마 이런 질문은 던지지 않았을 것이다. 그때만 해도 그들은 오직 레너드에게만 초점을 맞추었으니까.

브라우닝은 여러 점들을 잇는 선을 빠르게 그려냈다.

"학대에 연루된 사람이 또 있나요?"

킴이 고개를 끄덕였다. 브라우닝은 그 정보를 받아들이느라 눈을 감고 고개를 저었다.

"제가 말을 걸려고 할 때마다 데이지는 말을 하지 않으려 들었어요. 언제든 자기만의 벽을 세웠죠. 저는 그 벽을 통과할 수 없었고요. 한번은 데이지의 어깨를 살짝만 건드렸는데 아이가 불에 덴 것처럼 화들짝 놀라더라고요. 데이지의 동생하고 이야기해보려고도 했지만 데이지가 저를 동생 근처에 절대로 못 가게 했어요." 브라우닝은 고개를 저었다. "가엾은 아이들이에요."

킴은 이제야 정말로 묻고 싶었던 질문을 던질 수 있었다.

"아이들을 집에 데려다주셨을 때 걱정하신 내용을 부모 중 한 사람에게라도 전달하셨습니까?"

"한마디도 못 했어요. 던 씨가 문을 열고 저를 보더니 그 즉시 아이들을 안으로 허둥지둥 들여보내고 제 면전에서 문을 닫았거든요."

"던 부인은요?"

브라우닝은 어깨를 으쓱했다.

"부인은 집에 있었는지조차 모르겠어요."

그렇게 가설은 무너졌다. 지금까지 킴은 웬디 던이 레너드에게 화났던 이유는 그가 선생을 무식하게 대했기 때문일지도 모른다고 생각했다.

문득 한 가지 의문이 떠올랐다.

"그날 왜 아이들을 집으로 데려다주셨습니까? 일반적인 관행은 아니죠?"

여자가 미소 지었다. "네. 하지만 부모와 이야기해보고 싶었어요. 제가 걱정하는 마음을 담아서 보냈던 메시지들이 부모님에게 전혀 전달되지 않는 것처럼 보였거든요."

"누구를 통해 메시지를 보내셨습니까?"

"던 부인의 오빠인 로빈을 통해서였어요."

"수업이 끝날 때마다 던 부인의 오빠가 학교에서 데이지를 데려갔습니까?"

"아, 맞아요. 로빈이 늘 두 아이를 데려갔어요."

킴은 브라이언트를 힐끗 보았다. 그는 대답 대신 두 눈썹을 치켜올렸다. 이건 그들이 몰랐던 사실이었고 아주 많은 것을 알려주는 정보이기도 했다.

42

킴은 바니의 목줄을 풀었다. 바니가 물그릇으로 가더니 물을 두 번 꿀꺽꿀꺽 삼켰다.

자정이 한참 지난 시간이었다. 그들은 오랜 산책을 하고 막 돌아온 참이었다. 킴은 규칙적으로 운동하지 않았다. 어느 날 밤에는 거리를 걸었고 다른 때는 바니를 공원으로 데려가 목줄을 풀어주었다.

밤중의 고독은 그녀를 위로해주었다. 킴은 바니가 놀이를 별로 좋아하지 않는다는 걸 일찌감치 알아챘다. 바니에게 테니스공을 던져주자 바니는 '뭐 어쩌라고?' 하는 표정으로 그녀를 바라보았다. 그녀는 직접 공을 다시 주워와 몇 번 더 던졌다. 알고 보니 그건 킴에게는 엄청난 운동이 되지만 개에게는 별 운동이 되지 않는 행동이었다. 결국 그녀는 바니가 리더보다는 추종자에 가깝다는 걸 알게 되었다. 킴이 걸으면 바니도 걸었다. 그녀가 뛰면 바니도 뛰었다.

오늘 밤, 둘은 거의 한 시간 반을 걸었다. 지금쯤은 바니도 배가 고플 거라는 생각이 들었다.

"이리 와, 인마. 이거 한번 먹어보라니까. 하나만."

킴은 아까 구운 미니 키시*를 하나 내밀었다. 개는 물러나다가 소파로 뛰어올라 쿠션에 머리를 기댔다.

"얼른. 조금만 먹어 봐."

바니가 소파에 얼굴을 묻었다. 킴은 한숨을 쉬었다.

"있잖아, 바니. 넌 내 인생에서 내가 시키는 대로 하지 않는 거의 유일한 수컷이야. 바로 그런 이유로, 나는 너를 존경한다."

키시가 툭 소리를 내며 쓰레기통에 떨어졌다.

"됐다. 이거나 하나 먹어."

바니는 모든 두려움을 잊고 소파에서 뛰어내리더니 킴이 손에 들고 있던 아삭아삭한 사과를 받아 갔다.

바니가 그녀의 생활 방식에 이렇게까지 쉽게 적응하다니 충격이었다. 아마 그보다 더 당황스러운 것은 킴이 바니에게 말을 걸며 아주 많은 시간을 보내게 됐다는 사실일 것이다.

---

* 달걀, 우유에 고기, 야채, 치즈 등을 섞어 만든 파이의 일종.

바니와 함께 보낸 첫날 밤, 킴은 거의 잊고 있던 기억을 자기도 모르게 떠올렸다. 그녀의 몸에 기대 있는 작고 따뜻한 몸의 감촉이 어떤 감정을 불러일으켰다. 그 감정이 킴을 삼켰다. 동생과 함께 죽지 않았다는 죄책감, 동생의 죽음을 막지 못한 자신의 무능력에 대한 분노, 그런 짓을 저지른 어머니에 대한 격분.

그녀는 잠시 그때의 아파트와 동생이 내뱉은 마지막 숨결에 대한 기억으로 돌아가고 말았다. 그러나 벼랑 끝에서 발걸음을 돌렸다. 킴에게 과거란 마이키의 숨김없고 믿음이 가득한 얼굴을 기억하기 위해서만 잠깐씩 들르는 곳이었다. 그녀는 마이키의 미소나 그녀의 손에 쥐어져 있는 마이키의 작은 손에서 느껴지는 감촉만을 떠올리려고 했지만 그녀의 정신은 어쩔 수 없다는 듯이 빨리감기 버튼을 눌러 마지막 며칠로 향했다.

킴은 한 번도 그 사건에 대해 이야기한 적이 없었다. 앞으로도 이야기하지 않을 생각이었다. 킴의 세상 전부가 그 침묵에 달려 있었다.

킴은 커피를 들고 차고로 들어가 새 프로젝트에 필요한 부품들 사이에 앉았다. 베토벤 교향곡 2번의 플루트 선율이 배경에 흘렀다. 킴은 오늘 밤을 손 박사를 계속 추적할 것인지 말 것인지 결정할 마지막 날로 정해두었다.

킴은 묘지에서의 만남이 꾸며진 것이라는 생각이 들었다. 하지만 목적이 뭘까? 그리고 킴이 그 묘지에 가리라는 건 어떻게 알았을까? 킴을 미행한 게 아니라면 말이다.

세상에. 킴은 자신을 나무랐다. 이런 식으로 계속하다간 알렉산드라 손에게 케네디를 암살했다는 누명까지 씌우게 될 것이다.

킴이 혼자 미소 짓고 있는데 작업대에 올려놓은 그녀의 핸드폰이 진동했다. 거의 새벽 1시였다. 핸드폰에는 스테이시가 보낸 문자메시지가 떠 있었다. 킴은 관심을 가지고 메시지를 읽었다.

안 자면 전화 주세요.

킴은 즉시 걱정됐다. 급한 일이 아니라면 스테이시는 절대 이 시간에 그녀에게 연락하지 않을 테니까.

그녀는 바로 통화 버튼을 눌렀다. 두 번째 신호가 갔을 때쯤 스테이시가 전화를 받았다.

"괜찮아, 스테이시?"

"괜찮아요, 대장. 저기, 대장이 알아보라고 했던 박사 말이에요. 그 일은 집에서 하고 있었거든요. 뭐, 그렇잖아요, 혹시라도⋯."

"잘했어, 스테이시." 경찰서에는 IT 경비견들이 사방에 있었다.

"박사의 여동생 새라 말이에요. 출생증명서는 찾았는데 사망증명서는 못 찾았어요."

"존재하긴 한다는 거지?"

킴은 그 사실에 살짝 놀랐다.

"네, 분명히 존재해요. 멀쩡하게 웨일스에서 잘살고 있어요."

킴은 작업 벤치에 몸을 기댔다. "정말이야?"

"그럼요. 결혼했고 아이도 한 명 있어요. 딸이에요. 군인하고 결혼한 사람들보다도 자주 이사 다니더라고요. 추적하느라 애 좀 먹었어요."

"스테이시, 네가 최고야. 고맙다." 킴은 손목시계를 확인했다. "이제

가서 좀 자."

"네, 대장." 스테이시는 그렇게 말하고 전화를 끊었다.

킴은 잠시 서서 손에 든 핸드폰을 빙글빙글 돌렸다.

아름답고 영리하다는 게 불법은 아니었다. 킴은 다음번 움직임을 신중하게 생각해봐야 한다는 걸 깨달았다. 킴 자신의 얼굴도 신중하게, 공들여 만들어낸 것이었다. 오랜 세월에 걸쳐, 하나하나. 하지만 그녀는 알렉산드라 손 같은 사람은 한 번도 만나본 적이 없었다.

손에서 핸드폰이 툭 떨어졌다.

결국 모든 것이 한 가지 질문으로 이어졌다. 킴은 이 결투장에 뛰어들수 있을까? 그녀 자신의 취약한 정신은 과연 진실 전체를 발견하는 위험을 감수할 준비가 되어 있을까?

모든 것을 감안할 때, 그녀에게 정말로 선택지가 있기는 한 것일까?

43

킴은 시동을 끄고 헬멧을 벗었다. 줄지어 늘어선 발코니 달린 집들 사이에서 그 집은 별로 눈에 띄지 않았다. 그 집을 다른 집들과 구분해주는 건 건물 중간쯤에 튀어나와 있는 '매물'이라는 표지판뿐이었다.

그보다 눈에 띄는 건 집이 위치한 장소였다. 랭골른은 5번 국도를 따라가다 보면 나오는, 블랙컨트리와 스노우도니아 사이 중간 지점에서 조금 떨어진 곳에 있었다. 란티실리오 산자락에 틀어박힌 작은 마을이었다. 지금 킴이 서 있는 곳에서 보면 디 계곡과 클루이드 산맥, 버윈의 아찔한 풍경이 멀찍이 보였다.

킴은 30초를 꽉 채워 그 경치를 즐기다가 돌아서서 문을 두드렸다. 그녀의 눈은 즉시 왼쪽으로 향했다. 그곳에서 손가락 두 개가 나타나 블라인드를 가르고 있었다.

문이 조금 열렸다. "네?"

"새라 루이스?" 킴은 5센티미터 정도 열린 틈을 들여다보려 애쓰며 물었다.

"누구세요?"

세상에, 현관문과 이야기를 나누고 있다니. "킴 스톤 경위라고 합니다만⋯."

문이 안쪽으로 열렸다. 킴은 놀라서 한 걸음 물러났다. 눈앞에 알렉산드라 손과 놀라울 정도로 비슷한 여자가 서 있었다. 가족끼리 어렴풋하게 닮은 정도가 아니었다. 킴은 줄지어 선 사람들 사이에서도 이 여자를 짚어낼 수 있을 것 같았다.

여자는 두려움에 입이 굳어 있었다. 킴은 그녀의 경계심을 누그러뜨리려고 두 손을 들어 보였다. "뭐가 잘못돼서 온 건 아닙니다. 저는 이 지역 경찰이 아니에요. 미들랜드에서 왔습니다. 우리 동네는⋯."

"절 어떻게 찾으셨죠?" 그녀가 물었다.

"음⋯. 그게 중요한가요?"

여자의 어깨가 살짝 처졌다. "이젠 아니죠. 어떻게 도와드릴까요?"

"당신의 언니에 관한 일입니다."

"그럴 줄 알았어요."

새라 루이스가 감정이 담기지 않은 목소리로 말했다.

킴이 주위를 둘러보았다. "들어가도 될까요?"

"꼭 그러셔야 하나요?"

"그럴 것 같습니다." 킴이 정직하게 대답했다.

새라 루이스는 킴이 들어올 수 있도록 길을 비켜주었다. 킴은 여자가 문을 닫기를 기다렸다가 그녀를 따라갔다. 그 집은 한때 위아래층에 방이 두 개씩 있는 이층집이었다. 하지만 킴이 따라가면서 보니, 주방이 하나 통째로 덧붙여져 있고 그 주방 때문에 집 전체가 꽤 큰 뒤뜰까지 확장돼 있었다.

"앉으세요, 정 그러셔야겠다니까." 새라가 조리대에 기대며 말했다.

유리로 만들어진 식탁이 미끄럼틀과 그네, 바비큐 그릴이 있는 칸막이 공간까지 갖추어진 마당을 내다보고 있었다. 풀밭 여기저기에 인형 조각 두어 개가 던져져 있었다. 그 버려진 팔다리를 보니 킴의 마음속에 적당한 비유가 떠올랐다.

새라는 언니보다 5센티미터쯤 키가 작았고, 1~2킬로그램쯤 몸무게가 더 나갔다. 지금은 퉁명스러운 태도를 보이고 있지만 그 매력적인 얼굴에서는 진짜 감정이 드러났다. 자매가 인형이라면 알렉스는 플라스틱으로 완벽하게 만들어져 보호용 상자 속에 들어 있는 인형이었을 것이다. 새라는 안고 사랑해주는, 얼룩진 무명천 옷차림의 곰 인형이었다.

킴은 점점 더 매료되어 갔다. 자매는 극과 극으로 달랐다. 그 대비가 언제부터 드러났을지 궁금해졌다.

"언니가 죽었다고 생각하는 건 너무 지나친 기대겠죠?"

작은 여자아이가 뛰어 들어오는 바람에 킴은 반응하지 못했다. 짙은 색 곱슬머리가 모직 모자와 호랑이 귀마개 밑으로 삐죽 나와 있었다. 손으로 뜬 스카프가 아이의 목에 위태위태하게 걸쳐져 있었고 손모아장갑이 아이의 코트 소매 밖에서 달랑거렸다.

아이는 우뚝 멈춰 서서 엄마를 보았다. 킴은 아이의 눈에서 그런 공포감을 보게 되어 놀랐다.

새라의 표정이 딸을 보자 누그러졌다. 그녀는 다른 모든 것을 잊은 듯했다.

"착하네." 새라는 아이의 목에 목도리를 한 번 더 감으며 말했다. "예쁘게도 꽁꽁 싸맸는걸?"

새라는 두 손으로 아이의 얼굴을 잡고 입맞춤을 퍼부었다.

"나는? 나도 예쁘게 싸맸지?"

한 남자가 아이 뒤에서 나타났다. 남자가 킴을 보기 전부터 킴은 그의 모직 모자와 물방울무늬 귀마개를 알아보았다.

킴을 본 그는 인상을 찌푸리며 새라를 보았다.

새라는 살짝 고개를 젓더니 둘을 문 쪽으로 데려갔다. "산책 잘하고, 소고기 오기* 잊지 마."

킴은 오기가 뭔지 전혀 몰랐지만 문간에서 숨죽여 뭔가 이야기를 주고받는 소리는 들렸다.

새라의 얼굴이 다시 한번 굳어졌고 킴은 이 가족의 사진을 살짝 엿보

● 만두처럼 고기와 채소로 소를 넣어 만든 작은 파이. 웨일스 지방 음식이라 킴이 잘 모르는 것이다.

왔다. 아이의 눈에 떠오른 놀란 표정. 남편의 입에 새겨진 걱정스러움. 그들은 거실 한가운데에 겨우 10초밖에 서 있지 않았으나 킴은 그들이 하나의 단위, 한 팀으로서 행복하게 지낸다는 걸 알 수 있었다.

하지만 이 가족의 핵심에는 공포라는 요소가 있었다.

"그래서⋯ 죽었어요?" 새라가 원래의 질문으로 돌아왔다.

킴은 고개를 저었다.

"그럼 어떻게 도와드릴까요?"

"언니에 대해서 좀 알려주시면 좋겠습니다."

"그게 저랑 무슨 상관인데요?" 새라는 입술을 깨물며 물었다.

"당신이 동생이니까요. 당연히 다른 누구보다도 언니를 잘 아실 테죠?"

새라가 미소 지었다. "저는 언니가 방을 비우고 대학으로 떠난 이후로 한 번도 언니를 본 적이 없어요. 우리 중 누구도요. 저한테 가장 간절한 소원이 다시는 언니를 보지 않는 거예요."

"아예 연락을 안 하십니까?"

새라는 팔을 내렸지만 그녀의 두 손은 즉시 청바지 앞주머니에 자리 잡았다.

"안 친해서요."

"하지만 당연히⋯."

"저기요, 왜 오셨는지는 모르겠는데 저는 정말 못 도와드려요. 이만 가시는 게⋯."

"뭐가 두려운 겁니까?" 킴은 꼼짝도 하지 않고 물었다.

"아니, 저기요⋯."

킴도 그렇게까지 직접적으로 질문하려던 건 아니었다. 하지만 일단 질문을 한 지금은 물러날 수 없었다.

"딸아이가 손님이 오는 데 익숙하지 않은 것 같던데요."

새라는 킴과 눈을 마주치지 못했다.

"우린 그냥 조용한 걸 좋아할 뿐이에요. 괜찮으시면 이제 좀…."

킴은 의자를 밀어놓고 주위를 둘러보았다. 그녀는 모아둔 사진들을 살폈다. 세 가족이 디 강의 다리에 서 있었다. 킴도 건너온 다리였다. 다른 사진에서는 말이 마차 대신 거룻배를 끌고 있었고 그 배 안에 아이가 타고 있었다. 아이와 아빠가 강가를 따라 나 있는 증기기관차 선로에 서 있는 사진도 있었다.

킴은 다르게 접근해보기로 했다. "네, 그만 가봐야겠네요. 동네도 영 형편없고…."

"여긴 아름다운 마을이에요."

"그럼 왜 이사하시려는 겁니까, 루이스 씨?"

새라가 주머니 속에서 주먹을 쥐었다.

"닉의 직장 때문이에요. 닉은…."

킴은 대답을 기다렸다. 새라가 자신의 실수를 알아차린 건 분명했다. 그녀는 전문가만큼 빠르게 생각할 수 없었기에 남편의 직업이 뭔지도 모르는 여자가 되고 말았다.

"루이스, 아니, 새라. 제 팀원 중 한 명이 한 말로는 군인들의 아내도 당신만큼 자주 이사 다니지는 않는다더군요. 뭣 때문에 도망치시는 겁니까?"

새라가 현관문 쪽으로 움직였다. 발걸음이 조금도 안정적이지 못했다.

"이젠 정말 나가주셨으면 좋겠어요. 저한테는 도움이 될 만한 정보가

264

전혀 없어요."

킴은 그녀를 따라 거실을 가로질렀다.

"저는 그 말을 안 믿습니다. 당신은 겁에 질려 있어요. 당신 가족들도 전부 뭔가를 두려워하고 있고요. 저한테 처음으로 물어보신 게 그 여자가 죽었느냐는 거였어요. 제가 그렇지 않다고 대답하자 불안해하는 걸 봤습니다. 저한테 얘기해주시면…."

"부탁이에요. 그냥 가주세요."

문을 짚은 여자의 손이 떨렸다.

"새라, 뭐가 두려운 겁니까?"

"그냥 가세요."

"얘기만 해주시면…."

"제가 형사님한테 그 여자 얘기를 하면 그 여자가 알게 될 거예요."

둘 사이에 침묵이 내려앉았다.

킴은 이 사람이 그녀에게 문을 열어준 새라와 같은 사람이 아니라는 걸 깨달았다. 문을 열어줬던 여자는 적대적이었다. 그다음에는 희망을 보였고 그다음에는 불안해했다. 그러나 언니에 대한 이야기가 나오자 그녀는 싸움을 두려워하는 조개처럼 입을 꽉 다물었다.

"새라…."

"말 못 해요." 그녀가 땅을 바라보며 말했다. "형사님은 이해 못 하세요."

"맞습니다. 하지만 이해하고 싶어요. 저는 당신 언니의 머릿속으로 들어가고 싶습니다."

새라가 고개를 저었다. "아뇨, 잘 몰라서 그렇게 말씀하시는 거예요. 그 여자 머릿속은 별로 들어가기 좋은 곳이 아니니까요."

"언니가 새라 당신에게 어떤 힘을 휘두르고 있는지는 모르겠지만, 정말 이러고 싶어요? 딸아이한테 도망이나 치라고 가르치고 싶으세요?"

새라가 킴과 눈을 마주쳤다. 아이 이야기에 그녀의 두 눈이 타올랐다.

"딸이 친구 하나 없죠? 아이가 누구와 관계를 맺을 만큼 한 곳에 오래 머물지 못하니까요. 나이가 몇입니까? 여섯? 일곱?"

"여섯 살이에요."

"아이는 정착해야 해요. 왜 그러지 못하는 겁니까?"

"그 여자가 우리를 찾아냈으니까요."

"새라, 전 당신을 돕고 싶습니다. 하지만 당신도 제게 뭔가를 알려줘야 해요."

새라가 미소 지었다. "아무도 날 도울 수는 없어요. 내가 여태껏 이야기해본 사람들은 모두⋯."

"저한테는 얘기 안 하셨잖아요." 킴이 문에서 한 발짝 물러서며 말했다. "저는 당신 언니의 행동을 의심하고 있고, 제 생각이 옳다면 그 여자를 잡을 때까지 쉬지 않을 겁니다."

새라가 흥미롭다는 듯이 킴을 쳐다보았다. "둘이 무슨 일 있나요?"

킴이 미소 지었다. "제가 먼저 물어봤는데요."

새라는 꽤 오랫동안 생각에 잠겼다. 그녀는 숨을 깊이 들이쉬더니 문을 닫았다.

"제가 뭔가를 보여드리면 저를 가만히 놔둘 건가요?"

킴은 고개를 끄덕이고 그녀를 따라 주방으로 되돌아갔다. 새라는 킴에게 다시 앉으라고 고갯짓했다.

새라는 식기가 들어 있는 서랍에 손을 집어넣어 봉투를 하나 꺼냈다.

"이게 이유예요."

그녀는 킴에게 편지를 건넸다. "읽어보세요."

킴은 그 종이 한 장을 펼쳐 읽고 한 번 더 읽은 뒤 어깨를 으쓱했다. 이게 알렉산드라 손에 대해 얻을 수 있는 가장 좋은 정보라면 답답하기 이를 데 없었다.

"언니가 보낼 만한, 완벽하게 자연스러운 편지 같은데요."

"난 남편과 딸과 함께 여기서 아홉 달을 살았어요. 이번에 그 여자가 나를 찾아내기까지 걸린 시간이 딱 아홉 달이에요."

"이번이라고요?"

"난 그 여자한테서 내 아이를 숨기느라 7년 동안 다섯 번 이사했어요. 그 여자는 매번 나를 찾아냈고요. 편지를 다시 읽어보세요. 그 여자가 집의 위치를 얼마나 정확하게 언급하는지, 매디가 다니는 학교의 위치나 내 딸의 새 머리 스타일에 대해서 얼마나 정확하게 말했는지 보시라고요. 그 여자는 나를 비웃고 있는 거예요. 내 두려움을 가지고 노는 거죠. 내가 또 도망치리라는 걸 정확히 알고 있으니까."

킴은 세 번째로 편지를 읽어보며 편지에 적힌 말 뒤에 그녀가 생각하는 알렉스를 놓아보았다. 모든 문장에서 악의가 느껴졌다.

"근데 왜 도망치시는 겁니까?" 킴이 물었다.

"제가 기대한 만큼은 그 여자를 모르시네요."

새라는 편지를 다시 가져가며 무겁게 한숨지었다.

"언니는 소시오패스예요. 형사님도 언니가 아주 매력적이고 수수께끼 같은 사람이라는 건 알고 계시죠. 언니는 머리가 좋고 멋지게 보여요. 무자비하면서 전혀 양심이 없기도 하죠. 언니는 위험한 사람이에요. 자기가 원하는 것을 얻기 위해서라면 절대로 멈추지 않죠."

새라는 편지를 접은 뒤 킴을 쳐다보았다. "아주 간단하게 말하면, 그 여자한테는 살아 있는 다른 존재와 조금이라도 연대감을 느낄 능력이 없어요."

"왜 언니가 소시오패스라고 생각합니까?"

"그 여자는 살면서 단 한 번도 다른 사람이나 사물에 감정적 애착을 가져본 적이 없으니까요."

"결혼도 했고, 아들도 둘 있었다던데요?" 킴이 물었다.

새라가 인상을 썼다. "언니는 한 번도 결혼한 적 없어요. 아이는 확실히 없고요. 소시오패스들도 트로피를 모으듯이, 또 정체를 감추느라 결혼을 하고 아이를 낳기는 하지만 감정적 연결은 전혀 맺지 못해요."

킴이 눈썹을 치켜올렸다.

새라가 미소 지었다. "이제 아시겠죠? 자기 자식을 새 자동차나 더 큰 집 같은 지위의 상징으로 여기는 사람이 있다니 믿을 수 없으시겠지만 소시오패스들은 바로 그 점을 이용해요. 우리 같은 사람들은 소시오패스들의 동기를 이해할 수가 없어서 그 사람들 몫까지 대신 변명해주죠. 소시오패스들은 그런 식으로 숨어 있어요." 새라는 슬프게 고개를 저었다. "그래서 언니를 절대 막을 수 없는 거예요."

"알렉산드라 손은 저한테 당신이 죽었다고 했습니다." 킴이 말했다.

새라는 전혀 놀란 기색을 보이지 않았다. "나도 그 여자가 날 좀 죽여줬으면 좋겠네요. 그러면 나를 가만히 놔둘 테니까."

새라는 킴에게 슬픈 체념으로 가득한 시선을 던졌다. 이것이 그녀의 인생이었다. 아무도 그 사실을 바꿀 수는 없었다. 그녀는 언니를 따돌리려고 몇 년 동안 애써 왔고 앞으로도 영영 그럴 터였다.

새라는 현관 쪽을 힐끗 보았다. 그녀는 편지를 보여주었고 이제는 킴이 떠날 시간이었다.

"새라, 저는 알렉산드라 손이 환자들을 실험 목적으로 이용하고 있다고 생각합니다." 킴이 불쑥 내뱉었다. "그리고 저는 그 여자를 막고 싶습니다. 당신 언니를 감옥에 가두고 싶어요."

새라는 한쪽으로 고개를 기울였다. 킴은 그 얼굴에 잠깐 흥미가 비치는 것을 보았다.

"부탁할게요, 새라." 킴이 애원했다. "제가 당신의 삶을 되찾아줄 수 있도록 도와주세요."

킴은 새라가 알지도 못하는 사람을 믿어야 할지 고민하느라 괴로워하는 모습을 지켜보며 자신의 뜻이 충분히 전달되었기를 바랐다.

새라가 처량하게 미소 지었다. "형사님, 우리 커피 한 잔 할까요?"

44

김이 나는 커피 두 잔이 둘 사이의 탁자에 놓였다.

"저한테는 이게 쉬운 일이 아니라는 걸 알아주셔야 해요." 새라가 탁자에 두 팔꿈치를 괴며 말했다. "저는 평생 언니한테 뭔가 빠져 있다는 걸 알고 있었지만 아무도 제 말을 믿지 않았어요." 그녀가 어깨를 으쓱했다. "그래서 도망치는 거예요."

킴은 이해했다. 킴 자신의 의심도 동료들과 상관에게 무시당하고 있었으니까.

"제가 미쳤다고 생각하지 않는 사람은 당신이 처음입니다." 킴이 말했다.

"저도요." 새라가 얼굴을 찡그리며 덧붙였다.

"그럼 그게…. 제가 한 말이 가능하다고 생각하십니까?"

"아뇨, 그럴 가능성이 크다고 생각해요." 새라는 커피 잔을 두 손으로 감싸 쥐고 몸을 떨었다. "제가 막 다섯 살이 됐을 때예요. 그때 전 알렉스가 자기 방에서 아주 오랜 시간을 보낸다는 걸 알아챘어요. 밥 먹을 때랑 학교 갈 때만 나오더군요. 어느 날 밤에 알렉스는 신나서 손뼉을 치며 절 깨웠어요. 저를 침대에서 자기 방으로 끌고 가더니 자기 침대 가장자리에 앉혀 놓고 햄스터 우리 앞에 있던 커다란 백과사전을 치우더군요.

햄스터는 죽은 채 쇠창살에 끼어 있었어요. 우리 옆, 그러니까 햄스터의 발에는 닿지 않지만 눈에는 보이는 곳에 음식과 물이 놓여 있었고요. 햄스터는 굶어 죽지 않으려고 애쓰다가 고통스럽게 죽어간 거예요."

"그럴 수가." 킴은 끔찍한 마음에 말했다.

"처음에는 사실 이해가 안 됐어요. 언니가 무슨 게임을 하는 거라고 생각했죠. 하지만 그때 언니는 철창을 약간 벌려놓았을 때 햄스터의 상태가 어떻게 변해갔는지 설명하기 시작했어요. 도표까지 그렸더라고요."

킴은 아무 말도 하지 않았다.

"언니는 햄스터를 며칠이나 지켜봤어요. 햄스터는 굶어서 점점 약해지다가 철창 틈새가 넓어진 걸 발견했대요."

"아니, 왜 그런 거죠?" 킴이 물었다.

"햄스터가 원하는 것을 얻기 위해 어디까지 갈지 보고 싶었대요." 새라는 눈을 감고 대답했다. "전 심하게 울었어요. 절망에 빠져서 괴로워하는 햄스터의 얼굴에 몇 달이나 악몽을 꿨어요."

킴은 새라가 나눠준 기억에 역겨움을 느꼈지만 이제는 달리 알고 싶은 것이 생겼다.

"언니가 부모님 중 한 분과 친했습니까?"

새라는 고개를 저었다. "엄마는 알렉스를 별로 건드리지 않았어요. 둘 사이는 예의가 있고 친절했죠. 엄마와 딸 사이라기에는 두 걸음쯤 떨어져 있는 것처럼요. 난 그때부터 엄마가 다른 누구보다도 먼저 알렉스가 어떤 인간이 될지 정확히 알았다고 생각했어요.

한번은 엄마가 나를 간지럽히면서 내 배에 대고 뿌 하는 소리를 냈어요. 우린 눈물이 날 만큼 심하게 웃었죠. 그때 알렉스가 문 앞에 서 있는 걸 봤어요. 분명 알렉스의 눈에 눈물이 고여있는 걸 본 것 같은데, 알렉스는 엄마가 자기 모습을 보기도 전에 돌아서서 방을 나섰어요. 그때 알렉스는 기껏해야 여섯 살이나 일곱 살쯤 됐을 거예요. 그 뒤에는 다시 그 표정을 보지 못했어요."

"알렉스가 당신한테 뭘 원하는 겁니까?" 킴이 물었다.

"날 괴롭히고 싶은 거예요. 내가 자기를 두려워하는 걸 알고 날 가지고 장난하는 걸 즐거워하는 거죠. 내가 아는 건 지금까지 알렉스가 꼭두각시를 조종하듯 내 두려움을 잡아당기면서 만족감을 느껴왔다는 것뿐이에요. 경고장을 보내는 것만으로 충분했으니까요."

"알렉스가 이 이상 무슨 짓을 저지를 거라고 생각하세요?"

"모르겠어요. 하지만 굳이 확인해보고 싶지 않아요. 알렉스는 저를 싫어하고 저를 전국적으로 추격하는 걸 즐겨요. 괜찮아요. 이사를 다니는 한 우린 안전하니까."

새라가 킴의 눈을 바라보았다. 아무 기쁨도 없는 미소가 그녀의 입에 머물렀다. "한심하죠?"

킴이 고개를 저었다. "새라, 당신은 스스로 생각하는 것보다 강합니다. 가족을 지키기 위해 할 수 있는 일을 전부 다 하고 있으니까요. 언니가 그런 짓을 해도 당신은 사랑스러운 가정과 남편, 아이가 있어요. 전투에서는 언니가 이기고 있을지 모르지만 전쟁에서 이기는 건 당신이죠."

새라의 입꼬리가 확연히 올라갔다. 킴이 처음으로 본 진짜 미소였다. "고마워요. 정말로."

"마지막으로 한 가지만 묻겠습니다. 새라, 언니는 당신을 왜 그렇게 싫어하는 겁니까?" 킴은 커피를 마저 마시며 물었다.

"내가 함께하기를 바랐으니까요. 언니는 나도 자기처럼 되기를 바랐어요. 아주 간단히 말하면 난 언니가 친구를 원했다고 생각해요."

45

"자, 던 사건을 다시 시작하기 전에 짧게 정리해봅시다."

킴은 그렇게 말한 뒤 케빈을 돌아보았다. "이웃들한테서는 무슨 얘기 없어?"

케빈은 고개를 저었다. "전혀 없습니다. 그 빌어먹을 동네 전체가 망사 커튼 때문에 숨 막힐 것 같아요. 차 마시는 것도 지긋지긋하고요."

케빈은 레고를 정리하라는 말을 들은 여섯 살짜리 어린애처럼 말했지만 이번만큼은 킴도 그의 말에 동의할 수밖에 없었다. 몇 시간 동안 차를 마신 대가로 돈을 받을 수 있는 일자리는 많지 않았지만 그러자고 경찰에 지원하는 형사도 그리 많지는 않았다.

"레너드 던의 집은? 음모와 체액 말고 더 나온 건 없어?"

"있어요. 케빈이 지금도 쪼다처럼 살고 있다는 걸 알아냈습니다."

사무실의 누구도 입을 열지 않았다.

케빈은 킴과 브라이언트를 쳐다보았다. "아니, 진짜. 둘 중 한 분은 아니라고 하셔야죠."

킴은 미소를 참았다. 스테이시와 케빈은 잘 어울리는 한 팀이었다. 과연 둘은 그 사실을 알고 있을까?

"과수팀에서는 아직 아무 얘기도 없어요, 대장." 스테이시가 말했다.

킴은 놀라지 않았다. 텔레비전 프로그램에서는 44분 안에 편하게 이야기를 진행하느라 털과 섬유, 체액의 주인을 몇 시간만에 찾아내곤 했다. 하지만 정말로 그런 기술을 쓸 수 있다면 킴은 무엇이든 내줄 수 있었다.

"스테이시, 그 독서 모임에 대해서 알아낸 건?"

"찰스 쿡이라고 라울리 리지스에서 자영업을 하는 사람이 운영하는 모임이에요. 메리힐의 드러커스에서 매달 첫째 주 화요일에 만나요. 페이스북 페이지를 만들어보려고 시도는 했던 모양인데 슬프게도 '좋아요' 세 개랑 게시물 두 개밖에 없어요. 지난 넉 달 동안은 아무것도 올라오지 않았고요. 게시물을 올린 두 사람에게 메시지를 보내뒀습니다."

"답장은?"

"한 사람은 모임에 나갔다가 직장을 옮기는 바람에 다시 나가지 못했대요. 다른 사람은 좀 더 흥미로웠고요. 그 찰스 쿡이라는 사람이 뭔가 이상했다고 하더군요. 모임에는 세 번 나가봤는데 마음에 안 들어서 그만 나갔다고 해요."

킴이 입을 열었지만 스테이시가 말을 이었다. "좀 더 깊이 파보려고 이미 메시지를 보냈습니다. 두 시간 전에 제 메시지를 읽긴 했는데 아직 답장은 없어요. 찰스 쿡하고도 얘기해봤고 독서 모임의 회원이 열두 명도 안 된다는 걸 알아냈습니다. 전 여자라서 낄 수 없다네요."

"아아니, 스테이시." 케빈이 말했다. "아주 잘 보지 않으면 여자인 줄 모를 거라고 얘기했어야지."

케빈이 자기 농담에 히죽대자 스테이시가 케빈 쪽을 노려보았다.

"입 달린 불알 씨는 입 좀 닥쳐줬으면 좋겠네요. 아무튼, 방금 저는 이 독서 모임에서 이번 달에 선택한 책이 〈가장 긴 길〉이라는 걸 알아냈습니다."

킴이 인상을 썼다. 제목이 익숙했지만 이유를 알 수 없었다.

"인기 있는 책이야, 스테이시?" 그녀가 물었다.

"네, 7개월 동안 아마존 10위 안에 들었어요."

그럼 그래서인 모양이었다. 어디 게시판에서 봤든지 했을 것이다.

"젱스나 와일리한테서는 별다른 정보를 얻지 못했어. 가정 폭력 신고가 들어온 날에 선생이 아이들을 집으로 데려다준 건 분명하고 웬디의 오빠가 아이들을 자주 하교시켰다는 것도 확실해."

케빈이 한쪽 눈썹을 치켜올렸다. 아이들을 만난 남자는 모두 잠재적인 용의자였다.

"오빠 쪽 집이랑 직장 주소 확보하고." 킴이 스테이시에게 말했다.

"케빈, 예전 파일 다시 뒤져 봐. 우리가 놓친 게 있는지 찾아보라고. 브라이언트는⋯." 킴은 망설였다. 브라이언트를 어떻게 해야 할까? 보통 그는 킴과 같이 다니는데. 하지만 이번에는 그럴 수 없었다. "케빈을 도와주세요. 제가 치과에 예약을 잡아놔서."

킴은 표정에서 뭔가 표가 나기 전에 재킷을 가지러 어항으로 들어갔다. 이번만큼은 킴 혼자 그녀를 만날 생각이었다.

46

오전 9시 30분, 킴은 알렉산드라 손의 집에서 모퉁이를 돌면 나오는 공간에 차를 댔다. 처음으로 무단결석하는 학생이 된 것 같은 기분이 들었다. 치과 예약이 있다는 말은 브라이언트에게 한 첫 번째 거짓말이었다. 그녀는 그것이 마지막 거짓말이 되기를 바랐다. 하지만 이번 사건만큼은 킴이 혼자 처리해야 했다.

알렉산드라 손은 신속하게 문을 열었다. 이번 만남을 요청한 게 자신이었기에 킴은 어느 정도 예의를 보여주는 게 적절하다고 생각했다.

"시간 내주셔서 감사합니다, 손 박사님."

"얼마든지요, 스톤 경위님." 알렉스가 활짝 미소 지었다. "하지만 이번에는 업무상 찾아오신 게 아니니 저를 꼭 알렉스라고 불러주셨으면 해요."

킴은 알겠다는 뜻으로 고개를 끄덕이고 알렉스를 따라 그녀의 사무실로 들어갔다. 크림색 맞춤 바지와 하늘색 실크 셔츠를 입은 박사는 빈틈하나 없어 보였다. 그녀는 보석을 전혀 걸치지 않았으며 머리 스타일은 완벽했다.

"어디든 괜찮으니 앉으세요."

"오늘 아침에는 환자가 없습니까?" 킴은 그렇게 물어놓고 자기 말이 취조처럼 들린다는 걸 깨달았다. 머릿속에서 하고 싶었던 말은 "저 때문에 괜히 시간 내신 게 아니었으면 좋겠네요"였지만, 그녀가 준비한 예의범절은 전부 고갈된 것 같았다.

"네. 보통은 지금 청구서를 처리해요." 희미하게 불쾌감 어린 표정이 알렉스의 얼굴을 스치고 지나갔다. "아주 마음에 드는 일은 아니지만 저역시 먹고살긴 해야 하니까요."

킴은 그냥 먹고사는 정도가 아니라고 생각했다. 그녀는 박사가 이 건물 전체를 임대했다는 걸 알고 있었다. 값이 별로 저렴하지는 않을 것같았다.

킴은 지난번 만남에 대해 뭔가 이야기해야 한다고 생각했다. 그때 알렉스는 배리 그랜트를 난간에 잡아두는 데 성공했지만 킴은 별로 예의를 지키지 않았으니까.

"그러니까, 그날 밤 말입니다…."

알렉스가 손을 들며 웃었다. "부탁이니까 아무 말 마세요. 경위님 청찬이라니 도무지 어떻게 받아들여야 할지 모르겠네요."

칭찬을 기대했다니 놀라웠다. 하긴, 달리 할 말이 없긴 했지만.

지금의 알렉스는 앞서 킴이 봤던 알렉스들과는 달랐다. 처음 이곳에 들렀을 때 킴은 브라이언트 덕분에 전문적이고 엄격하면서도 약간은 내숭을 떠는 알렉스의 모습을 보았다. 묘지에서의 알렉스는 내성적이고 약한 모습이었다. 배리와 함께 있을 때는 적극적이고 추진력이 강해 보였다. 하지만 지금 이 순간 그녀는 장난스럽고 마치 킴에게 추파를 던지는 것처럼 보였다.

"이번 대화가 새어나가지 않으리라는 걸 확인해주셨으면 합니다." 킴이 말했다.

킴은 박사의 호기심을 자극하기 위해 알렉스에게 이야기하고 싶은 문제가 있지만 기록에 방문 사실을 남길 수는 없다고 말해두었다. 다른 정신과 의사라면 집어치우라고 했을 만한 제안이었지만 알렉스가 너그럽게 시간을 내주겠다고 했을 때도 킴은 놀라지 않았다. 알렉스는 여전히 킴에게서 뭔가를 원하고 있었다. 다만 킴은 그게 뭔지 확신할 수 없었다.

"당연하죠, 킴. 제가 아는 한, 이건 지인 둘이서 커피 한 잔을 놓고 수다를 떠는 일일 뿐이에요. 커피 얘기가 나와서 말인데 설탕 뺀 밀크 커피로 드시겠죠?"

킴은 고개를 끄덕였다. 문득 알렉스가 허락을 구하지도 않고 킴의 호칭에서 직위를 떼어버렸다는 생각이 들었다. 이 세상에 그녀를 킴이라고 부르는 사람은 거의 없었다. 약간 불편한 마음이 들기는 했지만 이번 방문의 맥락이 있으니 불평할 수는 없었다.

알렉스가 둘 사이에 있는 탁자에 커피 잔을 내려놓았을 때 킴은 알렉스가 그녀에게 자리를 권하면서 앉을 만한 다른 의자 하나를 가리고 서 있었다는 사실을 깨달았다. 그 바람에 킴은 환자용 의자에 앉을 수밖에 없었다. 조심해야 했다.

"그래서, 어떻게 도와드리면 될까요?"

킴은 신중하게 말을 골랐다. "묘지에서 이야기했을 때 박사님이 했던 말이 자꾸 생각나서요."

킴은 눈을 치켜떴다. 알렉스의 얼굴에 잠시 의기양양한 빛이 떠올랐다가 그녀가 유감이라는 듯 고개를 저으면서 사라졌다. 킴보다 둔한 사람이라면 놓쳤을지도 모르는 순간이었지만 킴은 그 모든 것을 보았다.

"정말 미안해요. 그런 식으로 말하면 안 되는 거였는데. 불편하게 만들 생각은 없었어요. 내가 친구가 별로 없어서요. 묘지라는 공간이 사람을 약하게 만드는 것 같기도 하고." 알렉스는 미소 지으며 머리를 뒤로 젖혔다. "게다가 난 당신이 무척 말 걸기 쉬운 상대라고 생각해요."

킴은 알렉스가 이번에도 아첨을 한다고 생각했다. 다행히도 그녀는 아첨에 면역이 있었다. 자신의 다정함과 매력이 중동의 독재자 수준이라는 걸 알고 있었기에.

킴은 알렉스가 말을 이어갈 수밖에 없도록 그냥 고개를 끄덕이며 침묵을 지켰다.

"세상에 완벽한 사람은 없어요. 우리 모두 불안한 부분이 있죠. 하지만 보통 우리는 주변 사람들이 우리를 덜 존중하게 될지도 모른다는 두려움에 그런 약점을 감춰요. 킴도 그렇죠. 뭔지 모르지만 당신이 하고 싶은 얘기는 동료들과 나누고 싶은 이야기가 아닐 거예요."

알렉스의 말이 맞았다. 킴은 불면증이 있다는 전제를 깔고 이번 만남

을 마련했다. 그저 핑계였을 뿐이지만 킴은 이 문제를 누구에게도 털어
놓지 않을 생각이었다.

킴은 커피를 한 모금 마셨다. 이번에도 알렉스가 어쩔 수 없이 이야기
를 이어가도록 했다.

"당신 같은 처지에 있는 여자는, 그러니까 남성들의 수가 압도적으로
많은 팀에서 권위를 내세워야 하는 여성은 약점을 드러낼 여유가 없죠.
당신은 아마 팀원들이 당신을 덜 존경할지도 모른다는 생각에 모든 약
점을 감추려고 더 열심히 일할 거예요. 팀원들이 당신에 대해 뭐라고 생
각하든 당신이 일을 해내는 능력에는 아무 영향을 주지 않겠죠. 하지만
팀원들의 높은 평가와 존경은 당신이 인정하고 싶지 않은 수많은 이유
로 당신에게 꼭 필요해요."

킴은 딱 지금쯤 박사의 입을 다물게 하는 것이 좋겠다는 생각이 들었
다. 알렉스의 가설은 편안하게 받아들이기에는 지나치게 진실에 가까
웠다.

"불면증 얘기를 했었죠. 그 문제에 대해 몇 가지 조언을 해주셨으면
좋겠는데요."

"아, 킴. 미안해요. 나 때문에 불편했군요. 사과할게요. 유감이지만 직
업병 같은 거랍니다."

킴은 그 말에서 진정성보다는 즐거워하는 기색을 더 많이 느꼈다. 알
렉스가 가볍게 나무라며 재촉하는 것 같다는 느낌도 받았다. 그녀는 '내
가 계속 말하게 하면 무슨 일이 일어나는지 알겠지?'라고 말하는 듯했다.

"그런 거 아닙니다." 킴이 미소 지으며 말했다. 억지로 지은 표정이 낮
설게 느껴져서 금방 지우긴 했지만.

"이 문제로 도움을 받아본 적이 있으세요?"

킴은 고개를 저었다. 그녀는 치료법을 찾는 게 아니었다. 그런 건 오래전에 포기했다. 그래, 킴이 여기에 와 있는 이유는 한 가지였다. 알렉스 손의 악행, 혹은 범죄 연루 사실을 확인하기 위해서였다.

알렉스는 의자에 자리를 잡고 앉아 다리를 꼬며 미소 지었다. "글쎄, 좋은 소식은 불면증으로 고생하는 사람들이 하루에 일고여덟 시간을 자는 사람들보다 신진대사율이 더 높고 더 오래 사는 경향이 있다는 거예요. 하루에 세 시간 삼십 분도 못 자면 중증 불면증으로 분류되죠."

"저네요."

"어떤 식으로든 치료받아본 적 있으세요? 어둠 요법이라든지, 인지 행동 치료라든지요. 숙면 행동 원칙을 써본 적이 있으신가요?"

킴은 고개를 저었다. 킴은 그 모든 치료법에 관해 읽어봤지만 굳이 실천해본 적은 없었다. 불면증 치료를 받는 건 이곳에 온 이유가 아니었다.

"음, 불면증에는 여러 종류가 있어요. 잠드는 게 어려운 경우는 보통 불안감 때문이고요. 잠은 쉽게 들지만 밤새 계속 깨고 몇 시에 잠자리에 들든 아주 이른 시간에 눈이 떠지는 경우도 있고요."

"저는 잠이 안 옵니다." 킴이 정직하게 말했다. 정보를 조금 내준다고 나쁠 건 없었다.

"그건 외상 후 스트레스 장애의 증상일 수 있어요. 모순적이지만, 킴에게 깨어 있고 싶은 마음이 존재할 수 있다는 거죠."

"진심으로 하는 말인데, 전 자고 싶습니다."

알렉스는 생각에 잠긴 표정을 지었다. "이 문제가 시작된 게 얼마 전이죠?"

"몇 년 됐죠." 킴이 애매하게 대답했다. 정확한 시간을 대지는 않았지만 사실이었다.

"수면 공포증이라는 말 들어보셨어요?"

킴은 고개를 젓고 호흡을 고르게 유지하려 애썼다. 어쩌면 이번 작전은 좋은 생각이 아니었는지도 몰랐다.

"수면 공포증이란 잠에 대한 비정상적인 공포를 말해요. 보통은 어린 시절에 외상을 입으면 생기죠."

킴은 박사의 목소리가 약간 낮아지고 부드러워졌다고 장담할 수 있었다. 아니, 어쩌면 킴이 그냥 편집증에 사로잡힌 걸지도 몰랐다. 어린 시절과 외상이라는 단어가 귓속말처럼 흘러들어왔다.

"아뇨. 대학 시절부터였던 것 같은데요."

의사는 아무 말도 하지 않았다.

킴은 반쯤 미소 지으며 말했다. "제 어린 시절은 꽤 정상적이었습니다. 사탕 좋아하고 양배추 싫어하고 너무 늦게까지 밖에 있었다고 부모님하고 말다툼하고."

알렉스는 미소 지으며 고개를 끄덕였다.

"시험 스트레스 때문이었나 보네요."

킴은 침묵을 지키는 그녀의 전략을 박사가 사용했다는 것을 가까스로 깨달았다. 어린 시절에 관한 진실을 드러내기 전에 깨달은 것이 다행이었다.

"있잖아요, 킴. '정상적'이라는 단어를 강조해서 쓰는 게 놀랍네요. 대부분 사람들이 자기 어린 시절에 대해 그런 식으로 말하지만 텔레비전 광고에 나오는 사람이 아니라면 그런 경우는 없거든요. 부모님 직업은 뭐였어요?"

킴은 재빨리 머리를 굴려 여섯 번째 위탁 가정을 선택했다. "엄마는 세인스버리에서 아르바이트를 했고 아빠는 버스 기사였습니다."

"형제나 자매는요?"

킴은 입이 말랐다. 고개를 젓는 것 말고는 차마 아무 말도 할 수 없었다.

"열 살이 되기 전에 중요한 상실이나 외상을 일으킬 만한 사건을 겪은 적은 없나요?"

이번에도 킴은 고개를 저었다.

알렉스가 웃었다. "그럼 정말 마법 같은 어린 시절을 보낸 거네요."

"박사님은 가족들을 잃고 얼마나 지나서 불면증 문제가 시작됐습니까?" 킴이 대화의 초점을 옮기며 물었다. 박사가 본인에 대해 말하기 시작하면 뭔가 알아낼 수 있을지도 몰랐다.

알렉스는 잠시 놀란 것 같았지만 금방 자세를 되찾았다. 그녀의 눈이 책상 위의 사진으로 힐끗 돌아갔다. 목소리는 거의 들리지 않게 되었다. 킴은 새로운 흥미를 느끼며 그 모습을 지켜보았다. 지금 그녀는 알렉스에게 사진 속 가족이 아예 존재하지 않는다는 사실을 알고 있었다.

"로버트와 아들들을 잃고서 난 거의 망가졌어요. 로버트는 내 영혼의 동반자였죠. 킴과는 달리 우린 둘 다 어려운 어린 시절을 보냈고 서로에게 끌렸거든요. 2년을 노력한 뒤에야 미첼이 태어났어요. 조용하고 예민한 아이였죠. 열아홉 달 뒤에는 형과 정반대인 헨리가 태어났어요." 알렉스는 눈시울을 붉히며 킴을 보았다. "우리 가족은 완벽했는데, 어느 날 지친 트럭 기사 때문에 그 모든 게 흔적도 없이 사라졌어요. 가해자는 한쪽 손목만 부러지고 살아났고요."

그러기 싫었는데도 킴은 알렉스에게 홀리는 것만 같은 기분이었다. 이번 만남을 마련해야겠다고 생각했던 모든 이유가 의심스러워졌다. 알렉스의 연기는 귀네스 팰트로와 할리 베리, 메릴 스트립을 합쳐놓은 것보다도 뛰어났다. 그런데도 그 연기에는 뭔가 빠진 게 있었다. 이제 킴은 그 어느 때보다 확신이 생겼다.

"박사님을 위로해줄 가족은 없었습니까?"

알렉스는 고개를 젓고 자세를 다잡았다. "부모님은 이미 돌아가셨어요. 내가 아홉 살 때 동생이 죽었다는 얘기는 이미 했던 것 같고요."

사실을 몰랐다면 킴은 그 말을 모조리 믿었을 것이다. 하지만 그녀는 진실을 알고 있었다. 그래서 알렉스의 연기가 더욱 지독하게 느껴졌다.

"그건 정말 끔찍하네요. 유감입니다. 가까운 사이였습니까? 동생 분 성함이…."

"새라예요. 이름이 새라였죠. 동생들이 그러듯 어디든 날 따라다녔어요. 하루는 내가 동생한테 꺼져버리라고 했어요. 그랬더니 그 애가 연못으로 가서 빠져버린 거예요. 우리 엄마는, 음, 어떻게 말해야 하나. 건망증이 있어서 동생을 보지 않고 있었어요. 어린 나이에 형제나 자매를 잃는 경험은 꽤 깊은 영향을 남겨요. 마음 한구석에서 그 애들을 구했어야 한다는 생각이 들면 특히 그렇고요."

킴은 입을 꽉 다물고 자신을 위협해 오는 멍한 느낌을 무시하려 애썼다. 숨 쉴 능력을 잃어버리기 전에 이곳에서 나가야 했다.

"하지만 킴은 이해 못 하겠죠, 정상적인 어린 시절을 보냈으니까."

킴은 버저 소리 덕분에 살았다. 알렉스의 얼굴에 짜증이 스쳤고 킴은 애써 자리에서 일어났다.

"이제 정말 가야 겠군요."

"미안해요, 킴. 열 시 삼십 분 환자가 일찍 왔나 보네요."

"시간 내주셔서 감사합니다, 박사님. 박사님이 말씀하신 그 기술 몇 가지를 좀 찾아보죠."

"언제든 다시 만나러 오세요. 수다가 꽤 즐거웠거든요."

킴은 그녀에게 고맙다는 인사 대신 고개를 끄덕이고 박사를 따라 문으로 향했다. 그녀는 지나가면서 박사를 잠깐 봤지만, 온 신경은 쓰러지기 전에 골프 자동차에 안전하게 도착하는 데 쏠려 있었다.

킴은 간신히 자동차에 몸을 싣는 데 성공했지만 열쇠를 구멍에 꽂아 넣기가 너무도 어려웠다. 열쇠는 계속해서 발 근처 바닥으로 떨어졌다.

이 만남을 요청한 건 킴일지 모르지만 이 모든 일이 알렉스의 계획에 따라 움직였다는 사실에는 의심의 여지가 없었다.

킴은 핸들을 쾅 내리쳤다. 제기랄. 킴이 계획한 만남은 이런 게 아니었다.

박사는 존재하지도 않는 가족에 대해 다시 거짓말했고 죽은 동생의 역사 전체를 날조했다. 킴은 배 속 깊은 곳에서부터 구역질이 났다.

킴은 알렉스가 막강한 적이라는 사실을 알고 있었다. 그녀는 머리가 좋은 데다 감정적 반응을 전혀 보이지 않았으므로 이미 무기를 가진 셈이었다. 단, 킴의 무기는 현재에 있었다. 싸움이 현재에서 벌어진다면 얼마든지 공정하게 싸울 수 있을 거라고 생각했다.

알렉스의 심리 조종술에 관해 킴이 절반은 알고 있을까? 하지만 설령 알고 있더라도 알렉스가 킴의 과거를 안다는 건 완전히 다른 얘기였다.

알렉스가 킴의 과거를 찾아낸 데에는 틀림없이 이유가 있었다. 킴은 그 이유를 알아내기까지 치러야 할 대가가 얼마나 될지 궁금할 수밖에 없었다.

47

알렉스는 자세를 가다듬으며 다음 예약 환자에게 작은 로비에서 몇 분간 기다려달라고 부탁했다. 그녀는 짜증이 나면서도 승리감을 느꼈다. 제시카 로스는 약속 시간보다 일찍 도착했다. 일부러 그러려고 해도 이 이상 타이밍을 잘못 잡을 수가 없었다.

어제 일은 뜻밖이었다. 알렉스가 다음번 만남을 어떻게 꾸며낼까 고민하던 바로 그 순간에 킴이 전화를 걸어왔다. 알렉스는 그 만남을 준비하느라 더욱 일찍 일어났다. 첫 데이트 때의 설렘과 비슷한 긴장과 흥분이 느껴졌다. 킴이 다른 간섭 없이도 그녀에게 연락해왔다는 사실에 알렉스는 둘 사이에 어떤 친밀함이 생겼다고 더욱 확신하게 됐다.

그녀는 킴과 만나면 만날수록 자신에게 더 많은 무기가 생긴다는 것을 알고 있었다. 그리고 오늘, 그녀는 많은 것을 알아냈다. 형사를 그녀의 계획 어느 부분에 집어넣을 수 있을지 생각하기 시작했다.

알렉스는 킴이 끔찍한 어린 시절을 부정하는 모습과 그 사건들이 일으킨 고통의 선명함에 전율을 느꼈다. 킴이 자신을 괴롭히는 악마들에 관해 도움을 받으려 한 적이 없다는 건 분명했다. 킴이야 뻣뻣한 겉모습

뒤에 자신의 감정을 아주 잘 숨기고 있다고 생각할지 모르겠지만, 인간과 인간의 감정을 평생 연구해온 사람한테까지 숨길 수는 없었다.

킴은 어린 시절의 아픔을 제대로 처리하지 못했다. 그래서 제정신을 붙들고 있는 그녀의 힘 또한 아무리 잘 봐줘야 위태로운 수준이었다. 제대로 다룬다 해도 그 기억들은 고통과 상실감을 불러일으킬 것이다. 단지 기억에 삼켜지는 위험이 사라질 뿐이다. 알렉스는 얼마나 킴을 밀어붙여야 그녀가 취약한 심리의 심연으로 떨어질지 궁금해졌다. 킴이 안전할 수 있는 건 단지 그녀가 고통스러운 기억과 거리를 두려고 노력해왔기 때문일 뿐이었다.

알렉스는 잘만 하면 형사와의 만남이 보람차고 얻을 게 많은 만남이 되리라는 걸 알고 있었다. 최악의 경우에도 즐거운 만남이 될 것이다.

알렉스는 아주 쉽게 지루함을 느꼈기에 더 많은 도전을 갈망했다. 킴 같은 사람이 그녀의 도전 의식을 불러일으켰다. 킴에게는 너무 많은 갈등이 있었다. 그것들이 등대처럼 빛을 뿜었다. 킴에게는 본인조차 인식하지 못하는 문제들이 있었으며 그 점이 알렉스를 흥분시켰다. 킴은 알렉스가 아주 오랫동안 가지고 놀 수 있는 새 장난감이었다.

알렉스는 억지로 킴에게서 생각을 돌려 심호흡을 한 뒤 안경을 고쳐 썼다. 짜증은 환자들에게 보여주기에 적절한 서비스가 아니었다. 그러면 그녀가 한 시간에 받는 상담료를 받을 수 없었다.

"로스, 들어오시겠어요?" 그녀는 연결된 문을 열며 따뜻하게 말했다. 여자가 딱히 그녀를 보지 않고 발을 끌며 들어왔다.

법원에서 배정해준 환자들 중 몇몇은 시작이 이런 식이었다. 정신과 의사를 만나게 된 게 별로 즐겁지는 않으나 별수없었다는 태도.

알렉스는 그 여자를 빠르게 살펴보았다. 한때 아기가 있던 자리는 여전히 조금 부풀어 있었다. 아이가 태어난 지 7개월에 접어들었는데도 제시카 로스는 굳이 늘어난 몸무게를 줄이지 않았다. 머리 스타일은 딱히 관리하지 않아 어깨 너머까지 제멋대로 자라 있었다. 그녀는 노숙자 같은 걸음걸이로 아무 희망 없이 움직였다. 화장을 전혀 하지 않았고 초췌한 안색 때문에 실제 나이는 25세인데도 10년은 더 늙어 보였다.

알렉스에게 이번 건은 아무 의미가 없었다. 관심이 가는 사건이 아니었다. 이 사건은 갖고 싶은 새 노트북을 사기 위한 것이었다. 치료 기간을 조금 늘릴 수 있다면 자동차 관리 비용에도 좀 보탤 수 있을 터였다.

알렉스는 즉시 자리에 앉았다. 이 환자는 커피를 마실 자격이 없었다. 콜롬비아 골드는 비싼 커피였으니까.

"자, 제시카. 아기와 관련한 폭력 사건 때문에 법원 명령으로 치료를 받게 되셨죠?"

알렉스의 목소리는 부드러웠지만 그녀의 말은 신랄했다. 여자는 눈에 띄게 움찔했다. 알렉스는 자신이 고통을 주었다는 사실에 만족했다.

내 만남을 방해해준 게 너무 고마워서 그래, 이 쌍년아.

알렉스는 탁자에 메모장을 올려놓고 등받이에 기대앉았다. 처음부터 상담 시간을 질질 끈다 해도 나쁠 건 없었다.

"스트레스가 심하고 불편하신 것 같으니 서두르지는 말죠. 본인 얘기부터 해주시면 어떨까요?"

제시카의 어깨 힘이 살짝 풀렸다. 곧바로 문제를 이야기하지 않아도 돼서 안도감을 느낀 것이다.

알렉스가 재촉했다. "어린 시절은 어땠는지, 가족은 어땠는지, 그런 이야기요."

제시카는 벌써 고마워하며 고개를 끄덕였다.

정말이지 인간은 한심해. 알렉스는 제시카의 말을 건성으로 들으며 생각했다. 뻔한 이야기는 도무지 자극적이지 않았다.

"…휴가는 보통 블랙풀에서 보냈어요. 어느 날 바닷가에 갔던 일이 기억나는데…."

알렉스는 제시카의 얼굴에 천천히 미소가 번지자 아예 귀를 닫았다. 빌어먹을. 여자는 소중한 기억 속 순간을 다시 살고 있었다. 알렉스는 이따금 고개를 끄덕이며 그녀가 계속 이야기하도록 부추겼다. 그러면서 여태껏 그녀가 겪어온 실망스러운 환자들에 대해 생각했다.

지금까지 가장 큰 실망을 준 건 루스였다. 투자한 시간이 길어서만은 아니었다. 루스는 배리처럼 때맞춰 써먹을 수 없었다. 배리도 알렉스가 원하는 만큼 제대로 작업을 수행하지는 못했지만, 최소한 그는 킴과 예기치 못한 만남을 갖는 데 유용했으니까.

셰인은 처음에 장래성 있는 후보자로 보였다. 하지만 그가 불안정하다는 증거는 알렉스의 집에서 더욱 심각하게 드러났다. 알렉스는 그때 기억을 떠올리고 몸을 떨었다. 셰인이 있는 걸 보고 놀란 순간에 느낀 공포 때문이 아니었다. 알렉스는 자신이 그런 사건을 예측하지 못했다는 사실에 두려움을 느꼈다. 셰인은 모든 매듭을 단단히 마무리 지어야 한다는 사실을 일깨워주는 존재가 될 것이다.

알렉스는 더 이상 하드윅 하우스에 인생을 빼앗기지 않겠다고 결심했다. 쓰는 시간이 얻는 이득보다 컸다. 알렉스는 그 기관이 실험 대상들을 안정적으로 줄줄이 제공해주고 자신은 그중 적합한 대상을 고르고 선택할 수 있기를 바랐다. 하지만 그녀는 매물의 양과 질 모두를 과대평가했다. 잠깐 동안은 데이비드 하드윅을 유혹한다는 도전 과제가 감칠나게 느껴졌다. 그때는 부적응자들의 집을 찾아가는 일도 최소한 견딜만했다. 하지만 그 도전 과제조차 더 이상 그녀를 재미있게 해주지 못했다. 비싸게 구는 데이비드가 이미 지겨워졌다.

알렉스는 어느 단계에선가 데이비드에게 편지를 보내 최근의 사건들이 그녀에게 감정적으로 영향을 줬으며 더 이상 하드윅 하우스에서 봉사할 수 없겠다고 설명할 생각이었다. 메모장에는 하드윅 하우스의 전화번호를 차단해야 한다고도 적어두었다.

"…불안이랑 공황 발작으로 대학교를 중퇴했고…."

아직 알렉스가 반응을 보일 필요는 없었다. 알렉스는 눈알을 굴려대지 않는 데만도 진이 다 빠지는 기분이었다. 여자의 얼굴 전체에는 약하고 가엾은 피해자의 모습이 덕지덕지 발라져 있었다. 알렉스는 이번 환자를 다루면서 맞이하게 될 도전 과제란 그녀를 내쫓지 않는 것뿐이리라고 생각했다.

문득 알렉스는 이 여자가 왜 그토록 짜증스럽게 느껴지는지 알아챘다. 이 여자의 어떤 면이 알렉스에게 새라를 떠올리게 했다. 알렉스는 메모장에 메모를 하나 더 남겼다. 그녀는 며칠 동안 온라인 부동산 중개사를 확인해보지 않았다. 지금쯤이면 랭골른에 새로운 매물이 나왔을게 분명했다. 그래, 아마 아기자기한 방 두 개짜리 발코니 딸린 오두막이 급매로 나와 '예외적으로 저렴'하다고 광고되고 있겠지.

충격 요법을 써서 동생을 행동하게 만드는 데는 보통 편지 두어 통이면 충분했다. 그 방법이 통하지 않는다고 해도 알렉스에게는 새라가 운동화를 꺼내게 만들 만한 수단, 언제든 쓸 수 있는 수법이 몇 가지 더 있었다. 출발선으로, 준비, 이제 뛰어, 동생아.

지금 동생은 상당히 뻔한 존재가 되어 있었다. 그러나 알렉스는 그냥 할 수 있었기 때문에, 그리고 새라의 인생에 참여하는 것이 그럭저럭 재미있었기에 이 게임을 계속했다. 한심한 멍청이가 몇 년마다 뿌리 뽑히는 신세를 감당한다는 사실 자체가 오락거리였다.

"…아이가 태어나고 나서 몇 주 뒤에 시작된 일인데…."

어쩌고저쩌고 종알종알. 알렉스는 팔에 난 가늘고 가벼운 털을 뽑기 시작하면 지루함이 좀 가실지 궁금해졌다. 그편이 덜 고통스러울 텐데.

오, 주여. 저를 이 지루함에서 구하소서. 알렉스가 보기에 산후우울증은 첫 아이를 낳은 산모들 대부분에게 유행하는 장신구로 변해가고 있었으며 무차별적으로 진단되고 있었다. 더는 아무도 아기를 돌보느라 기분이 처진다고 하지도 않았고 적응기를 거치는 중이라고도 하지 않았다.

"…그냥 제가 아무 가치 없는 존재라는 기분이 들었어요. 그런 기분을 일으킨 게 뭔지 알고 싶어졌고요…."

아마 당신 무의식이 당신에게 진실을 말해준 걸 거야. 알렉스는 여자의 고통에 고개를 끄덕이며 그렇게 생각했다.

"…그 모든 부정적인 생각에 죄책감이 들었어요. 내가 남편을 실망시키고 있다는 생각이 들더라고요. 남편은 너무 신이 나 있었고 아기 때문에 즐거워하고 있었거든요. 남편한테 진실을 이야기할 수가 없었어요." 여자는 눈물을 삼키며 고개를 저었다. "제가 미쳐가는 것만 같았어요…."

알렉스는 이 모든 게 교과서적이라고 생각했다. 다만, 제시카는 알렉스가 생각했던 것보다 빠르게 이 단계에 도달했다. 이제 알렉스는 어쩔 수 없이 몇 가지 질문을 던지는 단조로운 과정을 견뎌내야 했다.

"자살하고 싶다고 생각하신 적이 있나요?"

제시카는 망설이다가 눈을 훔치며 고개를 끄덕였다. "그래 봤자 죄책감이 느껴질 이유만 더 늘어났어요. 남편과 아기를 떠날 생각을 하다니…."

"그날 무슨 일이 있었죠?" 알렉스가 물었다. 이제는 이 쓸모없는 여자가 떠나줬으면 좋겠다는 생각이 들었다. 알렉스의 생각이 맞는다면 제시카는 아이가 도무지 울음을 그치지 않았다거나 자기가 아기 팔을 너무 꽉 잡았다는 등의 지극히 시시한 이유를 이야기할 터였다.

"어느 날이요?" 제시카가 물었다.

알렉스는 그 말에 놀랐다. 아이를 상대로 폭력 사건이 있었던 날은 하루뿐이고 사회복지 기관에서 처음부터 개입해 왔을 거라고 생각했는데.

"첫날이요." 알렉스는 온전히 관심을 기울이며 대답했다. 이제 재미있어지고 있었다.

"그날도 최악의 하루였어요. 그 전날은 세상 꼭대기에라도 올라간 것 같은 기분이었는데. 정말 좋았죠. 지나치게 좋았다고 해야 하나. 온몸에 힘이 넘쳤고 신이 났어요. 그러다가 쾅, 다음 날은 다른 모든 날보다도 어두워지더라고요. 저는 모든 게 두려웠어요. 주전자 스위치만 꺼져도 이가 딱딱 부딪히더군요. 가루비누를 어디에 보관했는지 기억나지 않았던 게 생각나요. 정말 이상했어요. 어느 순간 제가 정원 헛간에서 그 비누를 찾고 있더라고요.

제이미가 울기 시작했어요. 처음에는 제이미의 방을 찾을 수가 없었죠. 너무 이상했어요. 우린 그 집에 3년째 살고 있었거든요. 그런데 그 작은방을 못 찾겠더라니까요."

알렉스는 메모장을 내려놓고 앞으로 몸을 숙였다. "계속하세요." 그녀는 이 새로운 환자에게 온전히 관심을 기울이며 명령했다.

"제가 제이미의 요람을 내려다보고 서니까 제이미가 울음을 멈췄어요. 아이를 내려다보는데 갑자기 그 목소리가 들리더라고요. 처음에는 아주 낮은 목소리였어요. 그 목소리가 제이미를 꼬집으라고 하는 거예요. 알아듣기 힘든 소리였지만, 저는 그 말을 듣자마자 제이미의 살갗을 손가락 사이에 두고 힘을 주면 기분이 나아지리라는 걸 알았어요."

이제 알렉스는 한 마디 한 마디에 집중하고 있었다. "그래서 그렇게 하셨나요?"

제시카는 얼굴을 붉혔다. 고개를 끄덕이는 그녀의 눈에 눈물이 고였다.

알렉스는 두 손을 짝 맞잡고 싶었다. 과로에 지친 사회복지사들이 그녀에게 선물을 보냈다. 이 여자는 산후우울증으로 고생하고 있다는 진단을 받았으며 그에 해당하는 모든 징후를 보였다.

하지만 제시카는 뻔한 증상에 더해 행복감과 혼돈, 언어적 환청을 경험했다. 제시카 로스는 산후정신병을 앓고 있었다. 이 질병은 아주 다른 짐승이었다. 갑자기 제시카를 아주 흥미로운 존재로 만들어주는 짐승.

"아, 세상에. 내 정신 좀 봐." 알렉스가 따뜻하게 말하며 자리에서 일어났다. "커피도 한 잔 안 내왔네요. 커피머신을 예열하는 동안 조금만 기다려주세요."

그녀는 사례 연구 대상 4호에게 마음 놓이는 미소를 지어 보였다.

48

브라이언트는 블랙히스 중심가의 테스코 뒤쪽에 차를 댔다.

"그 녀석들은 속이셨을지 몰라도 전 보기보다 멍청하지 않습니다."

"그건 불가능한 일이죠." 킴이 빈정거렸다.

"전 대장이 치과에 간 게 아니라는 걸 알고 있어요." 브라이언트가 앞을 보며 말했다.

"그게 말이죠, 나도 치아가 있습니다." 킴이 윗입술을 톡톡 두드리며 분명히 말했다.

"네, 그 이로 다 큰 남자들을 여럿 찢어발기셨죠. 하지만 그런 얘기가 아니잖아요. 대장은 3년 동안 단 한 번도 근무 시간에 병원 예약을 잡지 않았습니다. 단 한 번도요."

대꾸할 말이 금방이라도 튀어나올 것 같았지만 킴은 생각을 바꿨다. 브라이언트는 그녀가 거짓말했다는 걸 알고 있었으며 킴은 브라이언트가 알고 있다는 사실을 알았다. 사태를 악화하고 싶지는 않았다.

"전 그냥 대장이 지금 하는 일을 제대로 알고 하는 건지 확인하고 싶어서 그래요." 브라이언트는 킴을 보지 않고 말했다.

킴은 그의 팔에 손을 얹고 그를 안심시키고 싶다는 충동을 느꼈지만 그러지 않았다. 그 순간은 지나가버렸다.

"이만 갑시다, 걱정쟁이 아저씨. 찾아봐야 할 그림자가 있으니까."

신발 가게는 실내 시장으로 들어가는 입구와 정육점 사이의 큰길에 있었다. 킴이 브라이언트에게 문을 열어주자 종이 울렸다.

전에 들렀던 가게의 자동차 부품 냄새는 기분 좋게 느껴졌지만 이 작은 공간은 정반대였다. 물건이 아주 오랫동안 가만히, 고요하게 놓여 있었던 것처럼 공기에서 케케묵은 냄새가 났다. 신발들은 전시되기보다는 보관되는 듯했다.

철 지난 핸드백으로 가득한 벽에서 손으로 만든 가격 팻말이 벗겨져 떨어지고 있었다. 중앙의 전시대에는 다양한 핸드백과 지갑이 놓여 있었다. 다중인격 장애를 가진 사람을 위한 가게 같았다. 아니면 그냥 살아남으려고 애쓰는 가게든지.

한 남자가 뒤쪽 사무실에서 나와 계산대 뒤로 들어갔다. 킴은 그가 40대 후반이라고 생각했다. 그는 회색 청바지에 주름이 지도록 허리띠를 졸라매고 있었다. 허리띠는 남자의 뱃살에 가려져 보이지 않았다. 검은색 티셔츠 겨드랑이 부분에는 땀자국이 보였다. 남자가 물건을 바꾸는 것과 같은 주기로 옷을 갈아입는 건지 궁금해졌다. 상황은 이 가게의 인기만큼이나 분명해져갔다. 전혀 기분이 좋지 않았다.

브라이언트가 앞으로 나섰다. 킴은 뒤로 물러나 남자를 찬찬히 살펴보았다.

"레너드 던에 대한 얘기를 하고 싶어서 왔습니다. 당신이 운영하는 독서 모임의 회원이죠."

킴은 남자의 티셔츠 목선 위로 드러난 피부가 벌겋게 얼룩덜룩해지는 것을 보았다.

"레너드 던이 두 딸을 학대한 혐의로 체포됐다는 건 당연히 알고 계시죠?"

브라이언트는 부드럽게 말했지만 그 질문의 삭막함은 사라지지 않왔다.

찰스는 격하게 고개를 저었다. "난 전혀 모르는 얘기예요. 우린 그냥 가끔 만나서 책 얘기를 했을 뿐이라고요."

그의 눈이 킴과 브라이언트를 빠르게 오갔다. 브라이언트가 알겠다는 듯 고개를 끄덕였다.

"네, 저도 독서 모임을 하고 있습니다. 가끔 남자들끼리 만나는 거, 좋죠." 킴은 브라이언트의 거짓말에도 놀라지 않았다.

브라이언트가 앞으로 나서 계산대를 짚고 몸을 숙였다. "우리 마님은 그 모임이 다른 걸 덮기 위한 핑계라고 생각합니다만."

남자의 붉은 안색이 위쪽으로 더 번졌다.

"핑계가 아니에요. 맹세하지만, 우린 책을 읽고…. 토론하는 거예요. 그게 전부라고요. 하늘에 맹세하는데…."

"네에, 우리 마나님은 우리가 그냥 술이나 마시러 다닌다고 생각해요."

찰스가 눈에 띄게 긴장을 풀었다. 그는 미소를 지었다. 붉은 기운이 한 단계 잦아들었다.

"그런데 말입니다. 문제는 레너드 던이 하던 짓에 누군가 발을 담그고 있었다는 사실을 우리가 안다는 거예요."

그러자 찰스의 얼굴에 붉은 기운이 이불이라도 덮듯 솟구쳤다.

찰스는 격하게 고개를 저었다. "그건 아니에요, 절대로. 우리 중엔 그런 사람 없어요. 결코 아닙니다. 역겨워요. 아니, 어린애들은 안 되죠…. 역겨운 일이잖아요. 우리가 하는 일은 책을 읽는 것밖에 없어요. 생각만 해도…."

"알았어요, 찰스." 브라이언트가 한쪽 손을 들며 말했다. "그래도 물어봐야 해서요."

"아 그래요…. 네…. 그렇겠죠. 이해해요."

"아무튼, 뭐든 도움이 될 만한 게 생각나면 얘기해주세요."

킴과 브라이언트가 떠날지도 모른다는 생각에 찰스의 피부가 평소의 색깔로 돌아오기 시작했다. 그는 계산대 너머로 떨리는 손을 내밀었다. 브라이언트가 용감하게도 그 손을 맞잡았다. 킴이 문 쪽으로 향했다. 브라이언트는 몇 걸음 따라가다가 뒤를 돌아보았다.

"아, 우리 모임에서는 지난달에 〈가장 긴 길〉을 읽었어요." 브라이언트는 스테이시가 말했던 책 이름을 얘기했다.

"네, 네. 좋은 책이죠."

브라이언트가 으쓱했다. "결말에서 에이미 블레이크가 죽은 게 좀 실망이지만요. 마음에 드는 캐릭터였는데."

찰스가 격하게 고개를 끄덕였다. "네…. 그러게요…. 정말 별로였죠."

킴은 고개를 젓고 계속 문으로 향했다. 학생들 무리를 몇 번 피하고 나자 브라이언트가 킴 옆에 나타났다.

킴은 곁눈으로 브라이언트를 보았다. "그게 말입니다, 브라이언트. 내 목에 칭찬이 한마디 맺혀 있는데, 콱 들러붙었어요. 바로 여기에." 킴이 자기 목을 가리키며 말했다.

"잘됐네요, 대장. 이 얘기를 들으면 아주 좋아하시겠어요. 독서 모임은 개뿔. 대장이 치과에 가 있는 동안 제가 그 책을 읽어봤거든요. 에이미 블레이크라는 캐릭터는 없어요."

49

"젠장, 이건 안 한다고 했어야 하는데." 케빈이 자동차 문에 기대며 신음했다.

스테이시가 웃었다. "그러게. 대장한테 싫다고 말할 때가 되면 알려줘. 내가 결투장 예약하고 표도 팔고 할 테니까."

"그래, 뭐. 너한테는 이게 즐거운 밤 외출이겠지." 케빈이 말했다.

킴은 둘에게 찰스 쿡을 지켜보라고 했다. 그가 뭘 하려는지 살피라는 것이었다. 그날 이른 시간에 찰스를 면담한 이후로 뭔가 수상하다는 의구심이 생겼기 때문이었다.

찰스는 한 시간 전 자신의 방 하나짜리 공공주택에 들어갔다. 그 이후로 둘은 계속 그를 지켜보는 중이었다.

"모를까 봐서 하는 말인데, 케빈. 나 곧 연애하게 될지도 몰라."

케빈이 고개를 돌려 그녀를 보았다.

"말도 안 돼. 너한테 데이트 상대가 생겼다고? 제대로 된?"

"그런 것 같은데."

"왜 이래, 스테이시. 다 털어놔. 남자야, 여자야?"

스테이시가 광고하고 다닌 건 아니지만 동료들은 그녀가 양성애자라는 사실을 알고 있었다. 그러나 스테이시의 부모는 구식이라 몇 가지 믿음을 고수했다. 그들에게 이성애가 아닌 다른 모든 것은 해서는 안 되는 선택이었다.

하지만 아프리카 출신인 사람은 스테이시가 아니라 그녀의 부모였

297

다. 스테이시에게 고향은 영국뿐이었다.

"여자야." 스테이시가 대답했다.

케빈의 눈에 알겠다는 표정이 떠오르더니 가소롭다는 듯한 미소로 바뀌었다.

"누군지 알겠다."

"그 사람이 너보다 날 더 좋아한다는 이유만으로 화내지는 말려무나."

케빈이 고개를 저었다. "아냐, 정정당당한 시합이었어, 스테이시. 트리시는 멋진 여자야."

아직 정확히는 모르겠지만, 스테이시도 '그렇다'는 쪽으로 조금 지나칠 만큼 기울어져 있었다.

"야, 찰스 떴다."

스테이시는 자동차 열쇠 구멍에 꽂혀 있는 열쇠에 손을 댔다.

"잠깐만." 케빈이 말했다. "걸어서 가려나 본데."

"제에에기랄." 스테이시가 말했다. 둘 다 차에서 내렸다.

거리는 주택 단지 한가운데에 있었다. 사방이 골목과 배수로였다. 스테이시가 십대 시절에 가장 친하게 지냈던 친구가 지금 그들이 서 있는 곳에서 200미터쯤 떨어진 곳에 살았다. 둘은 이 골목을 아무 목적 없이 걸으며 수많은 시간을 보냈다.

스테이시와 케빈은 쥐똥나무 울타리 뒤에 섰다. 스테이시가 머리를 내밀고 주위를 둘러보았다. "저 골목은 철교 밑으로 이어져."

"따라갈 수 있을까?" 케빈이 물었다.

스테이시는 고개를 저었다. "거리가 너무 가까워. 찰스가 돌아보면 금방 우리가 보일 거야."

찰스가 시야에서 벗어나자마자 둘은 달려서 길을 건넜다. 스테이시가 재빨리 살펴보았다. 찰스와 거리가 너무 가까웠다.

"이 길은 어디로 이어져?" 케빈이 물었다.

"서덜랜드 가로 이어져. 왼쪽으로 가면 상업 지구를 지나게 될 거야. 오른쪽에는 발코니 딸린 집들이 늘어서 있고 그 반대편은 공터 겸 공원이야."

스테이시는 다시 살펴보았다. 찰스는 배수로 위쪽으로 빠져나간 뒤였다.

"뛰어." 스테이시가 말했다. 찰스가 가는 방향을 알아내야 했다.

그들은 골목 맨 위까지 전력 질주했다. 스테이시가 주위를 둘러보았다. 찰스가 왼쪽이나 오른쪽으로 방향을 틀었다면 그의 모습이 아직 보일 터였다.

스테이시는 길을 건너기 시작했다. "공터를 건너갔어. 너무 멀리 떨어져 있으면 찰스가 안 보일 거야. 공터에서 나가는 출구가 세 군데 있어."

"젠장." 케빈이 말했다.

스테이시는 케빈의 말을 이해했다. 둘은 찰스와 그런 식으로 안전거리를 유지할 수 없었다. 도움이 될 만한 가로등이 없으면 표적이 언제든 시야에서 사라질 테니까.

그들은 서둘러 공터를 가로질렀다. 결국 찰스가 시야에 들어왔다. 그와 보조를 맞추기 위해 속도를 늦췄을 때 케빈과 스테이시는 그에게서 6미터 정도밖에 떨어져 있지 않았다.

케빈이 손을 뻗어 스테이시의 팔을 건드렸다.

"케빈, 무슨…?"

"스테이시, 손 좀 잡아줄래?"

꼭 그래야 할까? 스테이시는 생각했다. 솔직히 케빈이 무슨 짓을 하고 다니는지도 모르는데.

스테이시는 케빈의 손을 꽉 쥐었다. 그의 손가락뼈가 서로 갈리는 것이 느껴졌다. 하나 인정해줘야 할 점은 케빈이 아무 신음도 내지 않았다는 것이다.

"저 길은 어디로 이어져?" 쿡이 공터에서 나가는 첫 번째 출구로 향하자 케빈이 물었다.

"주택가랑 학교. 길 맨 아래쪽에 도서관이 있고 그 반대편에는 가게가 몇 군데 있어."

찰스의 모습이 가로등 불빛 속으로 걸어 들어갔다. 그들은 즉시 속도를 늦추었다. 앞쪽은 시야가 트여 있었다. 길은 오른쪽으로 한 번 꺾어질 뿐이었다.

그들은 찰스가 길 끝까지 걸어가 오른쪽으로 방향을 돌리는 동안 어두운 공터에 잠시 서 있었다. 이번에도 그들은 찰스가 걸어간 거리를 달려갔다. 케빈이 모퉁이를 돌아보았다.

"건너갔어." 케빈이 안내해달라는 뜻으로 말했다.

스테이시는 기억을 뒤졌다. "술집이 하나 있어. '왜건 앤드 호스'였을 거야. 전자제품 가게가 하나 있고…. 아, 잠깐만."

"뭔데?" 케빈이 식식대는 소리를 내며 물었다.

"리들 힐에 오래된 학교가 있어. 지금은 문화 센터야."

"찰스가 시야에서 벗어나고 있어." 케빈이 말했다.

그들은 차도를 사이에 두고 반대쪽 인도를 따라 걸어갔다. 다시 15미터 걸어간 뒤 스테이시는 옛 학교로 들어가는 입구를 볼 수 있었다. 찰스는 겨우 3미터쯤 떨어진 곳에서 방향을 틀었다.

스테이시는 더 이상 움직이지 않았다. "뭐, 최소한 이젠 알게 됐네."

케빈은 계속 앞으로 나아갔다. "왜 멈춰?"

"찰스가 어디로 갔는지 알고 있으니까."

케빈은 알겠다는 듯이 특유의 미소를 던졌다. "그래, 하지만 왜 가는지는 모르잖아."

스테이시도 움직여 케빈을 따라잡았다. 1분 뒤 그들은 옛 학교의 교정에 접어들었다. 건물 바로 안쪽에 게시판이 설치돼 있고 크기도, 모양도 다양한 글씨가 적힌 온갖 색깔의 A4 용지들이 붙어 있었다.

"제기랄, 주말 캠프 일정표 같네." 케빈이 말했다.

스테이시는 광고지 몇 장을 소리 내어 읽었다. "권투, 가라데, 철도 모형 만들기, 동영상 동호회, 가벼운 운동. 아, 네가 들을 만한 것도 있다, 케빈. 무슨 빙고…."

"오늘 밤 활동을 봐, 스테이시."

스테이시의 눈이 게시판에 닿아 있는 그의 손가락으로 향했다.

그 표지판에는 '청소년 모임'이라고 적혀 있었다.

50

킴은 이스트우드 파크 교도소의 면회 공간 바깥에 차를 세웠다. 이곳에 전화를 건지 한 시간 만이었다. 브리스틀 근처에서 6중 충돌 사고가 벌어지는 바람에 어쩔 수 없이 고속도로에서 벗어나 맬번 힐을 지나는 경치 좋은 길을 타야 했다.

킴은 시동을 끄기 전에 운전석 창문을 조금 내리고 바니가 차 안에 있는 동안 충분히 바람을 쐴 수 있도록 했다. 녀석은 차에서 내려주지 않으리라는 걸 아는 듯 제자리에서 두 바퀴를 뺑뺑 돌고 나서야 뒷좌석에 자리 잡았다.

교도소는 예전에는 남자 청소년들을 위한 소년원으로, 그다음에는 젊은 수감자들을 위한 시설로 쓰이다가 지금은 360명가량의 수용자를 둔 폐쇄형 여성 교도소로 자리 잡았다. 하지만 이 시설을 주변 환경과 어우러지게 만들려는 노력은 전혀 이루어지지 않았다. 철조망의 존재가 이곳에 뭔가 두려워해야 할 것이 있음을 알렸다.

킴이 생각하기에 교도소는 예뻐 보여서는 안 됐다. 날카로운 부분을 감출 꽃이나 관목들이 있을 만한 자리는 없었다. 교도소를 지을 거면 높게, 튼튼하게 지어야 한다는 게 킴의 의견이었다. 교도소는 범죄를 저지른 사람들을 수용하고 다른 사람들이 똑같은 짓을 저지르지 못하도록 막는 것이 목적인 공간이었다. 교도소를 공공 주택처럼 보이게 만들려는 노력은 방향이 잘못된 것이었다. 심각한 허위 광고랄까.

킴은 로스 켐프*가 나오는 프로그램을 봤던 게 생각났다. 상상할 수 있는 최악의 범죄자들이 잔뜩 수용된 남아메리카의 교도소에 관한 프로그램이었다. 정부에서는 일주일에 한 번씩 음식과 생필품을 들여보낸 다음 아무도 탈출하지 못하도록 밖에서 그 교도소를 지켰다. 영국 방식에 비하면 훨씬 싸게 교도소를 운영하는 방법이었지만 킴은 왠지 그런 체제가 더 "문명화된" 나라에서는 통하지 않을 것 같았다.

다행히도 유치 중인 수감자를 만날 때는 면회 명령을 받을 필요가 없었다. 킴은 교도소장에게 전화를 걸어 24시간 전에 미리 통지해야 한다는 절차도 면제받았다. 킴은 정문에서 신분증을 보였고 주머니에 잔돈 몇 푼밖에 들어 있지 않다는 걸 확인받은 다음에는 대충 몸수색을 받았다. 그녀는 그리 적극적이지 않은 경찰견들이 빠르게 '지나가는' 동안 고분고분하게 가만히 서 있었고 밀수품이 없다는 확인을 받은 다음에는 면회실로 안내됐다.

처음 그녀에게 와닿은 것은 '수다'였다. 숨죽여 말하는 사람들도 있었지만 대부분은 일부러 활기찬 척했다. 불쾌한 일이었다. 이곳은 교도소인데도 토요일 아침의 시내 카페 같은 생기를 물씬 풍겼다.

모두가 상대방을 위해 쾌활하게 구는 것 같았다. 수감자들은 친구나 친척들이 자신을 걱정하는 게 싫어서 과장되게 밝은 척했고 면회객들은 강변 소풍이라도 나온 것처럼, 이곳만큼 주말에 오기 좋은 곳은 없다는 듯이 굴었다. 킴은 나중에 교도소 벽을 사이에 두고 양쪽에서 클리넥스가 얼마나 많이 필요해질지 궁금했다.

● 영국의 배우.

킴은 왼쪽으로 반쯤 나아간 곳의 탁자에 루스가 앉아 있는 것을 보았다. 킴이 지나갈 때 루스가 고개를 끄덕였기에 망정이지 하마터면 그녀를 알아보지 못할 뻔했다.

빠르게 살펴보니 루스가 조금 살이 쪘다는 사실을 확인할 수 있었다. 지난번에 보았던 여윈 모습은 사라지고 없었다. 루스는 머리를 감았고 딱히 스타일이 좋다고는 할 수 없었지만 어깨 바로 아래까지 건강한 모발을 늘어뜨리고 있었다. 루스에게는 감금 생활이 잘 맞는 듯했다. 주말 동안 온천 여행이라도 갔다 온 것 같은 모습이었으니까.

"경위님." 루스가 손을 내밀며 말했다.

킴은 얼굴에 미소를 띠었다. 그녀는 미소를 짓는 것이 편안하지 않았지만 이 수감자를 편하게 해주고 싶었다.

"오늘 다른 면회객은 없습니까?"

루스가 고개를 저었다. "엄마 아빠는 어제 오셨어요." 말투로 보면 부모 외의 면회객은 없는 듯했다.

"두 분은 잘 지내세요?"

루스는 어깨를 으쓱했다. "저보다 이 모든 일을 더 힘들어하세요." 그녀는 주위를 둘러보았다. "가족들한테 오지 말라고 하는 사람들이 있는 이유를 알겠더라고요. 엄마 표정을 보면 다 알 수 있어요. 교도소는 딴 사람 자식이나 가는 곳이라고 생각하는 거죠. 면회가 일주일 중에 가장 힘든 시간이에요."

"사람들은 대부분 즐거워하는 것 같은데요."

"그건 경위님 생각이고요. 면회객들을 위해서 그러는 거예요. 하지만 면회가 끝나고 나면 끔찍한 일을 저질러서 사랑하는 사람들한테 이곳에 와서 이런 짓이나 하게 했다는 게 너무도 아프게 느껴지거든요."

"커피 한 잔 드시겠습니까?"

루스가 고개를 끄덕였다. "우유에 설탕 두 스푼 부탁드려요."

킴은 이 상황이 약간 초현실적이라고 느끼며 탁자에서 일어났다. 킴은 루스를 체포한 경찰관이었지만 둘은 예의 바르고 사교적인 태도로 대화를 이어나갔다. 약간의 적대감이 더 어울릴 것 같은 상황이었는데 킴은 그런 감정을 전혀 느끼지 못했다. 사실, 루스는 아무렇지 않게 킴을 받아들이는 것 같았다.

커피가 커피머신 안에서 끓기를 기다리는 동안 킴은 자신에게 닿는 시선을 느꼈다. 돌아보니 세 아이를 안은 뚱뚱한 여자가 그녀를 사납게 노려보고 있었다. 킴은 그 여자를 알아보지 못했지만 닳고 닳은 범죄자 중에는 50미터 떨어진 곳에서도 경찰을 알아보는 사람들이 있었다.

킴은 탁자로 돌아가 커피를 내려놓았다.

"그래서, 어떻게 지내십니까?"

루스가 어깨를 으쓱했다. "괜찮아요. 교도소 생활에 적응하는 데는 별로 오래 걸리지 않았어요. 여기서는 모든 게 통제되거든요. 일어나는 것도, 운동하는 것도, 샤워하는 시간이나 먹는 시간, 잠자는 시간도 전부 다요. 매일 별로 변하는 게 없어요. 직원들이나 다른 수감자들, 내 것이 된 감방 한구석도 익숙해지기 마련이죠. 걱정할 것도 거의 없고 결정할 건 아예 없어요."

킴은 그 마지막 문장에 안도감이 깃들어 있다는 것을 알아챘다.

루스가 주위를 둘러보았다. "최악의 상황은 아니에요. 전 아침 산책 모임에 가입했어요. 수업도 두어 개 듣고요. 가끔 저녁에 사교 모임이 열리기도 해요."

"아주 잘 적응하신 것 같습니다." 킴은 이 시설에 대한 '관광객' 버전의 설명을 듣고 있다고 생각하며 말했다. 영국의 교도소들은 꽤 괜찮은 모자(母子) 공동 수용 시설을 포함해 루스가 이야기한 몇 가지 여건을 갖추고 있었지만, 그럼에도 영국에서 네 번째로 높은 자살률을 보였다.

루스가 미소 지었다. "전 여기에 아주 오래 있게 될 거예요. 제가 할 수 있는 선택은 제한적이죠. 그래서 오신 거라면 확실히 말씀드리는데, 전 유죄를 인정할 거예요. 어떤 혐의를 인정할 것인지는 변호사가 생각할 문제지만 벌을 받지 않겠다고 싸울 생각은 없어요."

루스는 이 결정으로 잃을 것은 인생의 몇 년이 아니라 체스 게임 한 판 뿐이라는 것처럼 말했다.

루스가 조용히 웃었다. "죄송하지만 제가 경위님이 할 말을 잃게 만들었나 봐요."

이 사람은 킴이 체포했던 여자가 아니었다. 지금 킴의 눈앞에 앉아있는 사람은 안정적이었다. 이미 체념한 듯 거의 만족하는 모습이었다.

"하지만 루스, 당신에게는 재판을 받을 권리가 있습니다." 그리고 킴은 사법제도를 신뢰했다.

루스가 고개를 저었다. "재판은 받지 않을 거예요. 제 가족이나 그 사람 어머니한테 그런 일을 겪게 할 수는 없죠. 그렇게 충격받은 표정 짓지 마세요. 전 심리적으로 망가진 게 아니니까요. 전 그 일을 저질렀고 제가 저지른 행위의 결과를 받아들일 준비가 됐어요. 사람 목숨을 빼앗고도 아무 처벌을 받지 않으면 안 되죠. 전 사회가 요구하는 대로 빚을 갚고 나서 다시 출발해야 해요."

킴은 오랫동안 이 문제에 대해 자신과 똑같이 생각하는 사람을 만나기를 기다려 왔지만 그게 자신이 체포한 사람일 거라고는 예상하지 못했다. 이 사실에서 느껴지는 애매한 불편함도 물론 예상할 수 없었다. 이 여자는 지나칠 만큼 쉽게 처벌을 받아들이고 있었다. 킴은 어쩔 수 없이 이번 일에 잘못이 있는 사람은 루스만이 아닐 거라고 느꼈다.

"경위님 질문에 답이 됐으면 좋겠어요." 루스가 일어나려고 다리를 움직이며 말했다.

킴이 고개를 저었다. "잠깐만요. 그래서 온 게 아닙니다."

찡그린 표정이 루스의 이마를 가르고 지나갔다. 아주 잠깐 그녀의 신중한 침착함이 흔들리는 듯했다.

"손 박사 얘기를 좀 할 수 있을까요?"

루스의 눈이 가늘어졌다. "죄송한데, 무슨 말인지 모르겠어요."

킴은 조심스럽게 발을 디뎌야 한다는 걸 알고 있었다. "손 박사에게 받았던 상담에 대해 이야기해주실 수 있다면 도움이 되겠습니다."

"왜요?"

킴은 그녀의 목소리가 갑자기 퉁명스러워졌다는 걸 알아챘다.

"검찰이 사건을 이해하는 데 도움이 될 테니까요."

루스는 믿지 않는 듯 팔짱을 꼈다. "뭐, 그냥 이야기를 나눴어요. 경위님도 예상하시겠지만요. 함께 시간을 보내며 많은 얘기를 했죠."

"마지막 상담에 대해서 얘기해주실 수 있습니까? 정말 도움이 될 겁니다."

"잠깐 얘기를 나눈 뒤에 손 박사님이 상징적 시각화 훈련이라는 걸 시켰어요."

루스는 불편한 표정이었고 킴은 그녀가 물러나려는 것을 느꼈다. *지금은 안 돼.* 킴은 속으로 빌었다. 그녀는 상징적 시각화 훈련이 뭔지 알아야 했다. 이번 사건에 있어서는 그게 전혀 좋은 게 아니라는 걸 직감적으로 알 수 있었다. 킴은 뭐라도 알아내려면 미묘한 뉘앙스 따위는 집어치우고 그냥 덤벼야 한다는 걸 깨달았다.

"루스, 그 마지막 상담 시간에 당신이 한 일을 저지르도록 부추길 만한 요소가 있었습니까?"

"그건 전부 제가 한 일이에요. 제가 칼을 가지고 가서 그 사람을 기다렸어요. 제가 그 사람을 따라갔고 제가 찔렀어요."

킴은 맞은편에 앉은 여자의 마음속에서 감정이 생겨나고 있는 것을 알 수 있었다. 그녀의 가슴에 붉은 빛이 번졌고 얼굴은 팽팽하게 굳어져 갔다.

"하지만 손 박사에게 조종당했다는, 이용당했을지도 모른다는 생각은 안 하셨습니까? 제 말은, 손 박사가 앨런 해리스를 죽이는 상상을 하도록 했다는 거죠. 상징적 훈련 때 칼을 사용하게 해서요. 혹시 손 박사가 의도적으로…?"

"말도 안 되는 소리 하지 마세요. 손 박사님이 어떻게 아셨겠어요? 절 도우려는 그분의 노력을 제가…."

루스의 말소리가 흐려졌다. 그녀는 방금 킴이 넘겨짚은 내용을 확인해주었고 자신도 그 사실을 알고 있었다. 루스의 범죄는 상담 때 주고받은 이야기를 거울처럼 비추고 있었다.

"루스, 부탁입니다. 말해주세요."

루스는 격하게 고개를 저었다. "경위님, 전 손 박사님에게 불리한 말은 한마디도 하지 않을 거예요. 손 박사님은 능력 있고 통찰력이 뛰어난 정신과 의사이고 제가 인생에서 가장 힘든 시간을 보내고 있을 때 저를 도와주셨어요. 그분이 뭘 했다고 생각하는지는 모르겠지만, 전 그분이 제 구원자였다는 사실밖에 말씀드릴 게 없네요. 이만 가보셔야 할 것 같아요. 그 역겨운 의심도 그만 거두시고요."

"루스…."

"부탁이니까 가요. 다시는 오지 마세요."

루스는 킴을 노려본 뒤에야 탁자에서 일어섰다.

킴은 숨죽여 욕을 내뱉었다. 저 빌어먹을 여자는 자책감으로 너무 꽁꽁 싸여 있어서 이 범죄에 책임을 져야 하는 사람이 더 있을지도 모른다는 생각에조차 마음을 열지 않았다. 그저 아무 저항도 하지 않고 서서히 꺾이기로 결심했다. 루스를 흔들 방법은 없었다.

킴은 자동차로 돌아갔다. 전에는 의심만 했던 사실이 확인됐다. 알렉스는 루스를 조종하는 데 핵심적인 역할을 했다. 킴이 모르는 건 그 이유였다.

킴은 박사가 지금 하고 있는 게 자기가 어디까지 사람들을 밀어붙일 수 있는지 보려는 일종의 역겨운 권력 게임인지 궁금해졌다. 하지만 그건 아닌 듯했다. 킴은 앨런 해리스가 죽고 나서 처음 알렉스를 만났을 때를 떠올렸다. 그때 알렉스는 루스를 면회해도 되겠느냐고 물었다. 그건 자기가 저지른 짓을 감추려는 시도였을까, 그 이상의 무엇이었을까? 알렉스의 목적이 단순히 루스를 조종하는 것이었다면 루스가 무슨 일을 저질렀는지 아는 것만으로도 충분한 승리가 됐을 것이다. 그러나 아니었다. 알렉스는 그 사건 이후의 루스를 평가하고 싶어 했다.

그래, 이건 정신을 가지고 놀았다는 식의 단순한 사건이 아니었다. 알렉스는 뭔가를 알고 싶어 했고 킴은 그게 정확히 뭔지 알아내야 했다. 그러려면 킴 자신의 과거로 여행을 떠나야 했다.

킴은 지금 알렉스가 두 손에 쥐고 있는 힘을 무시할 수 없었다. 알렉스가 킴의 끔찍한 과거에 접근할 수 있다는 사실은 확실히 이번 싸움을 불공평하게 만들었다. 알렉스는 이 사건들을 대놓고 점검하면서도 미치지 않을 수 있었지만 킴은 그럴 여유가 없었으니까.

알렉스는 킴을 어둠속으로 더 깊이 끌어당길 모든 사실을 활용할 수 있었고 킴은 어떻게 반격해야 할지조차 몰랐다. 킴에게 필요한 건 자신이 정확히 무엇과 대적하고 있는지 더 잘 이해하는 일이었다.

그리고 지금 킴을 도와줄 수 있는 남자는 오직 한 명뿐이었다.

51

체스터 시내에서 동쪽으로 6킬로미터쯤 떨어진 곳에 있는 바즐리 하우스는 과거 반사회적 정신병자들을 수용하는 데 쓰였다. 1800년대 후반부터 문을 연 이곳은 런던에 있는 베들럼과는 달리 절대 부유층들에게 견학 기회나 다양한 단계의 정신병을 살펴보도록 안내받을 기회를 주지 않았다. 바즐리 하우스는 환자들을 은밀한 곳에, 닫힌 문 뒤에, 호기심 어린 시선이 닿지 않는 곳에 두었다. 겉으로만 봐서는 건물 안의 광기가 전혀 드러나지 않았다.

500미터쯤 되는 자갈 진입로는 풍성하게 넘실거리는 잔디밭과 80만 평의 사슴 사냥터를 가로질러 구불구불 이어지다가 17세기의 모습을 그대로 간직하고 있는 위압적인 건물 앞에서 끝났다.

알렉스는 입구로 다가가면서 이 정도면 미친 사람으로 살기에 그리 나쁜 곳은 아니라고 생각했다.

접수대는 일반적인 병원 로비와는 달랐다. 등받이가 높은 편안한 의자들이 이곳저곳에 흩어져 있고 가끔 그 사이로 탁자도 놓여 있었다. 지역 풍경을 그린 수채화가 벽에 점점이 박혀 있었고 CCTV 카메라 위에 설치된 스피커에서는 팬파이프 연주가 조용히 흘러나왔다.

알렉스의 손가락이 초인종 위에 머물러 있을 때 문이 열렸다. 50대 후반의 뚱뚱한 여자가 그녀를 맞이했다. 재빨리 살펴보니 여자는 이 시설에 머문 지 꽤 오래된 것 같았다. 그녀는 싸구려 폴리에스테르 합성수지로 만든 검은색 바지와 흰 티셔츠를 입고 어린이용으로 쓰는 파란색 민무늬 앞치마를 걸친 채였다. 손톱은 여러 가지 색깔로 칠했고 밝은 노란색 모조 보석들로 손목과 목을 장식하고 있었다. 짧은 머리칼은 생생한 보라색으로 염색했다. 이름만 간단히 적힌 명찰에는 '헬렌'이라고 쓰여 있었다. 직위나 직함은 없었다. 그냥 헬렌이었다.

알렉스가 손을 내밀었다. "안녕하세요, 전⋯."

"손 박사님이죠." 헬렌이 솔직한 미소를 활짝 지으며 대신 말을 맺었다. 여자는 확실히 접근하기 쉽고 사람을 잘 믿는 성격이었다. 알렉스가 딱 좋아하는 성격.

"프라이스 박사님한테 오실 거라는 얘길 들었어요. 프라이스 박사님

311

은 최선을 다해서 박사님을 도와주라고 하셨고요."

알렉스는 당연히 그럴 거라고 생각했다. 너새니얼 프라이스 박사는 이 병원의 담당 의사였고 그들의 '우정'은 의대 시절까지 거슬러 올라갔다. 당시 알렉스는 그가 선생 중 한 명과 동성애 관계를 맺고 있다는 사실을 추측해냈다. 그때만 해도 알렉스에게는 프라이스의 비밀이 별 쓸모가 없었다. 그녀는 자잘한 일로 사람들의 원한을 사는 성격이 아니었다. 그녀가 행동하는 데는 어떤 이득이 있어야 했다. 최소한 그녀 자신이 즐겁기라도 해야 했다. 그 당시 프라이스의 비밀은 별다른 충격을 주지 못했을 것이다. 1~2주쯤 가십거리가 됐다가 대학의 깊이 없는 소용돌이 속으로 삼켜졌겠지. 하지만 지금은 그 비밀에 더 큰 의미가 있었다. 프라이스의 아내와 세 딸에게는 더더욱.

다행히도 알렉스는 협박이라는 방법을 쓸 필요가 없었다. 협박은 그냥 존재하며 전화선을 따라 전달됐다. 프라이스에게는 알렉스가 그 비밀을 알고 있다는 사실만으로 충분했다. 알렉스가 생각하는 만큼 통찰력이 있었다면 아마 프라이스는 알렉스가 그의 비밀을 이용하리라는 사실도 알았을 것이다. 어쩌면 그는 지금도 비밀리에 교수와의 관계를 지속하고 있을지 몰랐다. 알렉스는 언젠가 그 추측이 사실인지 알아봐야겠다고 마음속에 빠르게 메모를 남겼다. 보험을 좀 더 들어둬서 나쁠 건 없으니까.

"정말 친절하시네요, 헬렌." 알렉스는 미소 짓고 헬렌과 따뜻하게 악수하면서 말했다. 뚱뚱하고 못생긴 인간들은 늘 아름다운 사람들의 관심을 좋아했다.

헬렌은 병원 로비와 이어진 짧은 복도로 알렉스를 데려가더니 왼쪽으로 돌아서 간호조무사들의 작은 사무실로 들어갔다.

"자, 앉으세요."

알렉스는 앉았다. 사무실은 실용적이고 크기가 작았다. 하나 있는 창문은 부지 동쪽의 화려하게 장식된 마당을 내다보았다. 분수의 돌고래 입은 50년은 물을 뿜어내지 않은 것처럼 보였다.

"저는 이곳에서 22년 동안 수석 간병인으로 일해 왔어요. 그러니 제가 도와드릴 일이 있다면 얼마든지 물어보세요."

알렉스는 등받이에 기대앉았다. "프라이스 박사님이 어디까지 말씀해주셨는지 모르겠네요."

"지금 손 박사님이 유사한 환자를 다루고 계시니 우리가 어떤 식으로든 통찰력을 드릴 수 있다면 도움이 될 거라고 하셨어요."

알렉스는 유감이라는 듯 고개를 끄덕였다. "당연히 자세한 얘기는 해드릴 수 없지만 패트리셔 스톤 이야기를 듣고 잠깐 만나볼 수 있다면 제 환자를 더 효과적으로 치료하는 데 도움이 될 것 같아요."

헬렌은 이야기를 나눌 수 있어서 기뻐 보였다. "네, 제가 얘기할 테니까 궁금한 게 생기면 언제든지 말씀해 주세요."

알렉스는 공책을 꺼냈다. 헬렌이 캔에 든 다이어트 콜라를 한 모금 마셨다. 여자의 배 둘레를 생각하면 웃기는 일이었다.

"여기 오기 전까지 패트리셔가 살아온 인생에 대해 공개된 사실은 이미 알고 계실 거라고 생각해요. 패트리셔는 그 비극이 있고 나서 1987년에 이곳에 들어왔어요.

몇 년 전에 조현병 진단을 받았지만 약물 치료에 효과가 있었기에 수용자 사회 복귀 정책을 펴던 시절에 풀려났죠.

313

우리 시설에 들어왔을 때는 조현병의 여러 가지 특성을 보이고 있었어요. 망상, 환각, 횡설수설, 긴장증적 행동 등을 보였죠. 사회적 기능이 떨어졌고 그런 증상이 6개월 이상 지속됐어요. 알려진 신체적 원인이 없다는 사실은 확인됐고요."

"망상과 환각의 내용을 좀 더 구체적으로 얘기해주실 수 있을까요?" 알렉스가 물었다. 의대 1학년 수업 내용은 참고 들어주기 힘들었다.

"음, 처음에는 머릿속에서 자기 의지와는 전혀 관계없이 서로 다투는 목소리가 들렸대요. 패트리셔는, 말하자면 심판이자 중재자였죠. 그 목소리들은 언제나 패트리셔가 한쪽 편을 들어주기를 바랐어요. 패트리셔는 망상적 인지로도 고생했답니다. 제가 오기 전의 어느 기록에 따르면, 패트리셔는 다른 환자가 점심시간에 물 주전자를 밀어놓는 걸 간호사가 자기를 죽이려 한다는 신호로 생각하고 식당 한가운데서 소변을 보는 행동으로 자신을 지키려 했대요.

제가 여기 온 지 얼마 안 됐을 때 패트리셔한테는 창문 공포증이 생겼어요. 창문이 열려 있으면 자기 생각이 빨려 나갈지 모른다고 두려워했죠."

"폭력적인 사건을 일으킨 적은 없나요?"

헬렌은 슬프게 고개를 끄덕였다. 이 여자는 패트리셔 스톤을 극도로 좋아하는 게 분명했다. 환자한테 그런 감정을 품다니 얼마나 전문가답지 못한 일인가.

"불행하게도 그런 일이 있었어요. 천성이 폭력적이지는 않지만 가끔은 패트리셔를 통제하기가 어려워요."

"그런 사건들에 대해 얘기해주실 수 있을까요?"

헬렌은 자세한 내용을 말해주려고 파일로 손을 뻗었다.

"1992년에는 패트리셔가 동료 환자를 공격했어요. 그 할머니가 자기 머릿속에 생각을 번쩍번쩍 비추면서 집어넣고 있어서 막아야 했다네요. 1997년 6월에는 다른 환자가 감정을 자기 마음속에 투사한다면서 그 환자를 공격했고요. 몇 달 뒤에는 그 환자가 자기 생각을 큰 소리로 읽고 있다고 주장했죠. 6년 전에는 자기 정신을 지배해 피가 날 때까지 무릎을 긁게 했다며 어떤 면회객을 공격했어요. 최근에는 자기 머릿속에 충동을 불어넣는다며 젊은 간호사를 때려눕혔죠."

알렉스는 흥미를 느꼈다. 패트리셔 스톤은 슈나이더의 1등급 증상을 거의 전부 보였다. 그중 한 가지 증상만 있어도 조현병을 의심해 볼 만했는데 말이다.

헬렌은 파일을 덮었다. "오해하지는 말아주세요. 이런 사건들은 몇 번 있지도 않았고 그나마 띄엄띄엄 일어났어요. 그것만 아니면 패트리셔는 모범적인 환자예요. 협조적이고 상당히 상냥하죠. 그런 사건이 일어나면 우리는 패트리셔한테 주는 약물을 다시 평가해요. 처음에는 클로르프로마진을 썼는데 지금은 클로재핀을 쓰고 있어요."

클로재핀은 치료가 어려운 조현병 환자들에게 자주 주는 약물로 부작용이 적었다.

"패트리셔의 행동이나 폭력적인 사건들이 가족의 방문과 관계돼 있나요?"

"여기 있는 내내 패트리셔한테는 면회객이 한 명도 찾아오지 않았어요."

알렉스는 놀란 표정을 꾸며냈다. "아, 저는 패트리셔의 딸이…."

"슬프게도 아니에요. 딸은 열여덟 살이 된 후로 한 달에 한 번씩 꼬박 꼬박 전화를 걸었지만 면회는 한 번도 안 왔어요."

"패트리셔한테는 힘든 일이겠네요."

헬렌이 두 손을 펼쳤다. "가족 관계는 저희가 간섭할 부분이 아니니까요. 우린 그냥 우리가 돌보는 환자들을 위해 최선을 다할 뿐이에요."

"패트리셔가 어느 단계에서든 퇴원할 가능성이 있을까요?"

헬렌은 생각에 잠겼다. "어려운 질문이네요, 손 박사님. 패트리셔가 안정적인 모습을 보일 때도 있긴 해요. 그럴 때면 패트리셔가 이 시설이 아닌 곳에서 살아가는 모습을 상상하기가 어렵지 않죠. 하지만 가끔 보이는 폭력 성향 때문에 패트리셔가 퇴원할 가능성은 별로 없답니다. 패트리셔가 25년 이상을 시설에서 생활했다는 사실을 잊지 마세요. 패트리셔한테는 이곳에서 지내는 게 안전하고 익숙해요. 우린 패스트푸드 가게 같은 시설이 아니거든요. 우리 목표는 빠르게 환자를 호전시키는 게 아니에요. 우린 돌봄이 필요한 환자들을 돌봐주고 어떤 환자들에게는 아주 오랫동안 그렇게 해줘야 한다는 사실을 받아들여요. 몇몇 경우에는 환자를 평생 돌봐야 한다는 사실도요."

알렉스는 진지하게 고개를 끄덕였다. 이 여자가 이미 홍보 책자 작성을 맡고 있는 게 아니라면 당장 그 일을 맡아야 한다고 생각하면서.

"하지만 비싼 치료법 같아요. 제 말은, 제가 방문해본 수많은 시설과는 달라서요."

"이곳에는 머무는 비용을 직접 내는 개인 환자들과 사회복지국에서 비용을 내주는 환자들이 섞여 있어요."

알렉스는 당연히 그럴 거라고 생각했다. 사회복지국에서 엉망으로 일을 처리하는 바람에 환자가 아동 방임과 사망 사건을 일으킨 경우라면 더더욱 나라에서 치료비를 내줄 것이고.

"고마워요, 헬렌. 아주 큰 도움이 됐어요. 이곳에서 지내는 환자들이 제대로 된 간병을 받으려면 당신이 꼭 필요한 게 분명해 보이네요."

헬렌은 적당히 우쭐해하는 표정이었다. "패트리셔를 만나보고 싶다고 하셨죠?"

일은 알렉스가 생각한 것보다 쉽게 이루어졌다. "가능하다면요."

"프라이스 박사님한테는 패트리셔를 억지로 박사님과 만나게 하지 않겠다고 했어요. 말씀드렸다시피 패트리셔는 한 번도 면회객을 만난 적이 없거든요. 패트리셔가 불편해하거나 박사님을 만나고 싶어 하지 않으면 거기에서 그만두셔야 해요."

알렉스는 고개를 끄덕여 말없이 고마움을 표현했다. 저렇게 지방이 많은데도 허리를 세우고 뻗댈 근성이 있는 모양이었다.

"항상 제가 같이 있을 거고요. 아시겠죠?"

알렉스는 고개를 끄덕였다. 이 여자가 점점 더 마음에 안 들었다.

헬렌은 자리에서 일어나는 것으로 알렉스에게 따라오라는 신호를 보냈다. 알렉스는 다시 한번 팬파이프 연주 소리가 들리는 복도로 나왔다. 소름 끼치게도 다른 소리는 들리지 않았다. 헬렌은 열쇠를 하나도 들고 다니지 않으며 문은 전부 비밀번호로 열게 되어 있었다. 헬렌은 손에 익은대로 빠르게 비밀번호를 입력했다.

그녀가 묵직한 떡갈나무 문 앞에 멈춰 섰다. "일반 생활 공간에는 들어가지 않으셨으면 좋겠어요. 우리 환자들은 일과를 이해하고 있거든요. 다들 면회객이 언제 오는지 알고 있다는 얘기에요. 전 환자들이 동요하는 걸 원하지 않고요."

알렉스는 커다란 방으로 안내됐다. 이 시설에도, 시설에 수용된 사람들에게도 영향을 받지 않은 것 같은 공간이었다.

"앉으세요. 제가 가서 패트리셔와 얘기해볼게요."

알렉스는 고맙다고 인사했지만 즉시 앉지는 않았다. 그녀는 벽 두 곳이 바닥에서 천장까지 책들로 빼곡히 뒤덮인 방 안을 돌아다녔다. 세 번째 벽은 그림으로 가득했다. 알렉스는 게인즈버러와 반 다이크, 피터 렐리 경의 작품을 알아보았다.

그녀는 신중하게 자리를 살펴보다가 패트리셔가 맞은편에 앉기를 바라며 창문을 마주 보고 앉았다. 그래야 패트리셔가 바깥의 관심사에 정신을 빼앗기는 일이 없을 테니까. 헬렌의 말과 달리 알렉스는 패트리셔가 그녀를 만나고 싶어 할 거라고 확신했다. 여기까지 시간을 내서 온 보람은 이미 거뒀다. 알렉스는 킴이 한 번도 어머니를 만나러 오지 않으면서도 매달 전화를 걸었다는 사실에 매료됐다.

이 이상 어떤 통찰을 얻을 수 있을지는 확실히 알 수 없었지만, 알렉스는 킴을 태어나게 하고 그 형사가 가지고 있는 모든 복잡한 성격적 특징을 만들어내는 데에 핵심적인 역할을 했던 여자를 너무도 만나고 싶었다. 킴의 가족을 만나면 그녀와의 관계가 더욱 굳건해질 터였다. 알렉스는 킴이 살면서 만났던 그 어떤 사람도 그녀의 살아 있는 유일한 가족을 만난 적이 없을 거라고 생각했다. 그러니 이건 알렉스와 킴만의 연결이될 것이다.

문이 열렸다. 알렉스는 패트리셔 스톤의 겉모습을 보고 놀란 마음을 감추었다. 여자는 호리호리했지만 약하지는 않았다. 완전히 허옇게 변한 머리카락을 짧게 자른 모습이었다. 그녀는 헐렁한 청바지에 꽃무늬 스웨터를 입고 있었다. 두 발은 편하게 신고 벗을 수 있는 얇은 파란색

구두로 감싸여 있었다. 밀짚모자와 꽃바구니가 없을 뿐 오두막 딸린 정원에서 데려왔다고 해도 믿을 만한 모습이었다.

패트리셔가 다가오자 알렉스는 미소 지었다. 뻣뻣하고 느린 그녀의 움직임이 눈에 띄었다.

"안녕하세요, 패트리셔. 오늘은 기분이 어떠세요?"

패트리셔는 알렉스가 자기 손을 잡게 놔두었다. 따뜻했지만 힘없는 손이었다. 언뜻 보기에 이 섬세한 중년 여성은 58세라는 실제 나이보다 늙어 보였고 폭력을 표출할 만한 힘도 거의 없는 것 같았다. 그러나 알렉스는 겉모습이란 기만적일 수 있다는 사실을 잘 알고 있었다.

패트리셔는 자리에 앉아 사람을 불안하게 만드는 시선으로 그녀를 뚫어지게 바라보았다. 알렉스는 패트리셔가 딸에게도 선물해준 부자연스럽게 짙은 홍채를 들여다보았다. 패트리셔는 갑자기 눈을 깜빡이거나 다른 근육을 하나도 움직이지 않은 채로 자기 허벅지를 탁 쳤다.

알렉스는 그 행동을 모른 체했다. "그럼 패트리셔, 잠깐 얘기해도 괜찮을까요?"

패트리셔는 귀를 기울이는 것 같았지만 알렉스의 말을 듣는 것 같지는 않았다. 6초나 7초쯤 지났을 때 패트리셔가 고개를 끄덕였다.

"가능하다면 따님인 킴벌리에 대해서 얘기하고 싶어요."

"키미를 알아?" 패트리셔가 망설이는 기색 없이 허벅지를 탁 쳤다.

알렉스는 헬렌이 앉아서 잡지를 읽고 있는 곳을 힐끗 곁눈질했다. 방해가 되지 않을 만큼 멀리 떨어져 있었지만 오가는 말을 전부 들을 수 있을 만큼 가까운 거리였다. 패트리셔의 반응을 살펴볼 수도 있을 테고. 알렉스는 질문을 던질 때 단어를 조심스럽게 골라야 했다.

알렉스는 고개를 끄덕이며 여자와 눈을 맞추었다가 그 눈에서 보이는 강렬함에 아주 잠깐 놀라고 말았다. 그런 다음, 패트리셔는 다시 눈을 깜빡이며 온순해졌다.

"제가 최근에 킴을 만났거든요. 꽤 오랫동안 따님을 만난 적이 없으시다면서요."

패트리셔는 인상을 쓰며 자기 왼쪽을 올려다보았다.

"미안해요, 패트리셔. 꽤 오랫동안 키미를 만난 적이 없죠?"

패트리셔가 뜨개질이라도 하듯 두 손을 움직이기 시작했다. 그녀의 뺨을 따라 눈물 한 방울이 흘러내렸다.

"키미 안전해?"

"네, 패트리셔. 키미는 안전해요. 경찰관이라는 아주 중요한 직업을 가지고 있어요."

"키미 안전해."

패트리셔의 시선은 알렉스의 머리 위쪽에 붙박여 있었지만 알렉스는 고개를 끄덕였다.

"키미가 전화해. 나 안전해."

알렉스는 계속 고개를 끄덕였다. 조현병 환자의 헛소리를 이해하려고 애써봐야 보통은 아무 의미가 없었다. 알렉스는 헬렌이 들고 있는 잡지를 한 장도 넘기지 않았다는 것을 알아차렸다.

"키미의 어린 시절에 대해서 뭔가 얘기해주실 수 있을까요?" 알렉스가 밀어붙였다. 쓸 만한 걸 얻을 수 있으리라고는 생각하지 않았다.

패트리셔의 두 손이 더 빠르게 뜨개질하기 시작했다. "마이키 안전해, 키미 안전해. 악마가 와. 악마가 데려가."

패트리셔는 우뚝 멈추더니 귀를 기울이듯 한쪽으로 고개를 기울였다. 그 방에서 다른 소리는 전혀 들리지 않았는데도 말이다. 정말이지, 이 여편네야, 그만 좀 하라고.

패트리셔는 고개를 젓기 시작했다. "아니, 키미 친구야. 키미 안전해." 그녀는 자기 머릿속에서만 들리는 대답에 귀 기울이느라 잠시 말을 멈추었다.

패트리셔는 잠시 허공의 뜨개질을 멈추고 허벅지를 찰싹 때리더니 다시 그 손짓을 시작했다. 속도가 더 빨라졌다.

"아니야. 키미 친구야. 친구 키미. 키미 안전해?"

패트리셔는 알렉스를 빤히 바라보았다. 알렉스는 그녀가 엑스레이처럼 꿰뚫어볼 수 있다는 느낌을 받았다. "아니야?"

까맣고 생각에 잠긴 두 눈이 알렉스의 영혼을 곧장 들여다보는 것만 같았다. 알렉스는 고개를 저었다.

패트리셔가 가젤처럼 날쌔게 그녀에게 달려들었다. 알렉스는 찰나의 시간이 지난 뒤에야 반응할 수 있었다. 패트리셔의 두 손이 그녀의 머리채를 움켜쥐었고 손톱은 살을 할퀴어댔다. 알렉스는 패트리셔를 밀어내려고 본능적으로 두 팔을 들었다. 그녀는 패트리셔에게 그만두라고 소리치는 헬렌의 목소리를 어렴풋하게 인식했다.

패트리셔의 손이 사방에서 알렉스의 머리 가죽을 긁어댔다. 그녀의 입에서 으르렁거리는 듯한 소리가 났다. 침방울이 알렉스의 뺨으로 떨어졌다. 그 침이 입술 쪽으로 흘러오자 알렉스는 토할 것만 같았다. 알렉스는 얼굴을 보호하려고 고개를 숙였지만 이미 두 뺨과 관자놀이가 욱신거리는 것이 느껴졌다.

알렉스는 다시 패트리셔를 밀어내려 했지만 몸싸움의 우위는 그녀를 타고 앉은 호리호리한 여자가 차지하고 있었다.

알렉스는 헬렌이 두 팔로 패트리셔의 허리를 뒤에서 끌어안고 그녀를 떼어내는 모습을 보았다. 패트리셔의 오른손이 알렉스의 머리카락 한 줌을 꽉 움켜쥐고 있었다. 헬렌이 패트리셔를 뒤쪽으로 끌고 가자 알렉스는 모근이 두피에서 뽑혀 나가는 바람에 비명을 질렀다. 패트리셔의 반대쪽 손은 격렬하게 더 많은 머리카락을 움키려 들었다.

"손을 올려서 반대쪽 손을 잡으세요. 그럼 제가 당길게요." 헬렌이 외쳤다.

알렉스는 손을 뻗어 패트리셔의 왼손을 찾았다. 그녀의 머리카락을 쥐고 있는 손아귀는 힘이 셌다. 패트리셔가 손을 당기자 알렉스의 눈에 눈물이 고였다. 그녀는 손가락을 하나씩 하나씩 떼어냈다.

"당겨요!" 알렉스가 헬렌에게 소리쳤다.

패트리셔의 두 팔은 헬렌이 뒤로 끌고 가는 도중에도 계속 알렉스를 향해 버둥거렸다.

알렉스는 패트리셔가 방에서 끌려 나가는 모습을 지켜보았다. 패트리셔의 두 눈이 사납게 알렉스를 노려보았다. 시골 정원에서 데려왔던 쇠약한 사람은 사라지고 침을 뿜어대는 야생 동물이 있었다.

"여기서 기다리시면 사람을 데려와서 박사님 상태를 확인하게 할게요." 헬렌이 패트리셔를 문밖으로 몰아내며 말했다.

문이 닫히자 알렉스는 머리카락을 쓸어내리고 문밖으로 나섰다. 기다릴 생각은 조금도 없었다. 이 정도면 충분했다. 이제는 저 정신병자에게 아무것도 얻어낼 게 없었다.

알렉스는 자동차로 돌아가자마자 입은 피해를 살폈다. 길게 긁힌 자국이 그녀의 관자놀이에서 아래턱까지 이어졌다. 가느다란 선은 붉었지만 피가 나지는 않았다. 패트리셔의 손톱이 남긴 붉은 얼룩이 그녀의 얼굴 나머지 부분에 점점이 찍혀 있었다. 피해 대부분은 그녀의 머리카락에 가려져 있었다. 머리 전체에 불이 붙은 것만 같았다.

이번 방문은 알렉스가 생각한 한도를 훨씬 넘어서는 거래로 이어졌다. 알렉스는 그럴 만한 가치가 있었는지 궁금해졌다.

패트리셔에게는 알렉스가 도저히 이해할 수 없는 점이 몇 가지 있었다. 알렉스는 공책을 꺼냈다.

패트리셔는 약물을 쓰는데도 운동 장애가 꽤 두드러졌다. 슈나이더의 1등급 조현병 증상 대부분을 단계적으로 거쳐온 패트리셔의 여정은 알렉스로서는 거의 본 적이 없는 경우였다. 패트리셔의 알아듣기도 어렵고 겉보기에는 전혀 의미가 없는 말들도 흥미로웠고, 정확한 규칙에 따라 주기적으로 발생한 폭력 사건도 흥미로웠다.

알렉스는 핸들을 손톱으로 톡톡 두드렸다. "그럼 그렇지." 조각이 맞아 들어가자 그녀는 혼잣말을 했다. 퍼즐 조각들이 마침내 각자의 자리를 찾자 알렉스는 그 늙고 교활한 여자의 꾀에 미소를 지을 수밖에 없었다.

알렉스는 상처를 입었지만 즐거웠다. 오랜만에 만난 통찰력 뛰어난 사람이 하필 망상 장애를 앓는 조현병 환자라는 역설이 재미있었다.

알렉스는 자동차에 후진 기어를 넣으면서 이번 여행이 충분히 가치 있었다는 생각에 혼자 미소 지었다.

52

브로크무어의 2층짜리 건물은 킴이 마지막으로 방문했던 후로 별로 변하지 않았다. 현관문에는 페인트를 좀 칠해야 할 것 같았고 놋쇠 문고리는 칙칙했으며 군데군데 검게 변해 있었다. 킴은 그가 지금도 이 집에 살면서 일하고 있는지 확신할 수 없었지만 시도는 해봐야 했다.

킴은 잠시 망설인 다음에야 초인종을 눌렀다. 그가 킴의 방문을 어떻게 받아들일지, 그가 자신을 기억하기나 할지 알 수 없었다.

킴은 머뭇거리며 초인종을 누르고 숨을 참았다. 묵직한 발소리와 낮게 툴툴거리는 소리가 킴의 입술을 처지게 했다.

킴이 기억하는 것보다 키가 작고 옆으로 불어난 남자가 문을 열었다. 그의 뻣뻣한 회색 머리카락은 아인슈타인처럼 사방으로 뻗쳐 있었다. 그는 목에 안경을 걸고 있었다. 거의 조금도 변하지 않은 모습.

"미안한데, 아가씨. 난 아무것도 살 생각이 없…." 킴과 눈을 마주치자 그가 말끝을 흐렸다. 그는 안경을 코끝에 걸쳤다. "킴?"

킴은 그의 반응을 기다리며 고개를 끄덕였다. 그녀는 한 가지 단순한 이유 때문에 그를 더이상 만나러 오지 않았다. 그가 자기 일을 너무 잘 해냈고, 조금은 너무 친밀해지기 시작했기 때문이었다. 킴은 그에게 고맙다는 말도, 설명도, 작별 인사도 하지 않았다.

"들어와라, 들어와." 그는 물러서며 말했다. 그의 목소리에서는 분노나 실망이 조금도 느껴지지 않았다. 그래, 이럴 줄 알았어야 했는데.

킴은 그를 따라 상담실을 가로질렀다. 알렉스의 치료실과 이 방이 이루는 대조가 즉시 와닿았다. 손 박사는 편안함이라는 환상을 제공했다. 잘 놓아둔 값비싼 의자와 동양풍 융단, 조화, 양초, 내리닫이창에 드리워진 벨벳 커튼. 하지만 이 방에는 오래 써서 편안해진 낡은 의자들이 있었다. 군데군데 좀 해지긴 했어도 깨끗하고 안락해 보였다. 방에는 다양한 단계로 조각된 분재가 여기저기 놓여 있었지만 벽에서 그의 자격을 큰 소리로 외쳐대는 자격증은 없었다. 그럴 필요가 없었으니까.

"어떻게 지내니, 얘야?" 그가 물었다. 다른 사람이 했다면 그건 예의를 차리느라 던진 시시한 질문이었을 것이다. 하지만 그가 한 말에는 지혜와 공감이 잔뜩 실려 있었다.

"그럭저럭 지내요, 테드."

"너한테 커피를 타주면서 내 호기심도 충분히 우려내야겠구나."

킴은 그를 따라 집 안쪽 주방으로 갔다. 주방은 오래된 떡갈나무 찬장과 조리대가 갖추어진 낡은 공간으로, 그런 가구들 때문에 작은 방이 더 어둡게 보였다. 짝이 맞지 않는 그릇들이 싱크대 위에서 말라가고 있었다.

"재혼은 안 했어요?"

"그래. 재혼했으면 공평한 일이 아니었을 거야. 엘리너가 태양이라면 이 세상에는 촛불이라도 될 만한 여자가 아무도 없거든. 눈을 낮추지도 못하면서 재혼했다면 잘못된 일이었을 거다. 세월이 흐르면서 시간 낭비도 조금은 해봤다만 내가 다음 단계로 넘어가지 않아서 결혼까지 이어지지는 않았어."

킴은 그가 끓는 물을 웨스트브로미치 알비온과 애스턴빌라* 머그잔에 붓는 동안 아무 말도 하지 않았다. "주말에 경기에서 지는 바람에 이 머그잔은 인기가 없어졌어."

킴은 커피를 받아 들고 다시 편안한 방으로 돌아갔다.

"그래서, 20년 전 나를 바람맞힌 이후로 무슨 일이 있었던 거냐?"

세상에, 테드는 기억력이 날카로웠다. 이 시점에서 사과를 해봐야 의미 없었다. 킴은 익숙한 의자에 앉았다. 예전 그때와 정확히 똑같은 느낌이 들었다.

"대학에 갔다가 경찰이 됐어요. 지금 하는 일이 마음에 들고요."

"계급이 뭐냐?"

"경위요."

"흠…. 잘하긴 했는데, 왜 더 올라가지 않고 먹이사슬의 그쯤에 머문 건지 모르겠구나."

젠장, 이 남자와 함께 있는 것은 힘겨운 일이었다. 그는 겉보기에 아무 상관없는 얘기를 하다가도 킴의 마음으로 들어가는 위험한 실마리들을 모두 포착했다. 그것도 테드가 훌륭한 심리학자인 이유 중 하나였다.

"승진 안 할 거란 말은 한 적 없는데요?"

"너야 더 높이 올라가고 싶었다면 얼마든지 올라갔을걸."

간단한 진술이었다. 완전한 사실이기도 했다. 킴과 함께한 지 10분도 채 되지 않았는데 테드는 킴의 마음을 책이라도 되는 것처럼 읽고 있었다.

"선생님은요? 결국 은퇴하신 거예요? 아니면 지금도 다른 사람들 일에 오지랖 떨고 다니세요?"

● 둘 다 영국 프리미어리그의 축구팀이다.

테드가 미소 지었다. "아아, 시도는 좋았다, 얘야. 단번에 대화의 방향을 엉뚱한 곳으로 돌리는 동시에 농담까지 시도하다니. 많이 컸구나. 하지만 그 얘기는 나중에 하자. 네가 나를 만나러 온 걸 보면 그 이유가 결국 분명해질 테니까 말이다." 그는 커피를 한 모금 마셨다. "반쯤은 은퇴한 것 같구나. 한 번에 환자를 두 세 명밖에 보지 않아. 필요하면 가끔은 더 만난다만."

킴은 '필요하다면'이라는 말이 사회복지기관에서 그에게 부탁하는 경우라고 생각했다. 테드는 늘 지방 정부를 위해 일해 왔다. 아동 학대와 방임 사건이 그의 전문 분야였다. 킴으로서는 그가 들어온 이야기나 견뎌내야 했던 심란한 장면들이 얼마나 끔찍할지 상상밖에 할 수 없었다.

"어떻게 하는 거예요, 테드?"

테드는 잠시 생각했다. "그야, 난 내가 뭔가를 바꿔놓았다고 생각하고 싶으니까. 그래야 밤에 잘 수가 있거든."

확실히 금전적인 보상을 위해 하는 일은 아닌 것 같았다. 테드의 집은 위층의 방 두 개였다. 정말이지 그는 '착한 놈' 중 한 명이었다.

그가 빙그레 웃었다. "그게 말이지, 옛날에 있었던 일이 기억나는구나. 너무도 화가 나 있고 너무도 방어적이어서 세 번 상담을 하는 동안 한마디도 하지 않았던 어떤 여자아이가 있었어. 당시 여섯 살이었던 것 같구나. 어떤 방법도 통하지 않았지. 막대사탕도 줘보고 장난감도 줘보고 정원도 산책하게 해줬지만 그 애는 입을 열지 않더구나."

킴은 몸이 굳었다. 그 기억은 떠올리고 싶지 않았다.

"다음번에 봤을 때 그 애는 아홉 살이었다. 어디에도 정착하거나 적응하지 못하고 여러 위탁 가정을 전전하고 있었지. 난 초코파이를 건네줬어. 내가 들은 그 애의 첫 마디는, '뭐예요? 막대사탕은 다 떨어졌나 보죠?'였다. 그러고는 그 애가 열다섯 살이 됐을 때 다시 만났어. 그 애는 마지막 위탁 가정에서 있었던 일을 절대 말하지 않으려 들었다. 내가…."

"테드, 도와주세요." 킴이 말을 끊었다. 그녀는 이 남자의 능력을 아무 의심 없이 믿었지만 울타리를 쳐둔 구역 근처로 그가 들어오게 놔둘 수는 없었다. 그는 실력이 너무 뛰어났다.

테드는 킴과 눈을 맞추고 가만히 있었다. "난 그저 네가 내 도움을 받아주기만 바랄 뿐이다. 네 인생은…."

"박사님, 부탁이에요."

그가 협탁에서 파이프를 가져다 성냥으로 불을 붙였다. 유황 냄새가 방을 가득 채웠다. "나한테는 뭐든 부탁해도 된다, 킴."

킴은 긴장이 풀어지는 것을 느꼈다. 테드는 한 번도 그녀를 지나치게 몰아붙인 적이 없었다. 킴은 그 점이 고마웠다.

"제가 살인 사건을 수사하고 있거든요. 뉴스에서 보셨거나 신문에서 읽으셨을지도 몰라요."

"그 강간 피해자 말이냐?"

킴이 고개를 끄덕였다. "터무니없는 소리일지도 모르지만, 그 여자가 어떤 정신과 의사한테 치료를 받고 있었어요. 아주 실력이 좋고 똑똑한 여자 의사예요. 그 의사를 처음 만났을 때 왠지 목 뒤 털이 쭈뼛 서더라고요. 왜 그런지는 정확히 알 수 없었지만요. 전 그 정신과 의사가 어떤 식으로든 이 사건에 연루돼 있을 거라고 생각해요."

테드의 얼굴에 의심스럽다는 표정이 떠올랐다.

"저도 알아요, 믿을 수 없다는 거. 하지만 첫 만남 이후로도 전 묘지에서 그 여자를 만났어요. 전부 우연처럼 보였지만 그 여자가 계획한 것 같기도 했어요. 그때 이후로도 우리는 두어 번 마주쳤는데 마주칠 때마다 저는 그 여자가 저에 대해 모든 걸 알고 있다는 느낌을 받았어요. 시간을 들여서 저를 뒷조사한 것 같더라고요."

"네가 그냥 통찰력과 직관력이 뛰어난 사람에게 과민 반응을 보인 걸 수도 있다. 네가 그 여자와 비슷한 사람들을 피하고 있다는 생각은 안 드니? 너는 평생 너를 분석하고 싶어 하는 사람들에게 관찰당했으니 말이다."

킴은 어깨를 으쓱했다. "그 여자, 알렉스의 여동생은 알렉스가 소시오패스라고 생각해요. 저도 마음 한편으로는 동생 말이 맞다고 생각하고요. 단지 지금 이 시점에선 제가 뭘 다루고 있는 건지조차 모르겠어요."

테드가 길게 휘파람 소리를 냈다. "만일 그 여자가 소시오패스라면 내가 정확히 어떤 도움이 될 수 있을까?"

"그 여자의 게임에 참여하려면 소시오패스의 마음속에 들어가야겠죠."

"그건 누구에게나 무모한 탐험이지만 네게는 자살에 가까운 행위가 될 거다. 넌 그 여자를 다룰 준비가 돼 있지 않아, 킴. 난 네 계획을 용납할 수 없다."

테드의 불신에 킴의 눈빛이 타올랐다. "그러니까 절 도와주지 않겠다는 거죠?"

테드는 잠시 생각했다. "네 생각대로 그 여자가 네 과거를 알고 있다면 그 여자는 어떤 식으로든 네게 불리한 방향으로 그 정보를 쓰려는 것일 수밖에 없다. 네가 과거를 극복했다고 해도 위험한 일이 될 거야. 그러니 네 질문에는 이렇게 답해야겠구나. 내가 다른 사람에게 할 만한 조언은 쉬지 말고 도망치라는 거다. 하지만 너한테는 이렇게 말하마. 더 빨리 도망치거라.”

킴은 테드를 내려다보았다. “다시 물을게요. 절 도와주지 않겠다는 거죠?”

테드는 그녀와 시선을 마주쳤다. “그래, 얘야. 도와주지 않을 거다.”

킴은 재킷을 집어 들고 쿵쾅거리며 문을 나섰다.

53

킴은 먹이를 찾아 연못 속을 맴도는 물고기들을 헤아렸다.

“모비는 죽었단다.” 테드가 그녀에게 새 커피 한 잔을 내밀며 말했다. “기억나니?”

킴은 커피를 받아 들고 고개를 끄덕였다. 쿵쾅거리며 정원으로 나갔던 다른 때가 떠올랐다.

“넌 나한테 저 녀석들의 이름을 물어봤어. 난 녀석들에게 이름이 없다고 말해줬지. 넌 정말 싫어하더구나. 모든 것에 이름이 있어야 한다고 어찌나 고집을 피우던지.” 테드가 씩 웃었다. “내 기억이 맞는다면 녀석들은 모비, 윌리, 그리고….”

“조스요.”

"그래, 맞다. 그런 다음에는 비둘기들이 왔고 너는 그 녀석들한테 모두 이름을….."

"테드, 도와주시든 말든 전 할 거예요."

"안다."

킴은 고개를 돌려 그를 보았다.

"그러니까 도와주실래요? …부탁이에요."

"좀 앉자꾸나."

테드는 한 번도 접지 않은 파라솔 밑 탁자와 의자로 킴을 데려갔다. 그 파라솔 덕분에 의자들은 날씨가 어떻든 젖지 않았다.

"2 대 1 게임을 해보자꾸나."

세상에. 이 남자는 아무것도 잊지 않았다. 테드가 쓰는 기술 중 하나는 자기가 뭔가 질문을 던지기 전에 환자에게 아주 많은 질문을 던지도록 하는 것이었다. 그가 제시한 숫자는 질문의 비율이었다.

"3 대 1로 하죠." 킴이 말했다.

함께 보냈던 짧은 시간 동안 킴은 자기 자신보다 테드에 대해 훨씬 많은 걸 알게 됐다. 어쨌든 당시에는 그렇게 생각했다.

킴은 테드가 평생 사랑해온 사람이 서른일곱이라는 이른 나이에 암과의 싸움에서 졌다는 사실을 알고 있었다. 그가 솜씨 좋은 정원사이며 고급 화원에서 희귀한 꺾꽂이용 나뭇가지를 가져온다는 걸 알고 있었다. 그가 환자들을 불안하게 하지 않으려고 테리 프래칫* 소설집을 침실에 숨겨둔다는 사실과 심야 포커 경기를 보느라 아주 늦은 시간까지 깨어

---

* 영국의 풍자 소설가.

있다는 사실도 알았다. 킴이 평생 살면서 다른 인간과 과거 이야기를 나눌 뻔했던 가장 아슬아슬한 사람이 바로 테드라는 사실도 알고 있었다.

테드는 알겠다는 뜻으로 고개를 끄덕였다. "통과는 한 번만."

"세 번이요." 킴에게는 더 이상 이야기하지 않을 문제들이 몇 가지 있었다.

"게임 규칙을 받아들이마. 시작하자."

"좋아요. 첫 번째 질문. 소시오패스가 정확히 뭐죠?"

"양심이 없는 인간이다. 그 사람들의 유전적 기질 자체에 양심이 빠져 있어. 그들은 살아 있는 다른 존재를 걱정하거나 사랑할 수 없다. 이런 성향은 놀라울 정도로 흔해. 인구의 대략 4퍼센트에 해당한다.

이런 사람들은 카리스마가 있고 섹시한 데다 함께하면 기분이 좋아지는 경우가 많다. 게다가 피상적인 매력을 갖추고 있어서 사람들을 유혹할 수 있지."

킴은 첫 만남에서 브라이언트가 알렉스의 카리스마에 넘어갔던 일을 떠올렸다. 킴 자신도 그 여자에게 흥미를 느꼈다는 사실을 인정할 수밖에 없었다.

"그 모든 게 가면이야. 소시오패스들은 사람들을 끌어들이는 능력을 가지고 있는데도 감정적인 연결을 맺는 데 아무 관심이 없다."

"옳고 그른 것의 차이를 구분할 줄은 아나요?"

테드는 고개를 끄덕였다. "머리로는 당연히 구분할 줄 알지. 하지만 소시오패스들에게는 그런 규칙을 고수하라고 조언해주는 내면의 안내자가 없어. 양심이란 행동이 아니다. 양심은 우리가 느끼는 어떤 것이야. 너도 부하들이 있지?"

"그럼요."

"그럼, 그 사람들한테 평소보다 오래 일을 시키고 난 다음에는 어떻게 하니?"

"더 빨리 일했어야 한다고 말하죠."

테드가 미소 지었다. "재미는 있구나, 얘야. 하지만 질문에 대답해 보거라."

"저녁을 사주고 내일은 늦게 출근해도 된다고 하겠죠."

"왜 그러지? 그 사람들은 할 일을 했을 뿐인데."

"그냥요."

"팀원들에게 인기를 끌려고 그러는 거냐?"

"아, 네. 인기 걱정에 밤에 잠도 못 자요."

"바로 그거다. 너는 양심에 따라 그런 결정을 내리는 거야. 그게 옳은 일이니까. 그런 결정은 감정적 애착에서부터 생겨난다." 테드가 두 손을 들었다. "아, 네가 이 점에 반박하리라는 건 알고 있지만 넌 소시오패스가 아니야."

"제가 미치지 않았다니 감사합니다, 선생님."

"그런데 소시오패스들도 미친 건 아니야. 그 사람들의 행동은 선택에 따른 결과다. 소시오패스들은 옳고 그름의 차이를 알고 있지만 그 차이를 군이 고집하지 않는 편을 선택한 거야. 팔다리가 하나 없어도 살아남는 방법을 배우는 사람들처럼 소시오패스들은 양심 없이도 살아가는 방법을 배워야만 해."

"근데 애초에 어쩌다 소시오패스가 되는 거예요?"

"글쎄, 악마는 특별한 인종 집단이나 체형을 가진 사람들, 성별이나 사회적 역할에 애착을 두지 않는 것 같구나. 그리고 너도 알겠지만 난 세 가지 질문에 대답했어."

킴은 눈알을 굴려댔다. "물어보세요."

"두 번째 위탁 가정에서는 무슨 일이 있었던 거냐?"

"통과. 그럼 소시오패스는 타고나는 거예요, 후천적인 거예요?"

테드가 미소 지었다. 그는 킴의 대답을 예상하고 있었다. "연구에 따르면 둘 다인 것 같다. 소시오패스가 될 만한 본바탕은 타고난 것일지도 모르지만 그 성향이 표현되는 방식은 환경에 따라서 결정돼."

킴은 또 한 번 질문을 쓰지 않아도 테드가 풀어서 설명해주리라는 것을 알고 있었기에 침묵을 지켰다.

"어머니의 거부가 소시오패스적 성향에 영향을 줄 수 있다는 이론이 있다. 애착 이론은 비교적 새로운 것이지만 요약하자면 어린 시절 부모와 자식의 관계에서 문제가 발생하면 아이가 어른이 됐을 때 엄청난 영향을 받을 수 있다는 내용이야. 내 전문 분야를 벗어나는 얘기다만 부모자식 관계를 넘어서는 환경이 더 큰 영향을 끼친다는 증거도 있다."

킴은 고개를 갸웃했다.

"서양 철학은 물질적 보상을 추구하는 모든 행동에 보상을 주지."

"동양에는 소시오패스의 수가 더 적다는 건가요?"

"흥미로운 질문이구나. 예를 들어 일본에는 소시오패스적 행동이 훨씬 적게 나타난다."

킴은 혼란스러웠다.

테드가 말을 이었다. "그래, 네가 이제 막 꽃피는 소시오패스라고 해보자. 그런데 네가 재미 삼아서, 벽에 핏자국이 어떻게 뿌려질지 보겠다는 생각만으로 새끼 고양이 입에 폭죽을 집어넣은 거야."

킴은 몸을 떨었다.

"그래, 무서운 일이지. 하지만 주변의 모든 사람이 그걸 나쁜 행동이라고 생각한다면 그렇게까지 그 실험을 하고 싶겠니? 소시오패스적 성향은 행동에 관한 것이기도 하다. 어린 소시오패스들은 새끼 고양이를 날려버리고 싶다는 충동을 똑같이 느끼겠지만 그 충동을 실행하겠다는 선택은 주류 문화에 따라 달라질 수 있어."

킴은 그녀 자신과도 관계된 다음 질문에 대해 생각했다. 거의 두려운 질문이었다. "소시오패스들은 뭘 원하는 거죠?"

"아, 킴. 네가 어머니를 용서할 수 있도록 도와주고 싶구나."

"아직 제 질문이 하나 남아있는데요. 어쨌든 그 질문은 통과할게요. 소시오패스들은 뭘 원하나요?"

테드가 고개를 저었다. "얘야, 인디라 간디는 용서가 용감한 이의 덕목이라고 했단다."

"윌리엄 블레이크는 친구를 용서하는 것보다 적을 용서하는 게 더 쉽다고 했죠. 하물며 상대가 엄마라면 그건 거의 불가능한 일이에요. 바로 그게 제 경우였고요."

"하지만 네가⋯."

"통과라고 했잖아요, 테드. 소시오패스가 원하는 건 뭐죠?"

테드는 의미심장하게 두 손을 폈다. "뭐든 자기가 원하는 것을 원하지. 소시오패스들은 똑같은 로봇이 아니야. 그들 모두가 다양한 특징을 가지고 있다. 어떤 소시오패스들은 IQ가 낮아서 소규모의 사람들을 통제하려 들 수 있어. 다른 소시오패스들은 IQ가 높아서 크나큰 권력을 얻으러 하고."

"살인을 원할 수도 있어요?"

"살인자가 되는 소시오패스는 아주 적다. 살인자들 중에 소시오패스도 드물고. 살인은 애초에 그 사람한테 폭력적 성향이 있어야만 가능한 거야. 소시오패스들의 유일한 목표는 원하는 걸 얻는 것뿐이다. 본질적으로는 이기고 싶은 거지."

킴은 루스를 생각했다. "소시오패스들이 사람의 정신을 조종할 수도 있을까요? 최면처럼요."

"최면은 정신을 조종하는 게 아니야. 최면으로는 절대 사람들이 핵심적 신념을 거스르도록 설득할 수 없어. 반면 정신 조종은 아주 다른 문제야. 완전한 정신 통제야 영화에서나 나오는 거고. 깊은 무의식적 생각을 이용하려면 대단히 전문적인 기술이 필요하다."

"계속하세요." 킴이 재촉했다. 이건 질문으로 쳐지지 않을 터였다.

"사람을 설득해서 전혀 낯선 행동을 하게 한다는 건 무척 어려운 일이다. 예컨대, 어느 날 네가 상관한테서 꾸지람을 듣고 잠깐 동안 그 사람 무릎에 뜨거운 커피를 쏟는 네 모습을 상상했다고 해보자. 그 순간은 지나갈 테고 넌 다시 그 생각을 하지 않겠지. 하지만 적당한 사람이 끼어들면 2주 뒤에 네가 상관의 사무실로 들어가 그런 일을 저지를 수도 있다."

킴도 수는 셀 줄 알았다. "다음 질문을 준비해놓긴 했는데 우리 둘 다 이번이 선생님 차례라는 건 알고 있죠."

"네게 행복한 곳은 어디냐?"

또 한 번 통과라고 말하고 싶은 마음이 혀끝까지 차올랐지만 그 기억들은 고통스럽기는 해도 목숨을 위협할 정도는 아니었다.

"네 번째 위탁 가정이요. 키스와 에리카의 집."

"왜지?"

킴이 웃었다. "질문을 또 한 번 하셨다는 건 선생님도 아시겠지만 대답해드릴게요. 그 분들은 저를 고치려 하지 않았거든요. 그분들은 3년 동안 저를 꾸짖지도, 저한테 뭔가 기대하지도 않고 제가 저 자신으로 지낼 수 있도록 놔뒀어요. 제가 그냥 존재하게 해줬죠."

테드는 알겠다는 듯 고개를 끄덕였다. "고맙구나, 킴. 다음 질문 해보거라."

킴은 현재로 돌아왔다.

"적당한 사람이 끼어든다는 게 무슨 뜻이에요?"

"원한다면, 나는 네가 상관에게 꾸지람을 듣던 치욕스러운 순간을 다시 경험하도록 만들 수 있다. 네가 그 감정을 더 심하게 느끼도록 자극하고 당시에 받은 꾸지람을 상상하게 만드는 거야. 그래야 네가 복수를 즐길 수 있을 테니까. 그런 다음에는 네게 복수를 정당화할 이유를 주면 된다. 그럼으로써 나는 사실상 네게 상관의 사무실로 들어가 커피를 쏟아도 좋다고 허락해주는 셈이다."

"그런데 그게 어떻게 완전한 정신 조종이 아니라는 거죠?"

"그 생각은 처음부터 네 머릿속에 있었고 너는 의식적으로 그 행동을 한 것이니까. 넌 조종이 일어났다는 사실조차 모를 거야."

킴은 루스에 대해 생각했다. 상황이 조금 더 이해되기 시작했다. 당연히 루스는 강간범에게 칼을 꽂아 넣는 상상을 했을 것이다. 그 생각이 루스의 머릿속 어딘가에 존재했고 알렉스는 그 사실을 알고 있었다. 하지만 킴이 아는 한 알렉스와 앨런 해리스 사이에는 아무 관계가 없었다. 그럼 알렉스는 뭘 이루려던 걸까?

"소시오패스들한테 감정이 조금이라도 있긴 한가요?"

"우리가 원시적 감정이라고 부르는 건 있지. 즉각적인 고통이나 쾌감, 단기적 좌절감과 성취감 같은 것 말이다. 소시오패스들에게 사랑이나 공감 같은 더 고차원적인 감정은 존재하지 않아. 사랑을 경험하지 못하기에 소시오패스의 인생은 다른 사람들을 지배하려는 끝없는 게임으로 전락하고 만단다."

"그런 식으로 시간을 때운다는 건가요?"

"아, 킴. 이번이 내 차례라는 건 우리 둘 다 알고 있잖니. 마이키에게 느끼는 죄책감을 언젠가 내려놓긴 할 테냐?"

킴은 고개를 저었다. "아뇨."

"하지만 너도⋯."

"질문에는 대답했는데요, 선생님."

"그래. 네 질문에 답하자면, 지루함은 거의 고통스럽게 느껴진다. 지속적인 자극이 필요한 어린아이들을 생각해보렴. 소시오패스들도 똑같아. 게임은 결국 지루해지고 재미는 잦아들지. 그래서 판이 점점 커지고 재미있어져야 한단다. 더 정교해져야 하는 거야."

킴은 언니를 피해 계속 도망 다니던 새라를 떠올렸다. 알렉스는 여러 해 동안 그런 권력 게임을 벌이면서 얼마나 큰 즐거움을 누렸을까?

킴은 점점 더 답답해지는 것을 느꼈다. "그래도 소시오패스들의 정체를 드러낼 방법이 있긴 있을 거예요."

"글쎄. 네가 관심을 두는 그 정신과 의사 말이다. 너는 그 사람이 살인 사건에서 중요한 역할을 했을지도 모른다고 생각하지. 다음 단계는 뭐냐?"

테드의 차례가 아니었지만 킴은 어쨌든 대답했다.

"영장을 받아낼까요?"

테드가 크게 웃었다. "무슨 근거로? 분명히 그 여자는 자기 분야에서 존경받고 있을 거다. 장담하는데, 그 여자의 직업 활동에 대해 불만이 제기된 적은 한 번도 없을 거야. 교도소에 있는 그 여자도 마찬가지야. 자신이 깊이 조종당했다는 사실을 믿기 전까지 그 여자가 정신과 의사에게 불리한 말을 할 가능성은 매우 낮아. 그런데 대체 어떻게 영장을 받겠니? 네 상관들은 네가 정신이 나갔다고 생각할 테고 너는 완전히 신뢰를 잃을 거야."

"그것 참 고마운 말씀이네요, 선생님."

"그냥 솔직하게 말하는 거야. 소시오패스들도 쓰러트릴 수는 있지. 하지만 그러려면 충분히 많은 사람들이 일어나서 소시오패스의 정체를 폭로해야 해. '세상이 살아가기에 위험한 곳인 까닭은 사악한 사람들 때문이 아니라 그 사악함에 대해 아무것도 하지 않는 사람들 때문이다.'라고 말한 사람이 아인슈타인이었던가?"

"소시오패스를 치료할 수도 있을까요?"

"소시오패스들이 왜 치료를 받고 싶어 하겠니? 책임감이란 다른 사람들은 받아들일지 몰라도 소시오패스들로서는 도무지 이해할 수 없는 감정이야. 소시오패스 성향은 그 성향을 가진 사람에게는 아무 불편함도 일으키지 않는 질병이다."

"하지만 상담 치료를 받으면…."

"요점을 놓치고 있구나, 킴." 테드가 조금 짜증을 내며 말했다. "소시오패스들은 자기 모습에 완전히 만족하고 있어. 그들에게는 변화하고 싶은 마음이 없다."

"그래도 외롭지 않을까요?"

"비교할 대상이 있어야 외롭지. 평생 시각 장애가 있었던 사람에게 파란색을 설명해보라고 해 봐라. 그 사람들한테는 파란색에 대한 참고 자료가 없는 거야."

킴은 테드가 해준 이야기들 때문에 금방이라도 머리가 터져버릴 것 같았다.

테드가 뭔가 말하려고 입을 열었지만 킴이 두 손을 들어 그를 막았다. "선생님 차례라는 건 알지만 저한테는 통과할 기회가 한 번 더 남아 있어요. 전 그 기회를 꼭 쓸 생각이고요. 그러니까 굳이 선생님 공기를 낭비하지는 않을게요." 킴은 말투를 누그러뜨리느라 미소 지었다. 그녀가 누구와든 과거를 나누기로 선택했다면 그 대상은 테드였을 것이다.

"넌 예전부터 이 게임을 아주 잘했지, 킴."

"그럼, 이 여자를 처리할 방법에 관해서 조언하실 건 없나요?"

"앞서 했던 말을 반복하마. 그 여자와 거리를 두거라, 킴. 너는 이런 접촉에서 살아남을 준비가 돼 있지 않아."

킴은 대화가 다시 자신에게로 돌아오는 것을 느꼈다. 그녀는 커피 잔을 비우고 일어섰다. "시간 내주셔서 감사합니다, 선생님."

테드는 자리를 지켰다. "다시 나를 만나러 올 생각은 아예 없는 거냐?"

킴은 고개를 끄덕이고 옆문으로 향했다.

"그게 말이다, 지난 세월 동안 보아온 모든 아이들 중에서 나는 늘 너를 가장 절망적인 실패 사례라고 생각했다."

킴은 돌아보지 않고 조용히 물었다. "왜요? 제가 너무 심하게 망가져서 고칠 수 없었나요?"

"아니. 너를 도와주고 싶은 마음이 너무 커서, 아팠기 때문이야."

킴은 목구멍에 맺힌 감정을 삼켰다. 테드에게 뭔가 주고 싶은 충동이 일었다.

"저 개 키워요."

"좋은 소식이구나, 킴. 네가 개를 키우기로 했다니 기쁘다. 이제 그 이유만 알아내면 되겠구나."

54

킴은 차를 세우고 브라이언트를 돌아보았다. "이번 면담은 내가 주도하겠습니다. 신중하게 해야 하니까요."

브라이언트는 터지는 웃음을 기침으로 감추었다.

킴은 눈앞의 집을 찬찬히 살폈다. 예전에는 단층집 두 채가 차지하고 있던 공간에 일렬로 늘어선 3층짜리 타운하우스 네 채가 지어져 있었다. 1950년대에 갑자기 생겨난 나머지 주택 지구를 배경으로 새로 지은 집의 주황색 벽돌들이 두드러졌다. 진입로에는 반짝이는 은색 아우디가 주차돼 있었고 길가 앞쪽에는 코르사가 주차돼 있었다.

"이런 망할." 브라이언트가 옆으로 돌아서서 아우디와 집 옆의 담벼락

사이를 게처럼 걸어가며 말했다.

문을 연 것은 남색 정장을 입고 있는 남자였다. 자줏빛 넥타이는 옷깃 부분에서 느슨해져 있었고 강인해 보이는 턱에는 하루가 지나는 동안 슬금슬금 기어 올랐을 수염 자국이 조금 보였다.

"무슨 일이시죠?"

"저는 킴 스톤 경위이고 이쪽은 브라이언트 경사입니다. 잠깐 얘기를…?"

"나가세요, 경위님. 이 이상 내 동생을 괴롭히게 놔두지는 않을 겁니다."

그의 표정에서 풍기는 분위기가 싹 바뀌었다. 예상치 못한 손님들을 위해 아껴놓은 인내심 넘치는 미소가 순수한 혐오감으로 변했다.

그 정도는 킴도 이해할 수 있었다. 지난번 만남에서 자신이 이 남자의 동생에게 별로 상냥하게 대하지 않았으니까.

"파크스 씨, 잠깐만 시간 내주시면…."

"도대체 뭘 원하는 거야?" 웬디가 오빠 뒤에서 나타나며 물었다. 브라이언트가 곁에 있기는 했지만 그 혐오감은 킴만을 위해 남겨둔 것이 분명했다.

팔짱을 끼는 로빈의 표정에 작은 승리감이 스치고 지나갔다.

킴은 웬디의 살이 빠졌다는 사실을 바로 알아보았다. 마른 데다가 검은 머리카락을 얼굴 뒤쪽으로 당겨 묶고 있으니 만화 〈뽀빠이〉에 나오는 올리브가 생각났다.

웬디의 눈에서 순수한 증오가 번뜩였다.

킴은 면담 전략을 다시 생각해봐야 한다는 사실을 빠르게 깨달았다. 로빈 파크스는 확실히 적대적인 상대였고 그 어떤 질문에도 직접적으로

답하지 않을 터였다. 게다가 웬디는 즐거운 마음으로 생선 배를 가르듯 그녀의 내장을 바를 수 있을 것 같았다. 하지만 킴은 그 집에 들어가야 했다.

"웬디, 제가 딸들을 만나고 왔습니다." 킴이 말했다.

증오심이 무뎌지다가 처음에는 놀라움으로, 그다음에는 걱정으로 바뀌었다.

"비켜, 오빠." 웬디가 말했다.

로빈은 움직이지 않으며 믿을 수 없다는 표정으로 동생을 보았다.

"너 미쳤어? 이 사람들을 내 집에 들여보내지는…."

웬디가 문을 잡고 활짝 열었다. 로빈이 비켰다.

킴은 웬디를 따라 거실을 지났다. 벽걸이 텔레비전이 눈에 띄는 거실은 고상하게 장식되어 있었다. 통 가죽으로 만든 소파가 방을 따라 둘러 놓여 있고 그 끝에는 리클라이너가 달려 있었다.

웬디가 가장 먼 쪽에 앉았다. 눈에 띄게 살이 빠진 모습이었다. 웬디는 손을 단단히 깍지 껴서 무릎 사이에 두었다. "우리 딸들을 보았다고요?"

아무도 그러라고 하지 않았지만 킴은 그녀와 브라이언트가 둘 다 앉을 수 있도록 움직였다. 킴은 이 여자가 방을 가로질러 달려와 자신을 때려죽이고 싶어 미칠 지경이라는 걸 알고 있었다. 하지만 웬디는 아이들에 대해 알고 싶은 마음이 더 컸다.

킴은 고개를 끄덕였다. "아이들은 잘 지냅니다." 킴은 그렇게 말하며 한마디 덧붙여야 할 것 같다는 느낌을 받았다. "데이지는 달마티안 옷을, 루이자는 부엉이 옷을 입고 있더군요."

웬디는 애써 눈물을 삼키려 했지만 눈물은 아무렇게나 흘러나와 뺨으로 흘러내렸다.

"가장 좋아하는 옷이에요. 내가 확인해서 아이들이 가장 좋아하는 옷을 보냈어요."

방안이 조용해졌다. 킴이 입을 열었지만 웬디가 한발 빨랐다.

"당신이 나를 믿든 말든 더는 신경 안 써요. 하지만 진실은 내가 몰랐다는 거예요. 그 자식이 너무 똑똑했든지 내가 너무 멍청했던 거겠죠. 하지만 내가 알았다면 그 짐승 새끼는 더 이상 이 지구상에 존재하지 않았을 거예요."

말하는 웬디의 입에서 침이 튀었다.

"이해할지 모르겠지만, 난 불타오르는 게 실제로 느껴질 만큼 뜨거운 분노로 가득 차 있어요. 살면서 한 번도 폭력을 써본 적이 없지만 그 자식 목에 두 손을 대고 마지막 남은 숨을 토해낼 때까지 조르는 상상을 해요. 그 생각밖에 안 나요."

로빈이 거실에 들어와 동생 옆에 앉았다.

킴이 처음에 세운 계획은 이게 아니었다. 하지만 그녀는 임기응변에 뛰어났다. 로빈 파크스에게 직접적으로 질문을 던지면 이 집에서 빠르게 쫓겨날 수도 있었다. 그러면 아무것도 알아낼 수 없을 것이다.

"돌아가서 그 일을 멈출 수만 있다면 목숨이라도 내놓겠어요. 아이들이 받은 상처를 없던 일로 만들 수만 있다면 뭐든 내놓을 거예요. 분명히 말하는데, 남은 평생 그러려고 노력할 테고요."

로빈이 웬디의 손을 잡고 어루만졌다. 킴은 웬디의 말을 믿었다. 자신이 틀렸다는 것도 알고 있었다. 이 여자는 아무것도 몰랐다.

"웬디, 그때 지하실에 다른 사람이 있었습니다."

킴은 최대한 부드러운 단어를 썼지만 그 단어들은 하나하나 총알처럼 방을 가로질렀다.

웬디의 입술에서 비명이 튀어나왔다. 완전히 새로운 공포가 그녀의 눈에 깃들었다. 킴은 놈이 그저 그 장면을 관음했을 뿐이라고 말해주고 싶었지만 거짓 위로를 하고 싶지는 않았다.

킴은 웬디에게 말을 걸면서도 그녀의 오빠가 보이는 반응을 주시했다. 브라이언트도 로빈을 지켜보고 있었다. 킴의 파트너는 이 만남의 방향이 바뀌었다는 것을 분명히 이해하고 있었다.

로빈은 더 이상 웬디의 손을 어루만지지 않았다. "웬디, 내 생각에는 네가….."

"정말로 확실한 거예요?" 웬디가 애원하듯 물었다. 킴은 그냥 고개만 끄덕였다.

"말도 안 돼." 로빈이 보호하려는 듯 웬디의 어깨를 팔로 감싸며 말했다.

킴은 그의 말을 무시했다. 로빈에게 직접 말을 거는 순간 그녀는 이 집을 떠나야 할 게 분명했다.

"혹시 남편이 알았을 만한 사람 중에 생각나는….."

"믿을 수가 없어요….. 생각도 못 하겠어….. 난 그냥….."

"그 가상의 인물이 누군지 내 동생이 어떻게 알겠습니까? 얘 말대로….."

"가상의 인물이 아닙니다, 파크스 씨. 이건 확인된 사실이에요."

이번에도 킴은 직접 질문을 던지지 않았다. 웬디는 괴로워하면서도 모성 본능을 유지하고 있었다.

그녀의 입술이 떨렸다. "데이지가 확인해줬군요. 그래서 데이지를 만난 건가요?"

킴은 고개를 끄덕이고 깊이 숨을 들이쉬었다.

"웬디, 범인은 데이지가 아는 사람이었습니다."

로빈이 벌떡 일어섰다. "아니⋯. 아니, 이건 아니지. 더는 못 참겠네요. 내 동생은 아무것도 모릅니다. 이해가 안 돼요?"

그는 방을 가로질러 곧장 킴에게로 갔다.

브라이언트가 이미 자리에서 일어나 있었다. "나라면 그렇게는 안 할 겁니다, 파크스 씨."

킴이 일어나서 둘 모두를 바라보았다. "웬디, 제가 이러는 건 당신 딸들을 위해서입니다."

로빈이 브라이언트 너머로 킴에게 손을 뻗으려 했지만 브라이언트가 그의 아래팔을 잡았다.

킴은 그 팔을 휙 떨쳐내고 로빈에게 한 걸음 다가갔다. "다시 해보시겠습니까?"

"이제 나가주세요." 로빈이 한발 물러서며 말했다.

킴은 그를 무시하고 웬디에게 말을 걸었다. "제가 거기 있던 개자식을 잡는 걸 원하지 않습니까?"

"로빈, 그만해." 웬디가 자리에서 일어나며 소리쳤다. 그녀는 일어나 천천히 방을 가로질렀다.

"뭐라도 생각나면 알려드릴게요. 이제 두 분은 정말로 나가주셔야겠어요. 다시는 두 분을 볼 일이 없었으면 좋겠네요."

킴은 물리적으로라도 자신을 집에서 끌어낼 태세인 로빈과 로빈이 덤비기만을 기다리고 있는 브라이언트를 보았다. 웬디는 똑바로 서 있는 것만으로도 힘에 부치는 듯했다. 킴은 환영받지 못할 만큼 이곳에 있었던 게 틀림없었다.

"신중하게 한다더니 아주 잘하셨네요, 대장." 브라이언트가 자동차로 걸어가며 말했다.

킴은 아무 말도 하지 않았다. 어쨌든 킴은 이곳에 온 목적을 이루었다.

55

마지막으로 브리핑한 지 여러 주가 지난 것처럼 느껴졌지만 사실은 겨우 이틀이 지났을 뿐이었다.

"좋아, 스테이시. 찰스 쿡 쪽은 새로운 소식 없나?"

"별로 없습니다, 대장. 문화센터와 계속 연락했지만 문화센터에서는 특정한 이벤트에 대해서만 기록을 남긴대요. 대부분의 활동은 제3자가 운영하는 것이고 센터에서는 그냥 장소만 제공한답니다. 찰스 쿡이 어디로 갔는지 알아볼 수 있나 싶어서 계속 조사하고 있고요."

"우리, 지금도 청소년 모임을 의심하고 있는 건가요?" 브라이언트가 물었다.

킴은 어깨를 으쓱했다. "딱히." 킴이 솔직하게 말했다. "청소년 모임에 참여하는 사람은 모두 범죄 전과 조회원을 거쳐야 합니다. 우리 모두 거기에 따르는 문제점은 알고 있지만."

범죄 기록 위원회의 확인 절차를 대신하게 된 영국 범죄 전과 조회원에서는 아이들과 관련된 일을 하는 모든 사람에게 신원 조회를 요구했다. 이름은 바뀌었지만 그물망의 구멍은 메워지지 않았다.

"체액과 음모 쪽 소식은 아직이고?"

스테이시가 고개를 저었다. "오늘 아침에 다시 확인해달라고 메시지를 보냈어요."

킴은 과학수사팀에서 '최대한 빠르게'라는 말의 어느 부분을 이해하지 못한 건지 궁금해졌다.

"자동차 정비소에 있던 녀석은요, 대장?"

킴은 고개를 저었다. 약간 아귀가 맞지 않는 부분은 있었지만 킴이 봤을 때 문제가 되는 건 그에게서 감정적 반응이 보이지 않는다는 것뿐이었다. 그리고 브라이언트가 여러 번 지적했듯 감정적 반응에 관해서는 킴의 판단력이 뛰어나다고 할 수 없었다.

킴은 팀원들 사이에 의기소침한 분위기가 번져가는 것을 느꼈다. 그들은 모두 한 단서가 다른 단서로 이어지는 논리적이고 체계적인 사건을 좋아했다. 하지만 모든 사건이 그렇게 고분고분한 건 아니었다. 어떤 사건들은 엉망진창이라 웰링턴 부츠를 신고 늪을 건너는 것처럼 느껴졌다. 더 나쁜 경우는 이미 해결된 사건을 다시 풀어가는 것이었다. 그 경우 똑같은 사람들을 면담하고 취조해야 했다. 그러나 아무것도 풀려오지 않았다. 임금 동결보다도 빠르게 사기를 꺾는 방법이었다.

"다들 잘 들어. 모두가 별 보상도 없이 얼마나 열심히 일했는지 알고 있어. 너희들의 답답함도 느껴져. 하지만 우리는 해낼 거야. 우리 팀은 멈추지 않아."

모두가 킴을 보며 고개를 끄덕였다.

"하지만 쉴 시간도 좀 필요하지. 나가서 월요일까지 돌아오지 마. 그 다음에 다시 사람들을 불러들일 테니까. 당장, 나가." 킴이 위협하듯 말했다.

처음으로 나간 사람은 케빈이었고 그 뒤를 스테이시가 바짝 따랐다.

킴은 그녀의 뒷모습을 힐끗 보고 브라이언트에게 말했다. "경사님도 마찬가지입니다."

"대장도 그러실 건가요?" 브라이언트가 재킷 쪽으로 손을 뻗으며 물었다.

"당연하죠." 킴은 눈을 돌리며 말했다.

이제는 철창을 흔들어볼 시간이었다. 누군가는 겉으로 드러낸 것보다 많은 것을 알고 있었다. 흔들어보면 헐거워지는 부분도 생길 것이다.

56

알렉스는 카페 문이 열릴 때마다 그쪽으로 눈을 돌렸다. 그녀는 새로 사귄 가장 친한 친구가 도착하기를 기다리고 있었다. 둘의 관계는 지난번 만남을 통해 바뀌었다. 이제 그들은 서로 이름을 부르는 사이가 됐고 프로젝트는 괜찮게 진행되고 있었다.

킴이 그날 아침 일찍 전화를 걸어 만나서 커피나 마시자고 했을 때 알렉스도 정확히 같은 생각을 하고 있었다. 둘이 서로 호기심을 느낀다는 증거가 하나 더 나온 것이다. 킴은 알렉스의 사무실에서 15미터 떨어진 곳의 아늑한 카페를 제안했고 알렉스는 더없이 기쁘게 동의했다.

문이 열렸다. 알렉스는 킴이 트레이드마크 같은 검은 옷을 입고 다가오는 모습을 지켜보았다. 킴은 과연 자신이 얼마나 사람들의 관심을 끄는지 조금이라도 알고 있을까? 그녀는 걸음걸이가 단호하고 결단력 있었으며 시선으로는 두 발이 감히 벗어나지 못할 길을 미리 설정했다.

"박사님." 킴이 자리에 앉으며 말했다.

알렉스는 킴이 다시 직위를 부른다는 것을 눈치챘다. 지난번 만남에서 이 단계를 졸업하고 서로 이름을 부르는 단계로 넘어갔는데. 알렉스는 과거로 돌아가는 스타일이 아니었다.

컨실러로 가린 희미한 손톱자국을 봤는지는 모르겠지만 킴은 아무 말도 하지 않았다.

"이렇게 만나니까 좋네요, 킴. 제가 마음대로 라테를 시켜놨어요."

킴은 탁자 밑에서 다리를 꼬았다. "감사합니다, 박사님. 하지만 경위님이라고 불러주시죠. 몇 가지 물어보고 싶은 게 있습니다."

킴은 나무라는 듯한 말투를 쓰면서도 어감을 누그러뜨리려는 미소를 조금도 짓지 않았다. 알렉스는 이상하게 실망감을 느꼈다. 킴이 즉흥적으로 그녀의 사무실을 찾아온 것이 진심 때문이든 아니든, 우정을 꾸며내며 이 여자와 노는 것이 더 큰 만족감을 줬을 텐데 말이다. 하지만 어쨌든 알렉스는 주어진 상황에 맞춰 일하기로 했다.

"이번에는 불면증 얘기를 하는 게 아니라는 뜻으로 알아들으면 될까요?"

"뭐, 박사님이 원하신다면 해도 됩니다. 박사님의 불면증은 가족이 죽은 이후로 시작된 것 아닙니까?"

알렉스는 고개를 갸웃하며 아무 말도 하지 않았다. 알면서 물어보는 질문 같았다.

"아, 죄송합니다. 제가 깜빡했네요. 그 사람들은 박사님 가족이 아니죠. 죽지도 않았고요."

알렉스는 놀란 마음을 감추었다. 그녀는 잠시 두 눈에 눈물이 차오르도록 놔두고 외로움에 대해, 직업 때문에 사생활을 모두 희생해야 했던 일에 대해 애원하듯 이야기하는 방법도 생각해보았다. 하지만 둘은 이미 그 단계를 지나 있었다. 킴이 그런 말에 속아 넘어갈 리 없었으므로 알렉스도 그런 게임에 에너지를 낭비하지 않기로 했다. 그녀는 킴이 수고스럽게 그 정보를 알아냈다는 사실에 우쭐한 기분이 들었다.

"거짓말이었죠?"

알렉스가 어깨를 으쓱했다. "해로울 것 없는 거짓말이죠. 제 환자들은 제가 받은 광범위한 교육과 인생 경험 양쪽에서 안도감을 느끼거든요."

"하지만 그 거짓말이 박사님을 정확하게 반영하는 건 아니잖습니까?"

"우리 중 완전히 자신의 모습을 간직하는 사람은 극히 드물어요. 나는 당신도 다른 사람들만큼 그 사실을 알고 있을 거라고 생각하는데요. 제 책상의 사진은 사람들이 어떤 추측을 할 수 있도록 그 자리에 놔둔 거예요. 사람들은 실제로 추측을 하죠. 우리는 모두 세상에 가면을 내밀어요. 나한테는 가족이라는 가면을 제시하는 게 잘 맞았고요. 킴 당신한테도."

알렉스가 이름을 부르자 킴의 두 눈에 불꽃이 튀었다. 하지만 킴은 그런 기색을 억눌렀다.

"그런 식으로 환자들을 조종하는 겁니까?"

"네, 그렇죠. 하지만 말했듯이 해롭지는 않아요."

"박사님이 하는 조종은 모두 안 해롭습니까?" 킴이 고개를 갸웃하며 물었다.

"무슨 말인지 모르겠는데요."

"다른 방식으로 환자들을 조종하기도 합니까?"

알렉스는 입꼬리가 살짝 위로 들리도록 놔두었다. 당황한 표정을 짓는 게 목표였다. "정확히 무슨 혐의로 날 비난하는 건가요?"

"질문한 거지 비난한 게 아닙니다."

형사는 그녀가 하는 모든 말을 분석하고 있었다. 좋아, 그렇다면 이걸 한번 분석해 봐.

"킴, 난 환자가 많아요. 스트레스에서부터 편집증적 조현병에 이르기까지 정신 건강의 전 영역에 이르는 질환들을 다루죠. 난 어린 시절 입은 외상에서 결코 회복되지 못할 사람들을 치료해요. 온갖 종류의 죄의식을 가진 사람들을 다룬답니다. 생존자의 죄책감이든, 다른 죄책감이든."

정확히 몇 점이나 올렸는지는 모르겠지만 형사의 등이 살짝 뻣뻣해지는 것을 보니 독화살 두어 개가 표적에 맞았다는 건 확실히 알 수 있었다.

"그러니까 수고스럽더라도 좀 더 구체적으로 말씀해 주시면 할 수 있는 한 도와드릴게요."

"루스 윌리스요."

알렉스는 그 일에 관해 뭔가 안다고 생각하는 킴에게 흥미를 느꼈다.

"가끔은 고칠 수 없는 사람도 있어요, 킴. 당신도 과거에 해결하지 못한 사건들이 있을 것 같은데요. 최선을 다했지만 성공적인 결말로 이끌 수 없었던 사건들 말이에요. 이상적인 경우라면 난 루스를 인생의 다음 단계로 옮겨가도록 했을 거예요. 하지만 루스는 문제가 심각한 아가씨랍니다. 당신도 알겠지만, 가끔은 분노 안에 안전함이 깃들어 있기도 하거든요. 복수가 그런 사람들이 무너지지 않도록 붙들어주는 접착제인 경우도 많고요." 알렉스는 시선을 내렸다. "루스는 자기가 저지른 짓에서 절대로 회복하지 못할 거예요."

"사실 루스는 꽤 잘 지내고 있습니다." 킴이 마주 쏘아붙였다.

예상했던 대로 알렉스는 알고 싶었던 것을 알게 됐다. 형사는 루스를 만나러 갔었다. 하지만 그건 중요하지 않았다. 루스가 감히 입을 연다한들 아무도 그녀의 말을 믿지는 않을 테니까.

"마지막 상담에서 사용하셨다던 시각화 훈련이 흥미롭더군요."

알렉스는 어깨를 으쓱했다. "시각화 훈련은 스트레스 완화나 목표 달성 같은 여러 가지 이유로 광범위하게 활용되는 기술이에요. 부정적인 감정을 놓아버리도록 도와주고 좋은 효과를 내죠. 상징적인 작업이에요."

"아니면 정신 상태가 불안정한 사람에게 어떤 청사진을 주는 것일 수도 있죠."

알렉스가 웃었다. 폭식증과 거식증을 오가며 고생하는 사람들이 가득한 채팅방에 들어가서 그들이야말로 양쪽 세계의 가장 좋은 부분을 누리고 있는 거라고 설득했던 때 이후로 이렇게까지 재미있었던 적은 없었다.

"정말, 그만하세요. 시각화 기술에는 온갖 형태의 상황들이 포함되지만 사람들이 실제로 나가서 그런 일을 저지르지는 않아요. 그건 치료 기법이지 명령이 아니에요."

"루스가 너무 불안정해서 상징적 역할 놀이를 실행에 옮길 수도 있다는 사실을 미리 알 수는 없었던 겁니까?"

알렉스는 잠시 생각했다. "킴, 당신은 당신이 가진 직업의 존엄성과 법을 수호하는 경찰의 모든 구성원이 가진 존엄성을 진심으로 믿나요?"

"질문에 질문으로 대답을 하시는데, 네. 난 믿습니다."

"당신한테는 사법제도가 아무리 결함이 있더라도 믿을 만한 제도겠죠?"

"당연하죠."

"당신이 경찰이 되기 전에 벌어진 일이긴 하지만 칼 브리지워터 사건에 대해서는 분명 들어보셨을 거예요. 신문 배달을 하는 열세 살짜리 남자아이가 여기서 그리 멀지 않은 농장에서 총에 맞아 죽었어요. 미들랜드 강력 범죄 수사본부는 남자 네 명으로 이루어진 어떤 집단에 집착했고 증거가 극히 드물었는데도 결국은 그 넷을 상대로 유죄판결을 받아냈죠.

강력 범죄 수사본부에서 사용한 방법에 대해 조사가 이루어진 뒤로 그 본부는 다른 여러 가지 죄와 함께 증거를 조작한 죄로 해체됐어요. 그들이 받아낸 수많은 유죄판결이 뒤집혔죠. 몇 년 후, 칼 브리지워터를 살해했다는 이유로 살인 판결을 받았던 남자들 중 살아 있던 세 명이 재심 청구를 통해 교도소에서 석방됐어요."

알렉스는 오른쪽으로 머리를 기울였다. "그럼 말해주실래요? 이 특정한 사례의 절차 중 어느 부분이 가장 자랑스러우신가요?"

"그중 한 명이 모든 걸 자백했습니다." 킴은 변명했다.

"대단히 수상한 취조를 받은 뒤에 말이죠. 이 특정한 사례를 가지고 내가 증명하려는 건 최악의 경우 그 경찰관들이 알면서 결백한 사람들을 모함했을 수도 있다는 거예요. 그 경우 제도가 실패한 거죠. 아니면 그 경찰들은 진짜 범인들을 잡는 과정에서 자신들이 쓰는 방법에 지나친 열정을 발휘한 건지도 몰라요. 그 바람에 잡혔던 사람들이 나중에 재심 청구를 통해 풀려난 거고요. 그 경우에도 제도가 실패한 거죠.

모든 직업은 모순투성이에요. 규칙을 증명하는 건 많은 경우 그 규칙에 대한 예외죠. 나는 내가 하는 일을 진심으로 믿어요. 하지만 모든 사람이 내가 원하는 방식대로 행동하지는 않을 거라는 사실도 받아들이냐고 물으신다면, 당연히 받아들인답니다. 그게 인간의 본성이니까요."

킴은 이마를 찌푸렸다. "그러니까 박사님의 예시를 활용하자면 그 경찰관들이 일부러 증거를 조작했거나 끔찍하게 무능했다는 거군요. 박사님이 루스의 사례에서 실패한 이유는 둘 중 어떤 것 때문이었습니까?"

알렉스는 싱긋 웃었다. 그녀는 까다로운 대화를 정말로 좋아했다. "실패한 건 루스예요. 그건 제가 장담할 수 있어요."

킴은 상대방의 무장을 해제시키는 그 시선으로 알렉스를 뚫어지게 바라보았다. "근데 전 그 부분이 이해가 안 되는데요. 박사님은 루스가 그런 일을 저지르도록 부추길 수 있다는 사실을 알면서도 어떤 형태의 치료법을 의도적으로 선택한 것이거나, 그 치료법을 실행하는 과정에서 실수한 겁니다. 어느 쪽이든 박사님에게는 이후 사건에 대해 일정 부분 책임이 있죠. 동의하지 않으십니까?"

알렉스는 깊이 한숨을 쉬었다. "경찰 유치장에서 용의자가 자살한 적이 있나요?"

킴은 고개를 끄덕였다.

"왜죠? 어떻게 그런 일이 가능했을까요?"

킴은 아무 말도 하지 않았다.

"용의자를 구류하는 건 당신이 믿는 사법제도의 일환이에요. 그래서 당신은 그 절차에 따르죠. 특정한 개인이 그 기회를 자기 목숨을 끊는 데 활용할지는 미리 알 수 없어요. 알았다면 그런 일은 하지 않았겠죠."

"박사님은 어떤 반응이 나오는지 보고 싶어서 그런 일을 했을 수도 있습니다."

"평생을 정신 건강에 헌신해 온 사람은 환자들을 실험 대상으로 보지 않아요."

처음으로 킴이 미소 지었다. "그 말을 하는데 3인칭을 쓰다니 인상적이네요."

실망스럽게도 알렉스는 지루함의 첫 단계가 시작되는 걸 느꼈다.

"알았어요, 킴. 나는 내 지식과 전문적 경험을 그런 방식으로 사용하지 않아요."

킴은 잠시 말을 멈추고 고개를 갸웃했다. "흠…. 죽은 박사님 동생은 그렇게 생각하지 않는 것 같던데요."

알렉스는 새라 이야기에 잠시 놀랐다. 킴과 그녀의 동생이 이야기를 나누고 있었다는 사실은 그녀가 계산에 넣지 못한 요소였다. 그녀는 게임을 따로따로 하는 편을 좋아했으니까. 하지만 알렉스는 빠르게 자세를 다잡았다.

"동생과 난 친하지 않아요. 전문가로서의 내 인생에 대해 믿을 만한 이야기를 해줄 수 있는 애는 아니죠."

"그렇습니까? 박사님이 동생에게 보낸 편지를 보니 동생에게 환자들의 차도를 꾸준히 알려주는 편을 좋아하시는 것 같던데요."

알렉스는 긴장감이 뒷덜미를 파고드는 것을 느꼈다. 그 줏대 없는 잡년이 어떻게 감히 내 인생에 끼어든단 말인가?

"사실, 동생 분은 박사님이 자기를 몇 년 동안이나 괴롭히고 못살게 굴었다고 생각합니다."

알렉스는 아래턱에 느껴지는 긴장감을 미소로 누그러뜨리려 애썼다. "질투는 무척 못난 특성이죠. 형제나 자매가 있으면 언제나 경쟁 관계가 생겨나요. 나는 경력을 쌓는 과정에서 큰 성공을 거뒀어요. IQ도 내가 더 높고 어렸을 때도 사람들이 날 더 좋아했죠. 그러니까 뭐랄까, 그 애는 나한테 앙심을 품을 동기가 많은 거예요."

킴은 알겠다는 듯 고개를 끄덕였다. "네, 동생 분은 함께 보낸 어린 시절에 대해서도 아주 자세히 얘기했습니다. 반려동물 돌보기에 관해 언니와 시각이 다르다는 얘기를 하더군요."

알렉스는 큰 소리로 신음하지 않기 위해 온 힘을 다 쏟아야 했다. 세상에, 그 한심한 년이 딱 한 번 있었던 사소한 사건을 아직도 잊지 않았단 말인가?

알렉스는 뒤통수 맞는 것을 싫어했다. 어렸을 때도 놀라는 게 싫었고 구석에 몰리면 방어적인 태도가 공격적으로 변했다. 빨리감기 버튼을 누르고 싶은 마음이 굴뚝같았다.

"아, 킴. 가족 관계란 너무 복잡한 문제예요. 마이키가 곁에서 죽지 않았다면 킴도 알았을걸요. 하지만 불행하게도, 어린 시절의 학대와 방임은 당신에게 생존자의 죄책감 이상의 뭔가를 남겼어요. 당신은…."

"당신이 뭘 안다고…."

알렉스는 킴의 두 눈에서 이글거리는 감정이라는 보상을 받았다.

"아뇨, 알아요." 알렉스가 즐거워하며 말했다. "난 당신에 대해 아주 많은 걸 알고 있어요. 당신이 어머니에게서 탈출한 이후로도 그 고통이 그치지 않았다는 걸 알고 있죠. 아마 여러 위탁 가정들을 거치면서 당신에게는 누구에게도 털어놓지 않은 사건들이 일어났을 거예요."

"숙제는 제대로 한 것 같네요, 박사님. 10점 만점에 10점입니다."

알렉스는 여자의 목소리가 변하는 것을 듣고 자신이 성질을 제대로 건드렸다는 걸 알아차렸다.

"나야 늘 최고점을 받았는걸요, 킴. 난 당신이 자존감을 얻는 건 오직 일을 통해서일 뿐이라는 걸 알고 있어요. 당신 인생이 외롭다는 사실과 당신이 감정적으로 차가운 사람이라는 사실을 알고 있죠. 당신은 개인 공간을 침범당하면 숨 막힐 것 같은 기분을 느끼고 그곳에서 벗어나야만 해요. 당신은 당신 멋대로 관계를 맺거나 아예 관계를 맺지 않아요."

형사의 두 뺨에서 핏기가 가시고 있었다. 하지만 알렉스는 찌른 칼을 한 번 더 비트는 편이 좋았다.

"당신은 매일 한순간도 빠지지 않고 당신을 따라다니는 그 암흑 속으로 언제든 빠져들 수 있어요. 난 당신이 그 손을 놓아버리고 당신 자신의 정신에 삼켜지고 싶은 충동을 느끼는 날들이 있다는 걸 알고 있답니다."

알렉스는 자제했다. 더 많은 걸 말하고 싶었지만 이만하면 알아들었을 것이다. 나머지는 나중을 위해 아껴둬야지.

그녀는 핸드백을 집어 들고 일어났다. "다음에 봐요, 경위님."

새까만 눈이 순수한 증오를 담은 채 알렉스의 눈을 파고들었다. 알렉스는 만족감을 느꼈다. 마지막으로 한번 더 후벼파고 싶은 마음을 참을 수 없었다.

알렉스는 킴의 의자 뒤를 지나면서 허리를 휙 숙이고 킴의 뺨에 입을
맞추었다.

"아, 그리고 키미, 엄마가 안부 전해달래."

57

킴은 가까스로 집에 돌아갔다. 알렉스의 목소리가 여전히 귓가에 울
렸다. 그녀는 빨간불을 두 번 지나쳤고 앞을 막아서는 것은 뭐든 추월했
다. 그런 무모함도 킴의 몸에서 분노를 몰아내지는 못했다. 뭔가를 해치
고 싶다는 충동은 계속 남아 있었다.

"씨발년, 죽여버리겠어." 그녀는 재킷을 커피 테이블에 던지며 소리쳤
다. 잡지 한 권과 스파크 플러그 두 개가 미끄러져 바닥에 떨어졌다.

바니가 꼬리를 흔들며 그녀에게 다가왔다. 킴의 기분에 영향을 받지
않는 듯했다.

"뭐가 너한테 좋은지 알면, 꺼져." 킴이 바니에게 조언했다.

바니는 킴이 자신을 절대 위험에 빠뜨리지 않으리라는 사실을 아는
것처럼 주방까지 그녀를 따라왔다. 바니 생각이 맞았다.

바니는 킴이 집에 올 때마다 보여주는 똑같은 열정을 담아 반응했다.
녀석은 몇 번 꼬리를 흔들더니 두 번째 찬장 문 앞에 앉았다. 음식을 넣
어두는 찬장이었다.

킴은 주전자 스위치를 켜고 식탁에 앉았다. 차고에 들어가야겠다는 생각도 했지만 여러 가지 질문이 떠올라 머릿속이 여전히 활활 타는 것만 같았다.

바니는 자리에 앉더니 킴이 녀석의 옛 주인을 만나러 갔을 때 그랬던 것처럼 그녀의 다리에 기댔다. 킴은 그때와는 다르게 손으로 녀석의 머리를 쓰다듬었다. 녀석은 킴이 쓰다듬는 대로 가만히 있었다.

킴은 모든 분노가 알렉스를 향한 것만은 아니라는 사실을 인정했다. 킴은 한 번도 이렇게까지 위축된 기분을 느껴보지 못했다. 수사 중인 두 사건이 계속 그녀의 손에서 벗어나려 하고 있었다.

레너드 던의 사생활은 셀 수 없이 여러 번 재평가됐다. 그들은 레너드의 체포로 이어진 첫 번째 수사에서 수백 명을 탐문했지만 이제는 유령을 쫓고 있었다. 모두가 잠재적 용의자였다. 끔찍했지만, 킴은 무슨 일을 해야 하는지 알고 있었다.

그녀는 핸드폰을 꺼내 몇몇 이름을 목록에 적어넣었다.

내셔널 자동차 정비소, 브렛 러빗
블랙히스, 찰스 쿡
웬디 던
로빈 파크스

킴은 레너드 던 수사가 빌려온 시간에 진행되는 것임을 알고 있었다. 그녀의 책상에는 매일 새로운 사건이 도착했다. 우디가 보자고 할 때마다 킴은 던 사건을 종결하라는 명령이 떨어질 것을 각오했다. 그녀는 우디의 입에서 그 명령을 듣게 될까 봐 두려웠다. 명령에 따를 수 없다는 걸 알고 있었으니까.

킴은 지하실에 서서 여자아이가 아버지에게 학대당하는 모습을 지켜봤던 사람을 찾아낼 때까지 멈추지 않을 생각이었다. 최소한 그 사람은 학대가 다시 발생할 수 있다는 사실을 알고 그 집을 나섰으면서도 경찰서에 나타나지 않았다. 최악의 경우에는…. 그건 생각만으로도 끔찍했다.

킴은 딱딱하게 굳어진 턱을 푸느라 입을 벌렸다. 긴장감은 그대로 머물렀다. 아니, 킴은 그냥 놔두지 않을 것이다. 그 개자식을 찾기 전까지는. 게다가 킴이 단독으로 처리하는 사건도 있었다. 킴은 다음번 만남이 그렇게 교양 있게 이루어지지 않으리라는 사실을 알았다. 그러니 알렉스가 접근할 수 없는 일종의 정신적 갑옷을 그때까지 만들어내야 했다. 테드는 알렉스를 피하라고 조언했다. '더 빨리 도망치라고' 충고했다.

그 여자는 킴에 대한 모든 것을 아는 것 같았다. 둘은 이제 끝장을 봐야 했다. 킴의 마음속 작은 부분은 그동안 알렉스에 대해 생각했던 것들이 모두 맞았다는 사실에 안도감을 느꼈다. 이제 킴은 그 사실을 증명할 방법을 찾아야 했다.

킴은 구글 창을 열고 박사의 이름을 다시 한번 검색창에 입력했다. 처음 이 수사를 시작했을 때 킴은 알렉스에 대한 공식 기사나 알렉스가 쓴 기사가 실린 웹사이트에만 들어갔다. 하지만 이번에는 스크롤을 내려 결과를 살펴보면서 박사가 언급된 다른 웹사이트들을 방문했다.

킴은 알렉스에 대한 이야기를 찾아다니며 채팅방에 이어 블로그에, 블로그에 이어 웹사이트에 들어갔다. 40분 뒤, 킴은 알렉스를 노벨 평화상 후보로 올려야 하는 건 아닌지 고민하고 있었다. 사람들은 열정적이었고 존경심에 가득 차 있는 경우도 많았다.

킴은 커피 잔을 다시 채웠다. 세상에, 내가 테레사 수녀를 십자가에 못 박으려는 건가. 그녀는 다시 검색을 시작했고 결국 관심을 끄는 게시물을 하나 발견했다.

그건 광장공포증 관련 웹사이트에서 링크된 채팅방에 거의 숨겨져 있던 게시물로, 손 박사의 치료를 받아본 사람이 있는지 묻는 내용이었다. 킴이 세어보니 응답은 열일곱 개였고 모두 긍정적이었다. 하지만 이 질문을 했던 사람이 답글을 단 흔적은 없었다.

킴도 이것이 범죄의 증거는 아니라는 사실은 알고 있었다. 하지만 게시자인 DaiHard137이 질문을 던진 데는 무슨 이유가 있을 터였다. 더 이상의 답글이 없다는 사실은 게시자가 기대하던 응답을 받지 못했다는 것을 의미했다. DaiHard137이 의사를 칭찬하고 싶었다면 이어진 칭찬에 동의하는 두 번째 게시글을 남기지 않았을까?

흥분이 킴의 배 속에 맺혔다가 잦아들었다. DaiHard137이 누구인지 알아낼 방법은 전혀 없었다. 물론, 경찰서의 기술 관련 부서에는 몇 분 안에 사용자를 추적할 수 있는 사람들이 있었다. 하지만 그녀가 탐색을 요청하면 우디의 사무실까지 곧장 연결되는 내부 감사와 추적이 이루어질 터였다.

킴은 새 메모장을 꺼내 의사와의 모든 만남에 관한 메모를 쓰기 시작했다. 그녀는 대화가 일어난 장소를 떠올리려고 최선을 다했다. 알렉스의 진료실에서 만났던 일을 떠올리는 동안 킴의 펜이 종이 위를 맴돌았다.

나가는 길에 마주쳤던 여성 환자. 그들의 만남을 방해했던 인물. 그녀에게는 뭔가 익숙한 면이 있었다. 킴은 더 많은 정보를 기억해내려 당시

엔 다른 데에 정신이 팔려 있었다. 킴은 그녀의 얼굴을 떠올릴 수 있었다. 초조하고 불안한 얼굴이었다. 하지만 그 얼굴을 어디서 봤는지는 도무지 생각나지 않았다.

킴은 책상에서 일어나 방을 돌아다니며 여러 가지 가능성을 하나하나 제쳤다. 그 여자는 목격자가 아니었다. 킴은 그 여자와 이야기해본 적이 없다는 걸 확실히 알고 있었으므로 그동안 처리했던 사건은 전부 배제했다. 킴은 마을에서 마주친 적이 있어 그 여자가 익숙했을 가능성을 생각해봤지만 그 가능성은 일축했다.

법원. 그 단어가 머릿속에 튀어 올랐다. 킴이 맡은 사건은 아니었지만 갑자기 찰칵 하며 퍼즐이 맞아떨어졌다.

킴은 브라이언트에게 전화를 걸었다. 브라이언트는 신호가 두 번쯤 갔을 때 전화를 받았다.

"브라이언트, 2주쯤 전에 있었던 사기 사건 말입니다. 그때 다른 재판이 뭐 있었죠?"

브라이언트라면 알 터였다. 그는 피해자 지원 담당 경찰관 중 한 명과 이야기를 나눴으니까. 브라이언트는 모두와 이야기를 나누는 스타일이었다.

"어⋯. 악질적인 빈집털이 사건과 아동 학대 사건이었어요."

이거다. 킴이 알렉스의 사무실에서 나올 때 봤던 여자는 법원 명령으로 치료를 받으러 갔을 가능성이 컸다.

"고맙습니다, 브라이언트."

킴은 브라이언트에게 질문할 겨를을 주지 않고 전화를 끊었다.

흥분할수록 두려움도 커졌다. 알렉스는 이미 자기 자식에게 해를 끼쳤거나 자식이 해를 입도록 놔두었던 여자를 치료하고 있었다. 그 여자는 알렉스에게 치료를 받기 전에 이미 자식을 해칠 뻔했다. 알렉스의 치료를 받으면 또 무슨 짓을 저지를지 생각하자 겁이 났다.

킴은 두 손에 얼굴을 묻었다. 아무도 그녀의 말을 믿지 않을 것이다. 뭘 해야 할까? 그 여자를 어떻게 찾을 것이며, 찾는다 한들 대체 뭐라고 말할까?

킴은 눈을 문지르며 컴퓨터 화면을 힐끗 돌아보았다. 입이 쩍 벌어졌다. "장난해?" 그녀는 소리 내서 말했다.

바니는 킴이 자기에게 말을 걸었다고 생각 했는지 소파에서 뛰어내려 그녀 곁에 앉았다. 킴의 왼팔이 옆으로 내려와 생각 없이 녀석의 머리를 쓰다듬기 시작했다.

"그럴 리가." 그녀는 게시물의 작성자 이름을 다시 들여다보며 말했다. 그녀는 DaiHard137이 꽤 영리한 이름이라고 생각했는데, 실제로 그랬다. 작성자의 본명이 하드윅 하우스의 데이비드 하드윅이라면 더더욱.●

● '데이비드 하드윅(David Hardwick)'의 '데이'와 '하드'를 합치면, 영어로 읽었을 때 발음이 '다이하드'와 비슷하다.

58

문을 연 남자는 즉시 혼란스러운 표정이 됐다. "경위님?"

킴은 우디에게 전화를 걸어 자신이 걱정하는 내용을 미리 알려줄까도 생각했지만 아직 내놓을 만한 증거가 없었다. 그녀는 여기에서 뭔가 찾을 수 있기를 바랐다.

"절 기억하십니까?" 킴이 물었다.

"그럼요. 우리 모두한테 기억에 남을 만한 밤이었잖아요. 무슨 문제라도 있습니까?"

이 집에 수용된 사람들을 생각해볼 때 데이비드는 경찰이 문을 두드리는 상황을 사라지지 않는 위협으로 느낄 법했다.

킴은 고개를 저었다. "들어가도 될까요?"

"그럼요."

데이비드가 문을 열어주었고 킴은 안으로 들어갔다. 소나무에서 나는 깨끗한 향이 그의 살갗에서 풍겼다.

"주방으로 오세요."

킴은 그를 따라가 앉았다. 데이비드는 닳아빠진 나무 탁자의 맞은편에 자리를 잡았다. 키 큰 남자가 문 앞에 나타났다. 그는 밝은 색깔 청바지와 대학교 이름이 적힌 운동복을 입고 있었다. 그가 눈을 들어 왼쪽을 보더니 양손 검지를 서로 톡톡 부딪쳤다.

"두기, 이쪽은…. 죄송합니다. 성함이…."

"스톤 경위입니다."

"두기, 이분은 경찰이셔. 여기에 오신 이유는⋯. 사실, 왜 오셨는지는 잘 모르겠어. 하지만 잘못된 건 아무것도 없어. 알겠지?"

두기는 고개를 끄덕이고 떠났다.

"두기는 새로운 사람이 오면 불편해하거든요."

킴은 혼란스러워졌다. "이곳은 전과자들이 일시적으로 머무는 집 아닌가요?"

"조사를 잘 해오셨네요, 경위님."

"두기는 무슨 짓을 했습니까?"

"흠⋯. 두기는 공식 입소자가 아니에요. 여기 아니면 어디서 받아주지도 않을걸요."

킴은 인상을 썼다. 말을 못되게 하는 것 같은데.

"죄송합니다. 제가 전하려 했던 뜻보다 나쁘게 들렸네요. 제 말은, 두기가 원한다면 우리와 함께 오랫동안 지낼 수 있다는 뜻이었어요. 두기는 하드윅 하우스에 배치될 만한 기준에는 맞지 않아서 명부에는 등록돼 있지 않아요. 하지만 형사님도 보셨다시피 두기는 심각한 자폐증을 앓고 있습니다. 두기의 생활비는 계좌에 기타 항목으로 넣어두고 있어요."

"이곳으로 배치되는 기준이 뭡니까?" 킴이 물었다. 게시글 얘기는 잠시 후에 할 생각이었다. 일단은 알렉스가 하필 이 시설에 끌린 이유를 알고 싶었다.

"초범에, 죄를 저지른 걸 진짜로 후회하고 있어야 합니다. 근데 밖에서 얘기해도 될까요? 제가 뭘 좀 하고 있어서요."

킴은 그를 따라 뒷문으로 나갔다. 자와 500 경주용 오토바이가 고장 난 채 땅에 누워 있었다.

"경주용 오토바이를 타십니까?"

데이비드의 얼굴이 굳어졌다. "전에는 탔었죠. 하지만 커브에서 차체를 너무 눕혔다가 무릎이 박살 났습니다."

데이비드에게서는 여러 감정이 섞여 나왔다. 슬픔, 후회, 갈망. 데이비드에게는 그 스포츠가 중요했던 게 틀림없었다.

그는 오토바이를 젖은 풀로부터 보호하려고 바닥에 깔아놓은 방수포에 앉았다. 킴은 흰색 플라스틱 간이 의자에 앉았다.

"오토바이가 멋지네요." 그녀가 말했다.

데이비드는 '당신이 뭘 알겠습니까' 하는 식의 미소를 지었다.

"그래서, 이곳에서 제공하는 게 정확히 뭡니까?" 킴이 물었다.

"가장 중요한 건 입소자들을 현대사회에 재편입시키는 겁니다. 지난 10년 동안 바뀌지 않은 걸 하나라도 말해보세요."

킴은 잠시 생각했다. "콘비프요."

데이비드는 당황한 표정을 지으며 그녀를 돌아보았다. "네?"

"뭐, 기술이 이렇게 발전했는데도 돌릴 때마다 어쩔 수 없다는 듯이 부러지는, 깡통 밑에 달린 그 빌어먹을 열쇠 말입니다. 그딴 게 왜 아직도 존재하는 걸까요?"

데이비드가 큰 소리로 웃었다.

"진심입니다. 왜 아무도 그 문제를 처리하지 않는 거죠?"

데이비드가 긴장이 풀린 표정으로 다시 앉았다. "뭐, 무슨 말씀이신지 알겠습니다." 그는 잠시 말을 멈추고 그녀와 눈을 마주쳤다. 킴은 그가 매력을 느끼고 눈을 빛내는 것을 보았기에 시선을 돌리고 싶었지만 물러서지 않았다.

"경위님은 무슨 사연이 있으신가요? 어쩌다 경찰이 되셨어요?"

아무리 편안한 감정이 든다고 해도 킴이 그 질문에 답한다는 건 어림 없는 일이었다. "나쁜 놈들 잡아넣는 게 좋아서요."

"네, 이 대화는 여기서 끝이군요. 그럼 여기에 오신 이유는 말해주시 겠습니까?"

킴은 주위를 둘러보았다. 두기가 뒷문으로 나왔다가 다시 들어가는 모습이 보였다. 데이비드는 못 본 척했다.

"배리를 만나러 가보셨습니까?"

데이비드는 고통스러워하는 표정이었다. "네. 아직도 생명유지장치 를 끼고 있더군요."

"배리가 전처를 만나러 갈 거라는 생각을 조금이라도 해보셨나요?"

데이비드는 고개를 저었다. "아뇨. 그렇게 생각했다면 즉시 배리를 말 렸을 겁니다. 배리가 왜 갑자기 변했는지 도저히 이해가 안 돼요. 배리는 진지하게 미련을 버리고 새로운 삶을 일구고 싶어 하는 것 같았거든요."

듣자 하니 가족을 죽일 준비가 된 사람 같지는 않았다.

"한 가지 분명한 건 손 박사가 그렇게 오랫동안 배리를 잡아두고 이야 기 한 게 무척 대단한 일이었다는 겁니다. 그렇죠?"

데이비드는 고개를 끄덕이며 시선을 내렸다. 그는 하염없이 바라볼 뿐 여전히 오토바이를 건드리지 않고 있었다.

"그렇게 존경받는 정신과 의사를 여기 직원으로 두고 있으니 참 든든 하시겠습니다."

"손 박사님은 공식 자격으로 이곳에 오신 게 아닙니다." 데이비드가 분명히 밝혔다.

"아, 몰랐네요." 킴도 그럴 거라고 생각하기는 했지만 이야기를 듣고 싶었다.

"알렉스는 약 18개월 전에 남편과 두 아들을 잃고 나서 우리한테 왔어요. 음주 운전 사고로 가족을 잃었다더군요. 가해자는 초범으로 세 사람을 죽인 데 대해 5년 형을 받았고요. 알렉스는 초범자들을 도와준다는 우리 철학에 대해 모든 걸 알고 있었고 자기 가족을 죽인 그 남자와 비슷한 사람들을 실제로 도와줄 수 있다면 카타르시스를 느낄 수 있을 거라고 했습니다."

확실히 그 거짓말은 알렉스가 가장 좋아하는 것 중 하나인 듯했다. "어쨌든 괜찮은 사람이었습니까?"

"선물로 받은 물건을 너무 꼼꼼하게 들여다보면 안 되죠."

직접적인 대답 같지는 않았다.

두기가 두 차례 주방에서 나왔다가 돌아갔다.

"알렉스의 이름을 듣고 나온 거예요. 귀가 놀랄 만큼 좋거든요. 두기는 알렉스를 숭배합니다. 알렉스가 여기 오면 계속 따라다녀요."

알렉스가 그 사실을 이용할 방법을 아직 찾지 못했다는 것도 킴에게는 수수께끼였다.

"당연히 손 박사를 무척 존경하시겠네요."

"손 박사님이야 아주 높은 성취를 이룬, 유명한 정신과 의사죠."

이번에도 데이비드는 킴의 말에 동의했다고 할 수 없었다. 그의 말은 그냥 사실에 대한 진술이었다. 이 대화는 일종의 춤으로 변해가고 있었고 킴은 누가 누구를 리드하는 건지 알 수 없었다.

"흠…. 아무 대가도 받지 않고 어떤 대의를 위해서 기꺼이 자기 시간을 쏟다니. 제 생각에는 손 박사가 특별한 사람이라는 걸 알 수 있는 대목인 것 같은데요. 아닌가요?"

"저야, 자기 시간을 바칠 수 있는 사람이라면 누구나….".

"제기랄, 그냥 직설적으로 대답할 수 없습니까?"

킴은 자기가 리드해야겠다고 생각했다.

"당신이 내 질문에 대해 하는 답은 어떤 의견을 표현하지 않도록 고르고 고른 말입니다. 궁둥이에 무슨 가시가 박힌 건지는 몰라도 그걸 빼려면 의사를 불러와야 할 정도예요."

"이렇게 취조당할 줄은 몰랐네요."

"취조가 아니라 대화입니다, 데이비드."

"변호사라도 불러야 할까요?"

데이비드의 두 눈이 밝은 녹색으로 강렬하게 빛났다.

"솔직하지 못한 게 죄라면야."

데이비드가 미소 지었다. "정확히 뭘 알고 싶으십니까?"

"데이비드 씨가 알렉산드라 손 박사의 능력이나 치료 방법을 의심하게 된 이유요."

"누가 그래요?"

"눈에 띄지 않는 채팅방에 남긴 게시글이 그러던데요, DaiHard137 씨."

데이비드는 의자에 기대앉았다. "그 글은 올린 지 꽤 됐는데요."

"기대하던 답변이 올라오지 않았죠?"

"딱히 어떤 답변을 기대했던 건 아닙니다. 단순한 질문이었어요."

"왜 그런 질문을 한 겁니까?"

"그게 형사님한테 왜 중요하죠?"

이 남자는 킴의 성질을 돋우었다. 이곳에는 뭔가가 있었고 킴은 그게 뭔지 알아내야만 했다.

"손 박사는 자동차 사고로 가족을 잃은 적이 없고 그 이유는 애초에 가족이 없었기 때문이라는 사실을 알면 놀라시겠습니까?"

데이비드가 인상을 썼다. "그걸 어떻게 아세요? 손 박사님이 왜 그런 얘기를 지어내겠습니까?"

"제가 그 사실을 아는 이유는 직접 손 박사에게 물어봤더니 손 박사가 한 번도 결혼한 적이 없다고 인정했기 때문입니다. 손 박사가 왜 그런 짓을 했느냐는 건 완전히 다른 문제지만 그 사람이 환자들을 조종해 보통이라면 하지 않을 법한 행동을 하도록 만들었다는 심증은 있습니다."

두기가 정원으로 들어와 몇 초 동안 그녀를 빤히 바라보더니 다시 나갔다.

"목소리 낮추셔야 해요. 두기가 불안해합니다."

킴은 알겠다는 뜻으로 고개를 끄덕이고 목소리를 낮추었다. "지금 드리는 말씀에 직접적인 증거는 없습니다. 하지만 저는 당신도 뭔가 잘못됐다고 느꼈을 거라 생각합니다. 제 말이 맞나요?"

데이비드는 생각에 잠겼다. "쓸 만한 얘기는 해드릴 수 없을 것 같은데요. 경위님이 하신 얘기를 믿기조차 힘들어요. 하지만 알렉스가 곁에 있을 때 완전히 편안한 감정이 들었던 적은 한 번도 없습니다. 알렉스한테는 뭔가 동떨어진 면이 있습니다. 감정을 다루면서도 감정을 온전히 이해하지는 못하는 것처럼 보여요. 하지만 채팅방에 남긴 제 질문을 보셨다면 알렉스에게 치료받은 사람들이 남긴 답변도 보셨을 겁니다."

킴은 기운이 빠지는 느낌에 고개를 끄덕였다. 결국 이곳에는 아무것도 없었다. 데이비드는 그저 손 박사가 뭔가 잘못됐다는 본능적인 느낌을 받았을 뿐 취약한 사람들을 조종하려는 그녀의 시도에 대한 진짜 증거는 갖고 있지 않았다.

"경위님 말씀이 맞는다면 손 박사가 뭘 할 수 있다고 생각하세요?"

"제가 알아낸 바로 손 박사는 뭐든 마음먹은 대로 할 수 있습니다. 제 유일한 문제는 그 여자를 막을 방법을 모른다는 것뿐입니다."

실망감이 밀려왔다. 킴은 알렉스가 앨런 해리스의 죽음에 관여했다는 것을 증명할 수 없었다. 알렉스가 발을 담갔을지 모르는 다른 범죄를 밝힐 수 없는 건 물론이고.

이제는 떠날 시간이었다. 하지만 킴에게는 아직 질문이 하나 남아 있었다. "데이비드 씨, 지금까지 15분 동안 그 오토바이에 옆에 앉아있으면서 아무것도 건드리지 않는 이유가 어쩔 수 없이 궁금해지는데요. 제가 좀 도와드려요?"

데이비드는 무시하듯 고개를 저었다. "음…. 무례하게 굴려는 건 아니지만, 경주용 오토바이의 기계적 특성은 조금 까다로워서….."

"아, 기어가 하나밖에 없고 브레이크가 없기 때문인가요?"

데이비드의 말투가 킴의 신경을 긁었다. 킴은 그녀답지 않게 도움을 주려 하고 있었다. 이제는 데이비드가 그녀에게 관심을 보였다.

"아니면 연료로 메탄올을 사용하는 만큼 엔진 압축비를 높이고 다른 연료에 비해 강한 동력을 내서 코너를 돌 때 속도를 높일 수 있기 때문인가요? 그게 아니면…."

"저랑 결혼해주실래요?" 데이비드가 물었다.

"이제 대체 뭐가 문젠지 말해주시겠습니까?"

"그냥 시동이 안 걸려요. 보통은 두 달에 한 번씩 점검하는데 이번에는 아무 방법도 안 통하네요."

킴은 잠시 생각했다. "시동 모터가 나간 걸 수도 있습니다. 새로운 부품에 돈을 쓰기 전에 본체에 달린 시동 모터 케이스 접지편을 돌려보세요."

"지금 제 가슴이 얼마나 두근거리는지 모르실 겁니다."

킴은 크게 웃었지만 두기가 옆에 서 있었기에 대답은 하지 못했다. 두기는 아주 가만히 손을 내려 킴의 왼손을 건드렸다.

"두기…." 데이비드는 의문에 찬 킴과 눈을 마주치며 경고했다. "이 친구가 사람을 건드리는 경우는 없어요."

킴은 그건 이쪽도 마찬가지라고 생각했다.

"괜찮습니다." 킴이 말했다. 두기의 피부는 차갑고 부드러웠다. 그는 커다란 손을 훨씬 작은 킴의 손에 쥐어 주면서도 그녀를 보지 않았다.

눈물 한 방울이 그의 뺨에 흘러내렸다. 킴은 어떻게 해야 할지 몰라 데이비드를 보았다. 데이비드는 어깨를 으쓱했다. 이런 식의 행동 변화에 대해서는 잘 모르는 게 분명했다.

킴의 손을 당기는 두기의 손아귀는 힘이 셌다. 킴은 아무런 악의나 위험도 느끼지 못했다. 그저 가벼운 슬픔이 느껴질 뿐이었다.

킴이 조용히 물었다. "나랑 같이 가고 싶어요, 두기?"

두기는 반복적으로 눈을 들어 왼쪽을 보며 고개를 끄덕였다.

킴은 일어나서 두기가 그녀를 데리고 주방과 복도를 지나게 놔두었다. 킴의 손을 쥔 그의 손은 힘이 셌지만 위협적이지는 않았다. 데이비드는 인상을 쓰면서도 따라왔다.

"두기, 뭐 하는 거야?" 세 사람이 2층으로 이어지는 계단에 올라서자 데이비드가 물었다.

두기는 대답하지 않고 계속 앞으로 단호하게 걸어갔다. 그는 자기 방 문고리를 돌리더니 문을 밀어 열었다.

"두기, 여자들은 이쪽 방에 들어올 수 없다는 거 알잖아."

킴이 안으로 들어가자 두기가 그녀의 손을 놓았다. 두기의 방은 열두 살짜리 아이의 방과 비슷했다. 빠른 자동차가 그려진 포스터들이 방 둘레의 벽에 정확히 같은 높이로 꽂혀 있었다. 두기의 침대는 경주용 자동차 조각보로 덮인 길이가 짧은 침대였다. 한 선반은 〈탑기어〉 DVD로 가득했다. 프로그램 진행자 중 한 명의 액자 사진이 침대 옆 서랍장 위에 놓여 있었다. 킴이 데이비드를 돌아보자 데이비드가 어깨를 으쓱했다.

"두기가 제러미 클라크슨•을 좋아한다는데 제가 어쩌겠어요?"

DVD 아래쪽 선반에는 연습장들이 꽂혀 있었다. 몇 권은 문구점에서 파는 저렴하고 조잡한 공책이었고 다른 것들은 표지에 알록달록한 무늬가 들어간 스프링 노트였다.

"글씨 연습 책을 좋아하거든요. 싼 건 제가 준 거고 다른 것들은 선물로 받은 거예요. 두기가 이런 공책을 쓰는 건 아니지만요. 그냥 이런 공책들을 가지고 있는 걸 좋아해요."

두기가 데이비드의 말에 발을 두 번 굴렀다. 기분이 나쁜 듯했다. 킴은 사진 액자 뒤에 꽂혀 있는 연필을 보았다.

"안 쓰는 거 확실합니까?"

데이비드는 킴의 예상대로 어리둥절한 표정이었다. 그녀는 옆에 서

• BBC 자동차 프로그램 〈탑 기어〉의 진행자.

있는 키가 크고 호리호리한 남자를 돌아보았다. "두기, 나한테 보여주고 싶은 게 있어요?"

두기는 글쓰기 연습장들을 헤아려 왼쪽에서 세 번째 책을 꺼내더니 보지도 않고 일곱 번째 페이지를 펼쳐서 킴에게 건넸다.

안의 글씨는 보기 괴로울 정도로 작았다. 킴은 두 눈 시력이 모두 2.0이었지만 몇몇 단어를 알아보기 위해서는 눈을 가늘게 떠야 했다. 이름과 따옴표가 갖춰진 대본 형태의 글이었다.

킴은 연습장을 보고 다시 두기를 올려다보았다. 소름이 돋았다. "두기, 사진 기억을 할 수 있는 건가요?"

두기는 아무 대답도 하지 않았다.

데이비드도 킴만큼 혼란스러워했다. "그게 무슨…."

킴은 다시 한번 연습장을 들여다보았다.

"데이비드, 두기가 상사병에 걸렸다고 생각했죠? 두기가 좋아서 알렉스를 따라다닌다고요. 하지만 두기는 알렉스가 한 말을 전부 기록하고 있었던 겁니다." 킴이 자기 머리를 톡톡 두드렸다. "여기예요."

킴은 책을 넘겨 보았다. 페이지마다 글자가 가득했다.

그녀는 입을 쩍 벌린 채 두기를 돌아보았다. "여기 이 놀랍고 재능 있는 청년이 다른 누구보다도 먼저 알렉스의 정체를 알아냈어요."

킴은 앞으로 나서 부드럽게 두기의 뺨을 어루만졌다. 두기는 물러나지 않았다.

킴의 온몸에 안도감과 다행스럽다는 느낌이 흘러넘쳤다. "작품을 보여줘서 고마워요."

킴은 연습장의 한 문단을 읽으면서 분노가 치솟는 것을 느꼈다.

그건 당신이 시간 낭비이기 때문이에요. 당신은 너무 망가져서 정상인과 비슷한 삶조차 살 수 없답니다. 당신한테는 아무 희망이 없어요. 악몽은 멈추지 않을 거고 머리가 벗겨진 중년 남자는 모두 당신 삼촌처럼 느껴질 거예요. 당신은 삼촌에게서든, 삼촌이 저지른 일로부터든 결코 자유로워질 수 없어요. 아무도 당신을 사랑하지 않을 거예요. 당신은 더럽혀졌으니까. 그리고 당신이 겪는 고통은 영원히 당신과 함께할 거예요.

킴은 그 페이지에서 눈을 떼며 물었다. "데이비드, 대체 셰인이 누굽니까?"

59

그곳은 방 한 개짜리 아파트 네 채로 개조한 커다란 주택 두 채로 이루어져 있었다. 문에 명패와 초인종들이 달려 있었다.

"빨리 좀 열어라, 찰스." 케빈이 신음했다. "얼어죽겠어."

"내복 좀 챙겨 입고 다니지그래, 케빈." 스테이시가 말했다.

그녀는 다른 버튼을 하나 눌렀다. "안녕하세요. 프리스 씨죠? 문 좀 열어주시겠어요? 경찰입니다. 여기에 온 건…."

스테이시는 연결이 끊기자 말을 멈추었다. 그녀는 버저 소리가 들리며 자물쇠가 풀리기를 기다렸지만 그런 일은 일어나지 않았다.

케빈이 그녀의 옆구리를 쿡 찔러 비키게 했다.

그가 다른 버튼을 누르며 말했다. "호킨스 씨, 아마존에서 배달이 왔습니다."

버저가 울리며 대문이 열렸다.

스테이시가 그를 따라 들어갔다. "도대체 어떻게….“

"다들 아마존에서 뭔가 사니까.”

케빈은 왼쪽으로 방향을 틀어 문을 두드렸다. 답이 없었다. 케빈이 다시 노크했다.

"이제 진짜 열받는다. 날 화나게 만들면 면담이 즐겁지 않을 텐데.”

"어쩌려고? 물고문이라도 하게?”

케빈이 킥킥댔다. "방금 건 웃길 뻔했어.”

"난 이 상황이 마음에 안 들어, 케빈.” 스테이시가 허리를 숙이며 말했다. 그녀는 우편 투입구를 들여다보았다. 며칠 전 밤, 찰스가 입었던 재킷과 신발이 복도에 놓여 있는 것이 보였다.

"저 안에 있는데도 너무 조용해. 뭔가 잘못된 것 같아.”

그들은 함께 문을 두드리며 소리쳤다.

"스테이시, 이번만큼은 나도 같은 생각이야. 들어가야 할 것 같은데.”

"소방서를 부를까?" 스테이시가 물었다.

"아니, 대신 소방 장비를 쓰자.”

케빈이 소화기를 들어 자물쇠 쪽으로 겨눴다.

"택배는 가져왔수?" 계단에서 노인의 목소리가 들렸다.

"기사님이 주소가 잘못됐다는데요." 케빈이 마주 소리쳤다.

케빈은 소화기로 문을 세게 내리쳤다. 그 충격으로 문이 벌컥 열렸다. 스테이시는 어쩔 수 없이 감명받았다.

"이봐들, 거기서 뭘 하는 거야?"

"경찰입니다." 케빈이 찰스를 소리쳐 부르는 동안 스테이시가 노인에게 외쳤다.

"내 택배는 가져왔냐니까?"

"아니, 경찰이라고요." 스테이시는 더 크게 다시 말하고 케빈을 따라 안으로 들어갔다.

"이런 젠장." 케빈이 문 앞에 서서 말했다.

스테이시가 그의 곁에 섰다. 스테이시의 머릿속에서 케빈이 내뱉은 말이 그대로 메아리쳤다.

역겨울 정도로 뚱뚱한 그 남자는 얼굴을 아래로 한 채 사지를 뻗고 침대에 엎드려 있었다. 그는 밝은 파란색 트렁크 팬티를 입고 있었으며 몸에 털이 잔뜩 나 있었다. 오른쪽 다리는 침대 옆에서 달랑거렸다. 아스피린 상자 여러 개가 물잔 옆에 놓여 있었다.

스테이시는 즉시 행동을 개시했다. 그녀는 남자의 목 옆을 짚어보고 상태를 확인한 다음 손가락을 뗐다.

"구급차 불러, 케빈. 아직 살아 있어. 의식은 없지만 호흡은 한다고 말해."

케빈이 핸드폰을 꺼내 전화를 걸었다. 스테이시는 상자들을 집어 들고 세기 시작했다. 케빈이 주소와 환자 상태를 불러주고 있었다.

"대충 25알을 먹은 것 같아." 스테이시가 말했다.

케빈은 신고 접수 담당관에게 복용량을 알려준 다음 전화를 끊었다. 그들은 선 채로 서로를 바라보았다.

"뭔가 해야 하는 거 아냐?" 스테이시가 물었다.

케빈이 주위를 둘러보았다. "차 한 잔 타줄 수는 있겠지만 안 마실 것 같은데."

스테이시는 고약한 눈초리로 케빈을 째려보았다.

케빈이 두 팔을 벌렸다. "그럼 뭐라고 할까? 젠장, 인공호흡을 할 수는 없잖아. 아직 숨을 쉬고 있으니까."

"으이구, 케빈. 집어치워. 으…. 둔감한 놈."

스테이시는 침대로 가 찰스의 귀 쪽으로 몸을 숙였다. "찰스, 저는 스테이시 우드 순경입니…."

"젠장, 스테이시. 다 죽어가는 사람한테 그렇게 말하면 듣냐?"

스테이시가 돌아서서 케빈을 노려보았다. 케빈은 그녀를 지나쳐 가더니 남자의 맨 어깨를 꽉 잡았다. "이봐, 찰스. 난 케빈이야. 다 괜찮을 거야. 도와줄 사람들이 오고 있어. 금방 도착할 거야. 그 사람들이 오기 전까진 우리가 떠나지 않을 테고."

뭐, 저편이 낫긴 했다. 스테이시도 인정할 수밖에 없었다. 속으로 인정했을 뿐이지만.

"도와달라는 뜻으로 자살을 시도한 걸까?" 스테이시가 케빈에게 물었다. 케빈은 고개를 젓고 물러났다. 그는 목소리를 낮추었다.

"아니, 진지했을 거야. 죽을 작정이었다고. 저런 식으로 발견됐다가 살아서 그 이야기를 전해주고 싶어 할 남자는 없어."

그 순간, 둘은 찰스 쿡이 정말로 살아남을지 알 수 없었다. 대체 찰스 쿡은 무엇을 피해 도망치려던 걸까?

60

알렉스는 향이 좋은 콜럼비아 골드를 따르는 것으로 자신이 이번 상담을 아주 신중하게 계획해 왔다는 사실을 인정했다. 이상적인 상황에서라면 제시카에게 더 오랜 노력을 들이고 싶었지만 결과를 얻고 싶은 마음에 조바심이 났다. 그녀는 제시카가 다른 사람들과는 달리 실망을 주지 않기를 간절히 바랐다.

이번이 가장 큰 판이었다. 이번 판을 성공시킬 수 있다면 다른 실험 대상들의 실패는 지워버릴 수 있을 것이다. 킴은 여전히 진행 중인 프로젝트였지만 제시카는 완전히 다른 얘기였다.

이 여자를 제대로 도와주는 것에 관심을 두었다면 알렉스는 제시카의 과거를 탐구하려는 노력을 했을 것이다. 하지만 알렉스에게 중요한 건 그게 아니었다. 알렉스에게는 시간이 제한돼 있었다. 산후정신병을 겪는 대부분의 여성은 이미 심각한 정신병 에피소드를 겪은 상태였다.

아무리 여성 500명 중 한 명에게만 발생한다지만 사회복지사들이 이 증상을 정신병이 아닌 산후우울증으로 일축해버렸다니 여전히 놀라웠다. 그들은 제시카에게서 정상적인 우울증 증상을 발견했지만 그 우울증을 정신병 수준으로 끌어올리는 추가적인 지표들은 보지 못했다.

제시카는 더욱 심각한 기분 장애와 조증, 산만함, 인지 왜곡과 환청에도 취약했다. 아이가 태어난 이후로 증상은 빠르게 진행됐다. 그 모든 게 유능한 성인이 24시간 내내 감시해야 하는 질환인 산후정신병을 암시했다.

이런 정신병은 보통 어머니에 의한 아동의 살해로 이어졌다. 알렉스는 제시카가 아이를 해치고 싶어 하는 주된 동기가 무엇인지 확인해야 했다. 그녀는 각각의 가능성에 해당하는 유명한 사건들을 조사했다. 그 모든 사건의 동기가 알렉스의 머릿속에 단단히 준비돼 있었다.

알렉스는 커피를 탁자에 올려놓았다. 이젠 정말 시작해야 했다.

"당국에 낮잠을 자다가 구르는 바람에 제이미를 짓눌렀다고 하셨죠? 하지만 우린 둘 다 그게 사실이 아니라는 걸 알고 있어요. 이젠 제시카 씨와 터놓고 얘기하고 싶네요."

제시카는 의심스러워하는 표정이었다.

"여기서 하는 얘기는 전부 비밀이에요. 저는 당신을 도우려는 거고, 제시카 씨가 완전히 솔직하게 얘기하셔야 도와드릴 수 있어요. 모든 걸 빨리 말해 주실수록 필요한 도움을 빠르게 드릴 수 있고요."

제시카는 고개를 저으며 자기 무릎을 내려다보았다.

알렉스는 가장 깊은 비밀을 털어놓으라고 여자를 설득하는 일이 어려우리라고 생각했다. 세상 어떤 엄마도 제시카가 하는 생각을 하고 싶지는 않을 테니 그런 생각을 입 밖으로 꺼내는 부담이 얼마나 클지는 말할 것도 없었다. 하지만 알렉스에게는 제시카의 솔직함이 필요했다. 그 말들이 필요했다.

"남편과 관계된 일이었나요? 남편한테 화가 났어요?"

알렉스는 부드럽고 단조롭게 말했다. "배우자에 대한 복수는 사람들이 생각하는 것보다 훨씬 흔하게 나타나요." 그녀는 머릿속 가장 앞쪽에 저장된 기억을 찾느라 잠시 말을 멈추었다.

"몇 년 전에는 아서 필립 프리먼이라는 남자가 격렬한 양육권 싸움을 벌이다가 멜번의 웨스트 게이트 대교에서 네 살 난 자기 딸 다시를 던져 버렸어요. 순전히 배우자를 고통스럽게 할 생각으로 그랬다죠."

알렉스는 제시카의 동기가 이런 것일 가능성은 낮다고 생각했다. 제시카는 자신과 남편 사이에 있는 적대감을 드러낼 만한 말을 전혀 하지 않았으니까 말이다. 하지만 제시카의 광중에 접근하는 방법에는 체계가 있어야 했다.

"남편한테 너무 화가 나서, 제이미를 해치는 방법으로 남편에게 상처를 주고 싶었나요?"

제시카는 천천히 고개를 저었다. 됐다. 그 사건이 사고였다는 식의 변명은 나오지 않았다. 제시카는 여전히 고개를 숙이고 있었지만 그녀의 눈은 더 이상 무릎 너머가 아니라 무릎 자체를 보고 있었다.

제시카는 귀를 기울이고 있었다. 바로 그게 알렉스가 원하는 일이었다. 제시카는 아직 자신이 잘못됐다는 사실을 인정할 준비가 되어 있지 않았다. 그녀의 굴종적인 태도는 사회와 가족의 손가락질 때문에 나타난 것이었다. 제시카는 이해와 수용을 원하고 있었다. 그녀는 허락을 원했다. 자기가 혼자가 아니라는 사실을 알고 싶어 했다.

"제이미를 낳으려고 계획했던 건지 물어봐도 될까요?"

"당연하죠." 제시카는 즉시 대답했다. 됐다. 제시카는 집중하고 있고 알렉스와 연결돼 있었다. 마침내 입까지 열었다.

알렉스도 이번 사건이 원치 않았던 아이를 살해하려던 사건일 거라고는 생각하지 않았다. 하지만 그렇다고 다음에 할 행동이 달라지지는 않았다.

그녀는 의자에 기대앉아 그냥 말을 이었다.

"기억 못 하실지도 모르지만 1990년대 중반에 온통 신문에 나왔던 사건이 있어요. 사우스캐롤라이나에 사는 어떤 여자가 있었어요. 이름이 수전 스미스였던 것 같은데. 수전은 어떤 흑인 남자가 자기 자동차를 강탈했다고 경찰에 신고했죠. 아직 어린 아들 둘이 자동차에 타고 있었는데 그 남자가 그냥 차를 몰고 가버렸다고요.

수전의 아이들이 안전하게 돌아오기를 기원하는 눈물겨운 애원이 9일 동안 텔레비전에 방영됐어요. 하지만 그 쇼는 수전이 자기 자동차를 근처 호수로 굴러떨어지게 놔두고 안에 타고 있던 아이들을 익사시켰다고 자백하면서 끝났죠. 그 모든 건 수전이 부유한 애인과의 관계를 유지하려고 벌인 것이었어요."

환자에게서는 겁에 질려 몸을 떠는 기색이 전혀 보이지 않았다. 그저 고개를 약간 기울이며 그녀가 관심을 보이고 있다는 사실이 드러났을 뿐이었다.

됐다. 알렉스는 세 단계 중 첫 번째 단계인 이해를 달성했다. 제시카는 자신이 혼자가 아니라고 느껴야 했다.

"제시카, 솔직히 이런 문제는 사람들이 생각하는 것보다 훨씬 넓게 퍼져 있어요. 이 질환으로 내가 치료한 사람이 당신이 처음도 아니고요. 물론 마지막도 아니겠죠. 당신 감정은 부끄러워할 만한 게 아니에요. 그 감정도 당신의 일부랍니다. 이 방에서 내게 손가락질받을 일은 없어요. 약속할게요."

마침내 제시카가 고개를 들었다. 둘은 눈을 마주쳤다. 알렉스는 공감하듯 미소를 지으며 말을 이었다.

"약속해요. 내가 도와줄 수 있어요. 하지만 당신도 내게 진실을 말해야 해요."

고개가 살짝 움직였다. 훌륭했다. 그들은 수용 단계로 나아가고 있었고 알렉스에게는 가능한 동기 두 가지가 남아 있었다. 이타주의와 망상. 둘 다 그럴싸한 동기였다. 알렉스는 앞선 대화를 통해 제시카가 망상을 겪는다고 의심할 이유가 없다는 걸 알고 있었다.

그러니 남은 동기는 이타주의였다. 그리고 알렉스는 그 결론에 이르기까지 어머니에 의한 살인의 성공 사례들을 제시카에게 일러줄 생각이었다. 이제 여자는 귀를 기울이고 있었다.

알렉스는 앞으로 나와 앉아 무릎에 팔꿈치를 괴었다.

"난 당신이 아이를 보호하려 했다고 생각해요, 제시카."

눈물 한 방울이 솟아 제시카의 뺨을 따라 흘러내렸다.

아, 이 멍청이들. 알렉스는 사회복지사들을 떠올렸다. 그들이 제시카가 앓는 병의 진짜 수준을 알았다면 아이는 그녀에게서 격리됐을 가능성이 컸다. 하지만 그랬다면 알렉스에게는 조금도 도움이 되지 않았을 것이다. 사회복지국은 알렉스에게 최고의 선물을 보내주었다. 이 여자는 꼭 커다란 빨간색 리본을 두르고 나타난 것만 같았다.

"제시카는 제이미를 너무 사랑해서 그 애가 다칠지도 모른다는 생각을 참을 수 없었던 거예요. 이 세상의 모든 나쁜 것으로부터 제이미를 지켜주고 싶었던 거죠. 내 생각이 맞아요?" 알렉스가 조용히 물었다.

제시카는 천천히 고개를 끄덕이기 시작했다.

"제이미는 너무 아름답고 완벽하고 순결했어요. 당신은 그 애가 조금이라도 고통을 겪는다고 생각하니 참을 수가 없었죠."

제시카는 더욱 확신에 차서 고개를 끄덕였다.

이제 알렉스는 마지막 필수적인 정보만 얻으면 이 과정의 세 번째 단계인 허락으로 나아갈 수 있었다.

"그 생각이 언제 시작됐는지 기억나나요?"

그 질문에 대한 답을 생각하느라 제시카의 눈물이 말랐다.

"뉴스 때문이었어요." 제시카가 기계적으로 말했다. 그녀는 정신을 무디게 하는 효과가 있는 약물을 처방받았지만, 당연하게도 그건 제시카의 상황에 맞는 약물이 아니었다. 가장 효과가 좋은 건 리튬이나 전기충격 치료였다. 하지만 알렉스는 이 정보도 당국과 나누고 싶지 않았다.

"계속하세요."

"병원에서 돌아온 지 얼마 안 됐을 때 파키스탄에서 폭탄 테러가 일어났다는 뉴스 보도가 나왔어요. 저는 그 사진들을 보자 제가 제이미를 끌어들인 이 세상에 대해 두려움을 느꼈어요. 처음에는 가끔 뉴스 프로그램을 열심히 들었을 뿐이에요. 하지만 그다음에는 매일, 하루 종일 24시간 뉴스 채널을 틀어놨어요. 결국은 한 손으로 제이미를 끌어안은 채 다른 손으로는 핸드폰으로 뉴스를 확인했고요. 꼭 중독된 것 같았어요."

"뭘 찾고 있었나요?"

"희망이요. 하지만 온 세상은 죽음과 파괴와 증오로 가득 차 있었어요. 임신하기 전에 왜 이 모든 걸 보지 못했는지 이해가 안 되더라고요. 어떻게 이렇게 끔찍한 세상에 제이미를 끌어들일 수 있었을까요?"

알렉스는 이해한다는 듯 고개를 끄덕였다. 제시카의 동기는 가장 흔한 동기인 이타주의였다. 그녀는 온갖 이유로 아이가 죽는 편이 더 낫다고 진심으로 믿었다. 이 질환은 실제적인 것이든, 상상한 것이든 간에 엄마가 자기 아이를 위협으로부터 충분히 보호할 수 없다고 느낄 때 발

현되곤 했다.

"어떤 게 두려웠는지 말해줄 수 있나요?"

"하루는 폭탄이 터졌다는 얘기, 제3세계 국가에서 가족 전체가 고문을 당하고 죽었다는 얘기를 읽고 있었어요. 기아와 굶주림, 가뭄, 내전이 일어나고 있었죠. 저는 이 모든 일이 다른 나라에서 일어난 거라고 저 자신을 타이르려 했지만 그때 자동차 사고들에 관한 이야기와 어린이들이 다른 어린이의 칼에 찔렸다는 소식, 어떤 남자가 와인 한 병 때문에 맞아 죽었다는 얘기를 봤어요. 그리고 이 모든 게 점점 가까워진다는 걸 깨달았어요. 너무 가까워지고 있었죠."

제시카는 모든 두려움을 열거하면서 눈 한 번 깜빡이지 않고 먼 곳을 보았다. 쓸 만한 공포가 꽤 많이 있었다. 알렉스는 굳이 공 들일 필요도 없다는 게 즐거웠다.

"그래서 어떻게 했어요?"

"제이미는 제 옆 소파에 있었어요. 갑자기 그 애를 구해야겠다는 참을 수 없는 충동이 느껴졌어요. 제이미를 주변의 나쁜 것들로부터 구해야겠다는 충동이요. 저는 제이미가 그냥 잠들어서 안전해지는 모습을 상상했어요. 그냥 제이미를 깔고 누워서 눈을 감았죠. 잠깐은 침착한 기분이 들었어요. 마침내 내 아기를 제대로 돌본다는 기분이요."

"그 다음에는요?"

"미치가 제 상태를 확인하려고 일찍 퇴근했어요. 전 미치가 들어오는 소리를 못 들었고요. 미치는 저를 밀치고 제이미를 안아 들더니 서둘러 병원으로 데려갔어요."

"기분이 어땠어요? 당신의 회복을 위해서라도 솔직하게 말해주세요."

제시카는 눈을 감고 아주 오랫동안 망설였다. 알렉스는 그녀가 잠든 게 아닌지 궁금해졌다.

알렉스가 재촉했다. "제시카, 부탁이에요. 난 정말로 당신을 돕고 싶은데, 당신이 진실을 다 털어놓지 않는 한은 도와줄 수가 없어요."

제시카는 깊이 한숨을 쉬었지만 눈을 뜨지는 않았다. "실망스러웠어요. 제이미는 힘들어하지도 않았는걸요. 꼭 제가 무슨 일을 하려는지 알고 이해하는 것 같았어요. 제이미는 그냥 잠들려던 것뿐이에요. 그건 너무 올바른 일로 느껴졌어요."

알렉스는 일이 이렇게까지 간단하게 진행된다는 사실에 경이로움을 느꼈다.

"당신이 설명하니 미치는 이해하던가요?"

제시카는 고개를 저었다. "미치한테는 얘기 안 했어요. 미치는 제가 잠들어서 아기 몸 위로 굴러간 것뿐이라고 생각했거든요. 병원 직원들한테도 그렇게 얘기했고요. 하지만 사회복지국에서 끼어들어 저를 아동 방임죄로 고발했어요."

알렉스는 제시카의 목소리를 듣고 그녀가 불신을 품고 있다는 걸 알아차렸다. 제시카는 자신만의 망상적 안개에 갇혀 있었기에 누가 자신에 대해 그런 식으로 생각할 수 있다는 것을 전혀 이해하지 못했다. 그녀가 남편에게 거짓말했다는 사실은 자신의 동기를 여전히 믿고 있다는 뜻이었다.

"판사가 저더러 상담을 받으라고 했고, 그게 전부였어요. 저는 가식을 떨었죠. 다들 그런 얘기만 듣고 싶어 하는 것 같았으니까. 제가 솔직하게 털어놓은 건 손 박사님이 처음이에요."

"털어놓으니 기분이 어때요?" 알렉스가 친절하게 물었다. 신뢰는 중요했다.

"좀 나아요. 제 주변에서는 모두 똑같은 표정을 지어요. 우리 엄마조차 제가 아기한테서 3미터 떨어진 곳에만 들어가도 겁먹은 표정이 돼요."

"사람들이 제시카 씨를 가까이서 감시하는 게 옳은 일인가요?"

제시카는 망설였다. "나는 내 아기에게 도움이 되는 일이 아니면 아무것도 하지 않을 거예요. 절대로."

알렉스는 제시카가 말을 꼬아서 하는 것을 눈치챘다. 그렇지, 동기가 아직 존재하는 건 확실했다. 알렉스는 애써 천천히 진행했다. 어쨌든 제시카는 자신이 옳다고 느끼는 것을 해도 좋다는 허락을 구하고 있었다. 알렉스는 억지로 미소 지었다.

"서구에서는 제시카의 동기가 잘못됐다고 믿는다니 이상한 일이죠. 불교에서는 살해당한 아이가 반드시 더 나은 환경에서 다시 태어난다는 환생을 믿거든요."

알렉스는 "도대체 모르겠다니까" 하는 표정을 띠고 고개를 끄덕였다. 그녀는 이런 믿음이 너무 가난해서 자식을 먹이지 못하는 사람들, 아이들이 굶어 죽지 않을 환경에서 다시 태어날 거라고 생각하는 사람들이나 믿는 것이라고는 설명하지 않았다.

제시카는 열심히 고개를 끄덕였다.

알렉스는 정말로 사회복지 당국에 제시카가 지금도 자기 아들을 위협할 수 있다는 사실을 알려야 했다. 제시카가 산후우울증 때문에 고생하는 게 아니라고 알려야 했다. 제시카가 먹고 있는 약이 그녀의 질환에 적절한 것이 아니라고 말해야 했다.

하지만 이런 행동들은 하나도 그녀의 목적에 맞지 않았다.

알렉스는 안경을 벗고 고개를 들어 왼쪽을 보았다. 그녀는 미리 준비해두었던, 여러 번 되뇐 기억을 찾고 있었다. 제시카의 눈은 한 번도 그녀의 얼굴을 떠나지 않았다. 알렉스는 큰 소리로 웃고 싶었다. 대본을 썼더라도 상담을 이렇게까지 잘 진행할 수는 없었다. 뱃속에서 진짜 흥분이 느껴지기 시작했다. 제시카야말로 그녀가 찾던 사람일 수 있었다.

알렉스는 기대감에 차 제시카와 눈을 마주쳤다. "생각이 나서 말인데요. 제시카의 상황을 보니 안드레아 예이츠라는 미국 여성이 생각나요. 그분도 제시카와 비슷한 두려움을 가지고 있었죠. 다만 그분은 사방에서 악마를 봤어요. 그분은 대단히 독실한 분이었고 아이들을 무척 사랑했죠.

그분은 매일 악마가 찾아와 아이들을 빼앗아 갈지도 모른다는 두려움에 시달렸고 아이들이 자라면 그 애들을 안전하게 지켜줄 수 없을지 모른다고 걱정했어요.

당국은 안드레아를 다섯 아이들과 홀로 남겨둬서는 안 된다고 생각했고, 가족들은 누군가가 항상 안드레아와 함께 집에 있도록 당번 제도를 만들었죠. 제시카처럼 그분도 매일 감시당했어요. 하지만 하루는, 안드레아처럼 독실한 그녀의 남편이 당국의 생각이 틀렸다고 판단하고 자기 가족을 돌보는 문제에서는 신을 믿기로 했죠. 남편은 다음 간병인이 오기 전에 출근했고 안드레아는 기회를 잡았어요. 그녀는 아이들을 하나씩 하나씩 욕조에 빠뜨려 죽였답니다."

알렉스는 제시카의 얼굴에서 놀란 표정을 찾아보았다. 하지만 그녀의 얼굴에서는 흐트러지지 않는 관심만이 보였다.

"안드레아는 재판을 받는 내내 자기가 그런 일을 한 이유는 아이들을 사랑하기 때문이었다고, 그 애들을 보호하기 위해서였다고 주장했어요. 사회는 안드레아가 틀렸다고 판단했지만 저는 제시카가 다음 상담 시간 전까지 그 사건에 대해 어떻게 느끼는지 생각해 보셨으면 해요."

바로 그때 알렉스의 손목시계에서 알람이 울렸다. "좋아요, 제시카. 오늘은 여기까지예요." 그녀는 무겁게 한숨 쉬었다. "다음 상담은 개한테 물려서 얼굴이 엉망진창이 된 다섯 살짜리 여자아이랍니다." 알렉스가 고개를 저었다. "그 가엾은 아이는 공원에서 놀고 있었을 뿐인데 말이죠."

알렉스는 제시카의 얼굴에 떠오른 겁에 질린 표정을 사진으로 찍어놓고 싶었다. 그녀는 환자를 문 앞까지 데려가 문을 열어주었다. "다음 주에 만나요. 조심히 가세요."

제시카는 고개를 끄덕이고 열린 문을 지났다.

알렉스는 문을 닫았다. 그녀는 다음 주에 상담이 잡히지 않기를 바랐다. 다음번에는 제시카의 얼굴을 저녁 뉴스에서 봤으면 좋겠다고 생각했다.

61

제시카 로스는 비틀거리며 건물에서 나왔다. 집에 가야 했다. 제이미에게 그녀가 필요했다. 이웃들은 개를 키웠고 그 개를 자주 정원에 내보냈다. 그 개가 울타리를 뛰어넘어 집에 들어올 수도 있었다.

제시카는 자동차에 시동을 걸고 그녀를 알렉스에게, 그녀가 겪고 있는 일을 이해하는 유일한 사람에게 데려다준 하늘에 조용히 감사했다. 알렉스에게 마음을 터놓고 완전히 정직하게 이야기할 수 있었다는 사실은 그녀가 자기 감정에 대해 품고 있던 버거운 의심을 씻어주었다. 손 박사가 그녀에게 해준 안드레아 뭐라는 미국 여성의 이야기가 머릿속에서 계속 재생됐다. 시간이 없었다.

…아이들이 자라면 그 애들을 안전하게 지켜줄 수 없을지도 모른다고요.

위험은 사방에 있었다. 지금 그녀가 기다리고 있는 신호등도 쉽게 고장 날 수 있었다. 그 말은 자동차들이 언덕을 달려 내려와 그녀의 시트로엥 옆면을 들이박을 수도 있다는 뜻이었다. 2년 전 고널에서 그런 일이 일어났다. 여자아이가 그 잔해 속에 한 시간 넘게 갇혀 있었다.

뒤쪽에서 자동차가 경적을 울렸다. 파란불이 들어왔다. 제시카는 고개를 돌려 왼쪽에 있는 정원 중심부를 지났다. 어린 여자애 두 명이 웃으며 주차장을 뛰어다니고 있었다. 그 애들은 얼마든지 길에 뛰어들어 목숨을 잃을 수도 있었다. 겨우 지난주에 이 길에서 자전거를 탄 십대가 목숨을 빼앗겼다.

제시카는 속도 제한 표지판을 지났지만 양옆에 들판이 있는 곳에서도 시속 40킬로미터의 속도를 유지했다. 그러면 뭔가 앞에 튀어나온다고 해도 멈출 시간이 있을 테니까.

룸미러를 보니 뒤쪽의 자동차가 뒤로 바짝 따라오고 있었다. 그녀는 운전자가 보내는 천박한 손짓을 보았다. 그의 자동차 앞 범퍼가 입이라도 맞출 듯 그녀의 뒤 범퍼를 추격하고 있었다. 제시카는 눈앞의 도로에 집중했다.

그녀는 조심스럽게 속도를 늦추며 자동차를 길 한가운데에 세웠다. 우회전해서 집으로 들어갈 생각이었다. 뒤에 있던 자동차가 경적을 울리며 그녀의 왼쪽으로 빠르게 지나갔다. 그 바람에 돌풍이 일면서 차가 살짝 흔들렸다. 제시카는 계기판을 들여다보았다. 이럴 수가. 깜빡이 켜는 것을 잊다니.

제시카는 유모차를 밀고 가는 여자를 지나쳤다. 여자의 오른쪽에는 유모차 손잡이에 줄로 매어놓은 갈색 래브라도가 있었고, 그녀의 왼쪽에서는 아장아장 걷는 아이가 다른 쪽 손잡이를 잡고 있었다. 개는 집과 가까운 안쪽에 있었고 아이는 길과 가까운 곳에 있었다. 개는 어느 순간에든 고양이를 보고 반응할 수 있었다. 그러면 온 가족이 그 개에게 끌려갈 것이다. 왜 사람들은 이런 일을 알아채지 못하는 걸까? 단순한 공원 산책도 위험으로 가득했다.

다섯 살짜리 여자아이가…. 얼굴이 엉망진창이 됐어요…. 개가 물어서….

제시카는 언니의 포드 카* 앞에 주차하고 숨을 내쉬었다. 얼굴이 반만 남은 여자아이의 모습이 집으로 오는 내내 그녀를 따라다녔다.

제시카는 집을 보고 무슨 일을 해야 할지 알았다. 알렉스와의 만남은 그녀가 이미 아는 것을 확인해주었을 뿐이다.

"언니, 안녕. 나 왔어." 제시카가 현관에서 소리쳤다. 제이미가 우는

● 미국의 자동차회사 포드에서 나온 경차.

소리가 들렸다. 제시카는 거실로 달려 들어가 아이를 안아 들고 지켜주고 싶다는 충동을 억눌렀다. 이번에는 제대로 해내야 했다. 지금이 유일한 기회였다.

엠마는 제이미를 품에 안고 흔들어주며 거실을 빙빙 돌고 있었다. "계속 이러네. 울음을 그치질 않아."

제시카는 활짝 웃었다. 그 표정이 언니에게 밝은 미소로 보였으면 좋겠다고 생각하며 언니에게 팔을 내밀었다. "자, 나한테 줘."

제시카는 아이를 품에 안아 들고 가만히 흔들었다. 아이의 몸이 그녀의 몸에 기대며 긴장을 푸는 것이 느껴졌다. 제이미가 만족스러워했다. 제이미는 알고 있었다.

제시카는 언니의 얼굴에 잠시 안도하는 표정이 스치는 것을 알아챘다. 제시카가 하고 싶은 일이라고는 제이미를 지키는 것밖에 없는데 다들 그녀가 아이를 해칠 수도 있다고 생각하다니 억울했다. 제시카가 아이를 사랑한다는 몸짓을 조금이라도 보이면 비밀스럽게 끄덕이는 고갯짓과 구석에서 수군대는 소리가 그녀를 맞이했다.

"상담은 괜찮았어?" 엠마가 소파에 앉으며 물었다.

제시카가 고개를 끄덕였다. "알렉스 박사님하고 얘기하니까 정말 도움이 돼. 벌써 기분이 훨씬 나아졌어." 그녀는 아들의 머리카락을 쓰다듬었다. "그치, 아가?"

그녀는 계속 걸어 다니며 제이미의 작은 몸을 자기 몸에 대고 흔들었다. "난 절대 제이미를 해치지 않아, 엠마." 그녀는 언니를 바라보며 자신의 눈빛이 맑아 보이면 좋겠다고 생각했다.

엠마는 침을 삼켰다. "알아, 제시카."

제시카는 시선을 누그러뜨렸다. "봐, 제이미도 내가 자기를 해치지 않으리라는 걸 알고 있어. 그치, 우리 천사?"

제이미는 대답하듯 그녀에게 꾸르륵댔다. 엠마가 웃었다.

계속 흔들어주자 제이미의 눈꺼풀이 내려가기 시작했다. 제시카는 아이 머리에 입을 맞추고 녀석을 아기 바구니에 눕혔다.

다음 간병인이 오기 전에…. 기회를 잡았어요.

제시카는 언니를 돌아보았다. 이제는 언니가 떠나야 할 시간이었다. "음, 제이미가 낮잠을 자는 동안 천천히 목욕 좀 해야겠어. 언니가 원하면 앉아서 기다려도 돼."

제시카는 엠마가 난로 위의 시계를 빠르게 힐끔거리는 모습을 보았다. 언니에게도 아이가 셋 있었다. 할 일도 많았다.

"20분 뒤면 엄마가 올 거야, 언니. 난 괜찮을 거고."

엠마는 의심스러워하는 표정이었다. 제시카가 그녀를 안심시키려고 미소 지었다. "언니, 난 정말 괜찮아. 약속할게. 훨씬 나아진 기분이야."

엠마는 눈을 돌렸다. "괜찮아. 조금 더 기다릴게. 제이미가 푹 잠들었는지 봐야지."

제시카는 어깨를 으쓱하고 계단을 올라가며 언니가 그냥 나가줬으면 좋겠다고 생각했다. 시간이 없었다. 반쯤 올라갔을 때, 제시카는 언니가 부르는 소리를 들었다.

"왜 그래, 언니?"

돌아보니 엠마가 계단 맨 아래에 서서 코트 쪽으로 손을 뻗고 있었다. "네 말이 맞아. 괜찮겠지. 널 믿을게."

제시카는 복도로 돌아가 언니를 끌어안았다. 이제야 가다니. "난 정말 괜찮아, 언니. 걱정하지 마."

제시카는 언니를 집에서 내보내려고 현관문을 열어주었다.

엠마가 돌아보았다. "정말 괜찮지?"

제시카는 마지막으로 언니를 끌어안고 고개를 끄덕였다. "우린 괜찮을 거야. 난 제이미한테 좋은 일만 생기길 바랄 뿐이야."

엠마는 천천히 자동차로 걸어갔다. 아마 자신의 결정에 의문을 품고 있을 터였다. 하지만 제시카는 안심시키려는 듯 밝은 미소를 지었다. 언니가 엄마에게 전화를 걸려고 해도 엄마는 이미 오고 있을 테니 운전하는 동안에는 전화를 받지 않을 터였다. 미치에게 전화를 건대도 미치가 집에 돌아오는 데는 최소 20분이 걸렸다.

언니가 떠나자 제시카는 마지막으로 손을 흔들어준 다음 문을 닫고 들어왔다.

거실에 들어오자마자 그녀를 환영하는 듯한 침착함이 주변에 내려앉았다. 텔레비전 소리가 희미하게 배경으로 녹아들었다.

알렉스와 상담한 이후 제시카는 그동안 내내 자신이 옳았다는 사실을 의심하지 않게 됐다. 처음에는 주변 모든 사람들의 반응 때문에 자신을 의심했다. 그래서 가식적으로 행동했고 그들의 비위를 맞추었다. 하지만 그동안 내내 옳았던 사람은 그녀였다.

알렉스와의 상담은 제시카의 믿음에 자신감을 실어줬을 뿐 아니라 그녀의 정당성을 입증했다. 그녀는 더 이상 머릿속에 떠오르는 생각으로 죄책감을 느끼지 않았다. 정의로운 사람이 된 느낌, 힘이 생긴 느낌이 들었다.

"엄마한테 와, 아가."

그녀는 아기 바구니로 손을 뻗으며 아이를 얼렀다.

잠에 겨운 아기의 작은 몸이 한 차례 움찔거리더니 그녀에게, 안전한 곳에 파고들었다.

제시카는 주방 서랍에서 칼을 골라 계단을 올랐다. 그녀는 미치와 함께 쓰는 침대 한가운데에 제이미를 가만히 내려 놓았다.

방에 딸린 욕실에서 제시카는 칼을 욕조 가장자리에 놓았다. 욕조를 빠르게 채우느라 뜨거운 물과 차가운 물을 동시에 틀었다. 아들은 그녀 없이 오랜 시간을 보낼 필요가 없었다.

그녀는 제이미의 방으로 가 잠깐 시간을 들여서 아이 옷을 골랐다. 파란색 아기 공룡이 잔뜩 그려진 흰색 일체형 잠옷으로 정했다. 제시카가 가장 좋아하는 옷이었다.

욕실로 돌아온 그녀는 수돗물을 끄고 빠르게 옷을 벗은 다음 흰 가운을 걸쳤다.

방으로 간 그녀는 잠시 시간을 들여 이제는 깨어 있는 아들을 보았다. 아들은 새로운 환경에 흥미를 느끼고 있었다. 녀석의 작은 두 손이 이불보를 꽉 쥐었다. 제시카의 마음에 자랑스러움이 밀려들었다.

그녀는 욕실 창문에 잠시 서서 매일 위험이 살금살금 다가오게 놔두는 세상을 살펴보았다. 그녀는 만족감을 느끼며 블라인드를 내리고 그 두려움을 차단했다. 우글우글 몰려다니면서도 눈에 띄지 않는 악은 절대 그녀의 아이를 해칠 기회를 잡지 못할 것이다.

어두워진 방은 친밀하고도 안전한 공간이 되었다.

제시카는 하나로 이어진 흰색 아기 옷을 벗기며 아들에게 미소 지었다. 제시카가 기저귀를 갈아주고 공룡 잠옷을 입히는 동안 제이미의 두 다리가 바동거렸다.

이곳에서 제이미는 안전했다. 아직 아무것도 아이를 해치지 못했다. 지금 이 순간은 그 무엇도 제이미를 해칠 수 없었다. 엄마로서 제이미를 지키는 건 제시카에게 달린 일이었다. 그녀는 제이미를 지킬 것이다.

살해당한 아이는 반드시 더 나은 환경에서 다시 태어난다는 환생을 믿거든요.

다른 시대라면 세상이 잔인함과 폭력으로 가득 차 있지 않을 것이다. 아이들은 두려움이나 위협 없이 자라날 자유를 누리게 되겠지. 다른 삶에서라면 그녀의 아들도 안전할 것이다.

제시카는 아이의 눈을 들여다보며 베개로 손을 뻗었다.

제이미가 그녀를 보며 옹알거렸다. 아이의 팔다리가 사방으로 뻗었다. 즐거워했다. 신이 나 있었다.

"엄만 아플 정도로 널 사랑한단다, 아가. 엄마는 이 세상으로부터 널 보호해야 하고 네가 그 점을 이해한다는 걸 알고 있어. 나는 네가 그 무엇으로도 다치거나 상처 입게 놔둘 수 없어. 사방에 위험이 있고 난 너를 안전하게 지켜야 해. 너도 느끼고 있다는 거 알아. 그렇지, 아가?"

아기는 즐거운 듯 소리를 질렀고 제시카는 의심의 그림자를 넘어서 자신이 최선을 다하고 있다는 것을 알게 됐다. 그녀는 아이를 지키기 위해 할 수 있는 유일한 일을 하고 있었다.

그녀는 아기 위로 허리를 숙이고 그 통통한 볼과 이마, 코끝에 입을 맞추었다.

"우린 곧 함께하게 될 거야, 아가. 우리 착한 천사."

제시카는 베개를 내려 아이 얼굴을 가렸다.

62

제기랄. 킴은 제시카 로스가 블라인드를 내리는 모습을 보고 생각했다. 뭔가 그림이 이상했다.

그녀는 두기가 기록한 대화에 관해 문제를 제기하려고 알렉스의 진료실을 찾아갔다. 그때 제시카가 건물에서 나왔다. 킴은 제시카의 상담이 잡혀 있다는 걸 몰랐지만 환자가 악마에게 쫓기는 듯한 표정으로 정신과 의사의 진료실을 떠나서는 안 된다는 것만은 알고 있었다.

제시카의 실수투성이 운전과 다른 여자를 끌어안으며 작별 인사를 할 때 그녀가 지었던 표정도 킴의 배 속에 쌓여가던 불안감을 누그러뜨리지 못했다. 아들 방에서 창밖을 내다보는 제시카의 평온한 표정에 킴은 피가 차갑게 식는 기분이었다.

킴은 그 집 안에서 다른 움직임을 보지 못했고 지금 이 순간 여자가 집 안에 혼자 있을 거라고 생각했다.

킴은 심장이 빨라지는 것을 느끼며 침을 삼켰다. 그녀는 지금 자신이 목격하는 것이 무엇인지 알 수 없었지만 제시카가 알렉스의 사무실을 나서면서 뭔가 결론을 내렸다는 건 알 수 있었다.

젠장, 누구한테 전화해야 할까? 브라이언트? 전화해서 뭐라고 하지? "어떤 여자가 만족스러운 표정으로 자기 방 창가에 서 있습니다"라고? 브라이언트에게는 킴을 정신병원에 가둘 만한 증거가 이미 충분히 있었다. 킴은 절대 그 이상의 증거를 주지 않기로 했다.

사회복지국에 연락하면 될까? 그들은 제시카의 전력을 알고 있었지만 신속하게 반응하는 경우는 거의 없었다. 시민으로서 걱정되는 마음에 전화했다고 하면 그들은 아마 경찰에 신고하라고 조언할 것이다. 경찰더러 경찰에 전화하라니 놓칠 수 없는 아이러니였다. 하지만 그냥 앉아 있을수도 없었다. 뭔가 잘못된 게 분명했다.

"썅." 킴은 도와줄 사람이 아무도 없다는 것을 깨닫고 중얼거렸다. 그녀는 운전석 문을 열고 길을 건너 로스의 집까지 전력 질주한 다음 초인종을 누르며 동시에 문을 쾅쾅 두드렸다. 제시카가 대체 무슨 일인지 궁금해하며 문을 연다면 방금까지 식칼을 휘두르며 쫓아오는 놈이 있어서 도와달라고 한 건데 때마침 그놈이 허공으로 사라졌다고 할 생각이었다.

그녀는 제시카가 문으로 다가오는지 살펴보려고 우편 투입구를 열어보았지만 집 안에서는 뼛속까지 한기가 스며드는 고요함만 메아리쳤다. 아이나 엄마나 아무 소리를 내지 않았다. 젠장. 킴은 둘 다 집 안에 있다는 걸 알고 있었다. 대체 왜 문을 열지 않는 거지?

킴은 집 옆의 대문을 열어보았다. 잠겨 있었다. 그녀는 주위를 둘러보다가 민들레와 잡초로 반쯤 차 있는 손수레를 보았다. 그녀는 수레를 밀고 가 대문을 타고 넘는 데 사용했다. 집 옆면에는 열린 창문이 하나도 없었고 안에는 아무도 없었다.

킴은 뒤쪽으로 달려가 유리문 손잡이를 돌려보았다. 문은 잠겨 있었다. 킴은 시간이 줄어들고 있다는 느낌을 받았다. 그녀는 정원을 둘러보고 삽 쪽으로 손을 뻗었다. 힘을 싣느라 삽을 뒤로 휘둘렀다가 그대로 유리문을 내리쳤다.

문은 두 번째 시도에 박살 났다. 파편이 사방에 흩뿌려졌다. 몇 조각은 킴의 오른손에 파고들었다. 킴은 통증을 무시하고 스웨터 소매를 끌어내려 주먹을 감싼 채 주먹으로 유리를 내려쳐서 자신이 들어갈 수 있을 만큼 큰 구멍을 만들었다.

제시카가 샤워를 하고 있을 뿐 불길한 일은 전혀 하지 않고 있다면 킴은 엄청난 곤란을 겪게 될 것이다. 이번만큼은 차라리 그게 좋을 것 같았다.

킴은 주방을 가로질러 집 현관 쪽으로 달려갔다. 하마터면 장난감이 잔뜩 흩어져 있는 놀이 매트에 걸려 넘어질 뻔했다. 그녀는 한 번에 두 단씩 계단을 올랐다. 귀 쪽으로 피가 솟구쳤다. 계단 맨 위에서 킴은 닫힌 문을 마주했다.

그녀는 문을 벌컥 열고 들어갔다가 우뚝 멈춰 섰다. 눈앞의 광경을 이해하는 데 잠깐 시간이 걸렸다.

제시카는 목욕 가운만 입고 서서 침대를 내려다보고 있었다. 그녀의 손가락에서 쿠션이 달랑거렸다.

공룡 잠옷을 입은 작고 고요한 형체가 아무것도 보지 못한 채 천장을 멀거니 쳐다보고 있었다.

제시카는 고개를 끄덕이며 킴에게 침착하게 미소 지었다.

"이제 안전해요."

킴은 천장을 쳐다보던 또 한 사람의 순진한 눈을 떠올렸다. 아름답지만 생기 없는, 완벽한 인형 같은 눈. 당시에 킴은 동생의 몸에서 마지막 숨결이 빠져나가는데도 뭘 해야 할지 알 수 없었다. 그냥 자리에 앉아 동생을 흔들며 돌아와 달라고 빌기만 했다. 모든 것을 해보았지만 아무 소용이 없었다. 그녀는 자신의 몸에 닿은 동생의 몸에서 온기가 사라지는 것을 느끼며 마침내 눈을 감고 마이키를 하늘로 떠나보냈다.

킴은 퍼뜩 정신을 차렸다. 구급차가 필요했지만 전화를 걸어 자세한 상황을 알려줄 시간이 없었다.

그녀는 달려가 창문을 열고 목청껏 소리를 질렀다. 길가에 세 사람이 있었다. 모두가 돌아서서 쳐다보았다.

"구급차를 불러주세요. 애가 죽었어요." 킴은 재빨리 창가에서 돌아선 다음 제시카를 억지로 밀쳤다. 여자는 비틀거리며 물러났다. 최면에라도 걸린 것 같았다.

킴은 떨리는 손을 가라앉히면서도 주변 환경을 거의 의식하지 못했다. 그녀는 다친 손의 피를 재킷에 문질러 닦은 다음 아기의 목에 두 손가락을 대고 이미 알고 있던 사실을 확인했다. 아이는 죽었다. 하지만 포기할 수 없었다. 포기하지 않을 것이다.

침대 옆에 무릎을 꿇고 앉은 그녀는 두 뺨에 공기를 가득 채우고 아이의 입과 코를 자기 입으로 덮어 아이의 폐에 가만히 숨을 불어넣었다. 아이의 가슴이 인공적으로 부풀어 오르는 모습을 지켜보고 가슴이 다시 가라앉기를 기다렸다가 네 번 더 그 과정을 되풀이했다. 아이의 가슴 한가운데에 손가락 두 개를 얹어놓고 아이 가슴이 대략 3분의 2 정도 들어가는 깊이까지 눌렀다. 이렇게 서른 번을 한 다음 아이 입에 귀를 댔다. 아무 소리도 들리지 않았다.

킴은 두 번째로 인공호흡을 하면서 느린 속도에서 느껴지는 답답함을 억눌렀다. 성인이었다면 더 많은 힘을 쓸 수 있었을 것이다.

"어서." 킴은 두 번째로 가슴을 압박하며 속삭였다.

얼마나 그렇게 했는지 모르겠다. 한데 뒤섞인 여러 사이렌 소리가 멀리서 비명을 질렀다.

"얼른, 꼬마야. 할 수 있어."

킴은 두 번 더 숨을 불어넣고 잠시 멈추었다. 그녀의 시선이 틀림없이 혼자 오르내리는 작디작은 가슴에 머물러 있었다. 아이의 눈에 생명이 돌아왔고 작은 울음소리가 그 작은 입술에서 새어 나왔다. 킴이 여태 들어본 것 중 가장 사랑스러운 소리였다.

그 울음소리가 제시카에게 충격을 준 듯했다. 그녀는 최면에 걸린 듯한 상태에서 문득 깨어나 침대 쪽으로 움직였다.

"씨발, 애한테서 떨어져." 킴은 아이의 작은 몸을 두 팔로 끌어안아 보호하며 씹어 뱉었다. 오른손에서 흐른 피가 침대보에 묻었다.

제시카는 우뚝 멈춰 서서 방 건너편에 있는 자기 아이를 쳐다보았다. 얼굴에 혼란스러운 기색이 가득했다. 자식을 죽이려 한 자기 행동 때문인지, 아기가 아직 살아 있는 게 의아해서 그러는 건지 킴은 알 수 없었다.

누군가 현관문을 부수는 쾅 소리가 들렸다. 뒤이어 계단에서 천둥 같은 발소리가 났다. 온몸에 안도감이 흘러넘쳤다. 킴은 이 여자와 같은 방 안에 있는 것을 그리 오래 견딜 수 없었다.

남자 구조 요원과 킴이 모르는 경찰관 한 명이 방으로 들어왔다. 구조 요원이 킴 옆으로 돌아와 허리를 숙이고 아이 상태를 살폈다. 아이는 계속 숨을 쉬고 있었다.

"피는 나한테서 나온 겁니다." 킴이 비켜주며 말했다.

순경은 제시카를 힐끗 보았다. 그녀는 가슴에 베개를 꼭 끌어안고 있었다. 그런 다음, 순경은 자신이 걱정하는 최악의 상황이 맞는지 확인하려고 킴을 보았다. 킴은 고개를 끄덕였다.

"경위님?"

킴은 손을 내저어 그의 질문을 뿌리쳤다. "전체 진술은 나중에 하겠습니다. 지금은 엄마가 심하게 아프고 내가 방에 들어왔을 때는 아이 위에서 베개를 들고 있었다는 것만 알아두십시오."

"사회복지국에 연락해 병원에서 만나자고 하겠습니다. 하지만 경위님이 왜…."

"나중에 설명하겠다고 했습니다, 순경." 킴이 말했다. 피로가 몰려들었고 온몸의 아드레날린이 정상 수치로 돌아왔다.

구조 요원이 그녀와 눈을 마주쳤다. "아기는 약해져 있긴 하지만 안정적인 상태입니다." 그의 눈이 피가 뚝뚝 떨어지는 킴의 손으로 향했다. "제가 한번 보…."

"괜찮습니다." 킴은 손을 재킷 주머니에 쑤셔 넣으며 쏘아붙였다. 마지막으로 침대를 한번 힐끗 본 킴은 돌아서서 그 집을 떠났다.

이제야 분명해졌다. 알렉스가 제시카를 조종해 이토록 극악무도한 행동을 하게 만들었다. 루스와 배리, 심지어 셰인도 마찬가지였고.

이젠 참을 만큼 참았다. 누군가 알렉스를 막아야 했다. 어떤 대가를 치르더라도.

63

"경감님, 제 얘기 좀 들어주시면 안 됩니까?" 킴이 간청했다.

우디는 탁자를 주먹으로 쾅 내리쳤다. 킴도 답답한 마음을 같은 방식으로 풀고 싶었지만 새로 감은 붕대 때문에 그럴 수 없었다.

"아니, 스톤. 안 들을 거야. 자네는 그 여자에게 시간을 들일 만큼 들였어. 그랬는데도 아직 그 여자가 조금이라도 잘못된 일을 했다는 일말의 증거조차 얻지 못했네."

"공책을 확보했습니다. 두기가 모든 걸 기억해서….."

"그 녀석이 법정에서도 그렇다고 증언해줘야 할 텐데?" 우디가 킴을 노려보며 고함을 쳤다.

킴의 주머니에서 핸드폰이 울렸다. 킴은 무시했다. 우디도 마찬가지였다.

"정말입니다. 그 여자가 사람들을 해치고 있어요. 직접 해치는 건 아니지만 다른 사람들을 조종해서 그렇게 하고 있습니다. 루스 윌리스는….."

"복수심에 앨런 해리스를 살해했지."

"하지만 제시카도 조종당해서….."

"말도 안 되는 소리야. 제시카 로스는 중증 환자라고. 이번 일이 그 정신과 의사와 어떤 식으로든 관련이 있다고는 절대 입증할 수 없어."

킴은 우디가 한마디라도 끝까지 하게 해줄지 궁금했다. 핸드폰에서 음성메시지가 도착했다는 신호음이 났다. 우디의 짜증이 한층 심해졌다.

"전 그 여자가 어떤 역겨운 연구를 위해 환자들을 이용하고 있다는 걸 분명히…."

"그건 여기 내 사무실에서 듣기에도 우스꽝스러운 말이고 법정에서는 더욱 가당찮게 들릴 소리야."

킴의 핸드폰에서 문자메시지가 왔다는 소리가 들렸다. 우디의 얼굴은 금방이라도 폭발할 것 같았다.

"스톤, 난 자네 팀원들을 이미 집에 보냈고 자네도 집으로 돌아가길 권하네. 이 문제는 더 이상 자네와 이야기하지 않겠어."

킴이 자리에서 일어났다. 핸드폰이 다시 울리기 시작했다.

"그리고 부탁인데, 그 빌어먹을 전화 좀 받아!"

우디가 어떤 형태로든 욕을 썼다는 건 그가 끓는점 바로 아래까지 열을 받았다는 뜻이었다. 다음 문장은 킴의 경력이 끝장난다는 것을 의미할 것이다. 더는 밀어붙일 수 없었다. 당장은.

킴이 우디의 사무실 문을 닫고 나올 때쯤 전화가 끊겼다. 부재중 통화 두 통은 데이비드 하드윅에게서 온 것이었다. 킴은 즉시 문자메시지를 열었다. 그녀의 두 눈이 첫 번째 문장을 훑고 지나갔다.

바쁘신데 방해하는 거 아닌지 모르겠습니다.

하지만 두 번째 문장은 킴의 눈앞으로 뛰어드는 것만 같았다.

두기가 산책을 나갔다가 돌아오지 않았어요.

킴은 통화 버튼을 누르고 계단을 내려갔다. 데이비드는 신호가 두 번 울릴 때쯤 전화를 받았다.

"전화 주셔서 고맙…."

"두기가 얼마나 늦었습니까?"

킴은 어깨로 정문을 밀고 나가며 물었다.

"20분이요. 하지만 한 번도 늦은 적이 없어서…."

"알렉스 짓이라고 생각하세요?" 킴은 가슴에 쌓여가는 불편함을 삼키며 물었다.

"우리가 읽은 게 있으니까요. 모르겠습니다." 데이비드가 정직하게 대답했다.

"하지만 알렉스는 연습장에 대해 모릅니다." 킴이 말했다. 그녀는 제시카 로스를 추격하느라 너무 바빠서 알렉스에게 문제를 제기할 기회가 없었다.

"알 수도 있어요." 데이비드가 말했다.

킴은 머리가 어질어질했다. 세상에.

"경위님이 떠나신 뒤에 보니 맬컴이 문 뒤에서 우리 얘기를 엿듣고 있었습니다."

"염병할." 킴은 전화를 끊었다.

64

킴은 오토바이 시동을 걸고 가속기를 손으로 감았다. 손가락 다섯 개를 지나 어깨까지 통증이 번졌다. 킴은 통증을 무시하고 안전핀이 상처 부위에 파고들지 않도록 손바닥 위치를 조정했다.

킴은 재킷과 열쇠들을 챙기자마자 데이비드에게 잠깐 전화를 걸었고, 덕분에 두기가 보통은 네더튼에서 브라이얼리 힐까지 이어지는 운하를 산책한 다음 브라이얼리 힐에서 운하를 빠져나온다는 걸 알고 있었다. 그런 다음 두기는 종이컵에 튀김을 담아 선물해주는 쿼리 뱅크의 생선 가게를 지나서 집까지 걸어오곤 했다.

데이비드는 네더튼에서 출발하고 킴은 브라이얼리 힐에서 출발해 중간 지점 어딘가에서 만나기로 했다.

데이비드는 걱정하지 않아도 될 거라고 말했다. 하지만 그의 목소리는 다른 얘기를 하고 있었다.

킴과 데이비드는 둘 다 알렉스가 두기를 데리고 있다면 확실히 걱정할 일이 생기리라는 걸 알고 있었다. 의사는 허술한 일 처리를 좋아하지 않았고, 두기는 정말이지 허술한 부분이었다.

킴은 손즈 가 맨 위의 신호등에서 멈춰 헬멧 바이저에 맺힌 물기를 닦아냈다. 이번 겨울은 작년처럼 눈이 많이 내리지는 않았지만 3월 초의 비가 그 활기 없는 진눈깨비를 더욱 활기 없게 만들었다.

킴은 메리힐 쇼핑센터의 밝은 불빛을 지났다. 데이비드가 말한 다리는 점점 넓어져가는 쇼핑 지구와 그 한가운데에 솟아오른 높은 건물 일곱 동 앞쪽에 있었다.

킴은 흙바닥에 오토바이를 세우고 장갑을 헬멧에 쑤셔 넣은 다음 헬멧을 안장에 고정했다. 그녀는 오토바이를 돌아가 경사로를 따라서 운하의 예선로*까지 내려갔다. 버려진 기저귀 가방과 음식 포장지들이 그 길을 더럽히고 있었다.

킴은 한 발을 내디딜 때마다 딱 하나 있는 가로등 빛에서 멀어졌다. 바람 빠진 축구공이 그녀의 왼발에 느닷없이 걸렸다. 킴은 비틀거리며 손을 뻗어 자세를 잡았다. 웬 벌레가 피부를 쏘았다.

킴은 계속 어둠 속으로 내려가며 조용히 욕설을 내뱉었다. 길가의 소음이 으스스하게 먼 곳까지 번져갔다.

기껏해야 5미터 앞이 보였을 뿐 그 앞은 어둠이었다. 어둠이 얼마나 이어지는지는 알 수 없었다. 킴은 계속 나아가 입을 벌리고 있는 어둠 속으로 들어갔다. 머잖아 길과 운하를 구분할 수 없게 될 터였다.

킴은 천천히 움직였다. 가끔은 물속에서의 어떤 움직임에 놀라기도 했다. 쥐 같았다.

킴은 핸드폰을 꺼내 바닥을 비추었다. 눈을 감고 다닌다 해도 지금보다 더 어둡지는 않을 듯했다. 핸드폰 손전등 기능 덕분에 킴은 한 걸음 한 걸음을 옮길 수 있었다.

킴은 계속 앞으로 가다가 발아래의 땅이 바뀌는 것을 느꼈다. 왼손을 내민 그녀는 벽돌에 뚝뚝 떨어지는 끈적한 것을 느꼈다. 터널까지 오는

---

* 강 따위를 운행하는 배를 끌기 위해 물가를 따라 나 있는 길. 선박이 자력으로 움직이지 못할 때 동물이나 인간의 힘으로 끌기 위해서 설치한다.

데 성공한 것이다. 지린내만으로도 거의 기가 질릴 것 같았지만 더욱 음침하고 더러운 악취도 풍겼다.

다리에 단 하나 있는 가로등이 터널 출구를 비추었다. 그곳에는 흰색 페달식 휴지통이 열린 채 썩은 고기를 드러내 보이고 있었다. 작은 무언가가 주위를 탐색하는 그녀의 빛을 피해 후다닥 달아났다. 킴은 코를 가리고 재빨리 그 옆을 지나갔다.

그녀는 한 번 더 어둠 속으로 들어갔다.

알렉스는 킴에게 고양이와 쥐 게임을 하게 만들었다. 그리고 지금 이 순간, 킴은 쥐가 된 기분이었다.

"어서 나와요. 두기. 어디 있는 겁니까?"

65

케빈은 깊이 한숨을 쉬고 벽에 머리를 기댔다.

스테이시는 계속 어슬렁거렸다. 그녀는 게시판에 붙은 모든 게시물을 열두 번은 읽었고 이제는 최소 열다섯 가지 질병의 증상을 잘 알고 있었다.

옆 병실 문이 열렸다. 스테이시는 우뚝 멈춰 섰고 케빈은 희망이 담긴 표정으로 고개를 들었다. 그들은 네 시간 넘게 기다리는 중이었다.

간호사가 고개를 끄덕였다. "이젠 만나봐서도 돼요. 기력은 없지만 살아 있어요. 그래도 오래 계시면 안 돼요."

스테이시는 알겠다는 뜻으로 고개를 끄덕였다. 케빈이 의자에서 일어났다.

"제기랄, 찰스! 기다렸잖아." 케빈이 방으로 들어가며 말했다.

스테이시는 찰스의 모습에 놀랐다. 끔찍하게 살이 찌기는 했지만 찰스 쿡은 아마 그 덕분에 살아났을 것이다. 아스피린을 먹고 죽는 건 보통 체중 대비 아스피린 양의 비율에 따라 결정되는 일이었다. 그리고 찰스는 몸무게가 엄청나게 나갔다.

찰스 쿡의 안색은 그의 심장 박동과는 아무 상관이 없었다. 핏기가 조금도 없었다. 하지만 그는 스테이시가 처음 생각했던 것보다 젊었다. 이제 보니 30대 중후반이었다.

"무슨 일이야, 찰스?" 케빈이 침대 옆자리에 앉으며 물었다. 스테이시는 창틀에 걸터앉았다.

"그냥 지긋지긋해서요."

"우리한테 하고 싶은 말은 없고?" 케빈이 물었다.

"무슨 말인지 모르겠는데요."

"왜 이래, 찰스. 뭔가 벌어지고 있잖아. 네가 죽고 싶어 했던 데는 이유가 있어. 우리한테 말만 해주면 우리가 도와줄 수 있다고. 일단 털어놓고 나면 기분이 나아질 거라니까 그러네."

스테이시는 찰스가 침을 삼키고 고개를 젓는 모습을 지켜보았다.

"찰스, 우린 그게 너였다는 걸 알고 있어. 네가 그 여자애들과 함께 지하실에 있었잖아. 아냐? 네가 구경하는 동안 걔들 아버지가…."

"아니에요." 찰스는 눈을 감으며 말했다. "난 아니었어요. 맹세해요."

410

케빈은 가까이 다가가 목소리를 낮추었다. "어이, 찰스. 거짓말은 그만하지 그래? 우린 독서 모임이 위장이라는 걸 알고 있어. 너흰 책을 읽지도 않잖아."

마침내 찰스의 창백한 얼굴에 약간 핏기가 돌았다. "늘 시간이 나는 건 아니라서…."

"가게는 별로 바빠 보이지 않던데. 내 말 믿어. 그냥 인정하면 편해질 거야. 우린 네가 다른 날 문화센터의 청소년 모임에 갔다는 것도 알고 있어. 그때 문화센터에서 하던 행사는 그 행사밖에 없었으니까. 대체 네가 열두 살짜리 여자애들하고 같이 있을 이유가…."

"난 청소년 모임에 간 게 아니에요." 찰스가 눈을 감으며 말했다.

"찰스, 우리가 확인했어. 그날 다른 행사는 아무것도…."

"광고하지 않는 행사들도 있어요."

스테이시가 먼저 말했다.

"알코올중독자 협회." 스테이시가 혼잣말했다.

케빈은 다시 찰스를 돌아보았다. "너 알코올중독이야?"

찰스의 한쪽 눈에서 눈물 한 방울이 떨어지며 아주 오랜 침묵이 흘렀다. 그는 가만히 고개를 저었다.

케빈은 스테이시를 보았고, 스테이시는 어깨를 으쓱했다.

"그 사람들한테는 알코올중독자라고 하죠." 찰스가 인정했다.

스테이시가 그에게 다가갔다. "그 사람들은 아무도 거절하지 않으니까 말이죠."

"친구가 없어서 알코올중독자 모임에 간다고?" 케빈이 믿을 수 없다는 듯 물었다.

찰스는 살짝 고개를 끄덕였다. 그는 수치심으로 가득 차 있었다.

"독서 모임은? 거기도 마찬가지야? 그냥 수다를 떨려고 일주일에 한 번씩 남자들을 만난다고?"

"그 사람들은 출신도 다양하고 온갖 직업을 갖고 있어요. 다들 뭔가 할 말이 있다고요. 난 대부분 그냥 듣기만 해요."

케빈은 기운이 빠져 다시 의자에 앉았다. 케빈은 정말로 찰스를 체포하고 싶었다. 하지만 그들이 잡은 것은 절망적일 정도로 수줍음이 많고 외로운, 친구를 사귈 기회라면 뭐든 붙잡을 한 남자였다.

"왜 하필 지금 이런 짓을 한 거죠?" 스테이시가 자기도 모르게 물었다.

그가 어깨를 으쓱했다. "독서 모임은 누가 질문을 던지기 시작하면 깨지게 돼 있어요. 그 모임이 대단할 건 없어도 가끔 친구가 돼주긴 하니까요."

"여자 좀 사귀어야겠다, 너." 케빈이 일어서며 말했다.

찰스는 미소 지었지만 그조차 절망적으로 보였다. "이런 꼴로요?"

스테이시가 문으로 다가갔다. 그들의 일은 끝났다. 찰스는 그들이 찾는 사람이 아니었다.

케빈이 뒤에 남았다. "더들리에 있는 헬스장 알아?"

찰스는 고개를 저었다.

"시장에서 한 골목만 올라가면 돼. 난 월요일과 수요일 밤에 대부분 거기 있어. 한번 들러. 뭔가 해보자."

스테이시가 밖으로 나갔고 케빈도 뒤를 따랐다. 스테이시는 돌아서서 그를 보더니 고개를 저었다.

"왜 웃어, 스테이시?"

"그냥, 아무 이유 없어."

케빈은 어깨를 으쓱하더니 주머니로 손을 뻗었다.

"핸드폰은 확인했어?"

스테이시가 핸드폰을 꺼내 확인하더니 인상을 썼다.

"대장한테서 무슨 연락 왔어?"

스테이시는 고개를 저었다.

둘은 눈을 마주쳤다. 둘 사이에 어떤 메시지가 오갔다. 대장에게서 마지막으로 연락이 온 지 여러 시간이 지났다. 그런 일은 절대, 한 번도 벌어지지 않았는데.

그들은 말없이 돌아서서 경찰서로 향했다.

66

알렉스는 두기를 보며 쾌활하게 미소 지었다. 그를 찾는 건 어렵지 않았다. 데이비드가 이 멍청이의 산책에 대해 여러 번 이야기했다. 습관의 동물인 이 녀석은 한 번도 길을 바꾸지 않았다.

델프 수문은 더들리와 스타워브리지 운하로를 연결하는 여덟 개의 수문으로 이루어져 있었다. 각 수문이 길이 21미터, 깊이 25미터에 이르렀다. 두기가 이곳에서 보낸 수많은 시간을 생각하면 그가 죽기에는 무척 잘 어울리는 곳이었다.

처음에 알렉스는 맬컴의 전화에 충격을 받았다. 맬컴이 그녀의 전화 번호를 기억하고 있는 줄 전혀 몰랐기 때문만은 아니었다. 그래도 지금은 맬컴의 기억력이 고마웠다. 제시카와 상담을 하는 동안 알렉스에게는 부재중 통화 일곱 번이 걸려왔고 알렉스는 호기심에 그 번호로 다시 전화를 걸었다.

처음에 알렉스는 맬컴의 말을 믿지 않았다. 두기처럼 멋모르는 멍청이가 그렇게 영리할 리는 없었다. 하지만 맬컴의 계속되는 이야기에는 귀를 기울일 수밖에 없었다.

처음에 솟구쳤던 분노는 그녀 자신을 향한 것이었다. 알렉스는 두기가 관심을 보이는 게 자기를 좋아하기 때문이라고 생각하고 그 녀석을 무시했다. 하지만 두기 문제를 쉽게 해결할 수 있다는 생각이 들자 분노는 무뎌져 약한 짜증이 됐다.

두기는 처음에 알렉스를 보고 놀랐다. 하지만 알렉스에게서 킴이 그와 이야기하고 싶어 한다는 말을 듣자 마음을 가라앉혔다. 지금 두기가 이곳에 서 있는 이유도 킴 때문이었다.

알렉스는 그가 오른쪽을, 그다음에는 왼쪽을 엿보는 모습에 기분이 좋아졌다.

"이런, 두기. 내 말을 믿은 거야?"

그녀는 손전등으로 두기의 얼굴을 비추었다. 진눈깨비가 둘 사이로 점점이 떨어졌다. 두기는 눈을 깜빡이더니 눈앞으로 손을 뻗었다.

알렉스가 미소 지었다. "이 우스꽝스럽고 멍청한 놈 같으니. 곧 네 인생이 바뀌게 될 거야. 겁먹을 필요는 없어. 너한테 난생처음으로 쓸모 있는 존재가 될 기회가 생길 테니까. 물론 너는 아무 의미도 없고 가치도 없는 존재야. 하지만 나한테 너는, 네가 그토록 소중하게 여기는 킴에게 메시지를 보낼 방법이란다."

그녀는 두기에게 킴이라는 이름을 내뱉고 고개를 저었다.

"난 널 완전히 바보라고 생각했지 뭐니? 그런데 날 이렇게 놀라게 하다니. 두기, 난 놀라는 걸 좋아하지 않아."

알렉스가 손전등으로 둘 사이의 공간을 비추면서 한 발짝 다가갔다. 손전등 불빛이 두기의 몸을 타고 아래로 향하자 그녀가 크게 웃었다.

그녀는 불빛으로 그의 사타구니를 비추었다. "아, 두기. 너 오줌 쌌구나? 부끄럽지 않아?"

알렉스는 두기의 불편한 마음이 즐거웠고 그의 두려움에 희열을 느꼈다.

"덜떨어지기만 한 게 아니라 글도 몰랐다면 훨씬 더 좋았을 텐데."

알렉스는 그의 얼굴을 다시 비추었다. 두기의 머리는 살짝 기울어져 있었고 그의 두 눈은 왼쪽 위를 보고 있었다. 무슨 말을 하려는 듯 그의 입이 움직였지만 알렉스가 아는 한 그는 한 번도 말을 해본 적이 없었다.

두기는 비틀어 뽑으려는 것처럼 두 손을 몰래 움직였다. 알렉스는 두기의 팔을 잡고 그를 물가로 끌고 갔다.

두기는 별다른 저항을 하지 않았다. 알렉스는 그의 몸에서 자기 손으로 떨림이 전해지는 것을 느꼈다.

두기는 어느 순간에든 원하기만 하면 알렉스를 신체적으로 제압할 수 있었다. 하지만 그는 독일산 셰퍼드처럼 둘 중에서 자기가 더 크고 강한 존재라는 사실을 몰랐다. 두기의 머릿속에서는 알렉스가 더 강한 존재였다. 그는 굳이 싸움을 일으키지 않았다.

두기가 서 있던 자리에서 움직이지 않으려고 하는 바람에 그의 두 발이 자갈에 끌렸다. 알렉스에게는 쓰레기봉투를 다루는 것 정도로나 힘겨운 일이었다.

"아, 왜 이러니, 두기. 애먹이지 말자." 그녀는 두기를 수문 가장자리로 밀치며 말했다.

알렉스는 손전등으로 심연을 비추었다. 두기의 입술에서 작은 울음소리가 새어 나왔다. 물이 벽에 찰싹거리는 곳까지 거리가 약 10미터쯤 될 것 같았다.

그녀는 미소 지으며 두기의 어깻죽지 사이에 손을 댔다. 그저 쿡 찌르는 것만으로도 그녀는 두기가 앞으로 굴러떨어지게 만들 수 있었다.

67

킴은 멀리서 풍덩 소리를 들었다. 그녀의 옆에서도 물은 여러 가지 소리를 냈지만 저렇게 큰 소리는 나지 않았다.

킴은 우뚝 멈춰 서서 열심히 귀를 기울였지만 이제 알아들을 수 있는 소리라고는 피가 그녀의 몸 전체를 따라 쿵쿵거리며 흐르는 소리뿐이었다.

그녀는 재빨리 앞으로 움직였다. 데이비드와 만나기로 한 지점에 도착하기까지는 아직 운하가 3킬로미터 정도 남아 있었다. 그 말은 킴이 혼자라는 뜻이었다.

어떤 선택지가 있는지 생각해볼 시간이 없었다. 뭔지는 몰라도, 아니, 누군지는 몰라도 킴은 풍덩 소리를 낸 존재를 찾아야 했다.

살짝 휘어진 예선로 모퉁이를 돌자 수문에 손전등을 비추며 허리를 숙이고 있는 한 사람이 눈에 들어왔다. 킴은 한때 알렉스가 무슨 짓을 저지를 수 있는지 몰랐지만 지금은 아니었다. 저 미친 여자가 두기를 민 게 확실했다.

물속에서 팔을 휘둘러대는 첨벙첨벙 소리가 났다.

킴이 두기를 구하려 하면 알렉스는 빠져나갈 시간을 충분히 벌 터였다. 그리고 그녀는 평범한 범죄자가 아니었다. 킴은 절대로 알렉스를 다시 찾을 수 없을 것이다.

킴은 모퉁이 너머로 몸을 기울이고 그들 사이의 거리를 빠르게 가늠했다. 15미터.

기왕 움직일 거라면 빠르게 움직여 기습이라는 요소를 활용해야 했다. 킴은 무슨 일을 해야 하는지 알고 있었다. 그녀는 서둘러 재킷을 벗어 땅에 던졌다. 부츠는 신고 있을 수밖에 없었다. 시간이 모자랐다. 첨벙거리는 소리가 점점 약해져 갔다.

킴은 심호흡을 하고 셋까지 센 다음 그 거리를 단숨에 가로질렀다.

그녀는 내내 알렉스에게 시선을 두고 있었다. 알렉스의 얼굴은 보이지 않았지만 놀란 표정은 짐작할 수 있었다. 됐다. 그걸로 킴은 필요한 만큼 알렉스의 주의를 돌릴 수 있었다.

3미터.

1미터.

쾅!

그녀는 알렉스를 들이받아 물에 빠뜨렸다.

킴은 심호흡을 하고 알렉스를 따라 바로 물속으로 뛰어들었다.

68

브라이언트는 탁자 맞은편의 로빈 파크스를 마주 보았다.

브라이언트는 성급한 판단을 하는 사람도 아니었고 심지어 직감을 믿지도 않았다. 그런 일은 대장에게 맡겨두었다. 브라이언트는 처음에 누군가를 싫어하는 마음이 들더라도 그들에게 무죄 추정의 원칙을 적용하려 했다.

남자는 의자에 깊숙이 기대앉아 의자 앞다리를 바닥에서 떼고 오른발을 왼쪽 무릎에 얹고 있었다. 그는 짙은 색 청바지와 브이넥 스웨터 차림이었다.

"파크스 씨, 오늘 저녁에 이야기를 좀 나누고 싶다는 요청을 들어주셔서 감사합니다."

로빈 파크스는 아량을 베풀듯 두 팔을 벌렸다. "도움이 된다면야 얼마든지요."

브라이언트는 그 말의 이면에 깔려 있는 비웃음을 알아들었지만 애써 반응을 보이지 않았다.

"스톤 경위님과 제가 최근 파크스 씨와 이야기를 나눴는데…."

"경위님이라? 불도그라고 해야 하는 거 아닌가? 어디 내보내려면 꼭 입마개를 씌워야 할 것 같던데."

브라이언트는 탁자 밑에서 자기 발목을 걸어찼다. 하, 이건 잘될 것 같지 않은데.

"그때, 지하실에서 누군가가 파크스 씨의 매형과 최소 한 번 이상 같이 있었다는 걸 알아냈다고 말씀드렸는데요."

"내 동생을 겁주는 동안 그런 얘기를 했을지도 모르겠네요."

파크스는 의자를 앞뒤로 까딱거렸다.

"그게 누구일지 짐작하십니까, 파크스 씨?"

"솔직히 전 그런 사람이 존재하지 않는다고 생각합니다. 당신네 불도그가 웬디의 인생을 계속 지옥같이 만들려고 지어낸 얘기라고 생각해요."

"경위님이 왜 그런 일을 할까요, 파크스 씨?"

제기랄, 미끼를 물고 말았다.

로빈 파크스는 앞으로 몸을 숙였다. "그야, 그 여자는 남자로 태어났으면 좋았을 거라고 생각하는 게 분명하니까요. 원한에 가득 찬 외로운 여자인 거죠. 그래서 자기가 느끼는 모든 좌절감을 아무 죄 없는 사람들한테 쏟아놓는 거예요. 그게 이유입니다."

파크스는 다시 의자를 앞뒤로 까딱거렸다. 자랑스러운 게 분명했다.

"파크스 씨 생각에는 그럴 수도 있죠." 브라이언트는 목소리를 고르게 유지하려고 애쓰며 말했다.

"경사님도 물론 같은 생각이실 텐데요. 그 여자는 무례하고 기분 나쁘고….”

“분명 기억에 남는 분이기도 한가 봅니다. 제가 이 자리에 앉은 이후로 쉬지 않고 경위님 얘기를 하시는 걸 보니 말이죠.”

까딱거리던 의자는 멈추었지만 브라이언트는 계속 밀고 나갔다.

“파크스 씨, 우리는 법의학 증거와 모발을 가지고 있습니다. 둘 다 레너드의 것이 아니더군요.”

의자 앞다리가 내려앉았다. “그래서요?”

브라이언트는 고개를 끄덕이고 녹음이 되도록 말했다. “네. 파크스 씨도 아시다시피 데이지는 그곳에 있었던 사람이 아는 사람이라고 확인해줬습니다. 혹시 도움이 될 만한 정보를 주실 수 있을까요?”

방의 분위기가 바뀌었다.

“그 지하실에야 나도 내려가본 적 있지만….”

“표본을 제공해주신다면 제가….”

“씨발, 그건 안 되지. 난 당신들이 어떻게 일하는지 봤어. 당신 상관은 조금이라도 기회가 있었으면 내 동생한테 누명을 씌웠을 거야.”

로빈 파크스는 의자를 밀어젖히고 일어섰다.

“내가 여기 온 건 자발적인 결정이었습니다. 맞죠?”

브라이언트는 고개를 끄덕였다. 파크스는 굳이 브라이언트의 대답을 확인하지도 않았다.

“어떻게 돌아가는 상황인지 알겠으니까 이제 가봐야겠네요.”

브라이언트가 일어섰다.

“파크스 씨, 부탁입니다. 지금 우리가 말하는 애들은 당신 조카예요. 당신이 동생을 얼마나 사랑하는지 알고 있지만 피해자는 동생이 아니라는 점을 기억해주십시오. 제 상관에 대한 분노 때문에 수사에 차질이 빚어지도록 놔두지 마십시오."

브라이언트는 파크스의 두 눈이 분노로 가득 찬 것을 보고 놀랐다. "모르겠어? 난 누구한테든 화를 낼 수밖에 없어. 걔들은 내 가족이고 난 그 애들을 내 딸처럼 사랑한다고. 그 애들을 지키기 위해서라면 내 목숨도 내놓을 거야. 짐승 같은 매형이 저지른 짓을 알아차리지 못했다는 걸 받아들이는 것만으로도 힘들었어. 하지만 거기에 다른 누군가가 있었다는 말은 절대로 믿지 않을 거야. 만일 그랬다면 내가 알았을 거라고."

"파크스 씨, 저도 이해…."

"개소리 마." 파크스는 그렇게 내뱉더니 쿵쾅거리며 방을 나섰다.

브라이언트는 다시 의자에 주저앉았다. 파크스가 정말로 자존심 때문에 수사를 방해하는 걸까? 그는 자기가 조카들의 학대 사실을 알아차리지 못했다는 걸 인정하지 못했지만 증거를 코앞에 들이밀자 반박하지도 못했다. 다른 사람이 연루됐다는 것도 놓쳤을까? 아니면 다른 사람이 있었을지도 모른다는 가능성을 부정하는 게 완전히 다른, 더 불길한 이유 때문일까?

이제는 대장과 이야기해볼 시간이었다.

69

물이 얼음장처럼 킴의 얼굴에 부딪혔다. 킴은 물에 빠지면서 자기 왼손이 누군가의 팔다리와 부딪히는 것을 느꼈지만 그게 누구인지는 알 수 없었다.

왼쪽에서는 물 튀기는 소리와 움직이는 소리가 났다. 오른쪽에서는 훨씬 더 느리고 덜 격렬한 활동이 느껴졌지만 아무것도 보이지 않았다.

킴은 운을 걸어보았다. 왼쪽을 걷어차며 오른쪽으로 헤엄친 것이다.

고통에 찬 알렉스의 비명이 보상으로 돌아왔다. 킴은 오른쪽 어딘가의 더 약한 움직임이 이미 지친 두기일 거라고 생각했다.

운하의 물이 사방으로 움직였다. 킴은 잠시 시간을 들여 자세를 바로잡고 핸드폰이 떨어진 곳에서부터 작업을 시작했다. 그녀는 옆으로 헤엄치며 그 공간을 가로질렀다.

어서, 두기. 어디 있는 거야?

킴의 발이 금속 사이에 끼었다. 그녀는 그걸 걷어차 떨쳐버리려 했지만 소용없었다. 거미줄에 발목이 걸린 것만 같았다. 그녀는 물속으로 손을 뻗어 자전거 바큇살에서 다리를 빼냈다.

킴은 같은 지점을 세 번째 돌았을 때 간신히 떠 있는 두기의 몸과 부딪혔다. 두기의 팔은 개헤엄 치듯 여전히 물을 두드려댔지만 그의 머리는 아래쪽으로 처지고 있었다. 그는 아무 소리도 내지 않았다.

킴은 손을 뻗어 두기의 목덜미를 잡고 얼굴이 물 밖으로 나오도록 그의 몸을 끌어 올렸다. 두기가 기침을 하더니 입에서 물을 토했다. 하지만 그는 힘을 빼고 킴에게 몸을 기대지 않았다. 킴의 손길에 놀라 투지가 조금 더 생겼는지 움직이기 시작했다. 그는 목숨을 구하려고 싸우고 있었다. 잘됐네. 내가 알렉스인 줄 아는구나.

"두기, 나예요. 킴." 그녀가 말했다.

킴은 왼손을 물속에서 들어 그의 뺨에 가만히 대는 한편 떠 있으려고 두 다리를 격렬히 움직였다. 두기에게 그가 안전하다는 것을 알려주어야 했다.

피로가 몸을 덮쳐오는 게 느껴졌다.

"괜찮아요, 두기. 그냥 힘 빼요. 나랑 싸우려 들지 말고요."

그러자 두기가 몸에 완전히 힘을 풀었다. 킴은 그가 보여준 믿음에 조용히 감사했다.

킴은 오른손을 그의 턱 아래에 대고 몸을 뒤집었다. 그녀의 두 다리가 물속에서 증기선처럼 움직였다. 킴의 몸만이 둘 모두가 안전한 곳으로 갈 유일한 에너지원이었다.

킴의 정수리가 운하의 측면 벽에 쾅 부딪혔다.

그녀는 벽을 따라 움직이려고 자세를 잡았다. 오른손으로 두기를 끌어당기며 왼손으로는 방향을 찾았다.

킴은 수문 세 곳에 사다리가 있다는 걸 알고 있었지만 그게 어딘지는 도무지 알 수 없었다.

두어 번 더 팔을 젓자 손이 금속 받침대에 부딪혔다. 됐다. 킴은 그 금속을 붙잡았지만 두기를 끌어당길 겨를도 없이 뭔가가 뺨에 닿는 것을 느꼈다. 킴은 너무 늦게 그것이 가죽이라는 것을 알아차렸고 그다음에는 하이힐이 그녀의 머리를 짓밟는 힘을 온전히 느꼈다. 아주 잠깐은 고통으로 시야가 흐려졌다. 그런 다음, 킴은 이게 무슨 상황인지 깨달았다. 제기랄, 알렉스가 그녀의 위에 있었다. 알렉스가 사다리를 기어오르는 중이었다.

킴은 그 여자가 도망치도록 놔둘 수 없었다.

"두기, 발 저어요." 킴이 잠시 두기를 놓으며 소리쳤다.

킴은 몸을 비틀어 위쪽으로 손을 뻗었다. 그녀의 왼손이 탈출하려는 스타킹 신은 발목을 꽉 잡았다. 킴은 손가락으로 그 발목을 조이며 아래로 당겼다. 알렉스가 헛숨을 들이켜는 소리가 들렸다. 알렉스는 사다리에서 완전히 떨어지지는 않았지만 몇 칸 아래로 내려와 있었다. 사다리의 금속 모서리가 킴의 뺨에 파고들었다.

킴은 두기 쪽으로 손을 내밀었다. 간신히 그의 후드를 잡을 수 있었다. 킴은 지지대에 매달린 채 두기를 자기 쪽으로 끌어당겼다. 온몸의 근육이 불타는 듯했다.

"내가 떠나면 사다리를 기어오르는 겁니다. 밖으로 나가지는 말고요. 알았죠?"

킴은 두기가 그녀의 팔에 대고 고개를 끄덕이는 것을 느꼈다.

두기가 금속을 붙들고 있다는 걸 확인하자마자 킴은 억지로 사다리에 기어올랐다. 수면 위로 몸이 솟아오르자 엄청나게 많은 물이 그녀의 옷에서 빠져나왔다. 킴은 하마터면 다시 수문으로 끌려들어갈 뻔했다.

킴은 난간을 꽉 잡고 억지로 한 발을 다른 발 위로 들어 올렸다. 사다리에서 움직이는 건 그녀뿐이었다. 제기랄, 알렉스는 물 밖으로 나갔다. 올라가는 길은 끝없이 이어지는 것만 같았고 가로대를 하나하나 올라갈 때마다 킴의 근육은 더욱 크게 비명을 질렀다.

꼭대기가 가까워지자 손전등 빛이 희미하게 보였다. 그러나 알렉스의 흔적은 여전히 보이지 않았다.

킴은 몸을 끌어올려 사다리에서 벗어났다. 두 다리에 힘이 빠졌고 옷이 머금은 물 때문에 등에 사람을 하나 지고 있는 것만 같았다.

그녀는 비틀거리며 앞으로 움직이면서도 자세를 바로잡았다. 이제는 알렉스가 겨우 3미터, 1미터 앞서 있는 것이 보였다.

킴은 두 다리에 더 빨리 움직이라고 명령했다. 그녀는 자갈길을 빠르게 달려 최대한 시간을 벌었다.

킴은 마지막으로 땅을 차고 몸을 날려 알렉스를 땅에 처박았다.

70

킴은 두 팔로 알렉스의 허리가 아니라 젖은 바지를 감싸 안으며 계산이 틀렸다는 걸 깨달았다. 그래도 뭔가를 잡기는 했으니 놓지 않을 생각이었다.

알렉스는 헛숨을 들이키며 앞으로 넘어졌다. 킴은 그녀에게 단단히 매달려, 어렵게 빼앗은 럭비공이라도 되는 것처럼 알렉스의 팔다리를 자기 몸에 꽉 붙였다.

이제 알렉스는 땅 위에서 몸부림치고 있었다. 몸을 앞으로 당겨 킴의 손아귀에서 벗어나려 했다.

킴은 바지의 천이 팔 사이로 빠져나가는 것을 느꼈다. 동시에 스타킹을 신은 두 발이 킴의 가슴을 걷어찼다. 아까 알렉스의 신발이 벗겨진 게 다행스러웠다.

킴은 알렉스의 왼쪽 발목을 잡아 오른쪽으로 홱 꺾었다.

알렉스는 고통에 비명을 지르면서도 계속 앞으로 움직였다. 쓸모없는 일이었다. 킴에게는 다른 뭔가가 필요했다.

"알렉스…. 나한테…. 네가 원하는…. 답이 있어." 킴은 쉴 수 있는 대로 짧고 밭은 숨을 쉬며 억지로 말했다.

알렉스는 잠시 몸부림을 멈추었다. 그거면 충분했다. 킴은 알렉스를 뒤집어 눕힌 다음 그녀의 몸을 타고 앉았다. 그녀는 알렉스의 갈비뼈를 두 무릎으로 조였다.

그들은 다리의 가로등이 드리운 둥근 빛의 가장자리에 있었다.

알렉스의 가슴이 움직이는 것이 느껴졌다. 그녀는 공기를 빨아들이느라 애써 폐를 부풀리고 있었다. 이 여자와 가까운 곳에 있으니 물에 빠졌을 때보다도 쓴맛이 혀끝에 돌았다.

"나한테서…. 떨어져." 알렉스가 격렬하게 소리쳤다.

킴은 고개를 저었다. "그렇게는 못 하지, 이 사이코야."

킴은 밑에 깔린 이 여자를 때리고 걷어차 죽이고 싶은 마음이 굴뚝같았지만 그 전에 이야기를 나눠야 했다.

이 여자와 몇 주 동안이나 무도회장 건너편에서 서로를 바라보고 있었던 것만 같았다. 킴은 눈에서 젖은 머리카락 한 가닥을 쓸어냈다.

"나한테 네가 원하는 답이 있어."

"무슨…. 소리야?"

킴이 미소 지었다. "난 두 시간 전에 제시카의 집에서 나왔어."

"그래서?"

킴이 웃었다. "그게 다야?"

"넌 날 놓쳤어."

"넌 루스를 조종해 앨런 해리스를 살해하게 했어. 배리 그랜트가 저지른 일의 배후에도 네가 있었고. 제시카 로스는 너에게 도움을 받으러 갔지만 당국에서 알고 있는 것보다 훨씬 불안정한 상태였어. 넌 제시카가 무슨 짓을 저질렀는지 알고 있었으면서도 전혀 상관하지 않았지. 너한테 중요한 건 그다음에 제시카가 느낄 감정뿐이었으니까. 안 그래?"

킴은 그녀에게 깔린 알렉스의 몸이 뻣뻣해지는 것을 느꼈다.

"셰인한테 실망한 것처럼 루스한테도 실망한 거야?"

"그때 이후로 난 루스를 만난 적이….."

"만날 필요가 없었겠지. 네가 알고 싶어 했던 걸 브라이언트랑 내가 알려줬으니까. 그 이후로 넌 다시는 루스를 만나고 싶다고 한 적이 없어."

알렉스는 아무 말도 하지 않았다.

"네 마지막 기니피그 제시카 말이야. 오늘 아침 네 진료실에서 나오자마자 집으로 가서 자기 아이를 질식시킨 여자."

"세상에, 제시카가….."

"그만 좀 해, 알렉스. 넌 내가 이 게임에 끼어들기를 원했어. 그래서 내가 왔잖아. 그러니까 날 모욕하려 들지 마. 난 이 게임에 참여할 수밖에 없고 네가 원한 것도 바로 그거니까."

킴은 밑에 깔린 몸에서 힘이 빠지는 것을 느꼈다.

"정 그렇다면야."

"제시카한테 무슨 일이 일어났는지 알고 싶어?"

알렉스는 가만히 있었다. 킴은 그녀가 간절히 알고 싶어 한다는 걸 알수 있었다. 이 여자는 뼛속까지 젖은 채 운하의 예선로에 누워 있으면서 조금도 저항하지 않았다. 얼마나 알고 싶었으면.

"물어보면 대답해줄게."

알렉스의 아래턱에 긴장감이 어리는 것이 보였다.

"어서, 알렉스. 물어봐."

"제시카의 감정은 어때?" 알렉스가 조용히 물었다.

"이걸로 증명됐네. 아기가 죽었는지, 살았는지는 알고 싶지도 않아? 너야 아무 상관 없겠지만 그 질문부터 대답해줄게. 제이미는 살아 있어, 알렉스. 넌 제시카의 감정만 알고 싶어 하지만."

알렉스의 시선이 킴을 태워버릴 듯했다.

"뭐, 얘기해줄게. 제시카는 엄청난 죄책감을 느끼고 있어."

알렉스가 킴에게서 벗어나려고 몸부림쳤지만 킴은 대비하고 있었다. 그녀는 알렉스의 배에 할 수 있는 대로 몸무게를 싣고 오토바이를 타는 것처럼 엎드려 무게중심을 바꿨다. 버둥거리는 팔이 그녀의 얼굴을 치려 하자 킴은 그 팔을 잡아 꽉 붙들었다.

"너는 평생 양심 없이 살아왔어. 아무 죄책감도 없이. 넌 소시오패스가 절대 양심을 발달시킬 수 없다는 걸 알고 그걸 뒤집어보고 싶었던 거야. 너는 양심을 빼앗을 능력을 원했어. 망가지기 쉬운 사람을 위험한 소시오패스로 바꿔보려고, 그 사람들이 죄책감 없이 비열한 짓을 저지르게 하려고 이 모든 짓을 벌인 거야."

알렉스가 증오를 담아 입을 꽉 다물었다. 반박하려는 모든 시도가 사라졌다.

킴은 말을 이었다. "넌 실험 대상들을 조종해서 네가 원하는 일을 하도록 만들 수 있다는 건 알고 있었지. 하지만 넌 그 사람들이 죄책감을 느끼지 않고 그렇게 하기를 바랐어. 넌 네가 인간의 본성을 통제할 수 있을 거라고 생각할 만큼 오만했던 거야."

"법정에서 그렇게 말해 봐. 너한텐 아무 증거가…."

알렉스는 말을 멈추고 몸을 위로 뻗대며 킴의 오른쪽 무릎을 풀어냈다.

킴은 그녀를 다시 누르려고 했지만 알렉스가 사지를 꿈틀거렸다. 킴은 알렉스의 오른손으로 손을 뻗었지만 알렉스가 먼저 킴의 손을 잡았다.

알렉스는 붕대를 감은 킴의 손바닥을 꽉 쥐고 손가락으로 세게 파고들었다. 통증이 머리까지 뻗치자 킴의 눈앞에 별이 보였다.

킴은 손을 풀어내려 했지만 알렉스가 다시 힘을 주었다.

킴은 배 속에서 구역질이 치미는 것을 느꼈다.

알렉스가 다시 힘을 주었다. 킴은 고통스러워 옆으로 굴렀다.

알렉스는 단 한 번의 빠른 동작으로 킴에게 올라탔다. 힘의 균형이 바뀌었다.

"맞아, 키미. 이젠 내가 너에 대해서 얘기할 차례야."

71

브라이언트는 쿵쾅거리며 본부로 달려 들어왔다.

"너희 둘 중에 한 명은 대장한테서 연락받았지?"

케빈과 스테이시는 고개를 저었다. 브라이언트가 핸드폰을 꺼냈다.

"그만해요, 브라이언트. 우리가 부재중 통화로 대장 배터리를 방전시킨 걸지도 몰라요."

브라이언트는 어쨌든 다시 전화를 걸었다. 신호가 계속되면서 그는 불길한 느낌을 받았다. 공포가 브라이언트의 뱃속을 굴러다녔다. 두 동료도 그의 모습을 거울처럼 비추었다. 브라이언트는 자신이 킴을 실망시켰다는 설명할 수 없는 느낌을 받았다.

그는 킴이 아직 손 박사를 수사하는 중이었다는 사실을 알고 있었다. 킴은 그 사건을 그냥 놔둘 수가 없었으니까. 킴은 너무도 여러 번 브라이언트에게 자신의 의심을 이야기하려 했지만 브라이언트는 킴의 말을 무시했다. 킴에게 모든 건 그녀의 상상이라고 말했다. 브라이언트는 자신이 킴의 의지를 과소평가했다는 걸 알고 있었다. 킴의 세상에서는 그 누구도 빠져나가지 못했다.

그런데 지금은 아무도 킴이 어디에 있는지 몰랐다.

"찾아봐야 할까요?" 스테이시가 물었다.

"어디서부터?" 브라이언트가 물었다.

세 사람이 상관을 찾아 웨스트미들랜드를 뛰어다닌다는 소식은 우디에게 들어갈 게 뻔했고 그건 킴에게 좋은 일이 아니었다.

"제기랄. 그냥 대장을 믿는 수밖에 없어."

어쩌면 그들은 아무것도 아닌 일로 걱정을 하는 걸지도 몰랐다. 킴에게는 핸드폰을 꺼둘 자격이 있었다. 혼자만의 시간을 보낼 자격이. 마음이야 따뜻해졌지만 브라이언트가 진심으로 믿을 수 있는 생각은 아니었다.

브라이언트는 친구가 곤경에 빠져 있으며 자신은 어떤 식으로든 그녀를 도와줄 수 없다는 걸 알고 있었다.

72

"씨발년아, 한 번만 더 그렇게 불러 봐." 킴이 알렉스에게 소리쳤다.

알렉스는 대답 대신 미소 지었다. 이 자세가 훨씬 더 편했다. 그녀는 위에서 아래를 내려다보는 편이 더 좋았으니까. 이제부터는 재미를 좀 볼 생각이었다.

"어머, 미안. 네 엄마만 쓰는 애칭이지?"

알렉스는 적의 눈에 비친 순수한 증오를 보았다. 그거면 적절한 보상이 됐다. 사랑과 증오는 너무도 분명히 얽혀 있으니까. 알렉스는 그 증오를 받아들일 생각이었다.

킴이 마구 뻗대며 몸부림쳤지만 알렉스는 승마로 단련된 허벅지 근육으로 킴을 단단히 붙들었다. 킴이 떠들어대는 내내 알렉스는 자신이 위에 올라갈 수만 있다면 이 게임의 승자가 된다는 걸 알고 있었다.

폭력은 한 번도 알렉스의 강점인 적이 없었다. 몸싸움이 킴의 약점인 것도 아니었다. 알렉스가 부러뜨리고 싶은 건 킴의 뼈가 아니었다. 뼈는 결국 다시 붙을 테고 킴은 이 게임에서 아무런 영향도 받지 않을 테니까. 밑에 깔린 여자의 약점은 구미가 당기게도 과거에 있었다. 정신을 가지고 장난하는 것이야말로 알렉스의 특기였다. 이제는 이 형사 자체를 부러뜨려 반토막으로 만들 시간이었다.

"나한테 넌 흥미로운 존재야, 킴. 넌 지능이 높지만 내면에 갇혀 있어. 운명이 너한테 그려준 인생의 지도에 맞서 계속 싸우고 있지."

"끝내주는 통찰력이긴 한데, 좀 넘어갈 수 없을까? 내가 할 일이 있어서."

"빈정거리는구나, 킴. 네가 평소에 잘 쓰는 방어 수단이지. 하지만 너도 늘 그렇게 생각하지 않아? 너는 매일 네가 되었어야만 하는 존재가 되지 않으려고 싸우고 있어."

"그래서 전 뭐가 됐어야 하나요, 프로이트 박사님?"

"알코올중독자. 마약중독자. 네가 진심으로 사랑한 유일한 사람이 네 곁에서 그토록 끔찍하게 죽었다는 사실은 증오로 가득한, 원한을 품은 비열한 인간을 만들어냈어야 해. 네 어머니 손에 맡겨져 있던 네 인생 초기의 경험들은…."

"이거 무슨 약 올리기 대회냐, 알렉스?" 킴이 몸을 옆으로 돌리며 물었다.

알렉스가 다시 자세를 잡았다. 그녀는 몸을 숙여 아래팔로 킴을 바닥에 고정하며 그녀의 몸을 십자가 형태로 만들었다.

이제 둘의 얼굴은 훨씬 더 가까워져 있었다.

알렉스는 잠시 뜸을 들이며 킴의 증오심을 즐겼다. 그녀는 속삭이듯 목소리를 낮추었다. "난 네 기록을 읽었어. 그래서 네가 살아가는 방식을 이해해. 너는 사는 동안 다른 인간을 절대 신뢰하지 못할 거야. 누가 널 탓할 수 있겠어? 네 동생이…."

"동생은 건들지 마, 이 좆같…."

"마이키는 네가 사랑한 유일한 사람이야. 그런데 넌 어머니한테 그 애를 빼앗겼어. 네 어머니는 너희 둘 모두를 학대하고 방치했지. 마이키가 더는 견딜 수 없을 때까지. 그런데도 너는 한 달에 한 번씩 엄마한테 전화를 걸고 있어. 그렇지, 키미?"

알렉스는 온몸을 휩쓸어오는 승리감을 감히 즐겼다. 이 여자는 상처가 너무도 깊어서, 과거로 조금만 돌아가도 영원히 망가질 수 있었다.

"널 지탱해주는 건 어머니에 대한 증오야. 모든 성취가, 모든 승리가 어머니에게 엿을 먹이려는 시도라고. 넌 어머니가 왜 그런 짓을 했는지 조차 묻지 않지. 그럴 여유가 없는 거야. 그랬다간 어쩔 수 없이 어머니를 용서해야 할지도 모르니까. 너한테 네 어머니는 완전한 악이어야만 해. 그렇지?"

"넌 아무것도 몰라."

"난 네 어머니가 가석방 심사 직전에 매번 폭력 사태를 일으킨다는 걸 알고 있어. 그래, 키미. 네 어머니는 널 위해서 자신을 가두고 있는 거야. 딸한테 줄 수 있는 유일한 선물이 그거니까. 어때? 네가 만든 이미지랑 잘 어울리는 엄마 모습이니?"

킴의 눈에서는 아무 반응이 없었다. 반짝이는 빛도, 깜빡임도.

알렉스는 총알이 표적에 맞았다는 사실에 전율을 느꼈다. 명중이었다.

"너에 관한 기록에 타박상 기록과 병원 방문 기록이 있더라. 네 어머니는 망상에 빠져 마이키가 악마라고 생각했고 계속 그 애를 죽이려 했어. 너는 마이키를 지키기 위해서 계속 보초를 서야 했지."

자신의 눈과 너무도 가까운 두 눈에서 감정이 비어가기 시작하자 알렉스는 혼자 미소 지었다. 킴은 과거로 여행을 떠나고 있었다. 알렉스는 기꺼이 그녀를 과거로 데려다줄 생각이었다.

"하지만 결국 너는 마이키가 사라지는 것을 지켜보는 것 말고 아무것도 할 수 없었어. 너는 크래커 몇 개랑 콜라 약간을 가지고 그 애 옆에 누워 있었지. 넌 그 식량을 나눠 먹으며 버텼어. 마이키한테는 먹을 것을 줬지만 너 자신은 거의 먹지 않으면서. 그래도 충분하지 않았어. 안 그래? 넌 마이키한테 괜찮을 거라고, 누군가 올 거라고 말했지만 아무도 오지 않았어. 그렇지? 그래서 넌 마이키를 안은 채 그 자리에 누워 있었어. 마이키가 목숨을 건 싸움에서 천천히 패배해가는 동안 말이야.

사람들이 도와주러 올 때까지 마이키의 시체 옆에 얼마나 누워 있었니, 킴?"

알렉스는 적이 몸을 홱 움직일 거라고 생각했지만 그녀의 허벅지 사이에서는 아무 움직임도 없었다. 킴의 시선은 아무것도 보지 못한 채 알렉스 너머를 응시했다.

알렉스는 자신이 이 여자를 망가뜨렸다는 것을 알았다. 그녀는 킴의 약점을 바이올린처럼 연주했다. 일말의 움직임이나 감정도 느껴지지 않았다. 그녀는 킴을 과거로 다시 데려가 그곳에 놔두고 왔다. 알렉스는 킴이 다시는 돌아오지 못하게 해달라고 기도했다.

킴 스톤은 절대로 예전과 같아질 수 없을 것이다.

73

킴은 가로등에 시선을 고정하고 있었다. 그녀의 검지가 계속 움직였다. 딱⋯. 한 번만⋯. 더⋯. 됐다. 안전핀이 붕대에서 풀려나왔다.

킴은 눈에 다시 초점을 잡으며 미소 지었다. "진짜 그게 최선입니까, 박사님?"

그녀는 알렉스의 얼굴에 떠오른 혼란스러운 표정을 잠깐 즐기다가 붕대 감은 손을 땅에서 휙 들어 올렸다.

킴의 손바닥이 알렉스의 목에 닿았다. 킴은 안전핀이 피부를 파고드는 것을 느끼고 손을 더 바짝 밀어 넣으며 핀 끝을 최대한 알렉스의 목에 찔러 넣었다.

알렉스가 아파서 비명을 지르며 옆으로 구르려 했지만 킴은 그녀의 목을 꽉 쥐고 몸을 비틀어 밑에서 벗어났다.

킴은 몸을 일으켜 세우며 알렉스도 같이 끌어당겼다. 알렉스의 손이 킴의 손가락을 쥐어뜯으려 했지만 킴은 놓을 생각이 없었다.

킴은 두려움이 가득한 두 눈을 깊숙이 들여다보며 여자를 꽉 잡아 세웠다.

"내가 너무 기대가 컸나 보다, 알렉스."

알렉스는 다시 킴의 손을 뜯어내려고 애썼다.

"아무튼 잠시 서 있어줘야겠어. 내가 할 일이 있어서."

킴은 왼손을 뒤로 당겼다가 온 힘을 실어 알렉스의 얼굴을 후려쳤다.

그 주먹질에 알렉스가 뒤로 비틀거렸다. 킴의 오른손도 그 충격에 어쩔 수 없이 풀어졌다.

킴은 비틀비틀 앞으로 걸어가 알렉스를 내려다보고 섰다. 반격에 대비해야 했다. 언제든 이 여자가 일어날 수도 있었다.

왼쪽에서 어떤 움직임이 눈에 들어왔다. 한 사람이 그녀에게 달려오고 있었다.

"킴…. 킴…. 이게 대체…?"

데이비드가 땅에 누운 채 움직이지 않는 형상을 보고 멈춰 섰다. 킴의 두 다리가 지쳐서 후들거렸다. 데이비드가 손을 내밀어 그녀를 부축했다.

킴은 고개를 저었다. "두기를 데려오세요. 사다리에 있습니다."

데이비드는 킴을 한 번 더 쳐다본 다음 킴이 가리킨 쪽으로 향했다.

두기는 분명 킴이 시킨 대로 했을 것이다. 물 밖으로 나오면 두기는 약점이 될 터였고 킴은 알렉스의 모든 관심을 자신에게 집중시켜야 했다.

두기는 춥고 축축하고 두렵고 지쳐 있을 것이다. 하지만 살아 있겠지.

킴은 알렉스 옆 바닥에 주저앉았다. 알렉스가 파란 눈을 떴다. 핏물이 알렉스의 목을 따라 흘러내려 그녀의 머리카락으로 스며들었다.

싸움은 끝났다.

킴은 어둠 속을 바라보며 두 사람이 나오는 모습에 마음을 놓았다.

"내가 절대 널 놔주지 않으리라는 건 알고 있지." 알렉스가 조용히 말했다.

킴은 알렉스가 말하는 동안에도 데이비드가 두기를 단단한 땅으로 안내하는 모습을 지켜보았다. "저기에 네 파멸이 오고 있네."

두 사람이 킴 곁으로 다가왔다.

"알렉산드라 손, 더글러스 패리 살인 미수 혐의로 당신을 체포합니다.

당신은 묵비권을 행사할 수 있으나 향후 법정에서 진술할 내용에 관해 질문을 받았을 때 대답하지 않는다면 변호에 불리할 수 있습니다. 당신이 하는 말은 증거로 활용될 수 있습니다."

킴은 땅을 짚고 일어섰다. 바닥에 오래 앉아 있을수록 일어나기는 더 힘들어지니까. 멀리서 사이렌 소리가 들렸다.

그녀는 데이비드를 보았다. "당신이 불렀습니까?"

데이비드가 고개를 끄덕였다. 킴의 핸드폰은 운하 밑바닥 어딘가에 있었다.

킴은 앞으로 걸어가 두기 앞에 서서 왼손을 그의 뺨에 얹었다. 두기는 물러서지 않았다.

"내가 구해줄 거라고 믿어줘서 고마워요. 얼마나 어려운 일인지 압니다."

두기의 눈은 계속 왼쪽 위를 쳐다봤지만 그의 오른손은 위로 올라와 그녀의 손을 덮었다. 온몸에 어떤 감정이 흘러넘쳤다. 킴에게는 그걸로 충분했다.

사방에서 발소리가 밀려들면서 둘의 연결은 끊어졌다. 손전등 불빛이 그들에게 닿았다. 킴은 눈을 가렸다.

"경위님…."

킴은 옛 친구 자비스 경사를 보게 되어 기뻤다. 살해 현장에서 그와 의견 차이를 보였던 일이 너무도 오래전처럼 느껴졌다.

킴은 알렉스를 가리켰다. "경찰서로 데려가. 살인 미수 혐의야. 미란다 고지도 했고."

자비스는 고개를 끄덕였다. 경찰관 두 명이 손을 뻗어 알렉스가 일어나도록 도와주었다.

"그리고 이 두 사람은 집에 데려다줘야 해. 질문은 내일 아침까지 기다렸다가 해."

데이비드가 앞으로 나섰다. "킴…. 뭐가 어떻게 된 건지 모르겠지만…."

킴이 손을 들었다. "그냥 두기를 집으로 데려가서 옷이나 갈아입혀 주세요."

데이비드는 고개를 끄덕였고 그다음에는 미소 지었다.

"레프트 훅 실력이 끝내주던데요."

킴은 어깨를 으쓱하고 손을 들었다. 그 한 방 때문에 손마디가 빨갛게 부어 있었다. 그녀는 잠시 자기 손을 내려다 보았다. 새로운 역겨움이 느껴지기 시작했다.

"이런 제기랄." 그녀는 딱히 누구에게라고 할 것도 없이 내뱉었다. 레너드 던의 아이들이 떠올랐다.

이제 지하실에 있던 사람이 누군지 알 것 같았다.

74

킴은 오토바이에서 내린 뒤 신음하며 어둠 속으로 들어갔다. 도무지 끝나지 않을 것 같던 하루였다. 경찰서를 마지막으로 본 게 언제인지조차 생각나지 않았지만 지금 당장은 그 건물을 보니 기분이 좋았다. 입구에 서서 기다리고 있는 남자도 반가웠고.

젖은 옷이 계속 몸에 달라붙었다. 뼛속까지 떨리는 기분이었다. 앞으로 움직일 때마다 몸이 비명을 질렀다. 이제는 그녀의 손을 느슨하게 감싼 천 위로 피 웅덩이가 번져 나왔다.

킴은 오랫동안 뜨거운 물로 목욕하고 바니와 함께 소파에서 쉬고 싶었다. 하지만 당분간은 그럴 수 없었다.

"세상에, 킴⋯."

그녀의 이름을 부르다니 신경 쓰였다. 브라이언트는 끔찍하다는 듯 킴을 위아래로 훑어보더니 뭔가 말하려고 입을 열었다.

킴은 손을 들었다. "진짜⋯. 하지 마세요."

그는 고개를 끄덕였다. 킴의 꼬락서니에 대한 수백 가지 농담이 그의 입속에서 사라졌다.

"그 사람들은 왔습니까?" 그가 문을 열어주자 킴이 물었다.

킴은 아까 데이비드의 핸드폰으로 브라이언트에게 전화를 걸어 이런저런 지시를 내렸다.

"네, 하지만 아직도 잘 이해가⋯."

"곧 알게 될 겁니다." 킴이 말했다. 두 번씩 설명하고 싶지는 않았다.

브라이언트는 앞장선 킴을 따라 예전에 킴이 서 있었던 방에 다시 들어갔다.

이번에도 그녀는 로커로 이루어진 미로를 헤쳐나갔다. 하지만 지난번과는 달리 두 순경은 서 있었다. 둘 다 운동복에 청바지 차림이었다.

"거의 성공했어. 거의 날 속일 뻔했다." 킴이 로커에 기대며 말했다.

기댈 데가 있는 게 다행이었다. "근데 완전히는 아니야."

젱스의 얼굴이 빨갛게 물들었다. 청바지를 입고 있는데도 그의 두 다리가 떨리는 것이 보였다. 그는 벤치에 주저앉았다.

나이 든 순경 와일리는 킴 뒤쪽을 보았다. 그의 아래턱 근육이 느슨해지고 있었다.

"레너드를 때렸던 의도가 그거였나? 레너드 사건이 절대 법정으로 가지 못하게 하려고?"

젱스는 잠시 망설였다. "아뇨…. 전 그냥 너무 화가 나서…. 그 애들이 생각나서…."

"닥쳐, 젱스. 너한테 한 말 아니니까." 킴은 은퇴를 앞둔 순경을 돌아보았다.

"와일리, 당신한테 하는 말이야."

그의 얼굴에서 핏기가 완전히 가셨다.

"레너드를 때린 건 젱스가 아니었는데 당신은 젱스가 신세를 망치게 놔뒀어. 레너드를 때려놓고선 은퇴 때문에 어쩔 수 없다며 동료한테 거짓 자백을 시켰어."

킴은 다시 젱스를 돌아보았다. "와일리가 대신 자백해달라고 한 이유가 그거야? 그 어린 애들을 생각하니까 자제할 수 없었대?"

젱스가 고개를 끄덕였다. 킴과 와일리를 번갈아 보는 그의 눈썹이 일그러졌다.

"넌 속은 거야." 그녀가 고개를 저으며 말했다. "그건 와일리의 은퇴하고는 아무 상관도 없는 일이었으니까. 와일리가 너한테 거짓 자백을 시킨 건 자기가 그 지하실에 있었기 때문이야."

440

젱스의 입이 쩍 벌어졌다. 그는 고개를 젓기 시작했다. 킴에게는 그를 설득할 기운이 남아 있지 않았다. 그녀가 알아야 할 건 한 가지뿐이었다.

킴은 방의 맞은편으로 몸을 끌고 가 와일리에게서 몇 센티미터 떨어진 곳에 섰다. 그녀는 와일리의 눈을 똑바로 들여다보았다. 그 눈에서 진실이 보였다.

"애들을 만졌나?"

"맹세합니다. 제가 아니었어요…. 전 모릅….."

"로커 열어, 와일리."

그의 눈에 뭔가를 알아차린 빛이 떠올랐다.

킴이 손을 내밀었다. "직접 열든지 열쇠를 내놔."

와일리의 떨리는 손이 그의 주머니에서 기어 나왔다. 킴은 열쇠를 받아 자물쇠에 꽂고 돌렸다.

비좁은 공간에는 셔츠와 스웨터들이 철봉에 걸려 있었다. 로커 바닥에는 장화와 형광색 장비들이 높이 쌓여 있었다. 하지만 킴은 로커의 가장 위쪽 선반으로 손을 뻗었다.

어떤 책에 손이 닿았다. 그녀는 책을 꺼내 브라이언트에게 보여주었다.

"〈가장 긴 길〉이네요." 브라이언트가 고개를 저으며 말했다.

"이미 레너드를 알고 있었군요." 젱스가 소리쳤다. "우리가 그 신고를 받고 찾아갔을 때 레너드가 당신을 알아보고 이름을 불렀어요." 젱스의 목소리에서 믿기지 않는다는 기색이 뚜렷이 드러났다. "한 번도 생각 못 했는데! 망할, 당신은 그 새끼를 알고 있었어."

젱스는 벤치에서 일어났지만 브라이언트가 이미 그의 곁에 있었다.

"이 쓰레기 새끼야." 젱스가 브라이언트 뒤에서 고개를 내밀며 소리쳤다.

킴이 와일리를 돌아보았다.

"다시 더 묻겠다. 한번이라도 애들을 만졌나?"

킴은 몸속의 모든 감정을 다 써버린 것만 같았다. 하지만 무릎을 천천히 와일리의 사타구니로 들어 올리면서 감정이 완전히 사라지는 일은 없으리라는 걸 깨달았다.

"애들한테 손을…."

"아니…. 아니, 아닙니다…." 와일리는 턱에서 땀방울을 닦아내며 말했다. "그냥 보고 싶었어요. 호기심이 생겼습니다…. 맹세하는데, 만진 건 아니에요…."

킴은 물러섰다. 토사물이 목구멍 너무 높은 곳까지 올라왔다. 한마디만 더 나오면 끝이었다.

"경사!" 그녀가 문을 향해 소리쳤다. 이번에도 자비스 경사가 나타났다.

"바쁜 하루네요, 경위님." 그가 눈에 미소를 머금고 말했다.

킴은 그에게 다정하게 고개를 끄덕였다. 이제 둘은 서로를 이해했다.

"이 역겨운 것 좀 내 눈앞에서 치워줘."

"얼마든지요, 경위님."

킴은 젱스가 앉아 있는 벤치에 주저앉았다. 젱스의 두 손은 여전히 분노로 떨리고 있었다.

"너도 와일리한테 장단을 맞춰줬으니 한 방 먹게 될 거야. 하지만 이 일이 끝나고 나면 경력은 유지할 수 있을 거다."

"감사합니다. 근데 어떻게 아셨어요?"

"그러게요, 대장. 어떻게 아셨어요?" 브라이언트가 다시 물었다.

킴은 젱스의 오른손을 잡아 뒤집었다. "너, 그때 두 손으로 머리를 감싸고 있었지? 난 레너드 구타 사건이 벌어진 직후에 탈의실에 들어왔었는데 그때 네 손은 전혀 부풀지도 않았고 상처도 없었어. 와일리는 주머니에 손을 넣고 있었고."

"그게 다예요?" 브라이언트가 턱을 문지르며 물었다.

"그건 아니고요. 경사님이 책 이름을 얘기했을 때 어디서 들었거나 본 적이 있다고 생각했습니다."

킴은 독서용 안경을 봤던 일과 가정 폭력 신고로 던의 집을 방문했을 때 와일리가 잽싸게 던을 주방으로 데려갔다는 사실, 그가 너그럽게도 아이들을 잠자리에 데려다주었다는 사실은 언급하지 않았다. 웬디 던이 전혀 의심하지 못했던 것도 당연했다. 와일리는, 빌어먹을 경찰이었으니까.

킴은 젱스를 다시 돌아보았다. "폭행 사건 때 와일리가 복도까지 날 따라왔었어. 그냥 네가 저지른 일을 다시 한번 말해주려고 말이야. 또, 네가 그 집의 위치를 알고 있었다는 암시를 남기기도 했지. 나는 지하실에 있던 사람이 이미 아이들을 만나본 사람이라는 걸 알고 있었어. 그래서 네가 레너드를 때린 게 아니라는 걸 알아차렸을 때는 의심스러운 사람이 한 명밖에 남지 않았던 거야. 와일리는 경력을 쌓는 내내 한 번도 폭력성을 보이지 않았고 레너드 던이 와일리가 만나본 첫 번째 학대범인 것도 아니었으니 뭔가 더 있을 게 틀림없었어."

"세상에, 대장. 도박을 해도 유분수지…."

"자세한 내용을 알아내는 건 경사님한테 맡기겠습니다. 경사님이 취조하세요."

"기꺼이, 얼마든지 그러겠습니다."

킴은 벤치를 짚고 일어섰다. "그런데 그 전에, 엄청난 부탁이 있는데 좀 들어주겠습니까?"

"당연하죠."

"차 좀 몰아주세요. 집에 좀 데려다 주십쇼."

75

킴은 아직도 머릿속에서 덜그럭거리는 질문들에 대한 답을 찾아 마이키의 무덤 앞에 서 있었다. 우디는 킴에게 꼭 일주일을 쉬어야 한다고 했다. 이번만큼은 킴도 반박하지 않았다.

처음 며칠은 잠을 자고 개를 산책시키며 보냈다. 결국 바니는 목줄이 짤랑거리는 소리에 반응하지 않게 됐고 소파에서 꼼짝하지 않으려 했다.

그동안 킴은 오토바이에 집중할 수 없었다. 아주 간단한 지시 사항을 이해하는 것조차 불가능해 설명서와 도표를 보며 여러 시간을 보냈다. 하지만 사흘 전에는 배기구 매니폴드에서 부러진 나사를 꺼내는 데 성공했다.

운하 옆에서의 만남은 너무 많은 질문을 남겼다. 킴은 머릿속 모든 것을 나누어 상자에 넣고 이름표를 붙여두었다. 원래 킴은 그곳을 절대 찾아가지 않았다. 하지만 알렉스가 쿵쾅거리며 들어와 포장을 마구 뜯어버리고 사방에 기억과 감정들을 흩뿌려놓았다.

그곳에서 킴은 잠시 유혹을 느꼈다. 그녀의 일부는 알렉스를 따라 어둠 속으로 들어가고 싶어 했다. 모든 것을 놓고 싸움을 포기하고 싶었다. 마이키에 대한 기억과 인생의 첫 6년 속으로 녹아들고 싶었다. 하지만 그러지 않았다. 그러면 알렉스가 빠져나갈 테니까.

모든 것을 챙겨 넣고 다시 테이프를 붙이기까지는 시간이 좀 걸렸다. 그 이후로 며칠 동안 킴은 제정신을 붙들고 있는 자신이 얼마나 미약한지 고민했다. 결정할 시간이 다가오는 듯했다. 머릿속 상자들을 완전히 열어 그 내용물을 살펴보거나 더욱 꽁꽁 싸매거나. 킴은 두 행동의 결과를 모두 알고 있었다. 모든 것을 꺼내놓으면 그녀는 먹혀 버리게 된다. 그녀가 아는 삶으로 돌아올 방법은 없을지도 모른다.

반면 그 상자들에 못을 박아버리면 그녀는 어둠으로부터 안전해질 것이다. 제정신을 유지하고 보호받을 것이다. 그러나 외로움과 불신으로 가득한 삶을 형벌로 받게 되겠지.

알렉스에 대한 감정도 그만큼 복잡했다. 킴은 사람들의 인생과 감정을 가지고 노는 박사의 무자비함이 싫었지만, 그러면서도 그렇게 할 수 있는 그 여자의 능력에는 매료됐다. 킴은 자신의 가장 어두운 두려움을 전부 드러나게 한 박사가 싫었으면서도 자신을 거의 파괴할 뻔했던 그 여자의 기술에는 감탄했다.

킴은 숨을 깊이 들이쉬고 차가운 돌 옆에 웅크리고 앉았다. 그녀의 오른손이 죽은 쌍둥이의 이름을 쓸었다. 감정이 목구멍에 뭉쳤다. 그렇게 킴은 마이키에게 조용한 메시지를 전했다.

"마이키, 미안하지만 아직은 널 받아들일 준비가 안 됐어. 난 매일 네가 그리워. 충분히 강해지면 우리가 함께 보낸 시간을 모두 기억하겠다고 약속할게."

왼쪽에서 어떤 움직임이 눈에 들어왔다. 익숙한 형체가 그녀를 향해 언덕을 올라오고 있었다. 킴이 귓속말을 하듯 나지막하게 말했다. "하지만 지금은 널 내 친구한테 소개해주고 싶어."

브라이언트가 킴에게 다가와 테이크아웃 커피를 내밀었다.

킴은 묘비 쪽을 고갯짓했다. "이쪽은 제 쌍둥이 동생입니다. 죽었어요."

브라이언트는 묘지를 바라보았다. 브라이언트가 가진 최고의 자산 중 하나는 언제 질문을 던져야 하고 언제 침묵을 지켜야 할지 안다는 것이었다.

킴은 묘지에서 멀어져 벤치에 앉았다. 브라이언트가 그녀의 곁에 앉았다.

"킴….."

"현재 상황이나 알려주시죠." 킴이 커피를 한 모금 마시며 말했다.

"네, 와일리는 던과 함께 지하실에 있었다고 자백했습니다. 그때 단 한 번이었다고 주장했고 기록도 그의 말을 뒷받침했습니다. 나머지 증거에 더해 와일리의 증언까지 있으니 레너드 던은 얼굴 한 대 얻어맞았다는 이유로 풀려나지 못할 겁니다."

"루스는 만나봤습니까?"

브라이언트가 고개를 끄덕였다. "제가 모든 걸 말해주니 박사에게 불리한 증언을 할 기회를 달라고 애원하다시피 했습니다. 지금은 루스에게 유리한 쪽으로 소송이 이루어지고 있습니다. 옥살이야 하겠지만 출소한 다음에도 살아갈 시간이 꽤 많이 남아 있을 겁니다."

루스에 관해서는 킴의 생각이 옳았다. 누군가의 간섭이 없었다면 루스는 결코 그런 범죄를 저지르지 않았을 것이다.

킴은 제시카가 산후정신병으로 진단받았으며 가족과 격리돼 수용 시설에 들어갔다는 사실을 알고 있었다. 킴에게 호의를 베푸는 의미에서 테드가 그녀를 치료해주기로 했고 킴은 제시카가 최고의 도움을 받으리라고 자신했다.

킴은 새라 루이스에게 직접 전화를 걸었다. 새라는 집 앞에 걸려 있던 '매물' 표지판을 치웠다고 했다. 그 단란한 가족은 이제야 뿌리를 내릴 수 있었다.

"배리 그랜트는 생명 유지 장치를 떼어냈지만 아직 중환자실에 있습니다. 예후는 좋지만도, 나쁘지만도 않아요. 기억은 손상됐고, 아이러니하게도 배리는 다시 걷지 못하게 됐습니다."

킴은 데이비드와도 이야기를 나눴다. 그는 교도소에 있는 셰인을 면회했다고 했다. 셰인은 말이 없어졌고 다시 교도소로 돌아가게 된 이유를 절대로 털어놓지 않았다. 셰인은 데이비드에게 다시는 찾아오지 말라고 했다.

킴과 이야기하는 동안 데이비드는 킴의 회복 프로젝트를 지켜보고 싶다는 소망을 대놓고 내비쳤다. 킴은 아직 그를 마음속으로 초대하지 않았지만 그럴 가능성을 완전히 배제한 건 아니었다.

그러니까 알렉스의 피해자들은 대체로 잘 지내고 있었다. 하지만 킴 자신에 대해서는 별 확신이 들지 않았다. 외적으로는 킴도 회복했다. 그녀는 사건을 맡을 준비가 됐다. 그러나 잠은 거의 자지 못했고 몸에 나쁠 정도로 카페인을 마시고 있었다.

"네, 소식 알려줘서 고맙습니다. 이제 다시 가족한테로 꺼져요."

"여기가 대장의 집도 아니고, 저한테 가라 마라 할 수 없다는 건 아실 텐데요."

"부탁이라고 하면요?"

"대장을 환자로 만들어놓고 구조 요원을 부르죠."

"웃길 뻔했네요." 그녀가 신음했다.

브라이언트가 일어섰다. "하지만 대장이 정상인처럼 부탁했으니까 이번엔 가만히 놔두겠습니다."

그는 두 걸음 물러나 돌아섰다. "고마워요, 킴."

"좀 꺼져요."

브라이언트는 픽 웃고는 뒤돌아 떠났다.

킴은 일어나서 블랙컨트리 중심부를 내려다보았다. 아름다운 풍경은 아니었다. 블랙컨트리는 가난과 범죄가 지나치게 많은 고장이었다.

하지만 저 아래 어딘가에 공룡 잠옷을 입은 한 아기의 심장이 아직도 힘차게 뛰고 있을 거라고 생각하자 입꼬리가 살짝 올라갔다. 킴이 그랬듯 아기 제이미는 위기에서 살아남아 승리를 거두었다.

감사의 말

나는 진정한 소시오패스의 성격을 드러내고자 《킴스톤: 악마의 게임》을 썼다. 책을 쓰는 내내 하마터면 알렉산드라 손에게 아킬레스 건이나 사소한 약점을 부여해 그녀가 언젠가 구원받을 수 있다는 희망을 제시할 뻔했다. 결국 나는 사실을 충실하게 표현하기로 했다. 받아들이기 힘들고 심란한 현실일지 모르지만 우리 중에는 후회할 능력을 전혀 갖추지 못한 사람들이 있다. 다만 다행스러운 것은 이 세상에 그들의 앞길을 막을 킴 스톤 같은 사람들도 있다는 점이다.

《킴스톤: 악마의 게임》을 쓰기 위해 자료 조사를 할 때는 특히 다음의 두 책이 큰 도움이 됐다.

《이토록 친밀한 배신자》(마사 스타우트 지음, 이원천 옮김 | 사계절 | 2020년 6월)
《진단명 사이코패스》(로버트 D. 헤어 지음, 조은경, 황정하 옮김 | 바다출판사 | 2020년 12월)

늘 그렇듯 킴 스톤 이야기에 지속적인 열정을 보여주시는 북쿠튀르 팀에게 감사한다. 이들의 격려와 성원, 믿음은 내가 오랫동안 품었던 꿈을 멋진 현실로 바꾸어주었다. 케시니, 올리버, 클레어, 킴에게는 고맙다는 말이 부족하다. 재능이 넘치고 서로를 격려해주는 북쿠튀르 작가 가족 중 한 명이 된 것은 내게 특권이었다.

산책할 때 내 책을 보행 보조기 앞에 붙이고 다니는 엄마, 그리고 엄마와 함께 산책하는 아빠에게 감사한다. 두 분의 열정과 응원에 놀라곤 한다.

나의 책들을 읽고 리뷰했을 뿐만 아니라 킴 스톤을 마음속 깊은 곳에서부터 응원했던 블로거들과 리뷰어들에게도 감사한다. 책에 대한 이들의 사랑과 열정적인 응원이 내게 용기를 불어넣어 주었다.

지역 북클럽의 폴린 홀리스, 메를 로버츠, 디 웨스턴, 조 톰슨, 실비아 캐드비, 리넷 웰스 등 훌륭한 회원들에게 특별한 감사의 말을 전한다.

마지막으로 나의 배우자 줄리에게는 고마운 마음을 표현할 방법이 없다. 나의 모든 책은 줄리가 흔들림 없이 보내준 믿음에 대한 증언이다. 그녀는 어려운 시절의 빛이며 나를 멈추지 않게 하는 사람, 진정한 나의 세상이다.

작가의 편지

먼저 《킴 스톤: 악마의 게임》을 선택해주서서 감사합니다. 킴의 두 번째 여행이 즐거우셨기를, 또 저와 같은 감정을 느끼시기를 바랍니다. 언제나 완벽하지는 않을지 몰라도 킴은 내 곁에서 싸워줬으면 하는 사람입니다.

이 이야기를 재미있게 읽고 리뷰를 남겨주시면 언제까지나 감사하겠습니다. 저는 여러분의 생각을 듣고 싶습니다. 다른 독자들이 처음으로 제 책을 읽게 되는 데도 도움이 될 테고요. 아니면 친구나 가족에게 이 책을 추천해 주서도 좋습니다.

이야기는 아이디어라는 씨앗으로 출발해 주변 모든 사람을 지켜보고 그들에게 귀를 기울이며 자라납니다. 모든 사람은 특별하고 우리 모두에게는 사연이 있습니다. 저는 그런 이야기를 최대한 포착하고 싶습니다. 저와 킴 스톤의 여행에 여러분도 참여해주셨으면 좋겠습니다. 그 여행이 어디로 이어지든 말입니다.

아래 주소를 통해 뉴스레터를 구독하면 제가 새 책을 낼 때마다 이메일을 받아보실 수 있습니다.

http://www.angelamarsons-books.com/email/

여러분의 의견이 무척 듣고 싶습니다. 제 페이스북이나 굿리즈 페이지, 트위터, 홈페이지로 연락해 주세요.

응원해주셔서 무척 감사합니다. 진심으로요.

앤절라

옮긴이 **강동혁**

서울대학교에서 사회학과 영문학을 전공하고 동대학원에서 영문학 석사학위를 받았다. 대중적으로 널리 읽히면서도 새로운 생각거리를 제공해주는 책들을 쓰거나 소개하겠다는 목표를 갖고 있다. 번역서로는 『해리 포터』(1-7권, 새번역) 등 다수의 대중소설 등이 있다.

킴 스톤 2: 악마의 게임

초판 1쇄 발행 2023년 7월 3일

지은이   앤절라 마슨즈
옮긴이   강동혁
펴낸이   강동혁, 윤선영
편집   김지영, 최한솔, 윤선영
디자인   북디자인 경놈
펴낸곳   품스토리
출판등록   제409-2018-000044호
주소   경기도 김포시 걸포2로 74
전화   031-984-2016
이메일   poomstory@poomstory.com
ISBN   979-11-6761-235-9   03840